Dokumentation
zum Forschungs- und Entwicklungsprogramm
des Bundesministeriums für Forschung und Technologie
(BMFT)

TRIBOLOGIE

Reibung · Verschleiß · Schmierung

Band 6

Gleitlager · Mischreibung
Konstruktive Gestaltung

Herausgeber:
Projektträgerschaft „Metallurgie, Werkstoffentwicklung, Rückgewinnung“ des BMFT bei der DFVLR, Köln
Wissenschaftliche Leitung und Redaktion:
W. Bunk, J. Hansen, M. Geyer

Springer-Verlag Berlin Heidelberg New York Tokyo 1983

Professor Dr. rer. nat. Wolfgang Bunk
Direktor des Instituts für Werkstoff-Forschung
der Deutschen Forschungs- und Versuchsanstalt für Luft- und Raumfahrt e.V., Köln-Porz
Lehrstuhl für angewandte Metallkunde, RWTH Aachen

Dr. rer. nat. Jörn Hansen
Wissenschaftlicher Mitarbeiter am Institut für Werkstoff-Forschung
der Deutschen Forschungs- und Versuchsanstalt für Luft- und Raumfahrt e.V., Köln-Porz

Dipl.-Ing. Manfred Geyer
Wissenschaftlicher Mitarbeiter am Institut für Werkstoff-Forschung
der Deutschen Forschungs- und Versuchsanstalt für Luft- und Raumfahrt e.V., Köln-Porz
ab 1. 8. 1983
Technical Service Manager, Tribol Lubricants GmbH,
Düsseldorf/Mönchengladbach

Mit 239 Abbildungen und 56 Tabellen

CIP-Kurztitelaufnahme der Deutschen Bibliothek

Tribologie: Reibung, Verschleiß, Schmierung; Dokumentation zu dem Forschungs- und Entwicklungsprogramm des Bundesministeriums für Forschung und Technologie (BMFT) / Hrsg.: Projektträgerschaft „Metallurgie, Werkstoffentwicklung, Rückgewinnung" des BMFT bei der DFVLR, Köln. Wissenschaftliche Leitung und Redaktion: W. Bunk ... – Berlin; Heidelberg; New York; Tokyo: Springer

NE: Bunk, Wolfgang (Red.); Deutsche Forschungs- und Versuchsanstalt für Luft- und Raumfahrt ⟨Köln⟩ / Projektträgerschaft Metallurgie, Werkstoffentwicklung, Rückgewinnung

Band 6: Mischreibung, Konstruktive Gestaltung. – 1983.

ISBN 978-3-540-12447-4 ISBN 978-3-642-52227-7 (eBook)

DOI 10.1007/978-3-642-52227-7

Buch- und Offsetdruckerei Richard Thierbach, Bachstraße 24, 4330 Mülheim (Ruhr)
2362/3020 – 5 4 3 2 1 0

VORWORT ZUM 1. BAND

Reibung und Verschleiß verursachen an Maschinen und technischen Anlagen in der Industrie erhebliche Verluste durch Minderung der Lebensdauer und des Wirkungsgrades. Weitgehend unbekannt ist der erschreckend hohe Betrag, zu dem sich hierdurch die Kosten für Energieaufwand, Instandhaltung, für Ersatzteile und Ausfallzeiten in unserer deutschen Volkswirtschaft aufaddieren. Verschärft wird die Situation dadurch, daß die internationale Konkurrenz der deutschen Industrie Maschinenanlagen mit größeren Leistungsdichten, erhöhten Bauteilauslastungen und verbesserten Wirkungsgraden abverlangt. Mit dieser Entwicklung wachsen aber auch die durch Reibung und Verschleiß bedingten Schwierigkeiten erheblich an. Diese Erkenntnisse und die Einsparmöglichkeiten an Rohstoffen und Energie erfordern große Anstrengungen, um mit den Problemen der Reibung und des Verschleißes fertig zu werden. Hier kann das systematische Zusammenwirken mehrerer Wissensgebiete in dem interdisziplinären Fach "Tribologie" einen beachtlichen Beitrag liefern.

Nach Offenlegung der Situation in der Bundesrepublik Deutschland in dem BMFT-Forschungsbericht "Tribologie" entschloß sich das Bundesministerium für Forschung und Technologie (BMFT) im Rahmen seines Rohstofforschungs-Programms zu einer schwerpunktmäßigen Förderung der Tribologie mit einer Laufzeit von zunächst 6 Jahren und einem Fördervolumen in Höhe von ca. 37 Mio DM im Rahmen der Projektträgerschaft des Instituts für Werkstoff-Forschung der Deutschen Forschungs- und Versuchsanstalt für Luft- und Raumfahrt e.V. (DFVLR), Köln. Die Förderung begann 1978, heute werden ca. 100 Vorhaben gefördert.

Ein Bericht der Deutschen Gesellschaft für Mineralölwissenschaft und Kohlechemie e.V. (DGMK) von 1977 gibt an, daß rund 50 % der Verluste infolge Reibung und Verschleiß durch intensive Nutzung der bekannten tribologischen Erkenntnisse einzusparen sind. Im Kampf gegen Reibungs- und Verschleißverluste müssen der Forschung und Entwicklung in der Tribologie die Kommunikation, Information und Innovation konsequent folgen. So ist neben der Forschungs- und Entwicklungsarbeit die Wissensverbreitung eine notwendige Ergänzung des Förderprogramms Tribologie. Diesem Ziel soll die mit dem vorliegenden ersten Band begonnene Buchreihe dienen, in der über die im Tribologie-Förderprogramm erarbeiteten Ergebnisse berichtet wird.

Köln, im Juni 1981

W. Bunk, J. Hansen, M. Geyer

VORWORT ZUM 2. UND 3. BAND

Neben der Erarbeitung von Forschungs- und Entwicklungsergebnissen steht gleichrangig die Wissensverbreitung. Dies gilt insbesondere für wissenschaftliche und technische Disziplinen, die so heterogen sind wie die Tribologie. So ist es erklärtes Ziel der BMFT-Förderung "Tribologie", eine möglichst breite Ausstrahlung zu erreichen. Hiervon hängt der "Erntefaktor" der vielen Millionen DM Fördermittel ab, die aus Steuergeldern für das Tribologie-Programm bereitgestellt wurden und werden. Diesem Ziel dienen insbesondere die öffentlichen Präsentationen der Forschungsergebnisse - die erste fand im Mai 1981 in Koblenz statt, die zweite wird im Mai 1983 ebenfalls dort stattfinden - sowie die Dokumentation der Berichte in einer Buchreihe. Die erfreulich hohe Zahl der Teilnehmer an der ersten Präsentation sowie die bisherige Nachfrage zum ersten Band lassen erwarten, daß die Förderung sich als erfolgreich erweisen wird.

Köln, im Januar 1982 W. Bunk, J. Hansen, M. Geyer

PROJEKTTRÄGERSCHAFT

Das Forschungs- und Entwicklungsprogramm "Tribologie" ist Teil der Projektträgerschaft "Metallurgie-Werkstoffentwicklung-Rückgewinnung". Diese wird vom Institut für Werkstoff-Forschung (Prof. Bunk) der DFVLR im Auftrage des BMFT durchgeführt. Die administrative Betreuung liegt beim Bereich für Projektträgerschaften der DFVLR.

Zur technisch-wissenschaftlichen Beratung des Projektträgers für den Förderbereich "Tribologie" dient ein Gutachterkreis. Dieser wird gebildet von den Herren

Oberingenieur H. Böer
Dr.-Ing. E. Gülker
Dr.-Ing. G. Heinke
Ing.(grad.) W.H. Kara
Dr.-Ing. O. Lang
Prof. Dr.-Ing. H. Peeken
Prof. Dr. E. Pollmann
Dr.rer.nat. E. Roemer
Dr.-Ing. K.-H. Treptow ab August 1980
Prof. Dr.-Ing. H. Uetz
(Dipl.-Ing. P. Greis bis März 1980)

INHALTSVERZEICHNIS

Tribologie
Kolben - Ring - Zylinder

Optimierung der hydrodynamischen Traganteile durch geeignete Formgebung und Oberflächen und praktische Erprobung

von

Obering. Hans Wilhelm Buhl

Dr. rer. nat. Siegfried Sailer

Daimler-Benz Aktiengesellschaft
Fachbereich Nutzfahrzeug-Motoren-Versuch
Stuttgart-Untertürkheim

Förderkennzeichen: 01 ZT 118 - ZK/NT/NTS 1009
Laufzeit: 01.08.1978 bis 31.07.1981

Zusammenfassung

Bei dem Vorhaben, an Kolbenringen eines Verbrennungsmotors den hydrodynamischen Traganteil durch geeignete Formgebung und Oberflächentopographie zu optimieren, weisen die Erkenntnisse aus dem Motorenlauf in der bewährten Serienausrüstung auf schon recht ausgewogene Reibpartner hin. Die auf eine Kurbelwellen-Umdrehung bezogenen Werte der Durchblasemenge, des Ölverbrauchs und des Zylinderzwickelverschleißes fallen mit steigender Drehzahl überproportional und mit der Motorlaufzeit ab.

Die Ergebnisse der labormäßig-experimentellen und theoretischen Arbeiten haben bisher keine Grundlage für eine praktische Erprobung in Motorenläufen geboten. Die Voruntersuchungen obliegen dem Partner des Forschungsvorhabens und laufen weiter. Lassen diese erkennen, daß ein größerer hydrodynamischer Traganteil zu erwarten ist, wird dies in Motorenläufen trotz Abschluß des BMFT-Auftrags überprüft. Dem Partner werden die Ergebnisse für seinen Schlußbericht mitgeteilt.

Für die praktische Erprobung dient als Versuchsträger der Mercedes-Benz-Motor OM 403 mit 236 kW bei 2500/min, ein 10-Zylinder-V-Motor mit Direkteinspritzung und 15,95 Liter Hubraum.

Über ausführliche Vermessungen sind die für die Aufgabenstellung wichtigen Motorenteile Zylinderlaufbuchse, Kolbenringe und Kolben sorgfältig ausgewählt worden.

Bei diesen Untersuchungen werden der Öl- und Kraftstoffverbrauch und die Durchblasemenge konventionell gemessen. Für die Verschleißmessungen steht die Radionuklidtechnik (RNT) zur Verfügung, die kontinuierliche Meßergebnisse liefert.

Gemessen wird der Verschleiß einer Zylinderlauffläche im oberen Umkehrpunkt des obersten Kolbenrings. Hier ist am gesamten Umfang eine Zone über 5 mm Höhe radioaktiv markiert worden. Eine Drehvorrichtung sorgt für eine gleichmäßige Aktivierung und eine Abdeckmaske für eine scharfe Abgrenzung der radioaktiven Zone. Durch Autoradiographie wird die Aktivierung kontrolliert. Die im Öl transportierten Verschleißpartikel werden in einer Durchfluß- und Filtermeßeinrichtung erfaßt. Das Programm für diese Untersuchungen auf einem Motorenprüfstand läuft maximal 400 Stunden je Ausrüstung.

Das Einlaufprogramm ist für den Basislauf so abgestimmt, daß mit fortschreitender Einlaufzeit bei steigenden Drehzahlen und steigenden Bremslasten der Zylinderverschleiß je Zeiteinheit (Verschleißrate) abnimmt.

Der Langzeitlauf ist mit verschiedenen Drehzahlen, Bremslasten und Öl- und Kühlwassertemperaturen gefahren worden.

Die Ergebnisse der Messungen des Zylinderverschleißes (Zwickelverschleißes) während des Einlaufes und des Langzeitlaufes liegen vor. Ölverbrauch, Durchblasemenge und Kraftstoffverbrauch sind beim Basislauf niedrig und für den serienmäßig ausgerüsteten Motor durchaus üblich gewesen.

Inhaltsverzeichnis

1. Aufgabenstellung

Die Gleitpaarung Kolben-Ring-Zylinder in Verbrennungsmotoren ist mit rund 60 % an den mechanischen Reibungsverlusten des Motors beteiligt. Hinzu kommen die praktischen Probleme wie Verschleiß, Kolbenfressen sowie Öl- und Kraftstoffverbrauch. Eine Optimierung im Sinne einer Vergrößerung der hydrodynamischen Traganteile durch geeignete Formgebung und Oberflächentopographie unter Berücksichtigung der praktischen Anforderungen lassen eine Verbesserung der Probleme erwarten.

2. Stand der Technik

Im Rahmen der von der AIF geförderten Forschungsvorhaben "Ölhaushalt am Tauchkolben" und "Motorreibung" der Forschungsvereinigung Verbrennungskraftmaschinen e. V. sind wesentliche Vorarbeiten geleistet worden.

Es sind auch die für eine labormäßig-experimentelle Untersuchung notwendigen Prüf- und Meßeinrichtungen am Institut für Kolbenmaschinen der Universität Hannover, dem Partner an diesem Vorhaben, entwickelt worden.

Für die praktische Erprobung im Motor stehen im Hause Daimler-Benz neben den üblichen Verfahren zur Dauererprobung und zur Messung des Ölverbrauchs und der Durchblasemenge auch die Möglichkeiten der kontinuierlichen Verschleißmessung mittels der Radionuklidtechnik (RNT) zur Verfügung.

Weil die RNT nicht nur besonderen Sicherheitsvorschriften unterliegt sondern auch gewisse Investitionen und speziell ausgebildetes Personal erforder-

lich sind, wird sie im Motorenbau noch wenig angewendet.
Diese Meßtechnik kann keinesfalls als allgemein üblich angesehen werden, obwohl die Kosten, wie unter anderem für die Aktivierung der zu untersuchenden Teile am Zyklotron mit geladenen, hochbeschleunigten Ionen, in einem rationellen Verhältnis zu den wegen der Zeitersparnis geringeren Kosten stehen.

3. Durchführung der Untersuchungen

3.1. Ausrüstung

3.1.1. Aufbau-Motor für den Basislauf

Motor-Typ:	Mercedes-Benz OM 403
Nennleistung:	236 kW
Nenndrehzahl:	2500/min
Zylinderdurchmesser:	125 mm
Hub:	130 mm
Gesamt-Hubvolumen:	15,95 Liter
Zylinderanzahl:	10
Zylinderanordnung:	V
Brennverfahren:	Direkteinspritzung

Kolbenringe:	
1. Ring	Doppeltrapezring, Laufflächenbeschichtung Molybdän - flammgespritzt, ballig, unten scharfkantig
2. Ring	Minuten-Nasenring, Laufflächenbeschichtung Molybdän - gekammert
3. Ring	Dachfasen-Schlauchfederring, Laufflächen verchromt

Zylinderlaufbuchsen:	aus GZG Cr Mo 250

3.1.2. Aufbau-Meßtechnik

Für jeden Versuchslauf wird die Buchse des 6. Zylinders im oberen Umkehrpunkt des obersten Kolbenringes auf einer Höhe von 5 mm am gesamten Umfang radioaktiv markiert.

Allgemeines

Eine kontinuierliche Messung von kleinsten Verschleißraten während des Motorbetriebes ist nur mit Hilfe der Radionuklidtechnik (RNT) möglich.

Folgende Voraussetzungen müssen erfüllt sein, um das Durchflußverfahren der RNT einsetzen zu können:

1. Die an der zu untersuchenden Verschleißstelle entstehenden Abriebpartikel müssen während des Versuchslaufes in den Schmierölkreislauf gelangen.

2. Die zu untersuchende Verschleißstelle muß gleichmäßig und ohne Veränderung der Materialeigenschaften radioaktiv markierbar sein.

3. Die radioaktive Markierung muß Gammastrahlen aussenden.

4. Die Halbwertszeit der entstehenden Radioisotope muß so groß sein, daß nach dem Aktivieren ein ausreichender Meßzeitraum zur Verfügung steht.

Bei den Zylinderlaufbuchsen werden diese Bedingungen erfüllt und damit die kontinuierlichen Verschleißmessungen mittels RNT durchführbar.

Radioaktive Markierung

Aufgrund der Aufgabenstellung und der vorgesehenen Meßmethode werden die Zylinderlaufbuchsen dünnschichtaktiviert. Die Aktivierung wird am Zyklotron in Karlsruhe mit geladenen hochbeschleunigten Ionen durchgeführt. Bei einer derartigen Bestrahlung entsteht eine radioaktive Zone, die in ihrer Fläche und Tiefe begrenzt ist. Die Gesamtaktivität ist daher relativ niedrig und der Strahlenschutzaufwand zum Teil erheblich geringer als bei Werkstücken, deren gesamtes Material radioaktiv markiert wird, wie es z. B. bei einer Neutronenaktivierung der Fall ist. Die Anordnung zum Aktivieren ist im Bild 1 dargestellt.

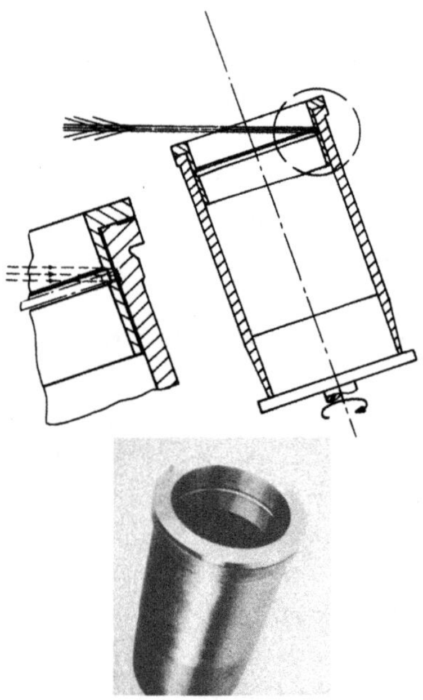

Bild 1: Anordnung zum Aktivieren der Zylinderlaufbuchse

Zur Aktivierung wird die Zylinderlaufbuchse auf eine Drehvorrichtung gespannt und während der Bestrahlung in einer Schräglage gedreht. Dieses ist notwendig, da die Bahn des externen Ionenstrahls bei der vorhandenen Bestrahlungsmaschine nicht gezielt verändert werden kann.

Die Ausgangsenergie des Deuteronenstrahls ist bei dem Zyklotron des Kernforschungszentrums in Karlsruhe nicht variabel. Da die Energie zu groß ist, müssen die Deuteronen auf die benötigte Energie "abgebremst" werden.

Für eine scharfe Abgrenzung der radioaktiven Zone sorgt während der Bestrahlung eine Abdeckmaske, Bild 1, die gleichzeitig die Funktion des Bremstargets übernimmt. Im Bild 2 ist die Zuordnung des aktivierten Bereiches zur Position des Kolbenringes und damit zur Verschleißzone dargestellt.

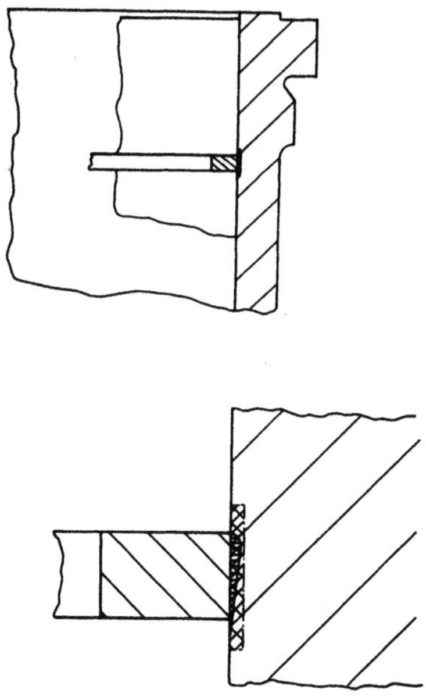

Bild 2: Zuordnung des aktivierten Bereichs zur OT-Lage des obersten Kolbenrings und zur Zone des Zwickelverschleißes

Die Lage der aktivierten Zone ist so ausgeführt, daß der Verschleiß unabhängig von den Fertigungstoleranzen sicher erfaßt werden kann.

Zur Eichung der Meßapparatur werden bei jeder Bestrahlung Eichproben in Form von dünnen Eisenfolien mitaktiviert. Die Folien befinden sich während der Bestrahlung zwischen der Abdeckmaske und der Buchse.

Kontrolle der Aktivierung

Voraussetzung für eine gute Messung ist eine einwandfreie Aktivierung. Deshalb werden die Kontrollen der Aktivierung mit besonderer Sorgfalt durchgeführt. Alle bei dieser Versuchsserie gemessenen Laufbuchsen sind einwandfrei aktiviert gewesen, Bild 3.

Bild 3: Kontrolle der Aktivierung (Autoradiographie)

Meßverfahren

Für die Verschleißuntersuchungen wird die speziell für Motoren entwickelte Kombination von Durchfluß- und zusätzlicher Filtermeßmethode eingesetzt. Damit ist die zeitgleiche, kontinuierliche Messung des Verschleißes im Öl und im Ölfilter bei praxisgerechtem Aufbau und im Betriebszustand des Motors durchführbar.

Neben dem radioaktiv markierten Teil sind dazu eine Durchfluß-Meßanlage und eine Filter-Meßanlage sowie zwei Strahlenmeßplätze notwendig, Bild 4.

Die Durchfluß-Meßeinrichtung besteht im wesentlichen aus einer Meßkammer, in der sich ein Strahlendetektor befindet. Ein Kühlwassermantel sorgt für die notwendige Detektorkühlung.

In der Filtermeßanlage befindet sich das Original-Motorölfilter, ebenfalls mit einem gekühlten Strahlendetektor. Die Verbindung zum Motor wird über Schläuche hergestellt. Die beiden Anordnungen befinden sich jeweils in einer Bleiabschirmung zur Verminderung der störenden Umgebungsstrahlung.

Die Strahlenmeßplätze dienen zur Spannungsversorgung der Detektoren und verarbeiten die von ihnen kommenden Meßimpulse. Die Ausgabe der Impulsraten erfolgt über eine Lochstreifenstanze. Zur überschlägigen Kontrolle des Verschleißverlaufes ist ein Schreiber anschließbar.

Durchführung der Messungen

Sowohl die Durchfluß-, wie auch die Filtermeßanlage muß für die Verschleißmessungen geeicht werden. Dies

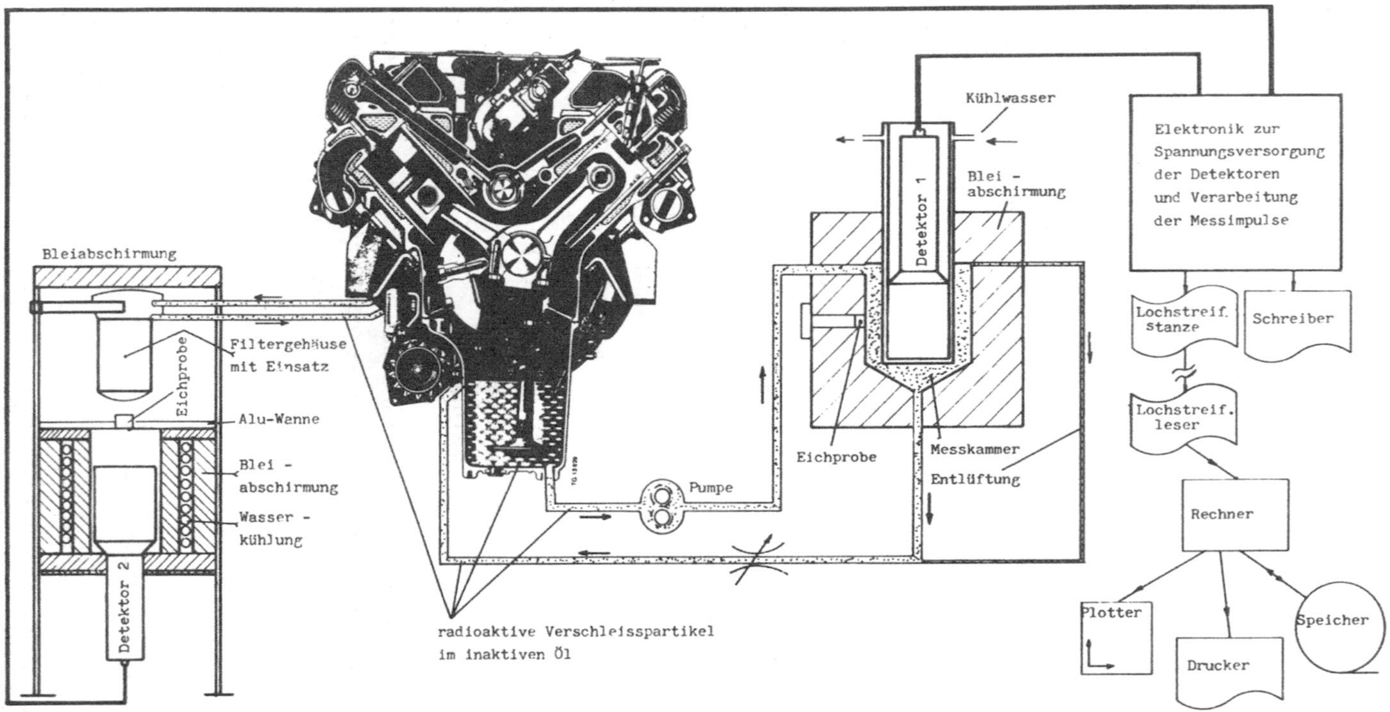

Bild 4: Durchflußmeßmethode der Radionuklidtechnik (RNT) im Prinzip

geschieht durch werkstofflich gleiche Eichproben, die zusammen mit dem Bauteil aktiviert werden. Drei Eichproben werden zunächst präzise gewogen. Eine davon wird dann gelöst als Flüssigprobe in die Meßkammer gegeben und die spezifische Impulsrate bestimmt. Die zweite Eichprobe wird ungelöst in eine definierte, reproduzierbare Position in der Bleiburg gebracht und ebenfalls die spezifische Impulsrate ermittelt. Man erhält ein bestimmtes Impulsratenverhältnis. Für alle Versuche mit dem gleichen Radioisotop können dann während der Messungen mit den jeweils zugehörigen Fest-Eichproben die Eichungen vorgenommen werden.
In gleicher Weise muß für den Filtermeßplatz durch eine erstmalige Flüssig- und Festprobeneichung das Impulsratenverhältnis gemessen werden. Die laufenden Eichungen während der Messungen können dann mit der dritten, ebenfalls festen Eichprobe durchgeführt werden. Zur Erfassung von evtl. vorliegenden inhomogenen Verschleißpartikelverteilungen in den Filtereinsätzen müssen diese zusätzlich noch einzeln gemessen werden.

Beim Motorlauf gelangen die radioaktiven Verschleißpartikel der Zylinderlaufbuchse ins Motorenöl. Aus der Ölwanne wird Öl über das Motorölfilter in den Motorölkreislauf gepreßt und weiter wird ein separater Teilstrom durch die Meßkammer und zurück in den Motor gepumpt. Der Strahlendetektor der Meßkammer erfaßt die im dortigen Ölvolumen vorhandenen strahlenden Verschleißteilchen durch Messung ihrer γ -Strahlung. Der Detektor in der Filtermeßanlage mißt die Summe der Strahlung von Verschleißpartikeln, die erstens im Filter abgeschieden werden und zweitens im Ölvolumen des Filters verbleiben. Die Meßimpulse beider Detektoren werden den Strahlenmeßplätzen zugeleitet, verarbeitet und die Zählraten auf einem Lochstreifen ausgegeben.

Zur Verhinderung von Einflüssen aufgrund von evtl. vorhandener Ölverschäumung wird die Meßkammer entlüftet und es wird unter erhöhtem Druck gemessen. Den Versuchsaufbau am Prüfstand zeigt Bild 5.

Bild 5: Der Prüfstand mit dem Motor und der Meßeinrichtung der Radionuklidtechnik (RNT)

Die bei den Versuchen eingesetzte Durchflußmeßeinrichtung ist im Bild 4, der Strahlenmeßplatz im Bild 6 dargestellt.

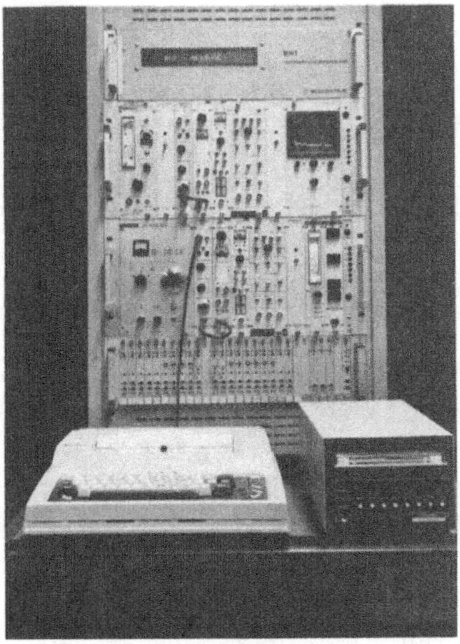

Bild 6: Der Strahlenmeßplatz zum Messen der aktivierten Verschleißteilchen im Öl und im Ölfilter

Auswertung

Der umfangreiche Rechenaufwand mit den erheblichen Datenmengen kann rationell nur durch Einsatz eines programmierbaren Tischrechners mit angeschlossenem Leser für die Lochstreifen und Plotter für die graphische Ergebnisdarstellung bewältigt werden.

Über die Eichwerte und die gemessenen Impulsraten kann der Verschleiß getrennt nach der Menge im Öl und der im Filter bzw. die Summe beider errechnet werden. Dabei sind Korrekturrechnungen notwendig, die den radioaktiven Zerfall, den Ölverbrauch, die Öltemperatur und die Nullraten erfassen. Jede Messung liefert auch eine Aussage über das Filterverhalten.

3.2. Laufprogramm

Einlauföl: Renolin EM 265/49 SAE 20W20
danach: Shell Rotella SX 20

3.2.1. Probelauf bei 1000/min und 0 daN 20 Minuten

3.2.2. Einlauf (90 Minuten Serien-Einlauf)

3.2.3. Wechselprogramm 20 Stunden

3.2.4. Acht Läufe je ca. 47 Stunden mit den Motoreinstellungen

2500/min	Vollast	94 daN	T_{WA} = 100 °C
2500/min	Vollast	94 daN	T_{WA} = 60 °C
1000/min	Vollast	100 daN	T_{WA} = 100 °C
1000/min	Leerlauf	2 daN	T_{WA} = 40 °C
1000/min	Vollast	100 daN	T_{WA} = 100 °C
1500/min	Vollast	105 daN	T_{WA} = 100 °C
2500/min	Vollast	94 daN	T_{WA} = 100 °C
2500/min	Vollast	94 daN	T_{WA} = 60 °C

3.2.5. Nach dem Probelauf, dem Einlauf, dem Wechselprogramm und jedem der Läufe mit einer bestimmten Motoreinstellung Ölwechsel, 10 Minuten Spüllauf bei 0 daN und 600/min, Ölwechsel, Spüllauf, Ölwechsel und Ölfilterwechsel.

Maximale Laufzeit der Ausrüstung: 400 Stunden

4. Ergebnisse aus dem Basislauf

Die Größen und Einheiten sind in der Tabelle 1 aufgeführt.

Größe	Einheit	Bedeutung
b_1	mm^3/Asp	Kraftstoffeinspritzmenge
B_{Kr}	Liter	Kraftstoffverbrauch
$B_{Öl}$	g/h	Ölverbrauch
F	daN	Bremslast
n	1/min	Motordrehzahl
p	mm Hg	Barometerstand
P	kW	Leistung
P_{red}	kW	Leistung nach DIN 70020 reduziert
t_{Kr}	°C	Kraftstofftemperatur
t_L	°C	Ansauglufttemperatur
$t_{Öl}$	°C	Öltemperatur
t_{WA}	°C	Temperatur im Kühlwasseraustritt
V_D	Liter/min	Durchblasemenge (Entlüftung)

Tabelle 1: Größen und Einheiten

Der Zylinderverschleiß im oberen Umkehrpunkt des obersten Kolbenrings, auch Zwickelverschleiß genannt, ist mit der Radionuklidtechnik gemessen worden. Die Verschleißraten, also die auf die Zeit bezogenen, abgeriebenen Verschleißteilchen, angegeben in µg/h, zeigen den Verlauf des Verschleißes.

Durch die Deuteronenstrahlung des Zyklotrons wird die Zylinderlauffläche korrosionsartig verändert. Ein vor das Einlaufprogramm geschalteter Lauf über 20 Minuten bei 1000/min ohne Last dient dazu, den an sich unerwünschten Belag zu entfernen. Bis zur Stabilisierung sind 920 µg abgetragen worden. Bei gleichen Zylinderlaufbuchsen anderer Versuche werden durchschnittlich 1500 µg gemessen.

Bei dem 90-Minuten-Einlauf und den beiden Abnahmekontrollpunkten über insgesamt 20 Minuten hat der Verschleiß 400 µg betragen. Das Einlaufprogramm ist so abgestimmt, daß mit steigenden Drehzahlen und steigender Bremslast die Verschleißrate wesentlich kleiner wird und sich einem konstanten Wert nähert, Bild 7 und Tabelle 2.

Der Abnahmekontrollpunkt bei der Nennleistung weist noch 60 µg/h auf. Im weiteren Programm beträgt die Verschleißrate bei der Nennleistung nach 65 Stunden 33 µg/h und nach 350 Stunden 8 µg/h. Der Gesamtverschleiß ohne korrosionsartigen Belag hat 10 010 µg erreicht, Bild 8 und Tabelle 3. Aus dem Programmablauf ist zu entnehmen, daß bei Vollast kleinere Drehzahlen nicht zu geringerem Verschleiß führen. Obwohl die aktivierte Zone an der Zylinderlauffläche im Verhältnis der Drehzahlen nicht so oft vom obersten Kolbenring überfahren wird, sinkt überhaupt nicht der auf die Laufzeit bezogene Verschleiß. Die Verschleißrate nimmt nicht ab. Das trifft sogar für den Fall zu, daß die kleinere Drehzahl 200 Stunden später gefahren wird, Tabelle 3.

Aus Motorenläufen im Fahrzeug sind 2...5 µm radialer Zwickelverschleiß auf 100 000 km bekannt. Bei durchschnittlich 60 km/h Geschwindigkeit ist das 14... 34 µg/h als Verschleißrate. 34 µg/h wird bei dem in diesem Versuch gefahrenen Prüfstandsprogramm nach 45 Stunden sogar bei Vollast mit hoher Kühlwassertemperatur kaum überschritten.

Die Versuchszeit wird durch die Radionuklidtechnik in diesem Versuch um 80 % gekürzt. Anstatt das Fahrzeug 100 000 km bzw. etwa 1 700 Stunden laufen zu lassen, genügt es, den Motor auf einem Prüfstand 350 Stunden zu erproben. Die Versuchsergebnisse zeigen, daß das Prüfstandsprogramm noch gekürzt werden kann.

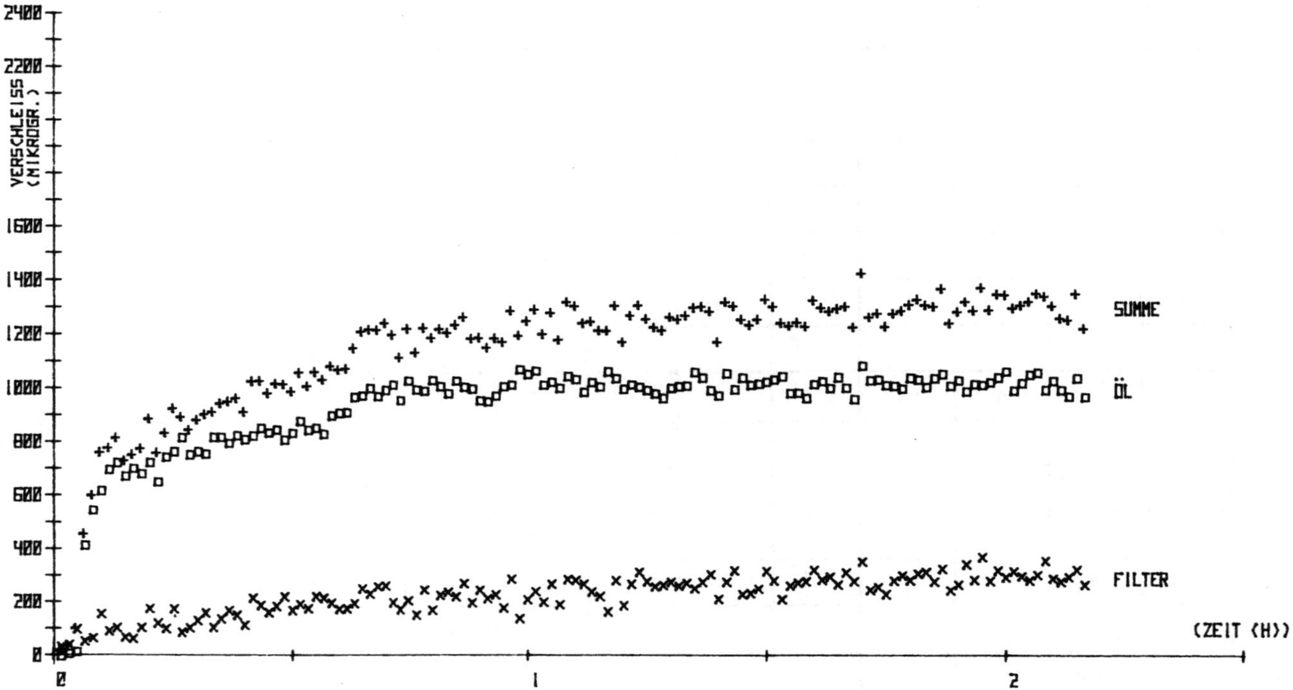

DREHZ. (1/MIN)	1000	1000	2000	2609	2580	2555	2547	2504	1594
LAST (N)	0	184	368	485	645	810	895	936	1064
OELTEMP(GRAD)	51	58	88	95	96	97	98	98	92
WASSERT(GRAD)	40	58	83	83	82	82	82	82	81

Bild 7: Zwickelverschleiß beim Einlauf

Einlaufpunkt	Zeit	n	t_{WA}	$t_{Öl}$	t_{Kr}	t_L	P nicht red.	b_1	B_{Kr}	V_D	Verschleiß Σ	Verschleiß Δ	Verschleiß Rate
--	min	1/min	°C	°C	°C	°C	kW	mm^3/Asp	Liter	1/min	μg	μg	μg/h
Vor-lauf	20	1000	40	51	21	24	0	--	--	--	920	920	--
1.	15	1000	58	58	21	24	18,5	22,0	1,7	--	1090	170	680
2.	20	2000	83	88	22	24	74,0	36,3	7,3	65	1230	140	420
3.	20	2609	83	95	24	24	126,5	49,7	13,0	64	1265	35	105
4.	5	2580	82	96	25	24	166,4	61,8	4,0	69	1275	10	120
5.	15	2555	82	97	25	24	207,0	77,0	14,8	59	1290	15	60
6.	15	2547	82	98	25	24	228,0	84,1	16,1	60	1305	15	60
1....6.	90								56,9			385	
7.	10	2504	82	98	25	25	234,4	87,5	11,0	60	1315	10	60
8.	10	1594	81	92	25	25	169,6	91,2	7,3	58	1320	5	30
7....8.	20								18,3			15	
1....8.	110								75,2			400	

Tabelle 2: Daten des Motorlaufs, Vorlauf und Einlauf

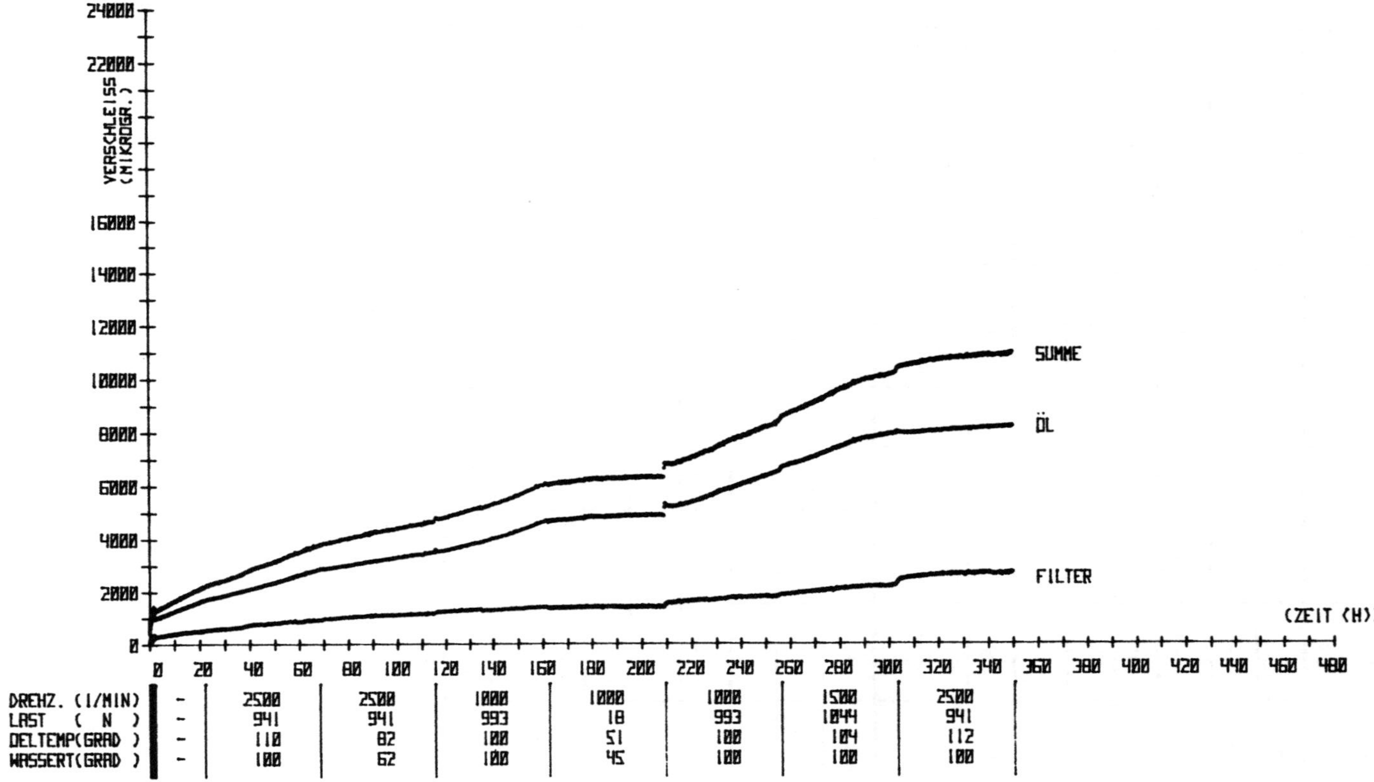

Bild 8: Zwickelverschleiß beim Langzeitlauf

n	F	t_{WA}	Zeit-punkt	Σ Ver-schleiß	Δ Ver-schleiß	Rate
1/min	daN	°C	h	μg	μg	μg/h
1000	0	40	20'	920	920	--
Einlauf	--	--	2 h 10'	1320	400	--
Wechsel-programm		82	22 h	2240	920	--
2500	94	100	25	2300	60	--
			45	2980	680	34
			65	3640	660	33
2500	94	62	75	3890	250	--
			95	4300	410	21
			115	4640	340	17
1000	99	100	120	4780	140	--
			140	5250	470	24
			160	6000	750	38
1000	2	45	170	6140	140	--
			190	6290	150	8
			210	6360	70	4
1000	99	100	215	6880	520	--
			235	7600	720	36
			255	8320	720	36
1500	105	100	260	8680	360	--
			280	9560	880	44
			300	10120	560	28
2500	94	100	310	10520	400	--
			330	10780	260	13
			350	10930	150	8

Tabelle 3: Zwickelverschleiß und Verschleiß-Rate

Der Ölverbrauch bei der Nennleistung liegt nicht höher als 23 g/h bzw. 0,10 g/kWh. Bei 47 Stunden Meßzeit sind das 1,2 Liter. Dieser Ölverbrauch ist bei diesem serienmäßig ausgerüsteten Motor durchaus üblich. Die Daten des Ölverbrauches auch bei anderen Motoreinstellungen sind der Tabelle 2 zu entnehmen.

Die Durchblasemenge (Entlüftung) des Motors bei Vollast beträgt 60...69 l/min. Die höheren Werte sind bei den niederen Drehzahlen gemessen worden, Tabelle 4. Die Daten sind normal.

Der Kraftstoffverbrauch während des Einlaufes ist mit 56,9 Liter gering, weil nur die Zylinderlaufbuchse und der Kolben des Zylinders Nr. 6 als Neuteile einlaufen. Die anderen Zylinderlaufbuchsen und Kolben sind vor diesem Versuch 812 Stunden gelaufen und die übrige Motorausrüstung 865 Stunden. Den Kraftstoffverbrauch während der einzelnen Einlaufpunkte enthält die Tabelle 2.

Nach dem Einlauf interessiert nur der spezifische Kraftstoffverbrauch, weil die folgenden Motorbetriebspunkte nach der vorgeschriebenen Kraftstoffeinspritzmenge eingestellt werden. Die für diesen Motortyp angegebene Nennleistung 236 kW ist mit 228 g/kWh erreicht worden.

Die Temperaturen im Kühlwasseraustritt, im Kraftstoffzulauf, des Öles und der Ansaugluft sind in der Tabelle 2 und der Tabelle 4 angegeben.

Zeit	n	Pro-gramm	t_{WA}	$t_{Öl}$	t_{Kr}	t_L	p	Red.-Faktor	P_{red}	b_1	V_D	$B_{Öl}$	Rauch
h	1/min	-	°C	°C	°C	°C	mm Hg	-	kW	mm^3/Asp	1/min	g/h	SZ
2	2500	Einlf.-Ende	82	98	25	25	742	1,033	242	88	60	-	2,1
8	2500	Wechsel-programm	82	98	24	24	744	1,028	245	89	64	20	2,3
4	1500		82	89	24	23	744	1,027	168	93	65		2,4
4	1000		82	86	23	23	744	1,027	105	87	69		2,8
4	2660		81	93	23	22	744	1,025	-	19	64		0,5
47	2500	Dauerlauf	100	110	25	25	742	1,033	236	86	63	23	2,2
47	2500		62	82	26	24	741	1,033	236	86	61	17	2,1
47	1000		100	100	23	23	739	1,034	99	82	67	11	2,6
47	1000		45	51	22	20	-	-	2	-	72	0	-
47	1000		100	100	22	24	746	1,026	99	83	66	17	2,5
47	1500		100	104	25	23	744	1,027	157	87	66	17	1,9
47	2500		100	112	25	24	748	1,023	236	86	63	23	2,1
351													

Tabelle 4: Daten des Motorlaufs, Langzeitlauf

5. Einzelheiten der Ergebnisse aus dem Basislauf

Vermessen der Motorenteile

Die für diese Aufgabenstellung wichtigen Motorenteile Zylinderlaufbuchse, Kolbenringe und Kolben sind vor dem Einbau vermessen worden, Tabelle 5 und Tabelle 6.

Kompressionshöhe :	*87,235*	*mm*
Feuersteghöhe :	*23,95*	*mm*
Höhe der 1. Nut :	*2,937*	*mm*
Grunddurchmesser in der 1. Nut :	*114,3*	*mm*
Gewicht des Kolbens mit Bolzen und Ringen :	*3325*	*g*
Nenndurchmesser	*124,865*	*mm*
Spiel Kolben zur Zylinderlaufbuchse	*0,135*	*mm*

Tabelle 6: Maße der Kolben beim Einbau

Die Honung der Zylinderlaufbuchse zeigt das über ein Winkelmikroskop aufgenommene Bild 9.

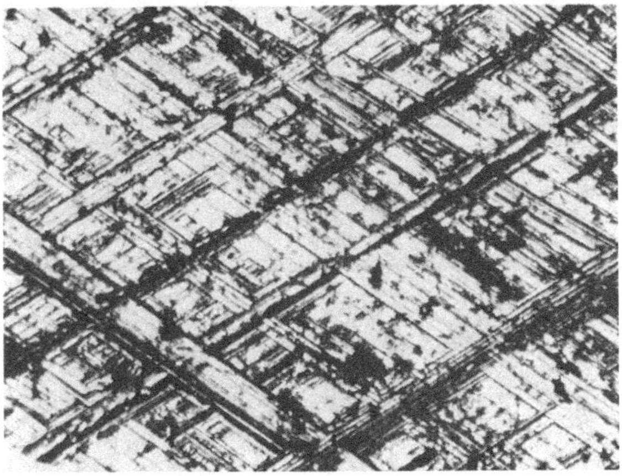

Bild 9: Honung der Zylinderlaufbuchse, Winkelmikroskopaufnahme

Zylinderlaufbuchse:

Rauheit R_{3Z} 4,65, R_Z 7,48, R_a 1,05, R_{max} 10,01 µm.

Nenndurchmesser: 125,000 mm

Art	-	Doppeltrapezring	Nasen-Minutenring	Dachfasen-Schlauchfederring
Balligkeit	µm	oben: 6 unten: 8	-	-
Rauheit R_{3Z}	µm	1,9	-	-
R_Z	µm	4,7	-	-
R_a	µm	0,6	-	-
R_{max}	µm	5,4	-	-
Tangentialkraft	N	25,5	30,6	50,4
Stoßspiel	mm	0,34	0,34	0,32
axiale Ringhöhe	mm	2,826	2,983	5,983
radiale Wandstärke	mm	4,680...4,740	5,365...5,460	3,660...3,740
Stoßkantenbruch	mm	rechts: 0,22 links: 0,19	-	-
Außenkantenbruch	mm	oben: 0,26 unten: scharf	-	-
Schichtdicke	mm	Molybdän 0,24...0,28	Molybdän	Chrom 0,18...0,22
Stegbreite	mm	-	-	0,36
Konizität	Winkel-Min.	-	6	-

Tabelle 5: Maße der Kolbenringe beim Einbau

Vorlauf

Beim Aktivieren der Zylinderlauffläche entsteht ein korrosionsähnlicher Belag. Ein vor das Einlaufprogramm geschalteter Lauf bei 1000/min ohne Last dient dazu, den an sich unerwünschten Belag zu entfernen, der nach völlig anderen Gesetzmäßigkeiten verschleißt als das eigentliche Oberflächenprofil. Jener Betriebspunkt wird hierzu verwendet, bei dem der Verschleiß des eigentlichen Oberflächenprofils bekannterweise äußerst gering ist bzw. nur ganz knapp über der Nullgrenze liegt, um möglichst geringe Verfälschungen zu erhalten. Der Belag ist nach 15 Minuten abgetragen. In den anschließenden 5 Minuten tritt eine Stabilisierung ein. Während dieser 20 Minuten sind 920 µg Abtrag gemessen worden, bei anderen Versuchen mit gleichen Zylinderlaufbuchsen durchschnittlich 1500 µg, Bild 7 und Tabelle 2.

Zylinderverschleiß während des Einlaufs und der Kontrolle

Bei dem 90-Minuten-Einlauf und den beiden Abnahmekontrollpunkten über insgesamt 20 Minuten hat der Verschleiß 400 µg betragen. Den ersten beiden der sechs Einlaufpunkte ist der größte Anteil am Einlaufverschleiß zugeordnet. Durch die ersten beiden hohen Verschleißraten (Verschleiß je Zeiteinheit) 680 und 420 µg/h wird erreicht, daß in den folgenden Einlaufpunkten bis zur Nennleistung, wo die Laufpartner sensibel sein werden, die Verschleißraten immer kleiner werden und so die Gefahr auf Einlaufmängel gemindert ist. Die beiden letzten Einlaufpunkte und der Kontrollpunkt bei der Nennleistung haben nur noch 60 µg/h als Verschleißrate. Mit steigender Drehzahl und steigender Bremslast nimmt die Verschleißrate ab und nähert sich einem konstanten Wert, Bild 7 und Tabelle 2.

Zylinderverschleiß während des Langzeitlaufes bis zu 350 Stunden

Die Verschleißrate fällt in diesem gefahrenen, speziellen Programm bei der Nennleistung von 60 µg/h nach 2 Stunden auf 33 µg/h nach 65 Stunden und auf 8 µg/h nach 350 Stunden. Bei 1000/min Vollast liegt die Verschleißrate mit 38 µg/h nach 160 Stunden und 36 µg/h nach 255 Stunden höher als bei der Nennleistung und ist fast konstant. Bei 1500/min Vollast ist sie mit 44 und 28 µg/h nach 280 bzw. 300 Stunden ähnlich hoch. Die aktivierte Zone an der Zylinderlauffläche wird im Verhältnis der Drehzahlen vom obersten Kolbenring überfahren, was sich aber nicht in der Verschleißrate widerspiegelt. Bei Vollast niederer Drehzahlen ist die Verschleißrate sogar größer. Der Gesamtverschleiß ohne korrosionsartigen Belag beträgt am Ende des Programms 10 010 µg, Bild 8 und Tabelle 3.

Vergleich zu den Ergebnissen aus Motorenläufen im Fahrzeug

Motoren, die in einem Fahrzeug laufen, haben 2...5 µm radialen Zwickelverschleiß auf 100 000 km. Bei durchschnittlich 60 km/h Geschwindigkeit werden 100 000 km in 1667 Stunden zurückgelegt. Das auf die radiale Verschleißtiefe bezogene Verschleißgewicht beträgt $125 \cdot \pi \cdot 4 \cdot 7{,}3 = 11\,467$ mg/mm, entsprechend 11 467 µg/µm für diese Motorausrüstung und diese aktivierte Zone.

125 mm	Zylinderdurchmesser
4 mm	Länge der vom obersten Kolbenring überfahrenen aktivierten Zone
7,3 g/cm^3 = 7,3 mg/mm^3	Dichte des Werkstoffes der Zylinderlaufbuchse

2...5 µm Zwickelverschleiß auf 100 000 km entsprechen damit 2 . 11 467/1667 = 14 µg/h bis 5 . 11 467/1667 = 34 µg/h Verschleißrate. 34 µg/h wird bei dem in diesem Versuch gefahrenen Prüfstandsprogramm nach 45 Stunden sogar bei Vollast mit hoher Kühlwassertemperatur kaum überschritten.

Ersparnis an Versuchszeit durch die Radionuklidtechnik

Aus dem vorangegangenen Abschnitt ist zu entnehmen, daß die Ergebnisse aus Motorenläufen im Fahrzeug mit denen auf einem Prüfstand bei diesem speziellen Laufprogramm vergleichbar sind. Für gut meßbare Ergebnisse über den Zwickelverschleiß sind 100 000 km bzw. 1667 Laufstunden im Fahrzeug nötig. Auf dem Prüfstand genügen 350 Laufstunden. Das sind etwa 20 % der Fahrzeugzeit. Die Ergebnisse aus dem Prüfstandsprogramm würden sich bei einer etwas kürzeren Zeit als 47 Stunden je Motoreinstellung nur wenig ändern. Eine noch kürzere Prüfstandszeit wäre möglich.

Ölverbrauch

Der auf die Zeit, Leistung oder Kurbelwellenumdrehung bezogene Ölverbrauch, Ausgangswerte aus Tabelle 4: Tabelle 7

n	P_{red}	$B_{Öl}$	$B_{Öl}/P$	$B_{Öl}$/KW-Umdr.
1/min	kW	g/h	g/kWh	µg/Umdr.
2500	236	23	0,097	153
1500	157	17	0,108	189
1000	99	17	0,172	283
1000	99	11	0,111	183

Tabelle 7: Ölverbrauch auf die Zeit, die Leistung oder eine Kurbelwellen-Umdrehung bezogen

Daß der Ölverbrauch bei der Nennleistung nicht höher als 0,10 g/kWh liegt, ist bei diesem serienmäßig ausgerüsteten Motor durchaus üblich.

Der auf die Zeit bezogene Ölverbrauch fällt mit niederer Drehzahl ab, jedoch nicht so stark wie im Drehzahlverhältnis. Der auf die Kurbelwellenumdrehung bezogene Ölverbrauch ist bei der Nenndrehzahl am kleinsten. Der auf die gefahrene Leistung und die Zeit bezogene Ölverbrauch steigt mit fallender Drehzahl an.

Der Ölverbrauch beeinflußt den Zwickelverschleiß zumindest nicht in einem einfachen Verhältnis.

Die hier verglichenen Ölverbrauchsergebnisse sind bei Vollast und 100 °C im Kühlwasseraustritt ermittelt worden.

Durchblasemenge (Entlüftung)

Die bei Vollast gemessenen Durchblasemengen steigen mit fallender Drehzahl an. Sie betragen bei 2500/min 60...64 l/min, bei 1500/min 65...66 l/min und bei

1000/min 66...69 l/min. Beim Lauf ohne Bremslast liegt die Durchblasemenge 5 l/min höher als beim Lauf mit Vollast, Tabelle 4. Die Daten sind normal.

Kraftstoffverbrauch

56,9 Liter Kraftstoffverbrauch während des Einlaufs über 90 Minuten ist wenig. Als Neuteile sind nämlich nur die Zylinderlaufbuchse und der Kolben des Zylinders Nr. 6 eingelaufen. Die anderen Zylinderlaufbuchsen und Kolben haben vor diesem Versuch schon 812 Stunden und die übrige Motorausrüstung 865 Stunden Laufzeit gehabt. Der Kraftstoffverbrauch während der einzelnen Einlaufpunkte ist der Tabelle 2 zu entnehmen.

Die nach der vorgeschriebenen Kraftstoffeinspritzmenge eingestellten Motorbetriebspunkte ergeben mit der gefahrenen Leistung folgende Werte des spezifischen Kraftstoffverbrauches, Ausgangswerte aus Tabelle 4:

$$b_e = \frac{30 \cdot \gamma \cdot Zyl}{1000} \cdot \frac{n \cdot b}{P_{red}} 1 \quad g/kWh$$

$$\gamma = 0{,}835 \ g/cm^3$$

$$b_e = 0{,}2505 \ \frac{n \cdot b}{P_{red}} 1 \quad g/kWh$$

Tabelle 8

n	P_{red}	b_1	b_e
1/min	kW	mm^3/Asp	g/kWh
2500	245	89	228
2500	236	86	228
1500	168	93	208
1500	157	87	208
1000	105	87	208
1000	99	83	210
1000	99	82	208

Tabelle 8: Spezifischer Kraftstoffverbrauch

Temperaturen

Während des Einlaufes sind die Temperaturen im Kühlwasseraustritt, im Kraftstoffzulauf, des Öles und der Ansaugluft nicht geregelt worden, Tabelle 2.
Im Dauerlauf über 47 Stunden je Motoreinstellung ist die Temperatur im Kühlwasseraustritt vorgeschrieben. Die Temperatur der Ansaugluft ist entsprechend der Strahlungswärme des Motors 20...25 °C. Die Temperatur des Kraftstoffes verhält sich ähnlich mit 22...26 °C.

6. Darstellung der Ergebnisse aus dem Basislauf

Die Leistung, den Nutzmitteldruck, die Kraftstoffeinspritzmenge, den spezifischen Kraftstoffverbrauch und den Rauchwert, die bei 2500, 1500 und 1000/min und 100 °C Kühlmittel-Austrittstemperatur gefahren worden sind, zeigt das Bild 10.

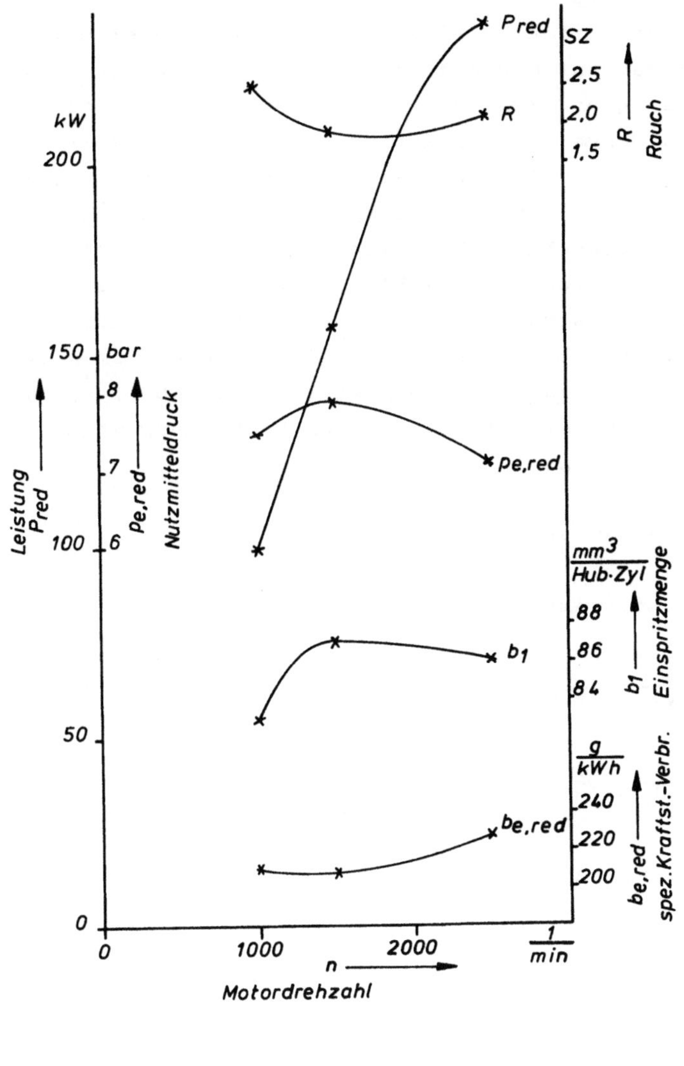

Bild 10: Bremsdaten bei Vollast des Motors

Die zugehörigen Temperaturen des Öles im Hauptkanal, des Kraftstoffes vor Motor und der Ansauglust, der Barometerstand und der nach DIN 70 020 errechnete Reduktionsfaktor sind im Bild 11 aufgezeichnet. Bezogen auf die Zeit und bezogen auf Kurbelwellenumdrehung und Zylinder stehen zum Vergleich die Durchblasemenge, der Ölverbrauch und der Zwickelverschleiß im Bild 12. Außerdem ist der auf Leistung und Zeit bezogene Ölverbrauch dargestellt. Die auf Kurbelwellenumdrehung und Zylinder bezogenen Werte fallen mit steigender Drehzahl überproportional ab und nehmen besonders im Ölverbrauch und Zwickelverschleiß mit der Motorlaufzeit ab. Dies ist gesondert mit dem Bild 13 herausgestellt. Der überproportionale Abfall weist auf jetzt schon recht ausgewogene Reibpartner hin.

Berechnen der Werte:

Durchblasemenge

$$\frac{V_D}{U.Zyl} = \frac{V_D}{t.n} \cdot \frac{1000}{Zyl} \qquad (1)$$

$$\frac{cm^3}{U.Zyl} = \frac{dm^3.min}{min.U} \cdot \frac{cm^3}{dm^3.Zyl}$$

Verschleiß

$$\frac{Verschleiß}{U.Zyl} = \frac{Verschleiß}{t.n} \cdot \frac{1000}{60.Zyl} \qquad (2)$$

$$\frac{ng}{U.Zyl} = \frac{\mu g.min}{h.U} \cdot \frac{ng.h}{\mu g.min.Zyl}$$

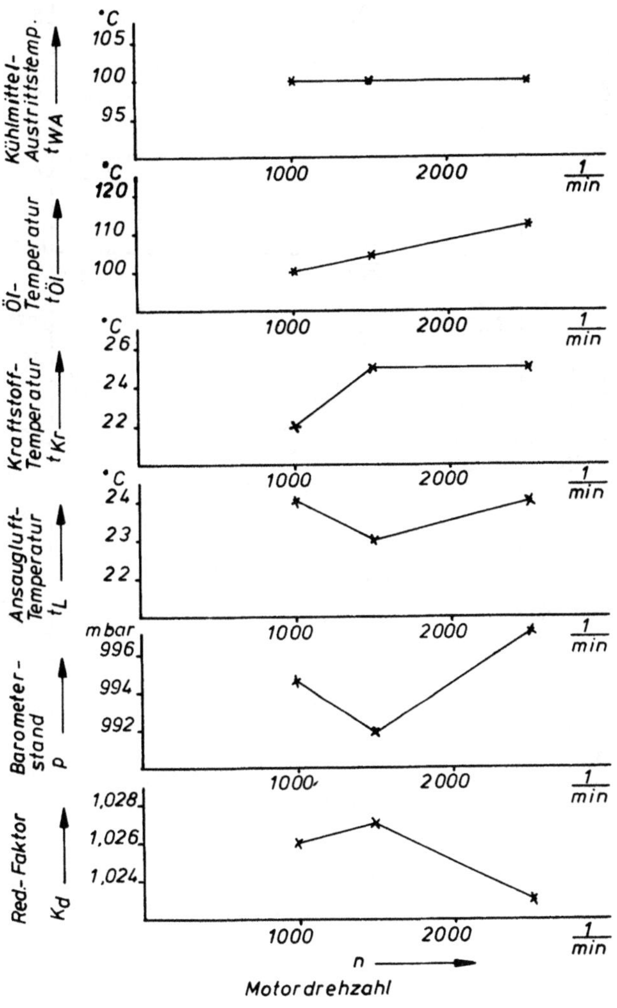

Bild 11: Temperaturen, Barometerstand und Reduktionsfaktor bei Vollast des Motors

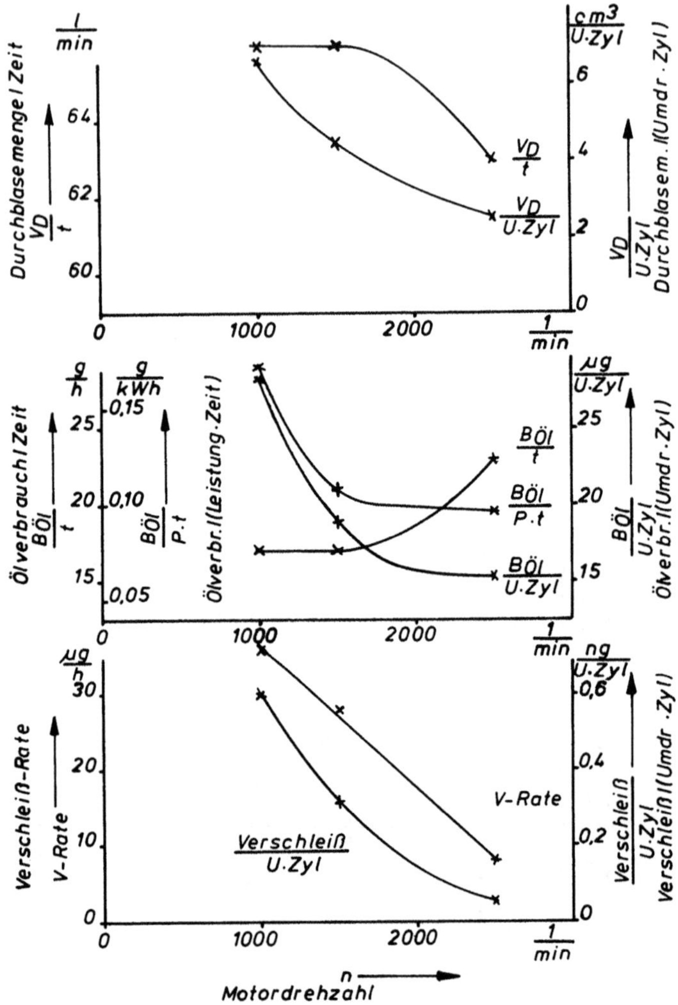

Bild 12: Durchblasemenge, Ölverbrauch und Verschleiß-Rate bei Vollast des Motors

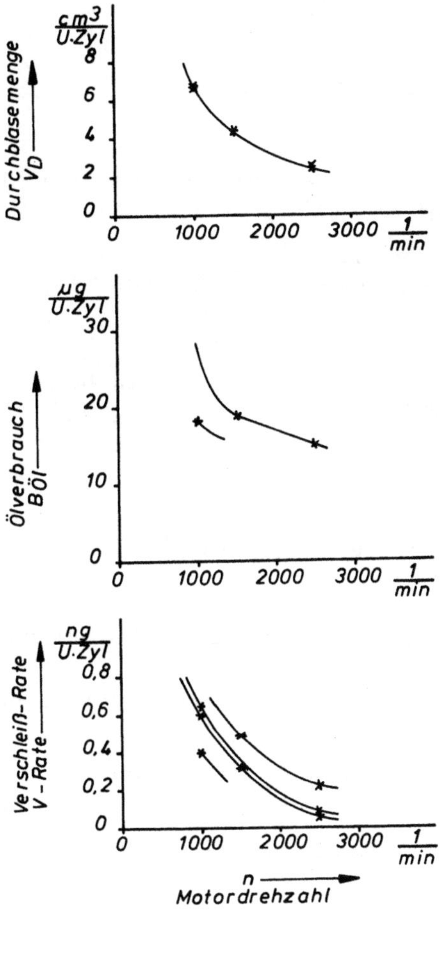

Bild 13: Durchblasemenge, Ölverbrauch und Verschleißrate auf eine Kurbelwellen-Umdrehung und einen Zylinder bezogen bei Vollast des Motors

Ölverbrauch

$$\frac{B_{Öl}}{U.Zyl} = \frac{B_{Öl}}{t.n} \cdot \frac{1\,000\,000}{60.Zyl} \qquad (3)$$

$$\frac{\mu g}{U.Zyl} = \frac{g.min}{h.U} \cdot \frac{\mu g.h}{g.min.Zyl}$$

im Verhältnis zum auf Leistung und Zeit bezogenen Ölverbrauch:

$$\text{über } P = \frac{p_e \cdot V_h . Zyl . n}{1200} \quad \text{in kW (für Viertakt)}$$

$$\frac{\frac{B_{Öl}}{U.Zyl}}{\frac{B_{Öl}}{p.t}} = \frac{p_e . V_h}{0{,}072} \qquad \begin{array}{l} p_e \text{ in bar} \\ V_h \text{ in dm}^3 \end{array} \qquad (4)$$

$$\frac{B_{Öl}}{U.Zyl} \text{ in } \frac{\mu g}{U.Zyl} \quad \text{und} \quad \frac{B_{Öl}}{P.t} \text{ in } \frac{g}{kW.h}$$

7. Wertung der Ergebnisse aus dem Basislauf

Diese Ausgangsergebnisse sind wertfrei und erhalten erst Aussagekraft, wenn die Ergebnisse des Motorlaufes mit anderen Ausrüstungen vorliegen.

8. Zusammenarbeit mit dem Partner des Forschungsvorhabens

Der Teil des Forschungsvorhabens, den Daimler-Benz mit der praktischen Erprobung in Motorläufen übernommen hat, ist eng verbunden mit dem der labormäßig-experimentellen und theoretischen Arbeiten im Institut für Kolbenmaschinen der Universität Hannover der Projektleiter Herrn Prof. Dr.-Ing. K. Groth und Herrn Prof. Dr.-Ing. H. Kruse.

Das Institut für Kolbenmaschinen der Universität Hannover hat die gewünschten, zahlreichen Zylinderlaufbuchsen und Kolben mit Kolbenringen für die labormäßig-experimentellen Arbeiten erhalten, die in Sonderausführung und in engen Toleranzen angefordert worden sind.

Für die theoretischen Arbeiten vorerst mit dem vorhandenen Programm zum zweidimensionalen stationären Rechenmodell haben wir Laufflächenprofile des obersten Kolbenrings vorgeschlagen, um abschätzen zu können, ob die Ergebnisse in einem Verhältnis zu denen der Motorenläufe stehen. Die Vorschläge sind in der beiliegenden Tabelle 9 dargestellt.

9. Folgerungen

Wenn die Ergebnisse der labormäßig-experimentellen und theoretischen Arbeiten des Partners vorliegen und zu erwarten ist, daß die ermittelte Formgebung und Oberfläche der Gleitpartner zur Optimierung der hydrodynamischen Traganteile beiträgt, wird die praktische Erprobung in Motorenläufen fortgesetzt, obwohl der BMFT-Auftrag diesbezüglich beendet ist. Dem Partner werden die Ergebnisse für seinen Schlußbericht mitgeteilt.

Die labormäßig-experimentellen und theoretischen Arbeiten am Institut für Kolbenmaschinen der Universität Hannover sollen zu optimierten Ausführungsformen der Kolbenringlauffläche mit vergrößerten hydrodynamischen Anteilen führen, die dann im praktischen Motorbetrieb auf die komplexen Funktionsanforderungen im Motor zu testen sind. Die günstigste Form bezüglich Reibung, Dichtheit und Verschleiß ist noch zu ermitteln. Die bisherigen Arbeiten lassen erkennen, daß nicht alle Forderungen gleichzeitig optimal erfüllt werden können. Ein brauchbarer Kompromiß wird gesucht.

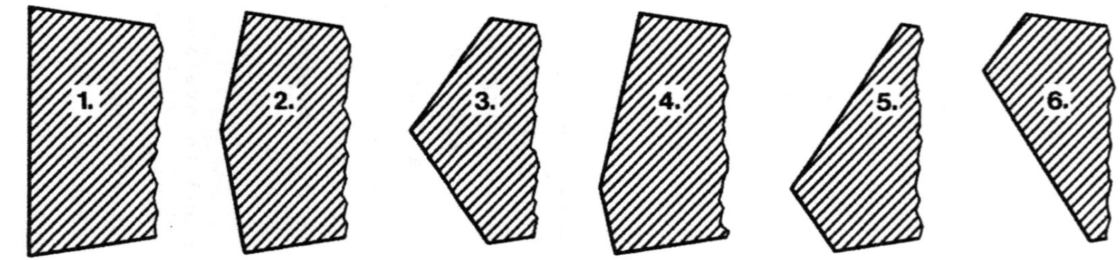

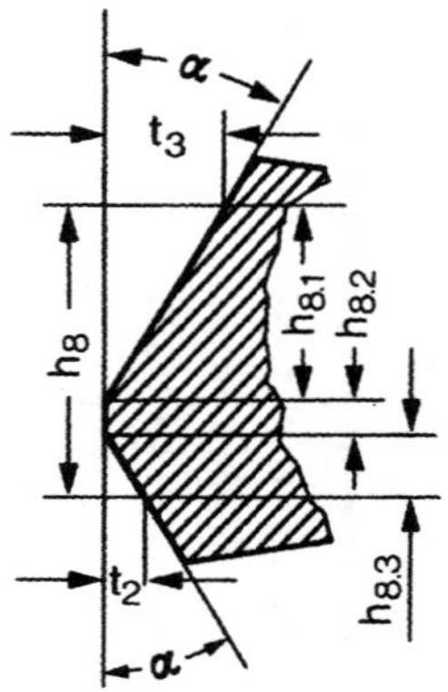

Abmessungen	Ausführung					
	1.	2.	3.	4.	5.	6.
t_3 µm	0	5...10	25...30	12...18	41...47	7...11
t_2 µm	0	5...10	25...30	1...4	7...11	41...47
α °u.′	0°	30′	1° 30′	30′	1° 30′	1° 30′
$h_{8.1}$ mm	–	1,0	1,0	1,7	1,7	0,3
$h_{8.2}$ mm	–	0,1	0,1	0,1	0,1	0,1
$h_{8.3}$ mm	–	1,0	1,0	0,3	0,3	1,7
Bemerkungen	nicht ballig	zentrisch ballig	zentrisch und sehr ballig	nach unten exzentrisch ballig	nach unten exzentrisch und sehr ballig	nach oben exzentrisch und sehr ballig

Tabelle 9: Laufflächenprofile des obersten Kolbenrings

REIBUNG, SCHMIERUNG UND VERSCHLEISS AN KOLBEN-KOLBENRING-ZYLINDERSYSTEMEN

Bearbeiter:
Dipl.-Ing. H.-H. Krause
Dipl.-Ing. U. Todsen

U n i v e r s i t ä t   H a n n o v e r

Institut für Kolbenmaschinen
Prof. Dr.-Ing. K. Groth
Prof. Dr.-Ing. H. Kruse
Hannover

Förderkennzeichen: 01 ZT 578
Laufzeit: 01. 08. 1978 - 30. 02. 1982

G L I E D E R U N G

1. EINLEITUNG

In der Baugruppe Kolben-Kolbenring-Zylinder entstehen bei Hubkolbenmaschinen bis zu 60% der mechanischen Reibungsverluste /10/. Die Kolbenringe tragen dabei einen wesentlichen Teil zu diesen Verlusten bei. Durch die in den Totpunktlagen auftretende Mischreibung wird der Ring- und Buchsenverschleiß verursacht. Der Ölverbrauch wird überwiegend durch die Kolbengruppe bestimmt.
Die Optimierung der Kolbenringlaufprofile hinsichtlich einer Vergrößerung des hydrodynamischen Schmierungsbereiches sowie der Verringerung der hydrodynamischen Reibungswerte ist unumgänglich, sofern eine Verbesserung des Betriebsverhaltens erreicht werden soll.
Ziel des Vorhabens war es, mittels meßtechnischer und rechnerischer Parameterstudien vorhandene Rechenmodelle zu überprüfen und auszubauen, so daß ein praktisch anwendbares Berechnungsverfahren für die tribologisch optimierte Auslegung der Kolbenringe vorliegt. Die Untersuchung gliederte sich in eine theoretische Betrachtung der Kolbengruppe, die mittels der Rechenprogramme und Modellversuche durchgeführt wurde sowie der meßtechnischen Untersuchung des Systems "Kolben-Ring-Zylinder" unter motorähnlichen Betriebsbedingungen.

2. MATHEMATISCHE MODELLE

Die mathematische Beschreibung des Schmierfilms ist von Kruse /1/ und Wrede /2/ durchgeführt worden.

Die wichtigsten Gleichungen seien hier noch einmal vorgestellt. Die Grundlage bildet die Reynold'sche Differentialgleichung für inkompressible laminare Newtonsche Medien.

$$\frac{\delta}{\delta x}\left(h^3\frac{\delta p}{\delta x}\right) + \frac{\delta}{\delta z}\left(h^3\frac{\delta p}{\delta z}\right) = 6\eta(U_1-U_2)\frac{\delta h}{\delta x} + 6\eta h\frac{\delta}{\delta x}(U_1+U_2) + 12\eta V$$

Gl. 1

Eine anlytische Lösung dieser Gleichung ist bisher nicht möglich. Die numerische Lösung dieser Gleichung ist sehr umfangreich. Sie läßt sich aber durch zweckmäßige Vereinfachungen mit geringerem Rechenaufwand erzielen.

Unter Annahme einer konstanten Geschwindigkeit ist diese Gleichung für beliebige Teilfüllung des Schmierspaltes, eine exzentrische Kolbenstellung, bei der ein Abweichen von der Umfangssymmetrie notwendig wird, folgendermaßen zu vereinfachen:

$$\frac{\delta}{\delta x}\left(h^3 \frac{\delta p}{\delta x}\right) + \frac{\delta}{\delta z}\left(h^3 \frac{\delta p}{\delta z}\right) = 6\eta U \frac{\delta h}{\delta x} \qquad \text{Gl. 2}$$

Dieser Ausdruck beschreibt die einfachste Form der stationären dreidimensionalen Reynold'schen Differentialgleichung. Die Lösung dieser Gleichung erfolgt nach der Differenzenmethode.

Setzt man einen zentrisch geführten Kolben und eine über den Umfang gleichmäßige Ölverteilung voraus und läßt außerdem eine radiale Bewegung des Kolbenringes zu, ergibt sich die Gleichung zu:

$$\frac{\delta}{\delta x}\left(h^3 \frac{\delta p}{\delta x}\right) = 6\,\eta\, U \frac{\delta h}{\delta x} + 12\,\eta\, V \qquad \text{Gl. 3}$$

Dieser Ausdruck beschreibt den instationären Fall, d.h. er läßt eine variable Geschwindigkeit mit veränderlicher Geschwindigkeit des Kolbens zu und berücksichtigt die Druckerzeugung durch Verdrängungswirkung. Mit den o.g. Voraussetzungen kann diese Gleichung die Schmierfilmverhältnisse in einer realen Kolbenmaschinen mit einer der Kurbeltriebkinematik entsprechenden Geschwindigkeitsverteilung

$$u = r \cdot \omega \cdot (\sin(\omega t) + \frac{\lambda}{2} \cdot \sin(2\omega t)) \qquad \text{Gl. 4}$$

beschreiben.

Somit ist durch diese Gleichung eine Berechnung der Schmierfilmhöhen auch in den Totpunkten möglich. Zur Beurteilung des Tragverhaltens unterschiedlicher Kolbenringe ist dies einer der wichtigsten Punkte. Für die Reibungsverluste ist der Punkt höchster Geschwindigkeit in Hubmitte wichtig.

Im folgenden werden die Ergebnisse der Rechnungen und der Versuche zur Bestimmung der Schmierfilmverhältnisse bei stationären und instationären Bedingungen vorgestellt.

2.1 Ergebnisse der Rechnungen

Mit den oben beschriebenen Gleichungen sind die Schmierfilmverhältnisse in dem System Kolben-Ring-Zylinder berechnet worden. Für eine gleichförmige Geschwindigkeit unter Berücksichtigung des Seitenflusses wurde die Druckverteilung im Ölfilm mit Hilfe der Gleichung 2 ermittelt. Das dreidimensionale

Druckprofil für verschiedene Seitenlaufprofile der Kolbenringe wird in den Bildern 1 - 5 gezeigt. Die konstanten Parameter sind:

- Relativgeschwindigkeit der Gleitpartner
- Belastung der Kolbenringe
- Ölangebot

Die Druckverteilung für ein trapezförmiges Profil wird im <u>Bild 1</u> gezeigt. Die Gleitgeschwindigkeit beträgt 3 m/s und die Vorspannung 2 bar. Der Druckaufbau beginnt am Einlaß des sich verengenden Spaltes des Profiles. Das Druckmaximum, dessen Wert 5,1 bar beträgt, liegt in der ersten Hälfte des Ringes. Der Druckaufbau endet im divergierenden Spalt, d.h. für dieses Profil wird nach 64% der Ringhöhe der Umgebungsdruck erreicht.

Die in <u>Bild 2</u> gezeigte Druckverteilung eines balligen Profiles ähnelt der des Trapezprofiles. Auch hier ist ein symmetrisches Druckprofil zu verzeichnen. Der maximale Druck liegt mit 5,7 bar etwas höher als bei dem erstgenannten Profil, während sich der Druckaufbau hier auf 60% der Ringhöhe erstreckt.

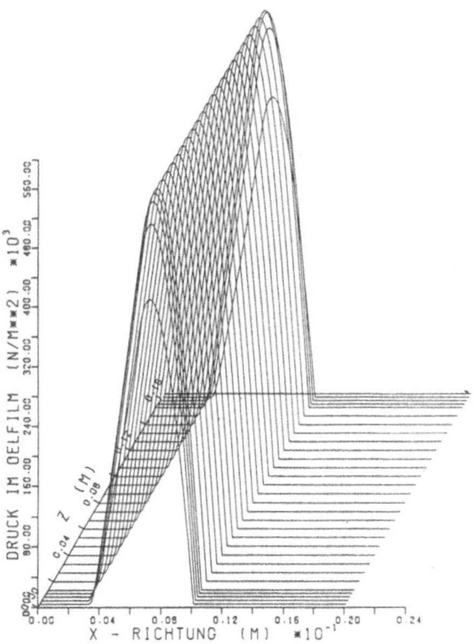

<u>Bild 1:</u> Druckverteilung unter einem trapezförmigen Ring

<u>Bild 2:</u> Druckverteilung unter einem balligen Ring

Bei dem stark balligen Profil ist auffällig, daß die Druckverteilung nicht mehr symmetrisch ist, wie sie bei dem trapezförmigen und balligen Profil auftrat (Bild 3). Der Druckaufbau bis zum maximalen Wert von 8,8 bar nimmt einen sehr viel größeren Raum ein, als der steile Abfall nach dem höchsten Punkt. Dieses Verhalten prägt sich bei einer geringen Relativgeschwindigkeit noch stärker aus. Bei einer Geschwindigkeit von 0,5 m/s steigt der Druck am Anfang des Ringprofiles allmählich an, um nach Erreichen einer ausgeprägten Spitze bei 23,4 bar steil abzufallen.

Die errechneten Druckverteilungen unter einem exzentrisch balligen Profil werden in Bild 4 und 5 gezeigt. Auf Grund des unsymmetrischen Profiles sind hier zwei Bewegungsrichtungen zu betrachten:

1. die Balligkeit ist gegen die Bewegungsrichtung verschoben, es ergibt sich ein großer konvergierender Spalt,
2. die Balligkeit ist in Bewegungsrichtung verschoben, hierdurch ergibt sich ein kurzer konvergierender Spalt.

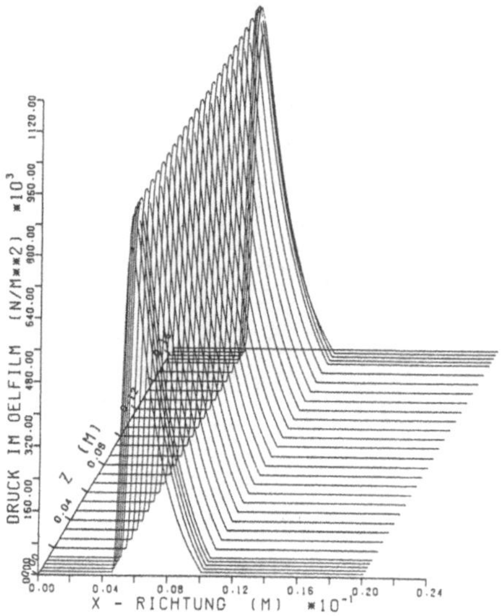

Bild 3:

Druckverteilung unter einem stark balligen Ring

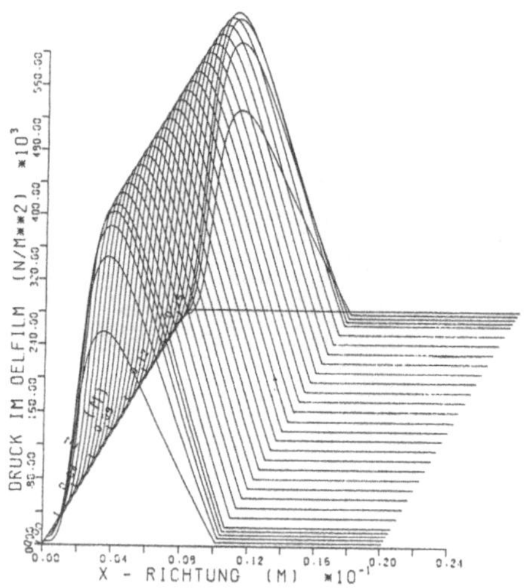

Bild 4:

Druckverteilung unter einem exzentrisch balligen Ring

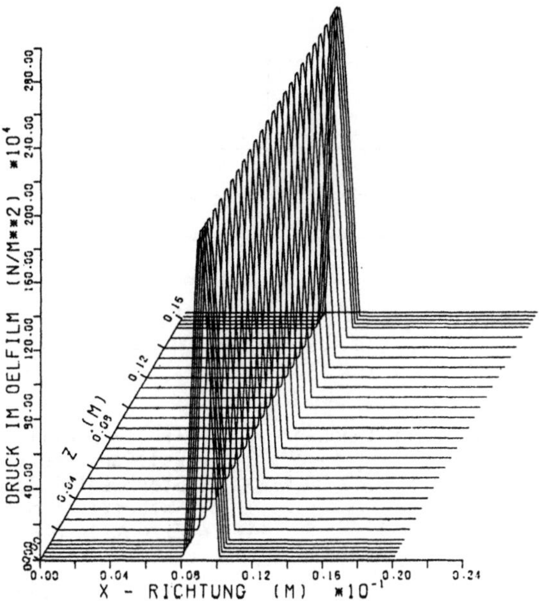

Bild 5:

Druckverteilung unter einem exzentrisch balligen Ring

Im ersten Fall findet ein Druckaufbau fast über die gesamte Ringbreite statt. Hier beträgt der höchste Druck 3,7 bar; wobei das Maximum hinter die Profilmitte verschoben ist.

Bei der entgegengesetzten Gleitrichtung ist ein Druckaufbau zu beobachten, der nur einen schmalen Bereich der Ringhöhe einnimmt. Bei einer Relativgeschwindigkeit von 3,0 m/s beträgt dieser 20% der Ringhöhe. Der Druck steigt allerdings steil bis auf 18,2 bar an. Hier wird deutlich, daß durch die wesentlich schmalere Basis für den Druckaufbau ein sehr viel größerer Druck aufgebaut werden muß, damit der Ring die gleiche Belastung wie im ersten Fall aufnehmen kann.

Außerdem wurde eine Abhängigkeit der Lage des Druckmaximums von der Relativgeschwindigkeit bei den untersuchten Ringprofilen festgestellt: Mit steigender Geschwindigkeit verlagert sich das Maximum weiter in die erste Hälfte des Ringes. Der Spitzendruck zeigt eine eindeutige Abhängigkeit von der tragenden Schmierfilmlänge. Weiterhin wurde die Form der Druckverteilung bei unterschiedlichen Profilen deutlich sichtbar.

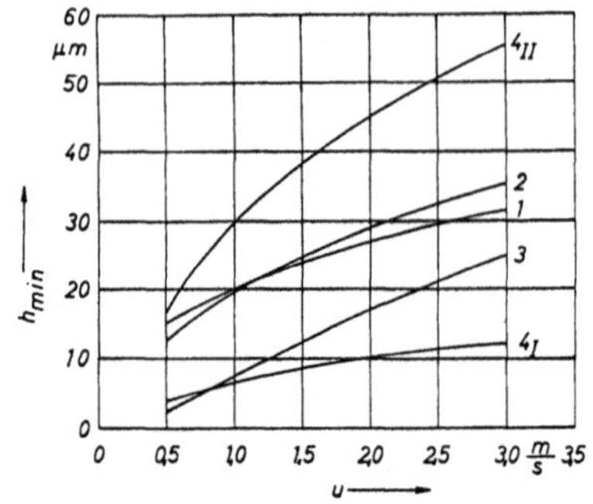

Bild 6: Minimale Schmierfilmhöhen
1 = Trapez-Profil
2 = Balliges Profil
3 = Stark balliges Profil
4_I = Exzentrisch balliges Profil
4_{II} = Exzentrisch Balliges Profil

Die sich aus diesen Berechnung ergebenden minimalen Schmierfilmhöhen werden in Bild 6 gezeigt. Eine konstante Relativgeschwindigkeit und eine konstante Belastung der Kolbenringe wurde bei der Ermittlung der Weite für die unterschiedlichen Profile vorausgesetzt.

Die minimale Schmierfilmhöhe steigt mit größerwerdenden Relativgeschwindigkeiten der Gleitpartner. Die Unterschiede der für das trapezförmige und das ballige Profil ermittelten Werte sind nicht sehr groß. Für das stark ballige Profile wurden allerdings wesentlich geringere Schmierfilmhöhen errechnet. Bei dem exzentrisch balligen Profil mußten auf Grund der Unsymmetrie wiederum zwei Gleitrichtungen untersucht werden. Ist die Balligkeit gegen die Bewegungsrichtung verschoben, ergeben sich sehr große Schmierfilmerstreckungen und -höhen. Dagegen ergeben sich in der anderen Gleitrichtung sehr geringe Schmierfilmhöhen.

2.2 Beschreibung des Modellgleiters

Eine Übersichtszeichnung des Modellgleiters /3, 4/ zur Simulation der Schmierfilmverhältnisse im System Kolben-Ring-Zylinder ist in Bild 7 dargestellt. Auf einem gemeinsamen Fundament sind Gleitermodell und Hydrozylinder angeordnet. Kolben, Kolbenring und Zylinder sind als eine ebene Gleitpaarung ausgebildet.

Der ebene Zylinder wird bei diesem Versuchsstand durch eine spezielle Hydraulik angetrieben, während der Kolben und das Kolbenringmodell an einem festen Portal befestigt sind.

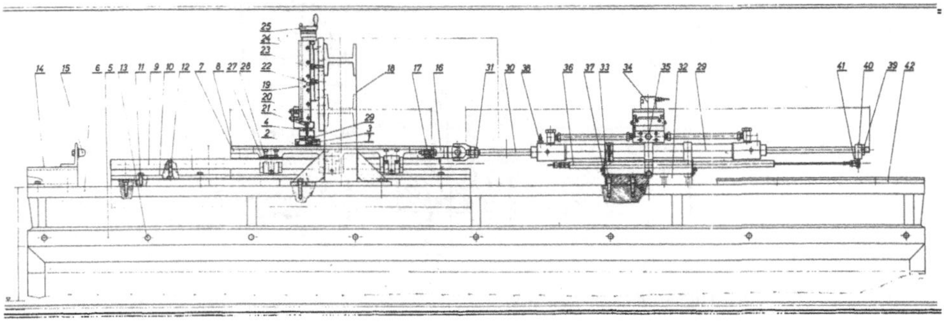

Bild 7: Modellgleiter

Bild 8 zeigt die korrespondierenden Abmessungen des Kolbenmodells mit einem trapezförmigen Ring.

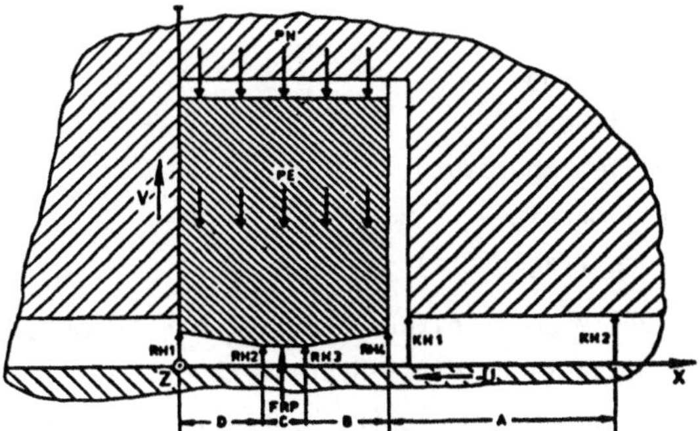

Bild 8: Kolben-Ring-Zylinder

Das ebene Kolbenringmodell mit den eingebauten Meßsystemen ist in Bild 9 gezeigt. In dem Kolbenring sind Thermoelemente und zwei Weggeber-Paare installiert, die es erlauben, die Schmierfilmhöhe während des gesamten Hubes und in den Totpunkten zu messen.

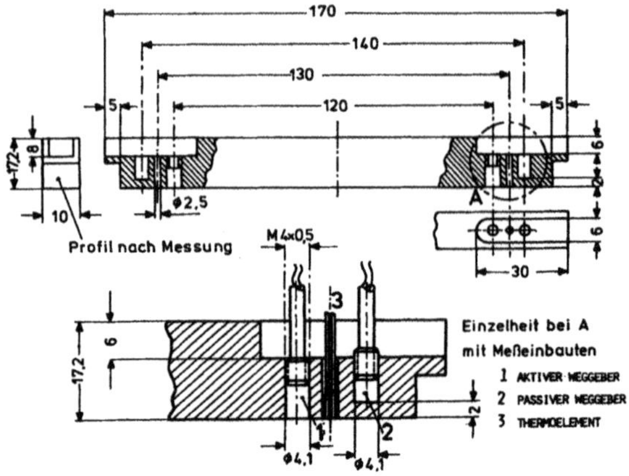

Bild 9: Kolbenringmodell

Das Kolbenmodell ist mit einem vorgespannten Dreikomponenten-Dynamometer an einem Portal aufgehängt, um die entstehenden Schmierfilmkräfte messen zu können. Das Druckprofil kann mit einem in der Gleiterebene eingebauten piezoelektrischen Druckgeber aufgenommen werden. Es können also folgende Signale gemessen werden:

- Öldruck
- Druckverteilung
- Schmierfilmhöhe
- Schmierfilmtemperatur
- Schmierfilmkräfte
  (Reib- und Tragkräfte)

Der Kurbelantrieb des Modellgleiters arbeitet mit einem hydrostatischen Linearantrieb. Dieser besteht aus einem Hydraulikkreislauf, einem doppelt wirkenden Hydraulikzylinder, einem elektro-hydraulischen Servoventil und einem elektronischen Kurbeltriebsimulator. Hiermit können die folgenden Parameter eingestellt werden:

$r = 0 - 400$ mm
$\lambda = 0 - 0{,}3$
$\omega = 0 - 12\ s^{-1}$

r = Kröpfungsradius
λ = Pleuelstangenverhältnis
ω = Kreisfrequenz

Zusätzlich können konstante Geschwindigkeiten bis zu 4,5 m/s realisiert werden.

Um die Schmierfilmverhältnisse im System Kolben-Ring-Zylinder bestimmen zu können, sind zahlreiche Versuche mit verschiedenen Kolbenringprofilen ausgeführt worden. Die unterschiedlichen Kolbenringprofile waren zum Vergleich zwischen den theoretischen und experimentellen Ergebnissen notwendig. Die in dem Bild 10 gezeigten Profile korrespondieren mit denen im theoretischen Teil angesprochenen.

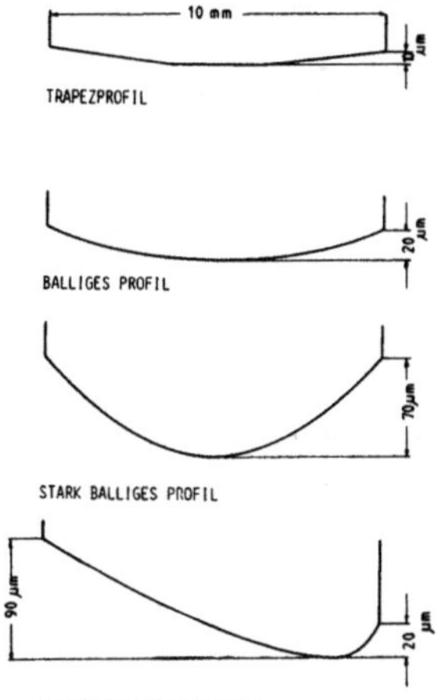

Bild 10: Kolbenringprofile

Das obere Profil zeigt das trapezförmige Profil (Keilwinkel = $0{,}1^{o}$, Höhe des Keiles 10 µm). Das ballige Profil ist symmetrisch und besitzt eine Höhe von 20 µm, während die Höhe des stark balligen Profiles 70 µm beträgt. Das vierte Profil ist das exzentrisch ballige. Die Profilhöhe beträgt 90 µm auf der einen Seite des Ringes und 20 µm auf der anderen.

2.3 Vergleich der gemessenen und gerechneten Werte

Ein Vergleich der theoretischen und experimentell ermittelten Schmierfilmhöhen für ein balliges Profil ist in Bild 11 gezeigt. Die durchgezogene Linie repräsentiert die errechneten Werte,während die gemessenen Werte durch die Dreiecke dargestellt werden. Eine gute Übereinstimmung und damit die Anwendbarkeit des theoretischen Modells (Gl. 2) kann hiermit gezeigt werden. Diese Vergleiche beziehen sich auf eine konstante Geschwindigkeitsverteilung des Kolbens über den Hub.

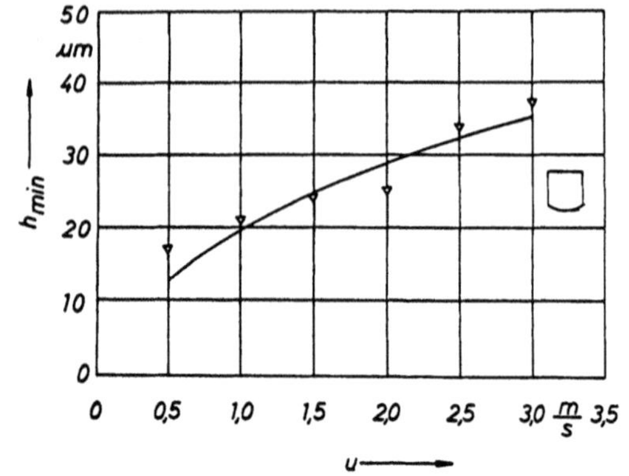

Bild 11:
Minimale Schmierfilmhöhe unter einem balligen Ring

Mit einer der Kurbeltriebkinematik entsprechenden Geschwindigkeitsverteilung (Gl. 4) sind weitere experimentelle Untersuchungen durchgeführt worden. Die in Bild 12 gezeigten Ergebnisse sind bei dieser Geschwindigkeitsverteilung gemessen worden.

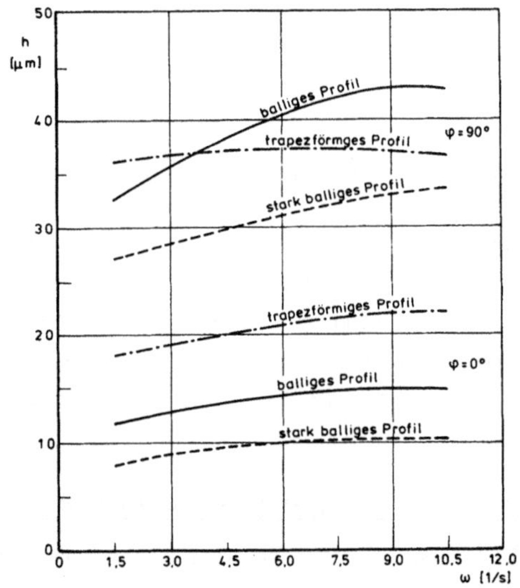

Bild 12:
Minimale Schmierfilmhöhen

Die drei oberen Kurven beschreiben die Schmierfilmhöhe im Punkt maximaler Kolbengeschwindigkeit in Hubmitte ($\varphi = 90^0$). Die unteren Linien des Bildes zeigen die Schmierfilmhöhen in den Totpunkten ($\varphi = 0^0$). Im Punkt maximaler Geschwindigkeit zeigen sich beim balligen Profil bei Kreisfrequenzen größer 3,9 s^{-1} größere Schmierfilmhöhen als beim trapezförmigen Ring. In den Totpunkten und in Hubmitte werden vom stark balligen Profil nicht die Schmierfilmhöhen der

oben diskutierten Ringe erreicht.
Die Bilder 13 und 14 zeigen den Vergleich zwischen den gerechneten und gemessenen Werten bei instationären Bedingungen.

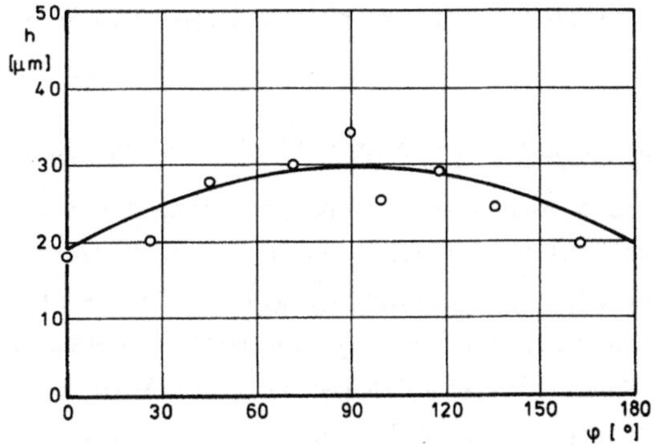

Bild 13: Minimale Schmierfilmhöhe unter einem trapezförmigen Ring

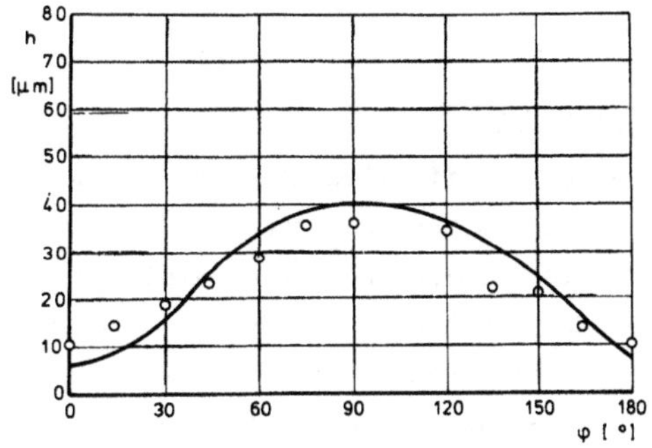

Bild 14: Minimale Schmierfilmhöhe unter einem balligen Profil

Die minimale Schmierfilmhöhe ist in diesen Bildern für verschiedene Kurbelwinkel aufgetragen worden. Die gute Übereinstimmung zwischen den theoretischen und experimentell ermittelten Werte ist auch hier - wie schon beim Fall stationärer Geschwindigkeit - deutlich sichtbar und zeigt damit die Anwendbarkeit des theoretischen Modells, das mit Gleichung 3 beschrieben wurde, für dieses Schmierungsproblem. Der Vergleich der Bilder 13 und 14 zeigt deutlich die Unterschiede der verwendeten Kolbenringprofile: zum einen eine gute hydrodynamische Schmierung beim balligen Profil in Hubmitte aber auch eine niedrige Schmierfilmhöhe in den Umkehrpunkten, zum anderen eine gute Schmierwirkung durch Verdrängung beim trapezförmigen Profil.

3. UNTERSUCHUNG DES SYSTEMS KOLBEN-RING-ZYLINDER IM MOTORNAHEN BETRIEB

3.1 Die Aufgabenstellung hinsichtlich meßtechnischer Untersuchungen

Die Weiterentwicklung vorhandener Rechenprogramme zur reibungsmäßigen Optimierung von Ringseitenlaufprofilen kann nur unter Berücksichtigung praxisgerechter Randbedingungen durchgeführt werden. Es war daher geplant, neben der Absicherung der theoretischen Überlegungen mittels meßtechnischer Untersuchungen an einem Modellgleiter, die Reibkraftverläufe der verschiedenen Ringprofile unter motornahen Betriebsbedingungen zu ermitteln. Diese Messungen sollten das physikalische Rechenmodell hinsichtlich der Anwendbarkeit für den Motorbetrieb überprüfen und ggf. zu Verbesserungen bezüglich der Randbedingungen führen. Als Versuchsparameter waren neben der Ringform, die Ringanzahl wie auch Temperatur, Druckverlauf, Drehzahl und Schmiermittelangebot vorgesehen.

3.2 Stand der Technik

Die in den letzten Jahren veröffentlichten Arbeiten auf dem Gebiet der Kolben-Kolbenring-Reibung beinhalten zwar für den Bereich der experimentellen Untersuchungen eine Weiterentwicklung der Gerätetechnik, aber ähnlich wie bei den theoretischen Untersuchungen des Systems konnten keine wesentlichen neuen Erkenntnisse gewonnen werden. In den meisten Arbeiten wurden nur Teilaspekte der Kolbengruppe an speziellen Modellapparaturen untersucht. Die Übertragbarkeit der Ergebnisse auf den realen Motorbetrieb ist dabei oft nicht gewährleistet und der Einfluß anderer Parameter nicht immer eindeutig klärbar. Ein Überblick über neueste Reibungsuntersuchungen am System Kolben-Ring-Zylinder ist in /5, 6, 7/ wiedergegeben.

Die grundlegenden allgemeinen physikalischen Zusammenhänge und tribologischen Erkenntnisse bezüglich der Kolbengruppe finden sich in der Arbeit von Englisch /8/, in der sich somit auch heute noch der Stand der Technik wiederspiegelt.

3.3 Beschreibung des Reibungsprüfstandes

Zur Untersuchung des tribologischen Verhaltens der Kolbengruppe existieren unterschiedliche Meßanordnungen und es galt zu überprüfen, welcher Versuchsaufbau den Betrieb unter motornahen Bedingungen zuläßt.

Maschinen mit feststehendem Kolben und axial geführten Zylinderbuchsen bieten zwar einfache Möglichkeiten zur Erfassung und Weiterleitung interessierender Meßwerte und deren Verlauf über den Hub vom Kolben aus (z.B. die axiale und radiale Ringbewegung, das Vertwisten der Ringe, die Schmierfilmausbildung am Ring, Gasdrücke im Ringpaket, Kolbenbetriebsspiele sowie die unterschiedlichen Bauteil- und Schmierfilmtemperaturen). Dahingegen sind die Einflüsse von Massenkräften und der Kolbensekundärbewegungen nicht zu berücksichtigen. Der Viertaktbetrieb ist im gefeuerten und geschleppter Form nicht realisierbar.

Ähnlich wie beim beschriebenen Modellgleiter sind am kreuzkopf-geführten Kolben Parameterstudien bezüglich der Ringreibung ohne Berücksichtigung des Kolbeneinflusses gut möglich. Das Fehlen des Kolbensekundärbewegungseinflusses, wie er bei den meistverbreiteten Motoren, den Tauchkolbenmaschinen, vorliegt, läßt Fragen zur Realitätsbezogenheit solcher Messungen offen.

Die Hauptaufgabe am Reibungsprüfstand bestand in der Erfassung der mechanischen Verluste der Kolbengruppe unter motornahen Bedingungen zur Überprüfung und realitätsbezogenen Anpassung der Rechenprogramme. Parallel hierzu wurde die Erfassung des Buchsenverschleißes in OT-Lage des ersten Kompressionsringes (auch Zwickelverschleiß genannt) sowie die Messung des Ölverbrauchs und der Durchblasemenge an einem gefeuerten Lkw-Serienmotor bei der Fa. Daimler-Benz AG, Stuttgart, in Angriff genommen. Um einen Vergleich zwischen Reibung, Verschleiß und Ölhaushalt zu ermöglichen, sollte der Reibungs-Versuchsmotor dem gefeuerten Serienmotor in folgendem ähnlich sein:

a) geometrische Abmessungen des Kurbeltriebs und der Kolbengruppe,
b) Betriebsspiele der Kolbengruppe,
c) Oberflächengesaltung der Gleitpartner,
d) Massen- und Gaskraftbelastungen an Kolben und Ringen,
e) Geschwindigkeitsniveau und -verteilung,
f) Ölversorgung sowie Schmiermittelviskosität im Zylinderbereich,
g) Temperaturniveau und -verteilung an der Zylinderbuchse und am Kolben.

Es sollten dabei einige konstruktive Parameter variiert werden, wie: Ringseitenlaufprofil, Ringanzahl, -oberflächentopographie und -tangentialkraft und

Kolbenbetriebsspiele sowie die Betriebsbedingungen Drehzahl, Last, Schmiermittelangebot und -viskosität und die Buchsentemperatur.

Bei der Untersuchung verschiedener Ringprofile erschien es zunächst zweckmäßig, die Reibungsmessung direkt am Ring vorzunehmen. Bei der Betrachtung der am Kolbenring angreifenden Gas- und Massenkräfte und der daraus resultierenden Ringbewegung zeigt sich, daß die zu untersuchenden Reibungskräfte z.T. größenordnungsmäßig nur mit 1% an den Gesamtkräften beteiligt sind. Sie liegen damit im Bereich der Meßungenauigkeit. Dies sowie die ungünstigen Einbau- und Betriebsbedingungen für die Meßwertgeber lassen Reibkraftmessungen am Ring nicht zu. Die Ermittelung der axial auf die Zylinderbuchse wirkenden Kräfte gibt zwar nur Aufschluß über die Gesamtreibung der Kolbengruppe, sie bietet aber neben der einfachen und eindeutigen Reibkraftmessung die Möglichkeit den Einfluß unterschiedlicher Ringe auf das Gesamtsystem zu überprüfen.

Um den o.a. Forderungen gerecht zu werden, wurde an einem Einzylinder-Versuchsmotor vom Typ Hanomag-AVL D 412 (125/125) der Zylinderbereich vollständig neu konzipiert. Die Zylinderbuchse und der Kolben des Daimler-Benz Motors OM 403 sind in leicht modifizierter Form verwendet worden um eine eindeutige Zuordnung von Reibung und Verschleiß zu ermöglichen.

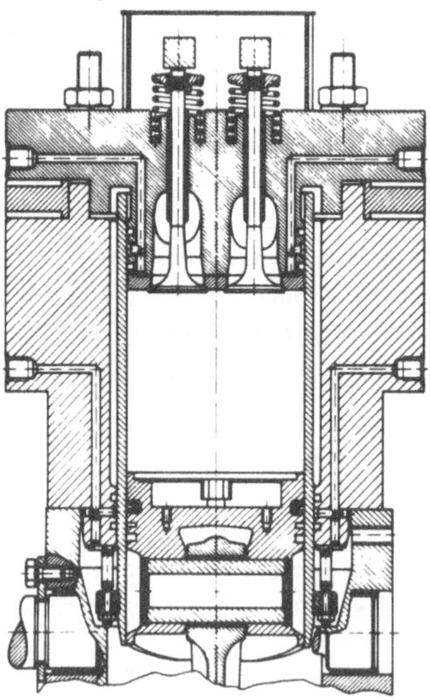

Bild 15: Versuchsmotor zur Kolbenreibungsuntersuchung

Wie in Bild 15 zu sehen ist, wird die Buchsenlagerung radial in zwei Ebenen mittels hydrostatischer Lager nach dem Prinzip "Eine Pumpe pro Tasche" mit je vier Taschen am Umfang und je einem Absaugkanal ober- und unterhalb des Druckbereiches ausgeführt. Die obere, innerhalb der Buchse wirkende Lagerung dient gleichzeitig als berührungslose Abdichtung des Kompressionsraumes bis zu maximalen Gasdrücken von ca. 100 bar. Mittels unterschiedlicher Zwischenscheiben ist das konstruktive Verdichtungsverhältnis von $\varepsilon = 6...22$ variierbar. Die Zylinderbuchse stützt sich in axialer Richtung über am unteren Buchsenumfang gleichmäßig verteilte Kraftaufnehmer gegenüber dem Motorblock ab. Die in Spitzen gelagerten und über Schrauben vorgespannten Aufnehmer sind so angeordnet, daß Kippmomente an der Zylinderbuchse infolge des Normalkraftverlaufes keinen Einfluß auf das Reibkraftsignal haben. Aufgrund der hydrostatischen Lagerung der Zylinderbuchse ist der Einfluß des Gasdruckes auf die Reibkraftmessung eliminiert. Andere Einflüsse, wie der Kurbelgehäuse- und Kühlmitteldruck sowie Temperatureinflüsse sind gering und können in einfacher Weise bei der Reibungsmessung für alle Betriebspunkte berücksichtigt werden.
Die Daten des Versuchsmotors lauten:

Hub	$s = 125$ mm
Bohrung	$D = 125$ mm
Nenndrehzahl	$n = 2500 \text{ min}^{-1}$
Pleuelverhältnis	$\lambda = 0{,}26$
Verdichtung	$C = 6...22$

Viertaktverfahren (für Diesel-Direkteinspritzung vorbereitet) externe Ölversorgungen

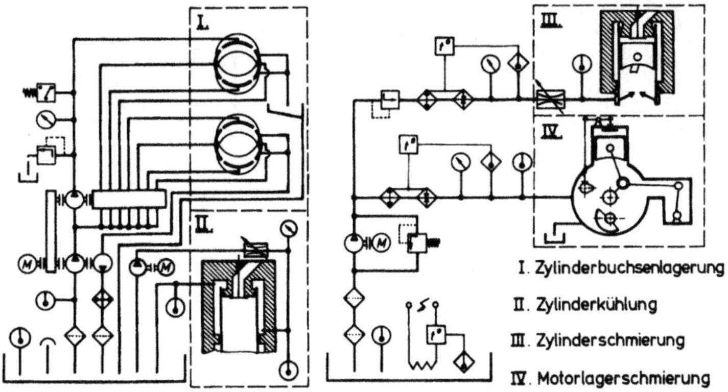

Bild 16: Ölversorgungssysteme für den Reibungsprüfstand

Die Ölversorgungsysteme für die Buchsenlagerung, die Buchsenkühlung, die Zylinderschmierung und die Motorlagerschmierung sind in Bild 16 wiedergegeben. Alle Systeme werden mit der gleichen Ölsorte der Klasse SAE 20W30 gefahren.

Die Darstellung der Meßstellen und der Signalverarbeitung ist in Bild 17 schematisch erfolgt. Dabei sind als wesentliche Meßgrößen folgende zu bezeichnen:

a) Die Drehzahl; sie dient zur Ermittlung der momentanen Geschwindigkeit.
b) Die Kurbelwinkel; sie dienen zur Zuordnung von Geschwindigkeit, Beschleunigung und Weg zu den Reibkräften und zur Ermittlung der jeweiligen Kolbennormalkraft.
c) Die axialen Kräfte an der Zylinderbuchse, mittels dieser wird die Reibkraft der Kolbengruppe bestimmt.
d) Die Buchsentemperatur in den Totpunktlagern des ersten Kompressionsringes sowie im Bereich seiner maximalen Gleitgeschwindigkeit.
e) Die Kolbentemperatur an der Kolbenkrone und am Kolbenhemd. Diese Werte sowie die gemessenen Buchsentemperaturen dienen zur Ermittelung der Schmierfilmtemperatur über dem Hub.
f) Die Kolbenbetriebsspiele an der Kolbenkrone und am Kolbenhemd jeweils auf der Druck- und Gegendruckseite und die Bewegung des ersten Kompressionsringes in radialer Richtung. Hiermit werden Aussagen über die Kolbensekundärbewegung, die Kolbenreibung sowie über Schmierfilmdicken am ersten Kompressionsring möglich.

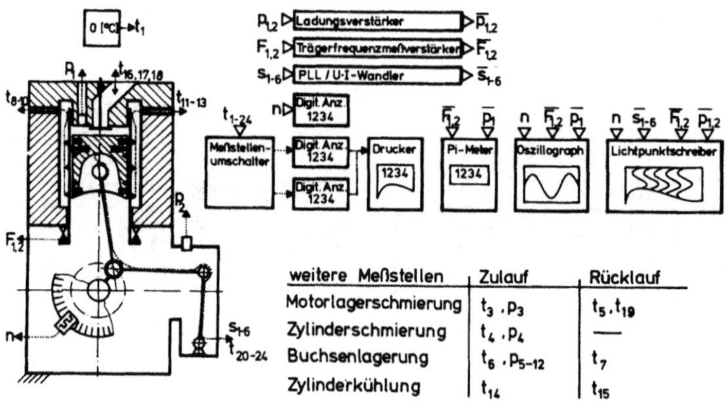

Bild 17: Meßstellenplan

Messungen vom Kolben aus beinhalten immer die Schwierigkeit, Signale aus dem mechanisch und thermisch am stärksten beanspruchten Bauteil zu einem Festpunkt außerhalb des Kurbeltriebs zu leiten. Hier wurde der Weg über ein Anlenkgetriebe gewählt.

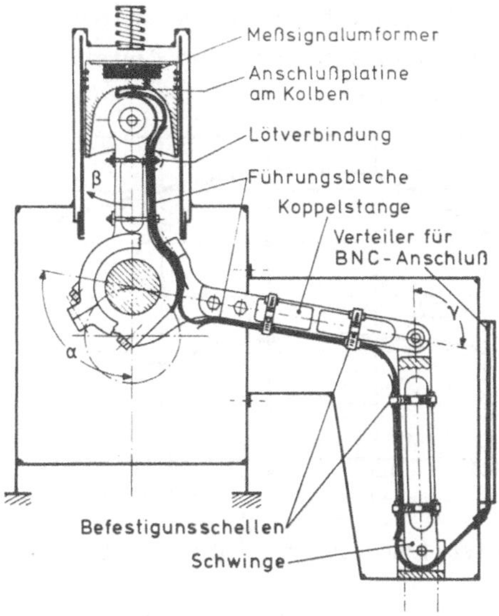

Bild 18: Meßwertübertragungssystem "Kolben-Schwinge"

Bild 18 zeigt wie die Meßwertübertragung mittels 17-adrigem Flachkabel von einer ersten signalverarbeitenden Elektronik im Kolben über das Pleuel, die Koppelstange und die Schwinge aus dem Motorblock heraus zur weiteren Verarbeitung erfolgt. Das Kabel ist dabei maximalen Beschleunigungen von ca. 500 g bei Biegefrequenzen von 40 Hz und Umgebungstemperaturen von ca. 140°C ausgesetzt.

3.4 Versuchsdurchführung

Nach seiner Fertigstellung wurde der Versuchsaufbau zunächst in Vorversuchen erprobt. Die freie Beweglichkeit der Zylinderbuchse in axialer Richtung und die hohe Steifigkeit der hydrostatischen Lagerung in radialer Richtung, die Entkoppelung der Reibkraftmessung vom Zylinderdruck sowie der geringe Einfluß der berührungslosen Zylinderkopfdichtung auf dem Kompressionsdruck zeigen die Funktionsfähigkeit des Versuchsaufbaues. Bild 19 zeigt die gemessenen Kompressionsspitzendrücke für unterschiedliche Verdichtungsverhältnisse in Abhängigkeit von der Drehzahl. Der Anstieg der Spitzendrücke mit der Drehzahl ist durch die Abnahme der Gasverluste erklärbar, wobei der Abfall ab ca. 1250 min^{-1} durch die mit der Drehzahl steigenden Drosselverluste im Ansaug- und Abgassystem bewirkt werden. Die erreichbaren Bauteiltemperaturen - besonders die der Zylinderbuchse - wie auch der ermittelte Ring- und Zwickelverschleiß machen deutlich, daß es gelungen ist, realitätsnahe Betriebsbedingungen ähnlich denen des gefeuerten Motors zu schaffen. (Die Bauteile wurden vor und nach den Versuchsläufen vermessen.)

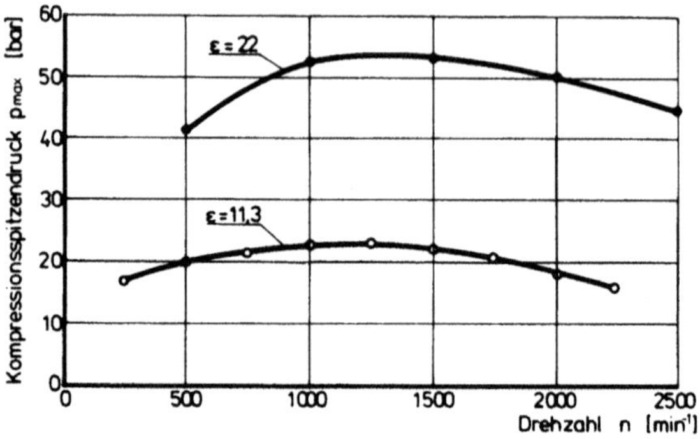

Bild 19: Kompressionsspitzendruck p_{max} über der Drehzahl n

Es wurde auch nachgewiesen, daß die hydrostatische Lagerung keinen meßbaren Einfluß auf die Schmierfilmausbildung im OT-Bereich durch möglicherweise vom Rücklauf her austretendes Öl hat.

Da bis zum Ende des Vorhabens keine variierten Ringformen vorlagen, wurde die Serienbestückung bei zwei unterschiedlichen Verdichtungsverhältnissen untersucht. Dabei wurden die Drehzahl, der Kompressionspitzendruck durch Drosselung im Ansaugtrakt, die Öleintrittstemperatur, das Ölangebot sowie die Buchsentemperatur variiert. Innerhalb eines ersten Einlaufprogramms wurden bei konstanter Last Drehzahlvariationen gefahren. Die Untersuchung des Einflusses verschiedener Schmierölsorten auf die Kolbenreibung wurde innerhalb eines parallel laufenden FVV-Vorhabens "Schmieröleinflüsse" an dem Versuchsmotor durchgeführt. Neben diesen Versuchen wurde die Wegmeßeinrichtung für den Einsatz im Kolben weiterentwickelt. Ein Fehler im Datenblatt bezüglich des Temperaturbereichs eines wesentlichen Bauteils in der von /7/ übernommenen Schaltung, machte die Entwicklung einer neuen elektronischen Signalverarbeitung notwendig. Die ersten Messungen der Kolbensekundärbewegung wurden hiermit durchgeführt.

3.5 Darstellung der Ergebnisse aus den Versuchen mit Serien-Ringbestückung

Innerhalb mehrerer Meßreihen wurde das Reibverhalten der serienmäßigen Ringbestückung in dem Drehzahlbereich 250 - 2500 min^{-1} bei zwei Verdichtungsverhältnissen $\varepsilon = 11{,}3 - 22$ mit unterschiedlichen Ölangeboten untersucht. Die Öleintrittstemperatur betrug dabei zwischen $t_{4,5} = 40...120^{o}C$ und die Buchsentemperatur wurde im Bereich von $t_{8-13} = 40...150^{o}C$ variiert.

3.5.1 Einfluß des Schmiermittelangebotes

Ähnlich wie auch schon bei anderen Untersuchungen festgestellt, hat das Schmiermittelangebot oberhalb einer bestimmten Mindestmenge keinen Einfluß auf das Reibungsverhalten der Kolbengruppe. So zeigte sich auch hier keine Änderung in den Reibkräften oder den Reibmitteldrücken bei Variation der zusätzlichen Zylinderschmierung. Die Ölnebelschmierung im Kurbelgehäuse liegt somit noch über dem Mindestbedarf. Ein Schmiermittelmangel dagegen konnte durch extreme Kühlung der Zylinderbuchse bei hohem Drehzahlniveau und hohen Gasdrücken festgestellt werden. Dabei kam es durch die starke Betriebsspielverringerung im unteren Kolbenhemdbereich zu einer erhöhten ölabstreifenden Wirkung in diesem Bereich. Dieses leichte Kolbenklemmen ist durch Laufspuren am Schaft erkennbar. Als Folge war im Betrieb der Schmiermittelmangel für die Kolbenringe durch das Ansteigen der Mischreibungsanteile und damit das Ansteigen der Reibkräfte in Zünd-OT mit steigender Drehzahl meßbar. Wurde die Buchse nicht gekühlt, so fielen die Werte mit steigender Drehzahl ab, wie es zu erwarten war. Um mögliche Schäden am Versuchsmotor zu vermeiden, wurden alle Versuche mit der Zylinderbuchsenschmierung betrieben.

3.5.2 Einfluß der Öleintrittstemperatur

Durch die Öleintrittstemperatur wird das Temperaturniveau der Kolbengruppe nur in geringem Maße beeinflußt. So steigen die Buchsentemperaturen im Mittel um $10^{o}C$ wenn die Öleintrittstemperaturen von 40 auf $120^{o}C$ angehoben werden. Der Einfluß wird mit steigendem Temperaturniveau der Zylinderbuchse noch geringer.

In Bild 20 ist der Einfluß auf den Reibmitteldruck bei unterschiedlichen Drehzahlen und ungekühlter Buchse dargestellt.

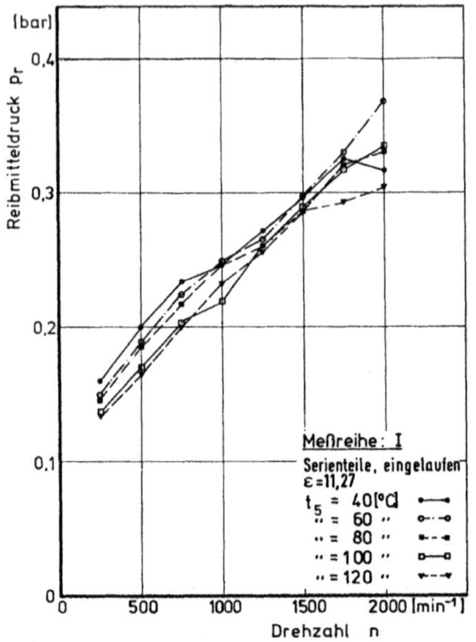

Bild 20: Der Reibmitteldruck p_r abhängig von der Drehzahl n

3.5.3 Einfluß der Buchsentemperatur

Die Buchsentemperatur wurde auf der Druck- und Gegendruckseite in 0,2, 2,7 und 5,2 mm Abstand von der Zylinderinnenwand über den Hub verteilt gemessen. Sie kann direkt zur Bestimmung der Schmierfilmtemperatur herangezogen werden. Zusammen mit der Kolbentemperatur kann man über die jeweiligen Ausdehnungsfaktoren die Kolbenbetriebsspiele annähernd ermitteln. Es ist festzustellen, daß mit steigenden Buchsentemperaturen der Mischreibungsanteil der Kolbenringe zunimmt, der Betrag der Reibkraft im hydrodynamischen Bereich aber abnimmt. Für den Reibmitteldruck der Kolbenringe, der für den hier untersuchten Temperaturbereich vorwiegend von hydrodynamischer Reibung bestimmt wird, ist somit ein Abfall mit steigender Buchsentemperatur zu erwarten. Die Kolbenreibung weist bei den durchgeführten Untersuchungen keinen meßbaren Mischreibungsanteil auf. Sie wird somit über den gesamten Hub von der Kolbennormalkraft sowie von der Schmiermittelviskosität und den Betriebsspielen beeinflußt. Dabei ist mit veränderlicher Buchsentemperatur mit entgegengesetzter Wirkung der beiden letztgenannten Einflüsse zu rechnen. Welcher Einfluß dominiert, hängt von den jeweiligen Umständen ab.

In Bild 21 sind die Reibmitteldrücke für verschiedene Drehzahlen über der mittleren Buchsentemperatur dargestellt.

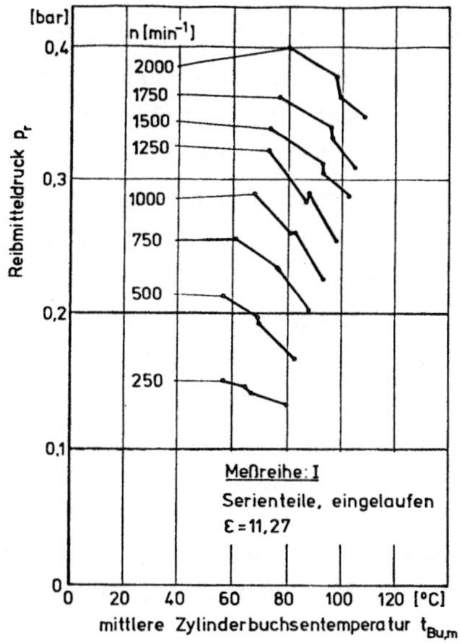

Bild 21: Der Reibmitteldruck p_r über der mittleren Buchsentemperatur $t_{Bu,m}$

Mit steigender Buchsentemperatur fällt der Reibmitteldruck mit ca. 1 - 2 mbar/°C ab. Der Abfall ist bei niedrigeren Drehzahlen geringer, hier wirkt sich der Anstieg des Mischreibungsanteiles noch meßbar aus. Für den reinen hydrodynamischen Bereich, also bei maximaler Kolbengeschwindigkeit, sind die Reibkräfte in Bild 22 über der Buchsentemperatur in Hubmitte wiedergegeben.

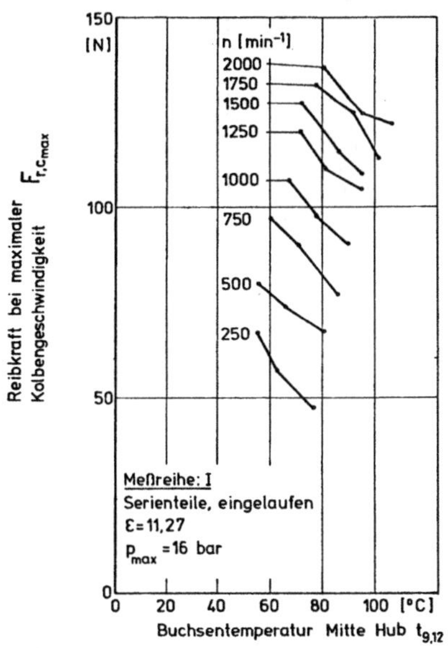

Bild 22: Die Reibkraft $F_{r,cmax}$ abhängig von der Buchsentemperatur t_{9-12}

Mit steigender Buchsentemperatur nimmt die Reibkraft dabei mit ca. 0,7 N/°C ab. Die Werte wurden für den Gaswechseltakt ermittelt, da der Gasdruck hier keinen wesentlichen Einfluß zeigt. Die Normalkräfte am Kolben sind zwar bei maximaler Kolbengeschwindigkeit Null, dennoch wird aufgrund der dynamischen Verhältnisse am Kolben die Kolbensekundärbewegungen drehzahlabhängig, unterschiedlich stark ausgeprägt sein und sich somit unterschiedliche Kolbenspiele einstellen. Bei konstanter Buchsentemperatur in Hubmitte steigt die Reibkraft nicht proportional mit der Kolbengeschwindigkeit. Als Erklärung hierfür sind neben den unterschiedlichen Kolbenspielen auch die Temperaturverteilung an der Zylinderbuchse für die Viskositätsverteilung über den Kolbenschaft von Bedeutung. So steigt mit der Drehzahl dieses Temperaturniveau an, dies wirkt dem Reibkraftanstieg mit der Drehzahl entgegen.

Der Einfluß der Buchsentemperatur in den Umkehrpunkten also im Bereich der maximalen Mischreibung und damit in Bereich des maximalen Verschleißes ist in Bild 23 erkennbar.

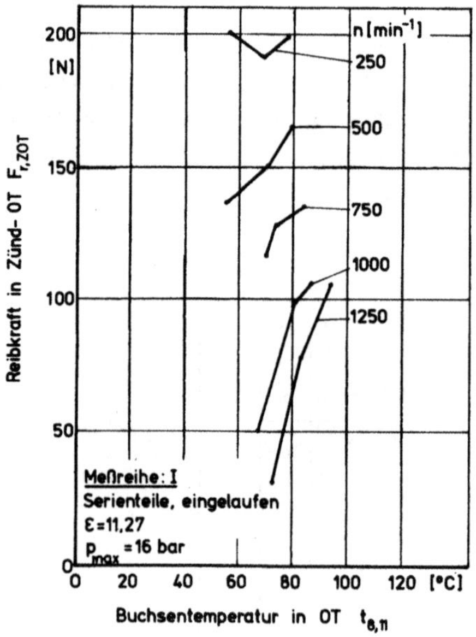

Bild 23: Die Reibkraft $F_{r,ZOT}$ abhängig von der Buchsentemperatur t_{8-11}

Hier ist der Kolbenreibungsanteil zu Null anzusetzen und die gemessene Reibkraft ist im wesentlichen von der Ringanzahl, der Ringvorspannung und dem an den Ringen wirkenden Gaskräften abhängig, wenn man die durch die Kolbensekundärbewegung verursachten Reibkräfte an den Ringflanken vernachlässigt. (Diese

Reibkräfte verursachen zwar auf der einen Seite eine Erhöhung der Ringanpressung, führen aber gleichzeitig auf der gegenüberliegenden Seite zu einer Druckentlastung, in der Summe ist der Einfluß auf die Reibkraft der Ringe an der Buchse zu Null anzusetzen, allein der Zwickelverschleiß wird hierdurch womöglich unsymmetrisch über dem Buchsenumfang auftreten.) Mit steigender Buchsentemperatur in OT, d.h. abnehmender Viskosität nimmt die Schmierfilmverdrängung zu (Sqeeze-Effekt). Neben der Ringform ist die Verdrängungswirkung von der Verharrungsdauer der Ringe und somit von der Drehzahl abhängig. Die von der Ringanpressung abhängige maximale Reibkraft wird dabei mit steigender Drehzahl erst bei höheren Buchsentemperaturen erreicht. Die hier vorliegenden Belastungen lassen bei einem Reibbeiwert von $\mu = 0{,}1$ Reibkräfte von ca. 200 N erwarten. Diese werden bei einer Drehzahl von 250 min^{-1} im untersuchten Temperaturbereich schon erreicht.

3.5.4 Einfluß des Kompressionsdruckes

Der Zylinderdruck wirkt auf die radiale und axiale Ringanpressung der Kompressionsringe sowie auf die Kolbennormalkraft.

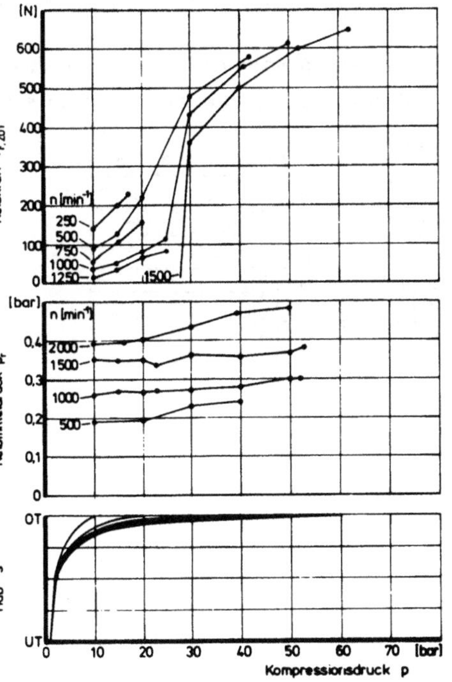

Bild 24: Der Reibmitteldruck p_r und die Reibkraft $F_{r,ZOT}$ über dem Kompressionsdruck p

Bild 24 gibt die Gasdruckverläufe über den Hub, den Reibmitteldruck und die Reibkräfte in Zünd-OT für verschiedene Kompressionsspitzendrücke wieder. Es zeigt sich, daß sich der Einfluß des Gasdrucks bei reiner Kompression-Expansion auf einen kleinen Teil des Hubes beschränkt.

Der Reibmitteldruck steigt mit ca. 1 mbar/bar, wobei sich die Buchsentemperatur im Mittel um ca. 0,2^{o}C/bar für die jeweiligen Drehzahlen erhöht und somit erniedrigend auf den Reibmitteldruck wirkt. Die Reibkraft in Zünd-OT nimmt mit dem Gasdruck fast proportional mit 15 N/bar zu, wobei die Buchsentemperatur in OT um ca. 0,5^{o}C/bar ansteigt.

3.5.5 Der Normalkrafteinfluß

Die Normalkraft setzt sich aus Massen- und Gaskrafteinflüssen zusammen, ihre Veränderung kann durch konstruktive Maßnahmen vorgenommen werden. Bei niedrigen Drehzahlen ist die Gaskraft dominierend, mit steigender Drehzahl nimmt der Einfluß der quadratisch anwachsenden Massenkraft zu und überwiegt. Die Normalkraft wirkt nur am Kolben und führt hier zur Kolbensekundärbewegung, die wiederum wie schon gesagt, zur Reibung der Ringe in den Ringnuten beitragen kann.
Um den Einfluß der Gaskräfte bei unterschiedlichen Drehzahlen auszuschließen, wurde der Normalkrafteinfluß im Bereich der Gaswechseltakte untersucht.

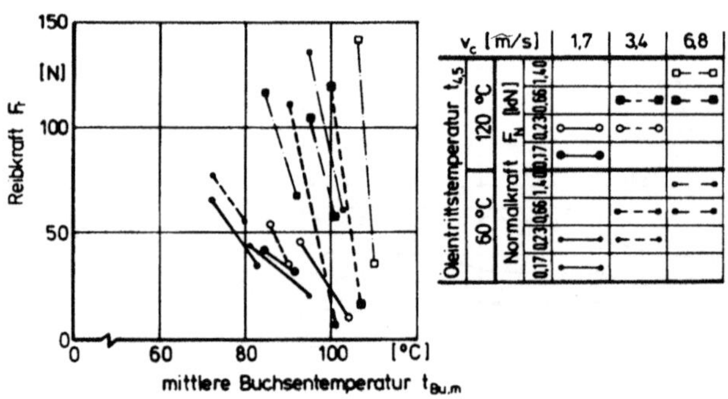

Bild 25: Die Reibkraft F_r abhängig von der Buchsentemperatur $t_{Bu,m}$

In Bild 25 sind für verschiedene momentane Kolbengeschwindigkeiten die Reibkräfte über der mittleren Buchsentemperatur aufgetragen. Der Reibkraftabfall mit steigender Buchsentemperatur für konstante Normalkräfte wird durch Kolben- und Ringreibung mit abfallender Schmierfilmviskosität erklärbar. Unter der Annahme, daß für sich für unterschiedliche Drehzahlen die Ringreibung bei gleicher Gleitgeschwindigkeit und gleicher Buchsentemperatur unwesentlich ändert, kann eine Erhöhung der Reibkräfte mit steigender Normalkraft festgestellt werden. Die Steigerung der Öleintrittstemperatur führt hier zu einem Ansteigen der Reibkräfte, was nur durch die Verringerung der Kolbenspiele aufgrund des allgemein höheren Temperaturniveaus erklärbar ist.

Die Reibkraft nimmt bei konstanter Normalkraft mit steigender Gleitgeschwindigkeit ab. Die Reibwerte wurden dabei für unterschiedliche Drehzahlen ermittelt. Mit steigender Drehzahl nimmt die Streuung der Buchsentemperaturen über den Hub bei gleicher mittlerer Buchsentemperatur zu, so daß für die Ringpartie i.a. mit niedrigeren Schmierfilmviskositäten zu rechnen ist. Bei gleichen Belastungen (Gasdruck, Ringeigenspannung) nimmt die Ringreibung somit nicht direkt mit der Gleitgeschwindigkeit zu. Durch den Einfluß der höheren Drehzahlen sind die Bewegungsverhältnisse am Kolben verändert, was über die unterschiedlich vorliegenden Kolben-Kippwinkel zu verminderten Reibungswerten bei höheren Gleitgeschwindigkeiten und gleichen Normalkräften führen kann.

3.5.6 Der Drehzahleinfluß

Mit der Drehzahl nehmen die Normalkräfte am Kolben und die Gleitgeschwindigkeiten der Reibpartner stark zu. Die Beharrungsdauer in den Umkehrpunkten wird kleiner. Durch den erhöhten Wärmeeinfall pro Zeiteinheit steigen die Schmierfilm- und Bauteiltemperaturen, die Kolbenbetriebsspiele nehmen ab. Wie in Bild 8 gezeigt wurde, nehmen die Reibkräfte in den Totpunkten mit der Drehzahl ab.

Gemäß Bild 26 steigen die Reibkräfte bei maximaler Gleitgeschwindigkeit mit der Drehzahl. Trotz der höheren mittleren Buchsentemperaturen beim höheren Verdichtungsverhältnis $\varepsilon = 22$ steigen die Reibkräfte, die hier aus den Gaswechseltakten ermittelt wurden. Als Erklärung sind wieder die mit steigenden Temperaturen abnehmenden Kolbenspiele anzuführen.

Dies wird auch in Bild 27 für die Darstellung des Reibmitteldruckes über der Drehzahl deutlich. Die Gesamtreibmitteldrücke p_r steigen annähernd linear mit der Drehzahl, wobei ein höheren Verdichtungsverhältnis zu größerer Reibung führt. Der Einfluß ist aber nicht allein auf die Gasdrücke zurückzuführen, wie der Vergleich der Reibmitteldrücke für die Gaswechseltakte $p_{r,ND}$ zeigt.

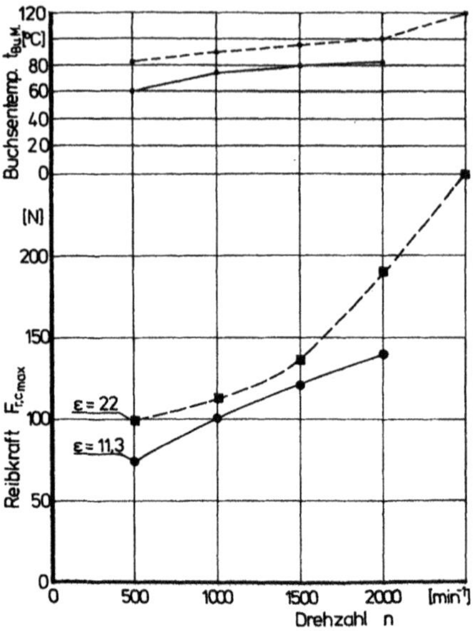

Bild 26: Die Reibkraft $F_{r,cmax}$ bei maximaler Kolbengeschwindigkeit

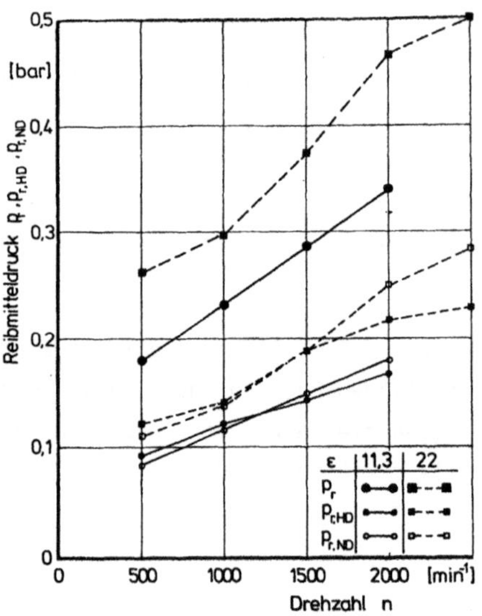

Bild 27: Der Reibmitteldruck p_r, p_{rHD}, p_{rND} über der Drehzahl n für verschiedene Verdichtungen ε

Die Überschneidung der Reibmitteldrücke für die Hochdruck- und Niederdruckschleife im Bereich von ca. 1250 min^{-1} kann durch den Einfluß der Normalkräfte erklärt werden, deren Integralwerte über den Hub gleiche Tendenzen wie die

Reibmitteldruckverläufe aufweisen. Die Einflüsse von Drehzahl, Kompressionsspitzendruck und mittlerer Buchsentemperatur sind in Bild 28 zusammengefaßt dargestellt.

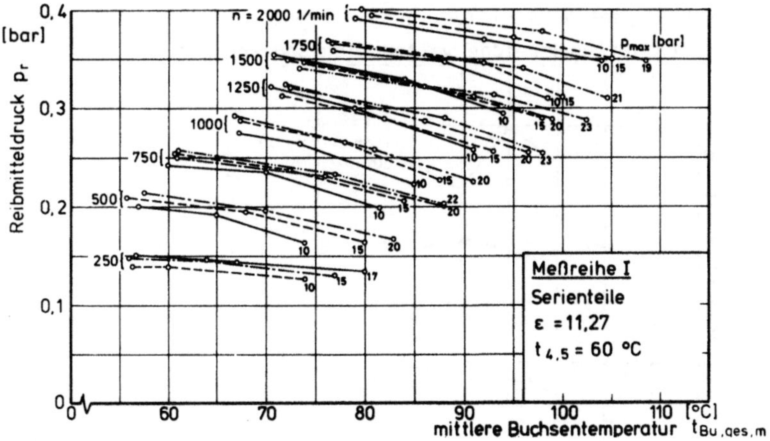

Bild 28: Der Reibmitteldruck p_r für verschiedene Drehzahlen n und Spitzendrücke p_{max} über der mittleren Buchsentemperatur $t_{Bu,m}$

3.6 Der Einlaufverschleiß

Die starken Änderungen der Zwickelverschleißraten, wie sie bei der Fa. Daimler-Benz für den gefeuerten Motor für die ersten Betriebsstunden innerhalb des Einlaufprogrammes ermittelt wurden, ließen erwarten, daß sich die Reibkräfte in Zünd-OT innerhalb dieser Zeitspanne in ähnlicher Weise verhalten werden. Während eines sechsstündigen Einlaufversuches sollte eine Beziehung zwischen Reibung und Verschleiß gesucht werden. Innerhalb einer Stunde wurde die Drehzahl stufenweise von 1000 bis 2500 min^{-1} erhöht. Dies wurde sechsmal wiederholt. Die Öleintrittstemperatur wie auch die Last wurden konstant gehalten. Die Buchsentemperatur wurde nicht geregelt, sie war aber über der Versuchsdauer für jeweilige Drehzahlen konstant.

Die erwartete Abnahme der Reibkräfte in Zünd-OT mit der Laufzeit konnte nicht festgestellt werden. Da der Motor zwecks notwendiger Kalibrierungen bei niedrigen Drehzahlen ohne Gasdruck betrieben wurde, ist zu vermuten, daß in dieser kurzen Zeit schon ein wesentlicher Teil des Zwickeleinlaufes stattfand.

Dahingegen konnte für die Reibmitteldrücke ein Abfall mit der Zeit gemäß Bild 29 festgestellt werden. Dabei wird die Tendenz mit steigender Drehzahl stärker. Dieser Abfall ist durch den Verschleiß im Mischreibungsgebiet bedingt, da sich durch die "Glättung" der Reibpartner die hydrodynamischen Schmierungsbedingungen erheblich verbessern. Gleichzeitig haben sich die Ringkonturen infolge des Verschleißes den Betriebsbedingungen angepaßt. Die hydrodynamisch geschmierten Bereiche weiten sich dadurch aus.

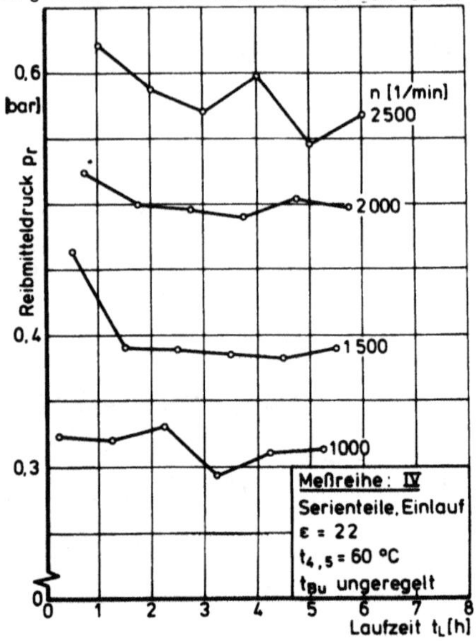

Bild 29: Der Reibmitteldruck p_r über der Laufzeit t_c

3.7 Ein Vergleich von Reibung und Verschleiß

Aufgrund der vorliegenden Verschleißdaten sind Parameterstudien bezüglich Reibung und Verschleiß noch nicht im gewünschten Maße möglich.

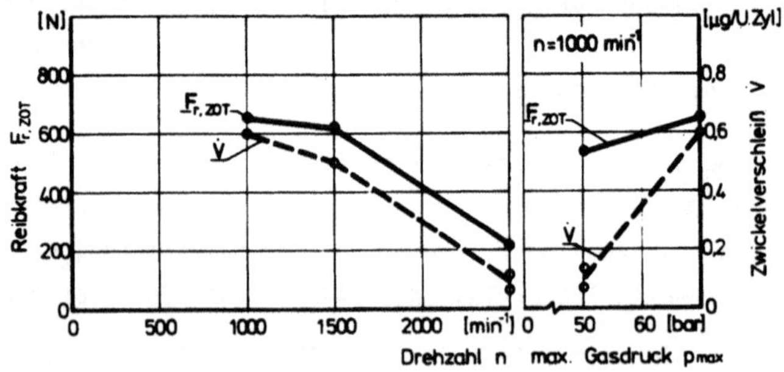

Bild 30: Vergleich von Reibkraft in ZOT $F_{R,ZOT}$ und Zwickelverschleiß $\dot{V}$

Erste Ergebnisse sind in Bild 30 für verschiedene Drehzahlen bei Vollast sowie für unterschiedliche maximale Gasdrücke wiedergegeben. Der Vergleich gilt für eingelaufene Bauteile. Es zeigt sich, daß ähnliche Tendenzen zwischen Reibkraft in Zünd-OT für den geschleppten Motor und den Zwickelverschleißraten des gefeuerten Motors vorliegen.

Als Maß für den Verschleiß des geschleppten Motors mögen die in Bild 31 dargestellten Werte für den 1. und 2. Ring sowie der Zylinderbuchse im oberen Umkehrpunkt des ersten Kompressionsringes dienen. Da die erste Bestückung zu einem Großteil der Laufzeit im unteren Drehzahlbereich betrieben wurde, ist anzunehmen, daß der Verschleiß im stärkeren Maße von der für die Schmierfilmverdrängung verfügbaren Zeit als von der Gasdruckbelastung und der Buchsentemperatur abhängig ist.

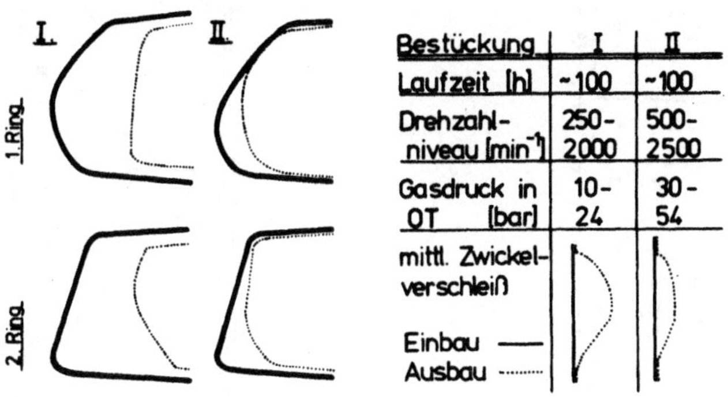

Bild 31: Ringverschleiß bei unterschiedlichen Betriebsbedingungen

Der Mischreibungsanteil und somit die Ring- und Buchsenverschleißraten nehmen mit abnehmender Drehzahl überproportional zu. Dies ist für die untersuchte Ringbestückung besonders für Drehzahlen unter 1000 min^{-1} anhand der Reibkraftverläufe festzustellen. Verschleißdaten liegen für diesen Drehzahlbereich nicht vor. Bei einer Erhöhung der Drehzahl nimmt der Verschleiß ab und die Reibungsverluste zu. Die Erhöhung der Schmierfilmtemperatur und damit der Buchsentemperatur führt zu einer Senkung der Reibungsverluste bis zu einem gewissen Maße (bis die Spielverringerung die Kolbenreibung stark erhöht), der Verschleiß nimmt dabei zu. Die Erhöhung der Gasdruckbelastung bringt der Zunahme von Reibung und Verschleiß mit sich.

3.8 Sekundärbewegung und Kolbenbetriebsspiele

Mit einem ersten Versuchsaufbau wurde die Kolbensekundärbewegung und die Kolbenbetriebsspiele für den kompressionslosen Betrieb ermittelt. Als ein erstes Ergebnis sei hier der Bewegungsablauf des Kolbens über den Hub dargestellt.

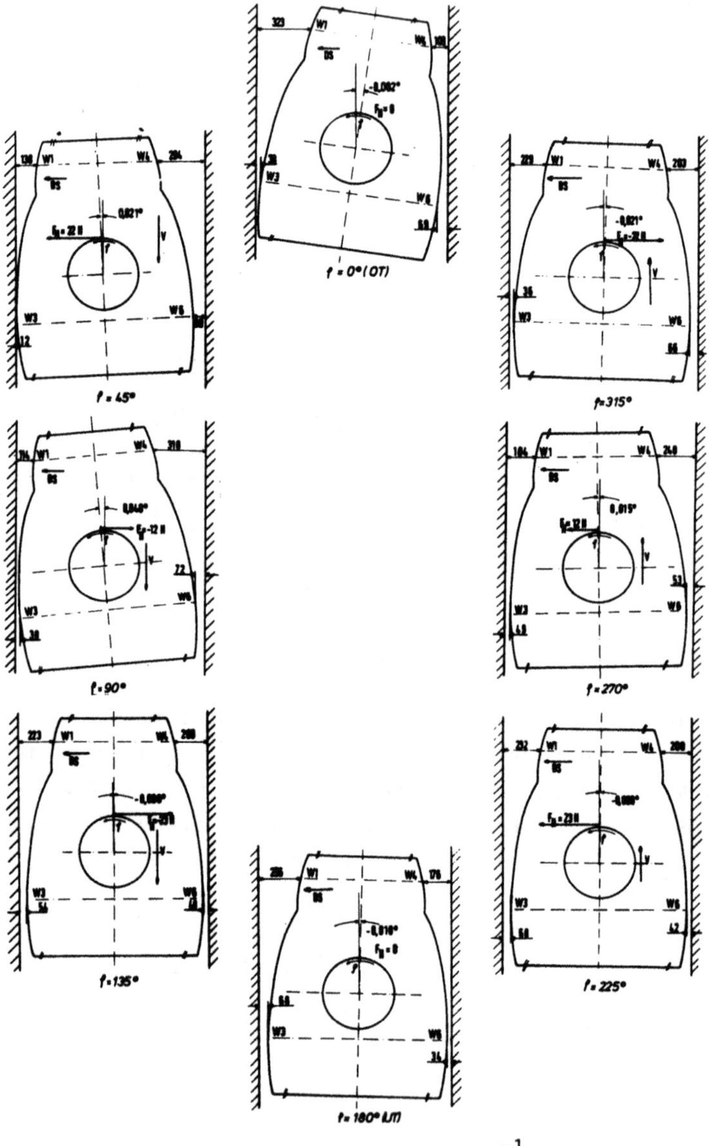

Bild 32: Kolbensekundärbewegungen bei n = 250 min^{-1}

In Bild 32 wird deutlich, daß selbst bei niedrigen Drehzahlen und großem Kolbenspiel die Schmierfilmdicken am Kolbenschaft z.T. sehr klein werden. Im allgemeinen liegen die minimalen Spalte unterhalb des Bolzenauges, dies bestätigen auch die Tragbilder gelaufener Kolben. Es zeigt sich auch hier wieder, daß Kolbenbetriebsspiele einen wesentlichen Einfluß auf das tribologische Verhalten der Kolbengruppe haben. Sie beeinflussen neben den hydrodynamischen Reibkräften und damit neben dem Reibmitteldruck auch die Schmiermittelversorgung der Ringe. Kolbenmischreibung war nur unter extremen Betriebsbedingungen (Kolbenklemmen) zu registrieren.

4. SCHLUSSBETRACHTUNG UND AUSBLICK

Zur Verbesserung der Schmierfilmbedingungen im System Kolben-Ring-Zylinder mit Blick auf die Reibungsverluste und das Verhalten in den Totpunkten ist eine Optimierung der Kolbenringprofile unumgänglich.

Theoretische und experimentelle Ergebnisse wurden für stationäre und instationäre Bedingungen verglichen. In beiden Fällen zeigt sich eine gute Übereinstimmung zwischen den gemessenen und gerechneten Werten der Schmierfilmhöhen. Mit diesen Rechenprogrammen kann also eine Optimierung der Kolbenringe bezüglich der kleinsten Reibungsverluste und größter Tragkraft durchgeführt werden. Mit diesem Wissen kann eine Verminderung der Reibungsverluste und des Verschleißes durchgeführt werden.

Im Rahmen der Arbeit wurde ein Reibungsprüfstand zur Untersuchung der Kolben-Kolbenring-Reibung unter motornahen Betriebsbedingungen entwickelt und fertiggestellt. Die Funktionsfähigkeit wurde in Vorversuchen nachgewiesen. Innerhalb der durchgeführten Messungen wurde eine serienmäßige Kolben-Kolbenring-Bestückung bezüglich ihres tribologischen Verhaltens untersucht. Danach können folgende Aussagen getroffen werden:

a) Das Schmiermittelangebot hat oberhalb einer Mindestmenge keinen meßbaren Einfluß auf die Reibung. Neben dem Ölabstreifring beeinflußt auch der Kolben das Schmiermittelangebot für die Ringe.
b) Die Öleintrittstemperatur hat einen geringen Einfluß auf die Reibung.
c) Die Buchsenkühlung hat einen starken Einfluß auf die Schmierfilmtemperatur und die Kolbenbetriebsspiele. Dabei können sich die Wirkungen auf die Reibung konträr sein. Im allgemeinen nimmt die Reibung im hydrodynamischen Bereich mit steigender Buchsentemperatur ab und der Mischreibungsbereich und damit die Reibkräfte in den Totpunktlagen zu.

d) Der Kompressionsdruck (ohne Verbrennung) hat einen relativ geringen Einfluß auf den Reibmitteldruck, vernachlässigt man die mit steigender Verdichtung einhergehenden Temperaturerhöhungen und die hieraus resultierende Verringerung der Kolbenbetriebsspiele. Im OT-Bereich steigen die Reibkräfte etwa proportional mit dem Gasdruck.

e) Die Untersuchung der Kolbensekundärbewegung und der Kolbenbetriebsspiele bestätigen den festgestellten hohen Anteil der Kolbenreibung.

f) Zwischen Zwickelverschleiß und Reibkraft in Zünd-OT kann eine direkte Beziehung festgestellt werden.

g) Der Einlaufverschleiß im Mischreibungsgebiet verbessert die hydrodynamischen Betriebsbedingungen.

h) Im geschleppten Betrieb haben die Drehzahlen einen größeren Einfluß auf den Verschleiß als der Zylinderdruck.

i) Der Verschleiß der Buchse und der Ringe ist trotz des Schleppbetriebes aufgrund des niedrigen Drehzahlniveaus groß.

Als Resümee kann festgehalten werden, daß die vorliegende, serienmäßige Bestückung einen hohen Kolbenreibungsanteil aufweist und es geboten erscheint, neben der Optimierung der Kolbenringe auch den Kolben zu berücksichtigen.

Es werden derzeit innerhalb des Folgevorhabens "Reibung, Schmierung und Verschleiß an Kolben-Kolbenring-Zylinder-Systemen" die Auswertungen hinsichtlich der serienmäßigen Ringbestückung bei hohen Kompressionsdrücken abgeschlossen. Parallel dazu laufen die Untersuchungen erster Ringvarianten mit unterschiedlichen Laufprofilen an. Die Schmierfilmdickenmessung am ersten Kompressionsring soll dabei für alle Ringprofile durchgeführt werden. Neben den formmäßig optimierten Ringen sollen auch ungünstigere Varianten Verwendung finden, um so einen besseren Vergleich der Ringformen zu ermöglichen.

5. LITERATURNACHWEIS

/1/ Kruse, H.,
Reibungsanalyse beim Kaltstart einer Verbrennungskraftmaschine.
Motortechnische Zeitschrift: 26 (1965) Heft 10, S.422-430; 26 (1965) Heft 11, S.497-504; 27 (1966) Heft 5, S.209-216; 27 (1966) Heft 9, S.365-374 .

/2/ Kruse, H.,
Calculation of the Hydrodynamic Lubrication of Piston and Piston Rings in Refrigeration Compressors. 1974 Purdue Comp.Tech.Con.Proc. pp 72

/3/ Wrede, F.,
Theoretische und experimentelle Studien der Schmierverhältnisse am System Kolben-Kolbenring-Zylinder. Dissertation TU Hannover 1978.

/4/ Wrede, F.,
Comparison of Mathematical and Experimental Simulation of Lubrication Conditions in the System of Piston, Piston Ring and Liner. 1978 Purdue Comp.Tech.Con. Proc. pp 96

/5/ Burmeister, J.,
Ein Beitrag zur Berechnung der Schmierverhältnisse am Tauchkolben. Dissertation TU Hannover 1973.

/6/ Thiele, E.,
Motorreibung. 2. Teilabschlußbericht,FVV-Vorhaben Nr 133 u. 176, 1982.

/7/ Oweis,Y.,
Literaturrecherche über Reibung der Kolbengruppe. Unveröffentliche Diplomarbeit am IfKo, 1980.

/8/ Grellmann, U.,
Darstellung der Kolben-Kolbenringreibung anhand von Literatur und Vergleich mit eigenen Messungen. Unveröffentlichte Hausarbeit am IfKo, 1981.

/9/ Englisch, C.,
Schmierung von Kolbenringen in Verbrennungsmotoren - Theorie und Versuche - ein Überblick. Daros Information 1975/10.

/10/ Groth, K.,
Neuere Methoden zur Untersuchung von Reibungsverlusten in Motortriebwerken. Schiff & Hafen, Kommandobrücke, Heft 10/1977

Einfluß thermischer und elastischer Effekte auf die Druckentwicklung von Kippsegmenten

von

Dr.-Ing. J. Effertz

RUHR-UNIVERSITÄT BOCHUM

Institut für Konstruktionstechnik

Arbeitsgruppe für Rechnerunterstütztes Konstruieren

Förderkennzeichen: 01 ZT 588

Laufzeit: 1.10.1979 - 31.12.1982

Zusammenfassung

Zuverlässige Aussagen über die Eigenschaften einer Gleitlagerung lassen sich nur gewinnen, wenn alle, die physikalischen Vorgänge im Schmierfilm beeinflussenden Größen möglichst wirklichkeitsnah berücksichtigt werden. Dazu zählen insbesondere die thermischen und elastischen Eigenschaften eines Lagers.

Analysen, die über eine reine hydrodynamische Berechnung (konstante Viskosität, starre Lagerstruktur) hinausgehen, erfordern eine iterative Lösung der zugrundeliegenden Differentialgleichungen. Bei der Berechnung von Gleitlagern mit kippbeweglichen Segmenten muß u.a. die Segment-Gleichgewichtslage zusätzlich iterativ bestimmt werden, wodurch sich der Lösungsaufwand noch um ein vielfaches erhöht.

Derart komplexe Aufgaben können nur mit einem leistungsfähigen Computerprogramm bewältigt werden.

Die ursprüngliche Zielsetzung dieses Vorhabens sah vor, mit zum Großteil bereits existierenden Programmen nach Erarbeitung geeigneter Rechenmodelle Parameterstudien an Kippsegmentlagern durchzuführen, um dem Konstrukteur gezielte Hinweise für die Gestaltung von Kippsegmentlagern zu liefern.

Es zeigte sich allerdings, daß mit der zur Verfügung stehenden Software Kippsegmentlager-Analysen langfristig nicht mit wirtschaftlich vertretbarem Aufwand geleistet werden konnten.

Es zeigte sich ebenfalls, daß selbst mit einer geeigneten Software infolge der Vielzahl von physikalischen und konstruktiven Parametern, die insbesondere auf die Ergebnisse einer Kippsegmentlager-Analyse Einfluß nehmen, umfassende und übersichtliche Parameterstudien nicht durchgeführt werden können.

In Abänderung der ursprünglichen Aufgabenstellung wurde deshalb eine neue Software entwickelt, mit der nun interessierte Anwender ihre individuellen Berechnungen selbst durchführen bzw. durchführen lassen können. Mit dem neuentwickelten Programmsystem TEHADE 3 steht jetzt ein in sich abgeschlossener Operator zur Verfügung, der speziell auf die Berechnung von Kippsegmentlagern und somit auch von Lagern mit feststehenden Lagerschalen ausgelegt ist. Das Programm arbeitet auf der Basis der Finite-Element-Methode und enthält alle Bausteine von der Geometrieaufbereitung bis zur Ergebnisdarstellung. Das Programmsystem läßt sich leicht erweitern oder für Sonderfälle mit anderen Programmen verknüpfen.

Ein spezieller Datenhaushalt gestattet den Einsatz von TEHADE 3 auch auf kleineren Rechenanlagen. Selbst komplexe Problemstellungen lassen sich noch mit vertretbarem Aufwand bewältigen.

Mathematische Beschreibung des Problems

a) Berechnung der Strömungsgeschwindigkeiten

Aufgrund der speziellen Geometrie- und Strömungsverhältnisse in Gleitlagerschmierspalten lassen sich die Navier-Stokes-Gleichungen für inkompressible, Newton'sche Strömungen stark vereinfachen. Sie führen schließlich durch zweimalige Integration in Richtung der Spaltweite und Einführung dimensionsloser Größen zu den Bestimmungsgleichungen für die Strömungsgeschwindigkeiten:

$$U = F_1 + H^2 F_2 \frac{\partial P}{\partial X} \qquad (1)$$

$$V = \frac{2L}{B} H^2 F_2 \frac{\partial P}{\partial Y} \qquad (2)$$

mit

$$F_1 = 1 - \frac{\int_0^Z \frac{1}{\bar{\eta}} dZ}{\int_0^1 \frac{1}{\bar{\eta}} dZ} \qquad (3)$$

$$F_2 = \int_0^Z \frac{Z}{\bar{\eta}} dZ + (F_1 - 1) \int_0^1 \frac{Z}{\bar{\eta}} dZ \qquad (4)$$

B,L : Breite bzw. Länge des Spaltes

und den dimensionslosen Größen

X : Richtung der Gleitgeschwindigkeit
Y : Richtung der Lagerbreite
Z : Richtung normal zur Rotoroberfläche
U,V : Strömungsgeschwindigkeiten in X- und Y-Richtung
H : Spalthöhenfunktion
P : Schmierfilmdruck
$\bar{\eta}$: Ölviskosität

Zur Berechnung der Geschwindigkeitskomponente W in Z-Richtung, die für die Lösung der Energiegleichung noch benötigt wird, steht die bekannte Kontinuitätsgleichung zur Verfügung:

$$\frac{\partial W}{\partial Z} = H\, h_o \left(\frac{1}{L}\frac{\partial U}{\partial X} + \frac{2}{B}\frac{\partial V}{\partial Y}\right) \qquad (5)$$

h_o : kleinste Spaltweite

Die Geschwindigkeitskomponente W muß an der Wellenoberfläche und an der Gleitfläche gleich Null sein. Von diesen beiden Randbedingungen läßt sich nur eine bei Lösung der Kontigleichung einarbeiten.

Die Berechnung des Druckverlaufes P erfolgt durch numerische Lösung der Reynoldsgleichung, die aus den Gleichungen (1) und (2) entwickelt wird. Da bei der Herleitung dieser Gleichungen durch die getroffenen Vereinfachungen die Komponente W eliminiert wird, läßt sich nicht erwarten, daß hier die zweite Randbedingung erfüllt wird. Es ist daher zu beachten, daß die Berechnung von W insbesondere in der Nähe eines Randes keine genauen Werte liefern kann.

Die Frage, ob die Strömungsgeschwindigkeit W, die im Vergleich zu den anderen Geschwindigkeitskomponenten relativ klein ist, vernachlässigt werden kann, läßt sich generell nicht beantworten. Testrechnungen können hier im Einzelfall Aufschluß geben.

b) Berechnung der Druckverteilung

Die Integration von U und V über die Spalthöhe führt mit der Kontinuitätsgleichung für ebene Strömungen zu der klassischen Reynoldsgleichung in dimensionsloser Form:

$$\frac{\partial}{\partial X}\left(H\,\bar{F}_1 + H^3\,\bar{F}_2\,\frac{\partial P}{\partial X}\right) + \frac{4L^2}{B^2}\frac{\partial}{\partial Y}\left(H^3\,\bar{F}_2\,\frac{\partial P}{\partial Y}\right) = 0 \qquad (6)$$

mit

$$\bar{F}_1 = \int_0^H F_1\, dZ, \quad \bar{F}_2 = \int_0^H F_2\, dZ \qquad (7)$$

Die Reynoldsgleichung läßt sich auf mathematischem Wege in eine Differentialgleichung erster Ordnung umwandeln und führt schließlich mit Hilfe der Finite-Element-Methode und einfachen linearen Finiten Dreieckselementen zu einem Gleichungssystem, dessen Lösung die gesuchten Schmierfilmdrücke an bestimmten Punkten der Gleitfläche (X,Y-Ebene) ergibt.

Um den Rechenaufwand in vernünftigen Grenzen zu halten, ist es zweckmäßig, vor Lösung der Reynoldsgleichung folgende Idealisierungen vorzunehmen:

- Der Schmierspalt ist bezüglich der Gleitflächenmittellinie symmetrisch, d.h. es genügt, nur die Hälfte des Schmierspaltes zu betrachten.

  Diese Symmetrieeigenschaft ist bei Radiallagern in der Regel exakt erfüllt. Idealisiert man bei Axiallagern kreisringsegmentförmige Gleitflächen als Rechtecke, rechnet mit einer mittleren Rotorgeschwindigkeit U_0 und vernachlässigt die Radialbeschleunigung des Öls, so kann man auch bei Axiallagern von einem symmetrischen Schmierspalt sprechen.

- Unmittelbar vor der Spalteintrittsöffnung sind in der Regel Schmiertaschen angeordnet. An diese Taschen wird vom Ölversorgungssystem des Lagers Frischöl herangeführt. Oft kann davon ausgegangen werden, daß der Zuführdruck des Frischöls vernachlässigbar gering ist. Bei hohen Drücken müßte zusätzlich der sich am Spalteintritt einstellende Öldruck ermittelt werden.

- In Schmierspalten mit divergentem Spalthöhenverlauf herrscht von der Stelle der kleinsten Spaltweite an Umgebungsdruck bzw. Frischöldruck. Diese Annahme betrifft hauptsächlich Radiallager, deren Spalthöhenverlauf sich häufig aus konvergenten und divergenten Teilen zusammensetzt. Sie wird bei diesen Lagern nur näherungsweise erfüllt, denn aus physikalischen Gründen kann die Druckentwicklung an der Stelle des kleinsten Schmierspaltes nicht abrupt enden.

  Will man diesen Auslaufvorgang rechnerisch erfassen (Reynold'sche Randbedingung), so muß die unbekannte Aufreißstelle des tragenden Ölfilms iterativ bestimmt werden.

c) Die dynamische Viskosität

Die dynamische Viskosität η definiert den Zusammenhang zwischen Schubspannungen und Geschwindigkeitsgradienten in Newton'schen Fluiden.

Für das Viskositätsverhalten von Flüssigkeiten gilt:

- η nimmt mit wachsender Temperatur ab
- η nimmt mit wachsendem Druck zu

Die Druckabhängigkeit ist jedoch im Bereich des bei Gleitlagern üblichen Druckniveaus so gering, daß dieser Effekt praktisch vernachlässigt werden kann. Aus den zahlreichen zur Verfügung stehenden Berechnungsformeln, die das Verhalten der Viskosität zu beschreiben versuchen, wurde die Formel von Vogel ausgewählt, die mit sehr guter Näherung die Temperaturabhängigkeit wiedergibt:

$$\eta(T) = \eta_{50^oC}\, e^{B \frac{50 - t}{C + t}} \qquad (8)$$

Die Konstanten η_{50^oC}, B und C sind ölspezifische Parameter und entsprechend der Ölsorte einzusetzen.

Die Viskositätsverteilung im Schmierfilm läßt sich an diskreten Punkten des Schmierspaltes aus den punktweise vorliegenden Öltemperaturen berechnen, die wiederum durch Lösung der Energiegleichung nach der Finite-Element-Methode ermittelt werden. Der Viskositätsverlauf wird u.a. für die Koeffizienten der Reynoldsgleichung benötigt, die nach Gl. (3), (4) und (7) relativ komplexe Integralfunktionen der Viskosität darstellen.

d) Berechnung der Temperaturverteilung im Schmierfilm

Die allgemeine stationäre Energiegleichung für viskose Strömungen drückt das differentielle Gleichgewicht von konvektiver und konduktiver Wärmeübertragung mit der Wärmeerzeugung durch viskose Reibung aus.

Überträgt man diese Gleichung auf die speziellen Eigenschaften von Spaltströmungen in Gleitlagern, so erhält man mit dimensionslosen Größen die Energiegleichung in der Form

$$K_T\left(U \frac{\partial \bar{T}}{\partial X} + \kappa\, V \frac{\partial \bar{T}}{\partial Y} + \mu \frac{W}{H} \frac{\partial \bar{T}}{\partial Z}\right) - K_L\left(\frac{\partial^2 T}{\partial X^2} + \kappa^2 \frac{\partial^2 T}{\partial Y^2} + \mu^2 \frac{1}{H^2} \frac{\partial^2 \bar{T}}{\partial Z^2}\right)$$

$$= K_R\, \bar{\eta}(T)\, \frac{1}{H^2}\left(\left(\frac{\partial U}{\partial Z}\right)^2 + \left(\frac{\partial V}{\partial Z}\right)^2\right) \qquad (9)$$

mit

$K_T \quad = \quad \dfrac{\rho\, c_v\, T_o\, U_o}{L}$

$K_L \quad = \quad \dfrac{\lambda\, T_o}{L^2}$

$K_R \quad = \quad \eta(T_o)\, \dfrac{U_o^2}{h_o^2}$

$\mu \quad = \quad \dfrac{L}{h_o} \quad , \quad \kappa \quad = \quad \dfrac{2L}{B}$

$\bar{T} \quad = \quad T/T_o$

ρ : Dichte

c_v : spez. Wärmekapazität

U_o : Rotorgeschwindigkeit

λ : Wärmeleitungskoeffizient

T_o : Bezugstemperatur

Die Energiegleichung ist aufgrund des dissipativen Anteils mit $\eta(T)$ eine nichtlineare Differentialgleichung, da zwischen Viskosität und Temperatur ein exponentieller Zusammenhang besteht. Derartige Gleichungen sind nur iterativ lösbar.

Ein Lösungsweg, der häufig beschritten wurde, besteht darin, bei der Berechnung der Dissipation das Temperaturfeld aus dem vorherigen Iterationsschritt zu verwenden.

Wegen der starken Temperaturabhängigkeit der Viskosität kann es bei dieser Methode zu einer relativ hohen Anzahl von Iterationen kommen, insbesondere dann, wenn bei Iterationsstart mit einem Temperaturfeld gerechnet wird, das nicht in der Nähe der stabilen Lösung liegt. Beginnt man beispielsweise mit einer zu niedrigen Temperatur als Startwert, so erhält man mit der daraus resultierenden hohen Viskosität bzw. Reibung in der ersten Iteration zu hohe Temperaturen, die in der zweiten Iteration eine zu geringe Viskosität und somit eine zu niedrige Temperaturerhöhung bewirken usw.. Unter bestimmten Voraussetzungen kann es dabei zu einem nichtkonvergenten Verhalten der Lösung kommen.

Eine Verbesserung der Konvergenzeigenschaften bzw. eine Minimierung der benötigten Iterationsschritte läßt sich oft durch eine Gewichtung der letzten Lösung oder durch Mittelwertbildung mehrerer Lösungen erzielen.

Eine andere Lösungsmethode, die hier verwendet wird, führt mit Sicherheit und wesentlich schneller zu einer stabilen Lösung. Bei diesem Verfahren wird die Viskosität, die sich jeweils aus den Temperaturen des vorherigen Iterationsschrittes berechnet, nur als Anhaltswert benutzt und gleichzeitig in der Energiegleichung eine lineare Temperaturabhängigkeit der Viskosität zugelassen, d.h. man macht für $\eta(T)$ den linearen Ansatz

$$\eta(T)_i \cong \eta(T_{i-1}) + (T_i - T_{i-1})\left(\frac{\partial \eta}{\partial T}\right)_{i-1} \qquad (10)$$

Der exponentielle Verlauf von $\eta(T)$ wird damit stückweise durch Geraden approximiert, wobei die Steigung der Geraden ständig angepaßt wird.

Selbst bei Startwerten, die weit über oder unter der angestrebten Lösung liegen, werden nur wenige Rechenschritte für eine stabile Lösung benötigt.

Nach weiteren mathematischen Umformungen lassen sich auch für die Lösung der Energiegleichung einfach strukturierte Finite Elemente verwenden, die allerdings nach dieser Gleichung dreisimensional sein müssen. Hier wurden Finite Tetraeder-Elemente verwendet, die trotz der Komplexität der Energiegleichung noch zu relativ einfachen Algorithmen führen.

Aus numerischen und experimentellen Untersuchungen ist bekannt, daß die Temperaturverteilung über die Lagerbreite (Y-Richtung) häufig mit sehr guter Näherung als konstant angesehen werden kann.

Die damit zulässige Überführung der Energiegleichung auf ein zweidimensionales Problem bedeutet eine erhebliche Einsparung an Rechenzeit für die Aufstellung und Lösung der Gleichungssysteme aufgrund einfacherer Algorithmen und erheblich niedriger Anzahl von Unbekannten, man kann sogar sagen, daß viele Lagerberechnungen ohne diese Vereinfachung mit vertretbarem Aufwand nicht möglich sind. Die dreidimensionale Form der Energiegleichung sollte jedoch in Einzelfällen zur Verifizierung der Ergebnisse herangezogen werden, die mit der zweidimensionalen Gleichung gewonnen wurden.

Für die Lösung der Energiegleichung müssen an den Schmierspalträndern Randbedingungen in Form von Temperaturen oder Wärmeflüssen vorgegeben werden. Aufgrund der exponentiellen Temperaturabhängigkeit der Viskosität ist zu erwarten, daß diese Randbedingungen bei einer Lageranalyse eine wichtige Rolle spielen. Um wirklichkeitsnahe Randbedingungen zu finden, muß das thermische Verhalten der unmittelbaren Schmierspaltumgebung, d.h. Rotor, Lagerschale und Schmiertaschen, möglichst genau erfaßt und in die Rechnung einbezogen werden.

Berücksichtigt man die hohe Wärmeleitfähigkeit und Rotationsgeschwindigkeit des Rotors, so kann man mit guter Näherung von einem in Umfangsrichtung konstanten Temperaturverlauf an der Lagerstelle des Rotors ausgehen.

Die Rotortemperatur wird durch die Art der Maschine mitbestimmt. Mit einer detaillierten Analyse der thermischen Vorgänge im Rotor, was erheblichen zusätzlichen Rechenaufwand bedeutet, lassen sich also kaum allgemeingültige Aussagen über Randtemperaturen bzw. -wärmeflüsse gewinnen. Da außerdem das zu lagernde Maschinenteil in der Regel fest vorgegeben ist, so daß eine Beeinflussung der Temperaturen durch konstruktive Maßnahmen auf Seiten des Rotors (z.B. Kühlung) in den meisten Fällen nicht möglich ist, wird hier von Randbedingungen ausgegangen, die durch Messung oder rechnerische Wärmebilanz ermittelt werden.

Erste qualitative Aussagen über die Abhängigkeit der Lagereigenschaften vom thermischen Verhalten der Lagerschalen können durch Berücksichtigung einfacher Randbedingungen gewonnen werden. Als theoretischen , bezüglich der Tragfähigkeit optimalen Grenzfall kann man den Schmierspalt mit idealer Kühlung betrachten, d.h. die Wärmeleitfähigkeit des Lagerkörpers ist unendlich groß und die Grenzfläche Öl/Lager nimmt Umgebungs- bzw. Kühlmitteltemperatur an. Die bezüglich der Tragfähigkeit ungünstigste Voraussetzung ist gegeben, wenn man die Lagerschalen als wärmeundurchlässig betrachtet.

Aus den Lagereigenschaften, die mit diesen extremen Randbedingungen berechnet wurden, läßt sich ablesen, in welchem Bereich die Ergebnisse liegen müssen, wenn reale Wärmeströme zwischen Öl und Lager berücksichtigt werden.

Für genauere thermische Analysen müssen die Wärmeströme bzw. die Temperaturen der Lagerschale an der Kontaktfläche berechnet werden. Die Erfassung des Wärmeaustausches zwischen Schmieröl und Lagerschale kann nur iterativ erfolgen, denn auch zur Lösung der Wärmeleitungsgleichung für die Lagerschalentemperaturen müssen an der Kontaktfläche Randbedingungen bereitgestellt werden, die in diesem Fall aus dem Temperaturfeld des Öls gewonnen werden.

Vor der Spalteintrittsöffnung sind Schmiertaschen angeordnet. Außer dem Frischöl strömt diesen Taschen erwärmtes Restöl aus dem davorliegenden Spaltraum zu. Frischölmenge und Restölmenge bestimmen zusammen mit den Strömungsvorgängen in der Tasche das Temperaturprofil an der Eintrittsöffnung.

Eine genaue Berechnung der Spalteintrittstemperatur bedeutet somit eine Analyse der Strömungsabläufe in der Schmiertasche, d. h. in den gesamten Lösungsprozeß für eine Lagerberechnung müßte hierzu noch die Lösung der Navier-Stokes-Gleichungen einbezogen werden; eine Reduzierung dieser Gleichungen ist nur in geringem Umfang möglich, da es sich hier um keine Spaltströmung handelt. Schon aus Gründen der Rechenzeit muß dieser Weg zur Bestimmung der Randbedingungen für den Spaltanfang ausscheiden.

Im Rahmen dieses Vorhabens wurde eine einfachere Möglichkeit gewählt, die sich ohne größeren Rechenaufwand in die Gleitlageranalyse implementieren läßt. Hierbei wird von folgenden Vereinfachungen ausgegangen:

- Die Temperaturverteilung im Spalteintrittsquerschnitt ist von Y unabhängig.
- In der Schmiertasche findet keine Vermischung von Frischöl und Restöl, sondern nur ein teilweiser Wärmeaustausch statt.
- Der Restölstrom löst sich vor dem Eintritt in die Tasche von der Lagerschalenoberfläche ab und durchfließt die Tasche angeschmiegt an den Frischölstrom.

e) Berechnung der Temperaturverteilung in der Lagerschale

Zur Bestimmung des Temperaturfeldes in Festkörpern steht die Wärmeleitungsgleichung (Laplace'sche Gleichung) zur Verfügung:

$$\lambda\left(\frac{\partial^2 T}{\partial X^2} + \frac{\partial^2 T}{\partial Y^2} + \frac{\partial^2 T}{\partial Z^2}\right) = 0 \qquad (11)$$

Sie ist als sogenannter konduktiver Term in der Energiegleichung enthalten. Auch hier lassen sich nach einer Umformulierung der Differentialgleichung einfache Finite Elemente verwenden, d.h. bei dreidimensionaler Betrachtung der Lagerschale z.B. Tetraeder-Elemente.

Die Berechnung eines dreidimensionalen Temperaturverlaufes in der Lagerschale ist jedoch nur dann notwendig, wenn auch die Schmierfilmtemperaturen dreidimensional berechnet werden müssen. Oft wird also auch bei der Berechnung der Lagerschalentemperatur eine zweidimensionale Analyse ausreichen, d.h. wie bei der Schmierfilmtemperatur wird von einem in Y-Richtung konstanten Verlauf ausgegangen.

Der Temperaturverlauf in einer Lagerschale ist eindeutig festgelegt durch Temperaturen bzw. Wärmeübergänge an der Kontaktfläche Schmieröl/Lagerschale und den übrigen Randflächen.

Die Beeinflussung des Temperaturfeldes durch das Schmieröl ergibt sich wie beschrieben durch iteratives Lösen von Wärmeleitungsgleichung <u>und</u> Energiegleichung.

Die thermischen Randbedingungen an den anderen Seitenflächen richten sich im wesentlichen nach der konstruktiven Ausführung des Lagers. Eine genauere Berücksichtigung des Wärmeaustausches über diese Randflächen würde eine Berechnung des Temperaturverlaufes in der näheren Umgebung der Schale bedeuten und muß deshalb zwecks Begrenzung des Lösungsaufwandes ausgeschlossen werden. Es bietet sich an, an diesen Rändern durch Vorgabe von Temperaturen und Wärmeübergangszahlen zumindest näherungsweise wirklichkeitsnahe Bedingungen zu simulieren.

f) Berechnung elastischer Verformungen

Schmieröldruck und Erwärmung der Lagerkonstruktion durch innere Reibung des Schmieröls bewirken, daß sich die Festkörperstruktur elastisch verformt. Dadurch verändert sich auch die konstruktiv vorgegebene Kontur des Spaltverlaufes.

Der Druckaufbau und damit die gesamten Lagereigenschaften reagieren sehr empfindlich auf Veränderungen des Spalthöhenverlaufs.

Da die Größenordnung der Spaltweiten sich im μ-Bereich bewegt, und die Drücke und Temperaturen auf einem relativ hohen Niveau liegen, ist im allgemeinen zu erwarten, daß der Einfluß der

Verformungen auf die Lagereigenschaften nicht von vornherein vernachlässigt werden darf.

Die Grundlage für die Berechnung elastischer Lagerverformungen bildet hier eine Differentialgleichung, die auf beliebige elastische Kontinua angewendet werden kann.

Diese Gleichung läßt sich aus den allgemeinen Formulierungen der Dehnungs-Verschiebungs-Beziehungen, des Hooke'schen Gesetzes und differentiellen Gleichgewichtsbedingungen entwickeln und lautet in Matrizenform:

$$\underline{D}^T \underline{E} \underline{D} \underline{u} - \underline{D}^T \underline{E} \underline{\varepsilon}_0 + \underline{P} = 0 \qquad (12)$$

$\underline{D}$: Differentialoperator

$\underline{E}$: Elastizitätsmatrix

$\underline{u}$: Vektor der Verschiebungen

$\underline{\varepsilon}_0$: Vektor der Anfangsdehnungen

$\underline{P}$: Belastungsvektor

Aus dieser Gleichung lassen sich die Finite-Element-Beziehungen für allgemeine dreidimensionale Konstruktionen ableiten, die allerdings immer auf zu lösende Gleichungssysteme mit einer hohen Zahl von Unbekannten führen.

Unter bestimmten physikalischen und geometrischen Bedingungen läßt sich die Berechnung der elastischen Verformungen erheblich vereinfachen und auf ein zweidimensionales Problem reduzieren. Geht man von einem in Breitenrichtung konstanten mittleren Druckverlauf aus oder setzt in dieser Richtung einfache Näherungsfunktionen für den Druckverlauf an, so wird die Verformungsberechnung der Lagerschale auf ein Scheibenproblem überführt. Kippsegmente mit relativ geringer Dicke lassen sich mit guter Näherung nach den Verformungsannahmen der Plattentheorie berechnen und werden somit ebenfalls auf ein zweidimensionales Problem reduziert.

g) Berechnung der Lagereigenschaften

Für die Beurteilung von Gleitlagern bzw. einzelnen Schmierspaltgeometrien reicht die Kenntnis über den sich einstellenden Schmierfilmdruck nicht aus. Eindeutige Aussagen werden erst möglich durch Angaben über Tragfähigkeit, Angriffspunkt und Richtung der resultierenden Lagerkraft, Ölbedarf und Leckverlust, Verlustleistung usw.. Aus der Viskositätsverteilung, dem ermittelten tatsächlichen Spalthöhenverlauf, aus dem Druckverlauf und den sich daraus ergebenden Druckgefällen lassen sich diese Grössen durch numerische Integrationen berechnen.

Schematischer Ablauf einer Gleitlagerberechnung

Mit einem Verbund der beschriebenen Differentialgleichungen und anderen Beziehungen läßt sich bei den durchgeführten Idealisierungen eine vollständige Gleitlageranalyse erreichen. Der prinzipielle Ablauf einer solchen Berechnung ist in Bild 1 dargestellt.

** Vernachlässigt man die Temperaturverteilung und die Deformation im Lager, so genügt eine reine HD-, d.h. hydrodynamische Analyse. Die HD-Analyse besteht im wesentlichen aus einer einmaligen Lösung der Reynold'schen Gleichung zur Bestimmung des Druckverlaufes und einer Berechnung der daraus resultierenden Lagereigenschaften.

  Sollen die elastischen Verformungen der Lagerschale berücksichtigt werden, so müssen die Reynold'sche Gleichung und die elastomechanischen Gleichungen iterativ gelöst werden, bis sich ein stabiler Spalthöhen- und Druckverlauf eingestellt hat.

** Der Einfluß der Ölerwärmung auf die Lagereigenschaften läßt sich mit einer THD-, d.h. thermohydrodynamischen Analyse erfassen. Hierbei müssen die über die Strömungsgeschwindigkeiten und die temperaturabhängige Ölviskosität gekoppelte Reynolds- und Energiegleichung iterativ gelöst werden, bis sich eine stabile Lösung eingestellt hat. Die Nichtlinearität

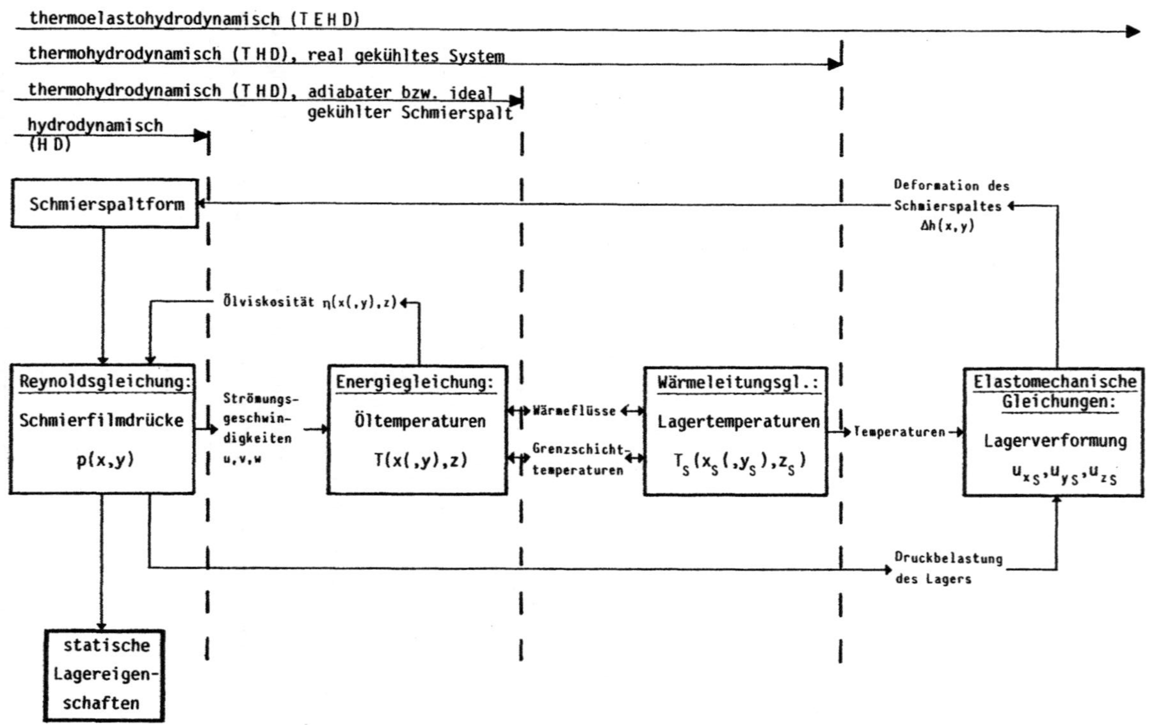

Bild 1: Schematischer Ablauf einer Gleitlageranalyse

der Energiegleichung erschwert dabei den Lösungsprozeß.

** Für weitergehende Untersuchungen bezüglich der thermischen Vorgänge muß, wenn man sich auf die Lagerschale bzw. das Lagergehäuse beschränkt, - zwecks Bestimmung von wirklichkeitsnahen Randbedingungen für die Öltemperatur - die Lösung der Wärmeleitungsgleichung für die Lagerstruktur mit in den Iterationsprozeß einbezogen werden.

** Die zusätzliche Berücksichtigung der Spaltdeformation durch die vom Schmierfilm induzierte Druck- und Wärmebelastung erfordert schließlich eine vollständige TEHD-, d.h. thermoelastohydrodynamische Analyse. Aus der errechneten Verformung ergibt sich eine Veränderung der Spaltform und somit eine Veränderung sämtlicher Zustandsgrößen im Lager. D.h. es müssen alle vier Differentialgleichungen im Verbund gelöst werden, bis sich eine stabile Lösung eingestellt hat.

Die Ergebnisse einer THD- bzw. TEHD-Analyse führen nicht zu den aus der hydrodynamischen Theorie bekannten Kennzahlen, d.h. die Ergebnisse sind nicht direkt auf Lager mit z.B. anderen kleinsten Spalthöhen und anderen Spaltabmessungen übertragbar. Ist zum Beispiel bei einer Lageranalyse die Größe der aufzunehmenden Lagerkraft vorgeschrieben, so müssen einige vollständige THD- bzw. TEHD-Iterationsprozesse durchgeführt werden, wobei man z.B. die kleinste Spaltweite solange variiert, bis die vorgeschriebene Lagerkraft erreicht ist.

Die Berechnung von Kippsegmentlagern bedeutet aufgrund der beweglichen Segmente eine zusätzliche gewaltige Steigerung des erforderlichen Rechenaufwandes.

Soll eine vorhandene Kippsegmentlager-Konstruktion untersucht werden, so sind u.a. vorgegeben:

- die Größe der vom Lager aufzunehmenden Kraft
- die Ölsorte
- die Geometrie und Abstützung der Kippsegmente

Unbekannt sind:

- die kleinste Spaltweite

- die elastische Verformung des Segmentes und seine Gleichgewichtslage

Die Vorgehensweise der nun durchzuführenden TEHD-Analyse läßt sich wie folgt grob gliedern:

1. Der Anstellwinkel des unverformten Kippsegmentes und eine kleinste Spaltweite werden vorgegeben.

2. Mit Hilfe der iterativen TEHD-Analyse wird eine neue Spaltform, eine neue kleinste Spaltweite und damit eine neue resultierende Druckkraft gefunden. Die Wirkungslinie der Resultierenden verläuft allerdings im allgemeinen nicht durch den konstruktiv definierten Auflagerort, d.h. das Segment befindet sich nicht im statischen Gleichgewicht.

3. Um die Gleichgewichtslage zu finden, wird der Anstellwinkel verändert und eine neue iterative TEHD-Analyse durchgeführt. Die Variation des Anstellwinkels mit sich jeweils anschliessender iterativer TEHD-Analyse wird solange fortgesetzt, bis sich das Kippsegment im Gleichgewicht befindet.

4. Man wird jetzt in der Regel feststellen, daß die resultierende Druckkraft mit der vorgegebenen äußeren Lagerbelastung nicht übereinstimmt. Die Ursache liegt in der kleinsten Spaltweite, die nur eine angenommene Größe, also nicht bekannt ist. Ist die sich ergebende Tragkraft z.B. niedriger als die äußere Lagerkraft, muß die kleinste Spaltweite verringert werden.

5. Jede Veränderung der kleinsten Spaltweite macht eine erneute Ermittlung der Kippsegment-Gleichgewichtslage auf iterativem Wege notwendig, wobei jede Variation des Kippsegment-Anstellwinkels wiederum eine iterative TEHD-Analyse erfordert. Die Variation von Spaltweite bzw. Anstellwinkel muß solange fortgesetzt werden, bis sich Segmentgleichgewicht und vorgegebene Lagerbelastung eingestellt haben.

Bei der Analyse von axialen Kippsegmentlagern genügt in der Regel die Berechnung eines Segmentes, während bei radialen Kippsegmentlagern und Axiallagern mit schiefstehender Welle mehrere

Segmente in die Rechnung einbezogen werden müssen.

Änderung der ursprünglichen Zielsetzung

Nach dem ursprünglichen Arbeitsplan wurde zunächst versucht, die TEHD-Analyse von Kippsegmentlagern mit Hilfe einer Koppelung von zwei Programmsystemen durchzuführen:

- ASSA, einem bereits existierenden, ausgereiften Strukturanalyse-Programmsystem, das hier die Berechnung des thermischen und elastischen Verhaltens der Segmentstruktur leisten sollte und

- einem speziellen Programm für die Berechnung der Druck- und Temperaturverteilung im Schmierfilm

Es zeigte sich, daß der im vorigen Abschnitt beschriebene Lösungsprozeß mit den drei Iterationshierarchien

- iterative TEHD-Analyse

- Variation des Kippsegment-Anstellwinkels

- Variation der kleinsten Spaltweite

eine in Extremfällen bis zu 100-fache Lösung der Reynolds-, Energie-, Wärmeleitungs- und elastomechanischen Gleichung erforderte.

Diese Aufgabe kann, wie sich gezeigt hat, wirtschaftlich nicht vertretbar mit den angesprochenen unabhängigen Programmsystemen gelöst werden. Diese Programmkonstellation kann nur in Sonderfällen empfohlen werden.

Für den dauernden Einsatz muß dieser Lösungsweg ausgeschlossen werden, da die Handhabung von zwei getrennten Operatoren mit unterschiedlicher Datenstruktur sehr zeit- und datenintensiv und damit auf Dauer unpraktikabel ist.

Nur eine auf die vorliegende Aufgabenstellung speziell zugeschnittene Software kann derart komplexe Berechnungen mit vertretbarem Aufwand bewältigen.

Diese Software wurde in Abänderung der ursprünglichen Zielsetzung erstellt. Es sind hochspezialisierte Bausteine für die Berechnung des thermischen und elastischen Kippsegmentverhaltens entwickelt worden, die jetzt in direkter Verknüpfung mit ebenfalls hochspezialisierten Bausteinen zur Schmierschichtanalyse ein in sich geschlossenes Programmpaket bilden, auf das im nächsten Abschnitt noch näher eingegangen wird.

Der Arbeitsplan dieses Vorhabens wurde noch in einem weiteren Punkt geändert.

Ursprünglich vorgesehen waren umfassende Parameterstudien, die dem Konstrukteur direkt als Konstruktionsunterlagen dienen und ihm gezielte Hinweise für die Gestaltung und Auslegung von Kippsegmentlagern geben sollten.

Als wichtigste Parameter, die die Eigenschaften eines Lagers mit kippbeweglichen Segmenten bestimmen, sind zu nennen:

- die Form des Segmentes mit den dazugehörigen geometrischen Parametern (z.B. rechteckige und abgerundete Gleitflächen mit ebenen oder balligen Flächen und unterschiedliche Querschnittsformen)
- die Lagerung des Segmentes (z.B. Kippkante, Kugel-Lagerung, Tellerfeder)
- die Reaktion des Auflagers (Hertz'sche Pressung, Reibung)
- die Beschichtung des Segmentes
- Ölsorte
- Wellengeschwindigkeit
- Lagerbelastung
- kleinste Spaltweite
- Schiefstellung
- thermische Randbedingungen an Segment, Wellenoberfläche und Schmiertasche

Es wird hier unmittelbar deutlich, daß unter diesen Bedingungen umfassende, übersichtliche Arbeitsunterlagen für den Konstrukteur nicht realisierbar sind.

Die Lösung dieser Problematik kann nur darin bestehen, das Programm bei Bedarf jedem, der sich mit der Entwicklung und Berechnung von Gleitlagern befaßt, zur Verfügung zu stellen, damit dieser dann mit Hilfe des Programmsystems seine speziellen, individuellen Probleme selbst lösen bzw. lösen lassen kann.

Es ist versucht worden, die mit dieser Zielsetzung verbundenen hohen Anforderungen an eine Software zu realisieren.

Das Programmsystem TEHADE3

Mit dem neuentwickelten Programmsystem TEHADE3 steht nun eine in sich geschlossene, dialogfähige Software auf der Basis der Finite-Element-Methode zur Verfügung, die eine thermoelastohydrodynamische Analyse von Kippsegmentlagern und damit natürlich auch von Lagern ohne kippbewegliche Segmente ermöglicht.

In Sonderfällen läßt sich durch Zuhilfenahme eines zusätzlichen leistungsfähigen Programms für die Strukturanalyse (z.B. ASSA) der Leistungsumfang leicht derart erweitern, daß für eine Berechnung mit Berücksichtigung der elastischen Eigenschaften theoretisch keine Einschränkungen bezüglich der Komplexität der Lagerschale bzw. des Lagergehäuses bestehen.

Das Programmsystem TEHADE3 setzt sich aus einem Steuerprogramm und einer bestimmten Anzahl von selbständigen Programmblöcken zusammen. Jeder Block bearbeitet ein Teilproblem aus dem Gesamtkomplex einer Lageranalyse.

Die Steuerung des gesamten Rechenablaufes für eine Analyse besteht im wesentlichen aus einem sukzessiven Aufrufen der einzelnen Programmblöcke. Der Leistungsumfang der einzelnen Module ist so aufeinander abgestimmt, daß der Anwender den Umfang der Analyse und in einem definierten Rahmen den Lösungsweg und den Iterationsablauf selbst bestimmen und gegebenenfalls im Verlauf der Analyse problemlos verändern kann. Dadurch lassen sich auch die einzelnen physikalischen Effekte zu- oder ausschalten und in ihrer Auswirkung leicht studieren.

Die Steuerung des Programms kann interaktiv über eine programmeigene, einfache Kommandosprache erfolgen. Mit Hilfe der Kommandosprache werden die einzelnen Programmmodule direkt angesprochen und in Tätigkeit gesetzt. Für kommerzielle Anwendungen, für standardisierbare Rechenabläufe, Serienrechnungen usw. lassen sich Steuerroutinen erstellen. Diese Steuerprogramme rufen dann die Programmblöcke völlig selbständig auf und erfordern während des gesamten Rechenablaufes keinen Eingriff vom Benutzer.

Die möglichen, sinnvollen Verknüpfungen der einzelnen Module, die vom Benutzer im Dialog oder über Steuerprogramme vorgenommen werden können, sind in Bild 2 dargestellt. Aus Gründen der Übersichtlichkeit sind nur die wichtigsten Bausteine angedeutet. Zum Verständnis des Schemas soll die folgende Kurzbeschreibung dienen:

NETZ
- Definition von beliebigen Schmierspaltgeometrien und Generierung des entsprechenden Finite-Element-Netzes
- Generierung geometrisch einfacher Lagerschalkörper und entsprechender Finite-Element-Netze

DRUC
- Berechnung der Schmierfilmdrücke durch Lösung der Reynold'schen Gleichung

AUSP
- automatische Auswertung des Druckverlaufes, d.h. Berechnung der Lagereigenschaften

GESC
- Bestimmung der Geschwindigkeitskomponenten in der Schmierspaltströmung

TE2D, TE3D
- zwei- bzw. dreidimensionale Berechnung der Schmierfilmtemperaturen durch Lösung der Energiegleichung

AUST
- Auswertung der berechneten Schmierfilmtemperaturen, d.h. Bestimmung von Temperaturgradienten zur Berücksichtigung von Wärmeflüssen
- näherungsweise Ermittlung des Temperaturprofils an der Eintrittsöffnung eines nachgeschalteten Schmierspaltes

TEKS
- Berechnung des Temperaturverlaufes in geometrisch ein-

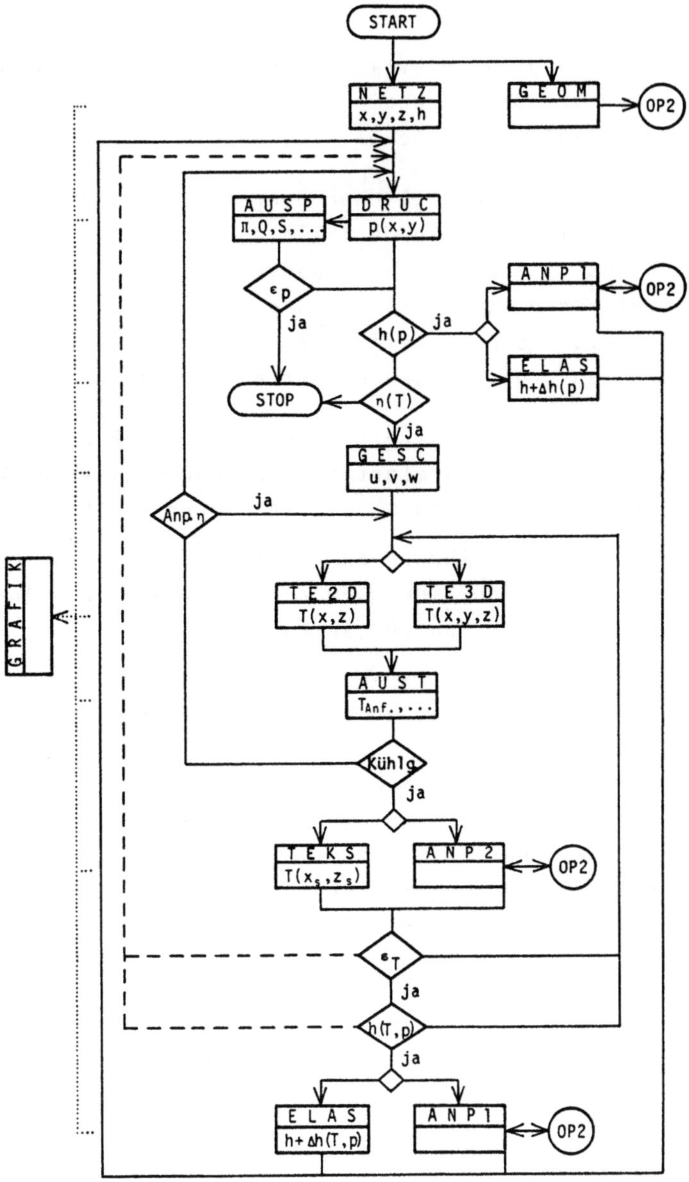

Bild 2: Schematischer Aufbau des Programmsystems TEHADE3

fach geformten Lagerschalen durch Lösung der Wärmeleitungsgleichung

ELAS - Ermittlung der elastischen Lagerschalenverformung aufgrund von Druck- und/oder Wärmebelastung durch Lösung der elastomechanischen Gleichungen

Wie erwähnt, soll ein zusätzlicher Operator, der im Bild mit "OP2" bezeichnet ist, für Sonderfälle die Einbeziehung komplexer Lagerschalen und -gehäuse in die Lageranalyse ermöglichen. Dazu sind Hilfsroutinen eingerichtet worden, die hier speziell auf den Zusatzoperator ASSA ausgerichtet sind und dem Benutzer Komfort und einen problemlosen Datentransfer bieten:

GEOM - für Variantenkonstruktionen von typischen Lagerschalen und -gehäusen: komfortable Erzeugung eines Datenfiles für einen externen Geometrieprozessor (OP2)

ANP1, ANP2, ANP3 - Hilfsroutinen für Datenanpassung und Datentransfer zwischen TEHADE3 und dem Zusatzoperator zur Analyse der über GEOM und OP2 erzeugten Strukturen

GRAFIK - grafische Kontrolle von Eingabedaten
- grafische Information über den aktuellen Verlauf von Zustandsgrößen
- grafische Ausgabe von Ergebnissen (Einige Beispiele mit programminterner Software erzeugter Grafik zeigen die Bilder 3 ff. Bei dreidimensional verteilten Größen kann der Benutzer beliebige Schnittebenen und Ansichten definieren.)

Die rhombischen Symbole deuten Entscheidungen an, die über Fortsetzung oder Abbruch einer Iteration bzw. über den Umfang der Untersuchung bestimmen und vom Anwender im Dialog oder Steuerprogramm zu fällen sind:

ε_p - Konvergenzkriterium bezüglich Schmieröldruck erfüllt?

ε_T - Konvergenzkriterium bezüglich Lagertemperatur erfüllt?

h(p) - Soll die Schmierspaltgeometrie durch den Öldruck verformbar sein?

$\eta(T)$ - Soll die Ölviskosität temperaturabhängig sein?

Anp.n - Die Nichtlinearität der Energiegleichung läßt sich direkt berücksichtigen durch iterative Lösung dieser Gleichung mit jeweiliger Anpassung der Ölviskosität an das aktuelle Temperaturfeld.

Eine andere Möglichkeit besteht darin, die Gleichung zyklisch mit den anderen Gleichungen zu lösen.

Kühlg.- Sollen Wärmeübergänge zwischen Schmierfilm und Lagerschale bzw. -gehäuse berücksichtigt werden?

h(T,p)- Soll die Schmierspaltgeometrie durch thermische Einflüsse und Öldruck veränderbar sein?

Die Iterationsschleifen zur Erzielung der Segmentgleichgewichtslage und zur Einhaltung der geforderten Lagerbelastbarkeit bzw. kleinsten Spaltweite sind hier aus Gründen der Übersichtlichkeit nicht aufgeführt.

Um dem Anwender des Programmsystems die Bedienung zu erleichtern und den Rechenablauf transparent zu machen, wurden folgende Punkte realisiert:

- informative, knappe Ausgabe von Text und Daten durch das Programm
- minimaler Eingabeaufwand
- verständliche Anforderung der Eingabedaten durch das Programm im Dialogbetrieb
- weitgehend selbständige Kontrolle der Eingabedaten
- automatische Führung einer übersichtlichen Protokolldatei, woraus der Rechenablauf erkennbar ist

TEHADE3 wurde in der Sprache Fortran IV programmiert. Da diese Programmiersprache weit verbreitet ist, dürfte der Operator auf den meisten Rechenanlagen einsetzbar sein. Die einzigen Programmänderungen, die im Falle einer Umstellung auf einen anderen Rechner vorzunehmen sind, betreffen die grundsätzlich anlagenspezifischen Routinen zum Löschen und Umbenennen von Dateien während des Operatorlaufes, Steuern der Ein- und Ausgabevorgänge usw.. Für den eigentlichen Rechenablauf sind nur die I/O-Routinen von Bedeutung.

Zur Gewährleistung einer freien Gestaltung des Rechenablaufes durch den Benutzer und einer unbegrenzten Restartfähigkeit werden die zwischen den Programmmodulen zum Großteil über Externdateien transferierten Daten so abgelegt, daß sie jederzeit (aktualisiert auf den letzten Berechnungsschritt) verfügbar bleiben.

Die im Programmschema Bild 2 nicht gesondert aufgeführten Unterprogramme zum Aufbau und Lösen der Finite-Element-Gleichungssysteme arbeiten nach speziellen Algorithmen, die die Lösung von Gleichungssystemen mit einer praktisch beliebigen Anzahl von Unbekannten erlauben. Der benötigte Kernspeicherraum kann gleichzeitig so klein gehalten werden, daß diese Lösungsroutinen und damit der gesamte Operator TEHADE3 selbst auf Rechnern kleinerer Größenordnung (z.B. PRIME 400) eingesetzt werden kann.

Erste Ergebnisse, die mit dem neuen Programmsystem gewonnen wurden, sind in erster Linie Resultate von Berechnungen, die zur Ermittelung geeigneter Iterationsstrategien und zum Austesten des neuen Operators durchgeführt wurden. Für die dabei zugrundegelegten Parameter mußten, um die Gültigkeit bzw. den Gültigkeitsbereich der verschiedenen Näherungsansätze und Idealisierungen zu erfassen, zum Teil Parametergrößen gewählt werden, die nur von geringer praktischer Bedeutung sind. Die Analysen, die im Rahmen dieses Vorhabens mit praxisnahen Parametergrößen durchgeführt werden konnten, lassen natürlich keine qualitativen Aussagen zu und haben in ihrer Gesamtheit nur den Charakter von Stichproben. Auf eine detaillierte Auflistung von Ergebnissen wird hier deshalb verzichtet. Erwähnt werden soll an dieser Stelle nur, daß die Verformungen durch Wärmezufuhr und Schmieröldruck nicht grundsätzlich einen negativen Einfluß auf die Tragfähigkeit von Kippsegmentlagern haben. Sie führen oft zu einer merklichen Verbesserung der Tragfähigkeit. Die Ursache dafür ist darin zu suchen, daß sich der Spaltverlauf nach der Deformation in einigen Fällen dem Spaltverlauf der sogenannten Rastflächenlager annähert. Der Spalthöhenverlauf setzt sich bei Rastflächenlagern aus einem sich verengenden und einem parallelen Teil, der sogenannten Rastfläche, zusammen. Für bestimmte Rastflächenlängen besitzen solche Spaltformen bessere Tragfähigkeiten als Schmierspalte ohne Rastfläche /5/.

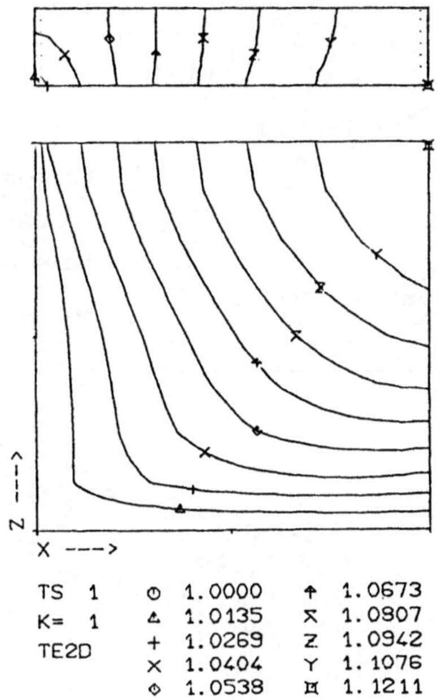

Bild 3: Temperaturverlauf in einem Segment und im Schmierfilm, Spaltverlauf normiert auf ein Quadrat

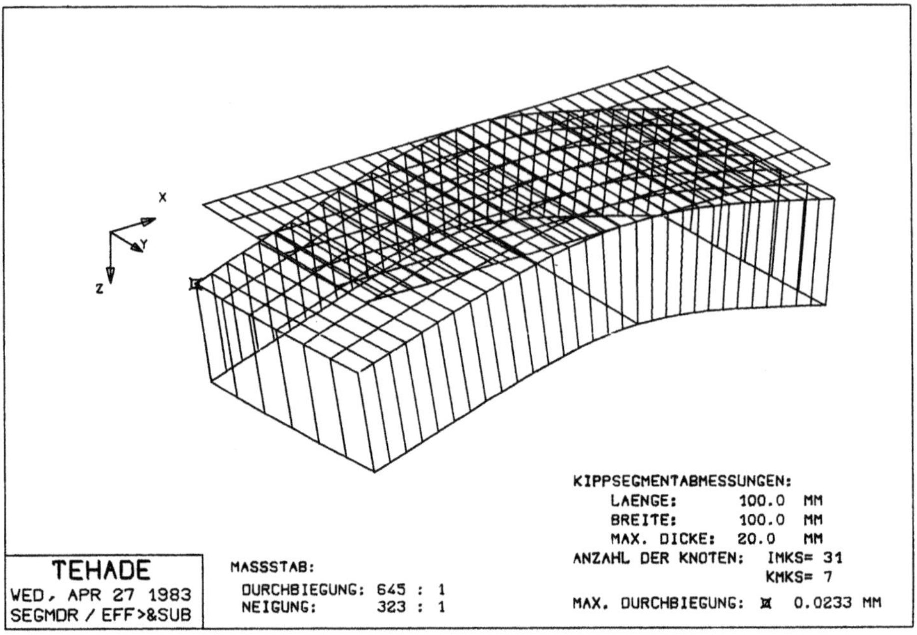

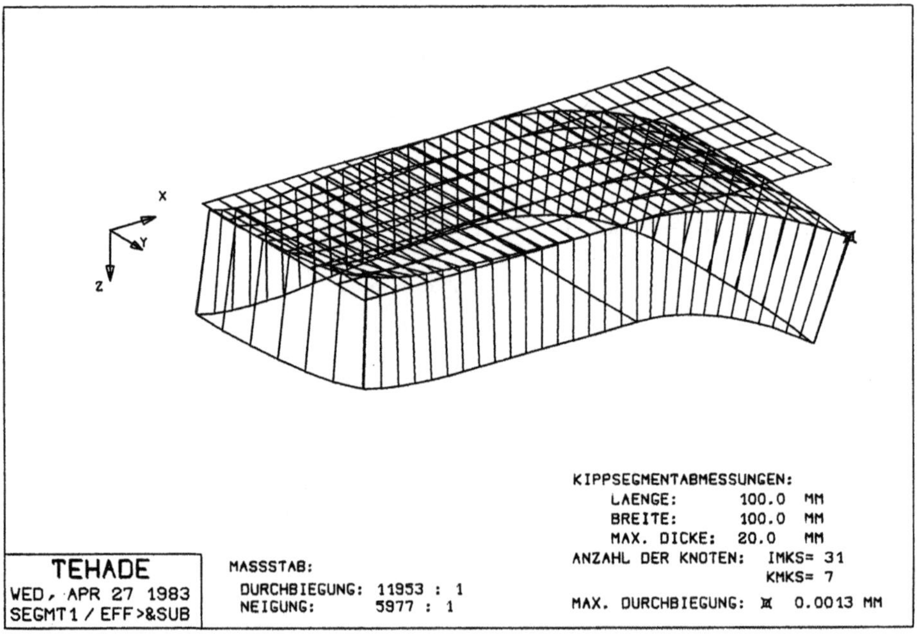

Bild 4: Verformungen eines Kippsegmentes durch Schmieröldruck (oben) und Erwärmung (unten)

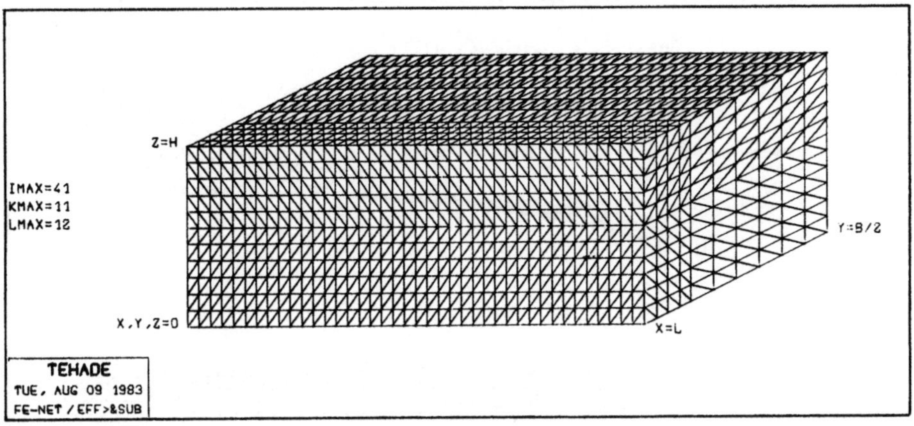

Bild 5: Finite-Element-Netzeinteilung eines Schmierspaltes (Spaltraum normiert auf ein Quader)

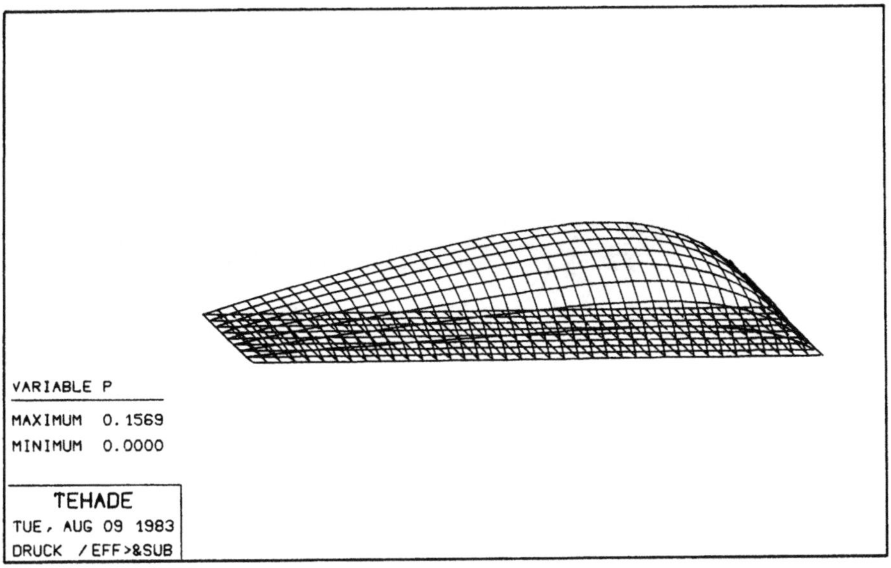

Bild 6: Druckverteilung im Schmierfilm

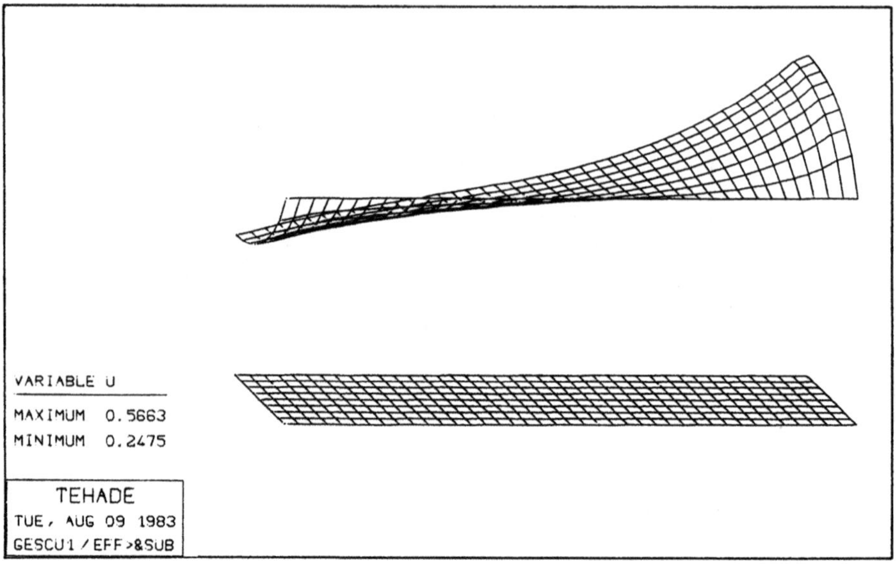

Bild 7: Geschwindigkeitskomponente U(X,Y,Z=0.7)

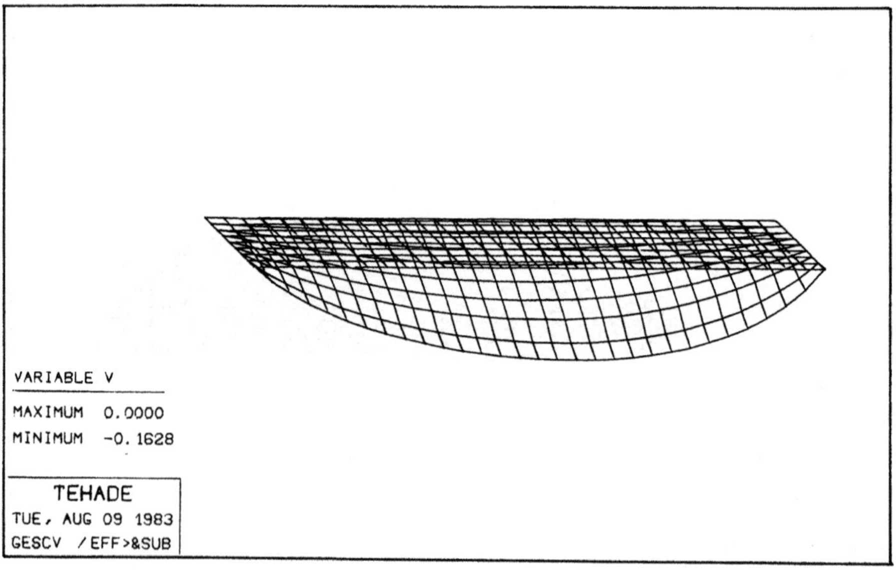

Bild 8: Geschwindigkeitskomponente V(X,Y,Z=0.7)

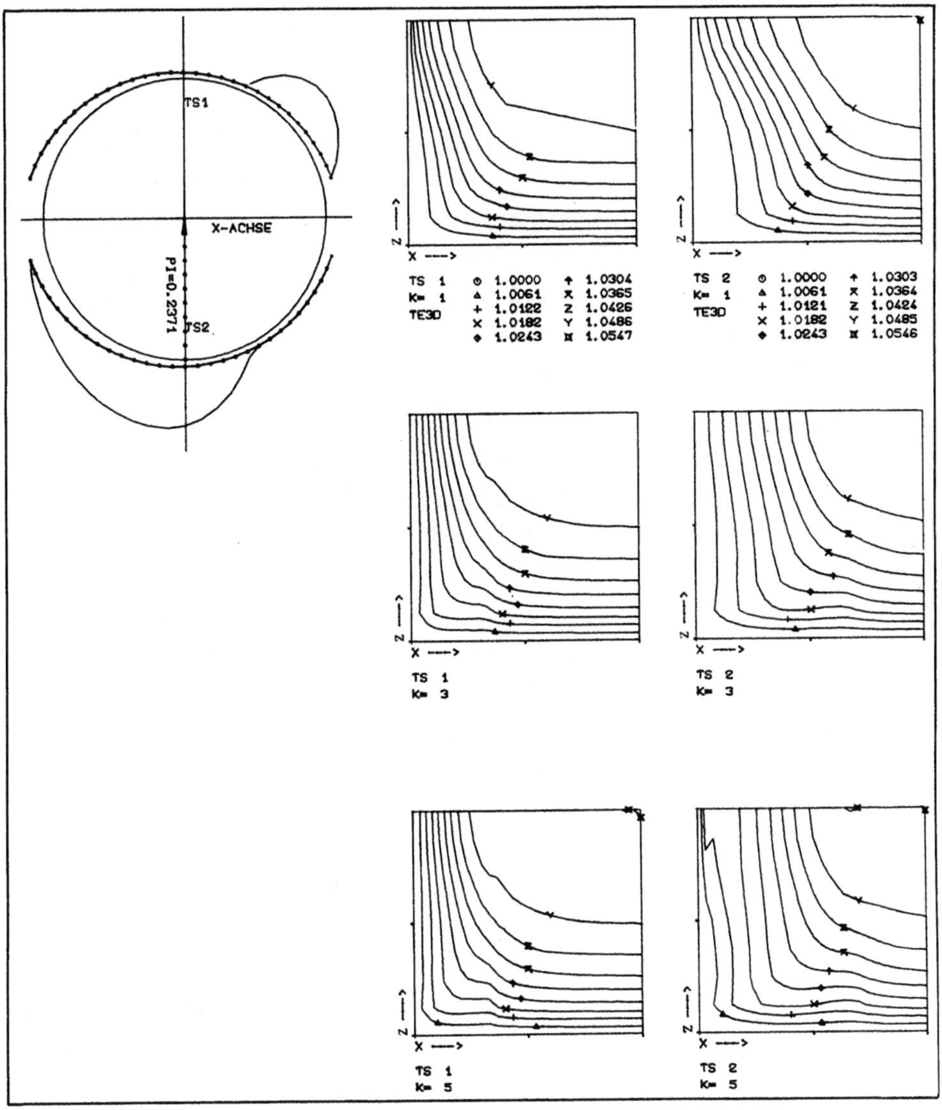

Bild 9: Druckverläufe und dreidimensional berechnete Temperaturverteilung in einem Zweiflächengleitlager (dargestellt sind die Temperaturen für Y=0, Y=-B/4, Y=-B/2)

Schrifttum

/1/ Oh, K.P. — The Application of a Gradient Method in the Finite-Element Solution of Elastohydrodynamic
Asle Trans., Vol.17, (1974) 111-116

/2/ Rohde, S.M., Oh, K.P. — A Thermoelastohydrodynamic Analysis of a Finite Slider Bearing
J. Lubr. Techn., Trans ASME, Paper No.74

/3/ Theißen, J. — Steigerung der Grenzdrehzahl von Zahnräder-Umlaufgetrieben durch zusätzlichen Wärmeentzug aus den Planetenradgleitlagern
Dissertation Bochum 1977

/4/ Lössl, G. — Berechnen und Auswerten des Wärmeübergangs an Wellen und Wellenzapfen
Maschinenmarkt, Würzburg, Jg.85, 36

/5/ Kanarachos, A. — Ein Beitrag zum Problem hydrodynamischer Gleitlager maximaler Tragfähigkeit
Konstruktion, Jg.28 (1976) 391-395

/6/ Kanarachos, A. — Ein Beitrag zur thermoelastohydrodynamischen Analyse von Gleitlagern
Konstruktion, Jg.29, 3 (1977) 101-106

/7/ Pollmann, E. — Berücksichtigung der veränderlichen Viskosität bei der Berechnung von Gleitlagern
Konstruktion, Jg.19, 5 (1967) 176-183

/8/ Peeken, H., Knoll, G. — Zylindrische Gleitlager unter elastohydrodynamischen Bedingungen
Konstruktion, Jg.27, 5 (1975) 176-181

/9/ Motosh, N. — Das konstant belastete zylindrische Gleitlager unter Berücksichtigung der Abhängigkeit der Viskosität von Temperatur und Druck
Dissertation Karlsruhe 1962

Rückwirkung elastischer Lagerverformungen auf das Tragverhalten von stationär und instationär belasteten Radialgleitlagern

von

Prof. Dr.-Ing. H. Peeken
Dr.-Ing. G. Knoll

Institut für Maschinenelemente
und Maschinengestaltung
Rheinisch-Westfälische Technische
Hochschule Aachen

Förderkennzeichen: 01 ZT 260 A
Laufzeit: 1.1.81 - 31.12.82

Gliederung

1. Problemstellung

Die hydrodynamischen Kenngrößen eines Gleitlagers - Druckentwicklung, Tragfähigkeit, Reibung und Ölbedarf - sind bekanntlich abhängig von der Lagergröße, der Schmierstoffviskosität, dem Verlauf der Schmierspaltgeometrie sowie der wirksamen hydrodynamischen Geschwindigkeit.
Bei einer achsparallelen Verlagerung der Welle bezüglich der Lagerachse, ist der Verlauf des Schmierspaltes über der Lagerbreite konstant und wird durch das Lagerspiel sowie die Wellenverlagerung (Exzentrizität) eindeutig beschrieben.
Infolge hoher Lagerbelastungen oder montage- bzw. fertigungsbedingter Lagerversetzungen wird der Verlauf der Spaltgeometrie zusätzlich durch die Verformung und Schiefstellung des Lagers und der Welle beeinflußt.
Die veränderte Spaltgeometrie führt rückwirkend zu einer veränderten hydrodynamischen Druckverteilung, sowie der hieraus abgeleiteten Kenngrößen für die Tragkraft, die Reibung und den Ölbedarf.

Kennzeichnend für die Verformung von Radialgleitlagern ist eine Ovalität der Lagerbohrung, verbunden mit einer axial gerichteten Biegung des Lagerquerschnitts.
Der Einfluß der Biegung auf den Verlauf der Spaltgeometrie tritt insbesondere bei Lagerbreitenverhältnissen von $B/D > 0,5$ auf. Maßgebend für die Biegeverformung ist die Biegesteifigkeit des Lagers, die konstruktiv durch die Kontur des Lagerquerschnitts festgelegt wird.
Der Einfluß der Ovalverformung der Lagerbohrung überwiegt bei Lagern mit Breitenverhältnissen von $B/D < 0,5$, wie sie bei Pleuel- und Grundlagern von Verbrennungsmotoren auftreten.
Neben der Lagerverformung leistet auch die Verformung der Welle einen Beitrag zum Verlauf der Schmierspaltgeometrie.

2. Zielsetzung

Für stationär belastete Radialgleitlager ist der Einfluß der Schiefstellung und der Verformung auf das hydrodynamische Tragverhalten in den Vorhaben

Mehrfachgleitlagerung /1/ (KZ 01 ZT 377)

und

Lagerverformung /2/ (KZ 01 ZT 108)

untersucht worden, die das BMFT im Rahmen des Forschungs- und Entwicklungsprogramms Tribologie gefördert hat. Beide Vorhaben wurden am Institut für Maschinenelemente und Maschinengestaltung durchgeführt und im März 1981 abgeschlossen.

Die vorliegenden Untersuchungsergebnisse erweitern die Arbeiten nach /1/, /2/ auf das hydrodynamische Tragverhalten von instationär belasteten Radialgleitlagern.

Die Berücksichtigung der Verformungs- und Schiefstellungseinflüsse bei der hydrodynamischen Tragkraftberechnung erfordert neben einer aufwendigen Programmentwicklung, die Verfügbarkeit leistungsfähiger Rechenanlagen.
Um die Anwendung der grundsätzlichen Erkenntnisse in der Praxis sicherzustellen, wurden umfangreiche Parameteruntersuchungen durchgeführt, in denen der Einfluß der Verformung und der Schiefstellung durch einen Neigungs- und einen Krümmungsparameter beschrieben wird.
Zur Klärung der grundsätzlichen Zusammenhänge zwischen Druckentwicklung und Lagerverformung werden in Pkt. 4 charakteristische Lagergeometrien untersucht.

3. Lösungsweg

Zur Berechnung der hydrodynamischen Tragfähigkeit unter Berücksichtigung der Verformung wird die Schmierspaltgeometrie des verformten Lagers iterativ ermittelt, indem die Druckverteilung aus der REYNOLDschen Differentialgleichung und die Lagerverformung aus der Finite Elemente Analyse des gesamten Lagers simultan berechnet werden.
Die Berechnungsmethoden und Iterationsverfahren sind in /1/ und /2/ eingehend beschrieben. Die Darstellung des Verfahrens nach Bild 1 beschränkt sich daher auf den prinzipiellen Ablauf.

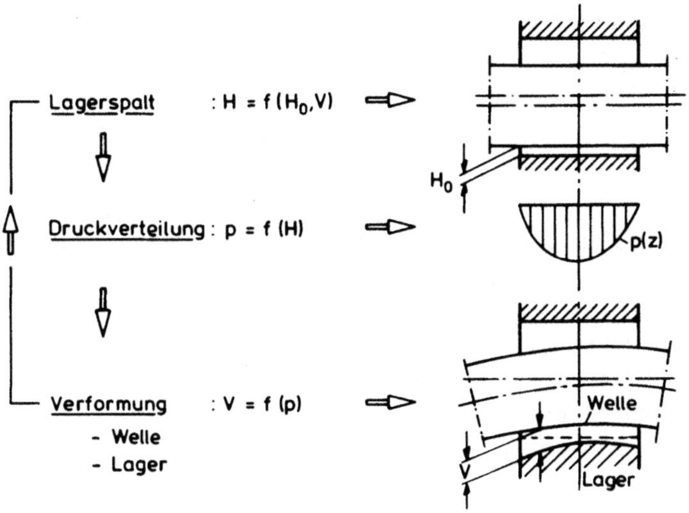

Bild 1: Algorithmus zur hydrodynamischen Druckberechnung p unter Berücksichtigung der Verformung v

Mit einem Startwert für die Spaltgeometrie H_o (φ, z) wird zunächst eine Anfangsdruckverteilung berechnet, mit der die Verformung des Lagers und der Welle ermittelt wird.

Die Überlagerung der Verformungsanteile V mit dem Startwert für die Spaltgeometrie H_o, liefert eine erste verbesserte Spaltgeometrie H (φ, z), aus der wiederum eine verbesserte Druckverteilung folgt. Der Gleichgewichtszustand des iterativen Verfahrens ist erreicht, wenn Konvergenz im Verlauf der Spaltgeometrie und der Druckverteilung vorliegt.

Die Programme zur Druck- und Verformungsberechnung sind auf der Finite Elemente Methode (FEM) aufgebaut, so daß die Voraussetzung gegeben ist, allgemeine Schmierspalt- und Lagerformen zu untersuchen.

4. Hydrodynamische Tragfähigkeit eines Pleuel- und Grundlagers unter Verformungseinfluß

Pleuellager bei Verdrängung

Die typische Ausführungsform einer Pleuelkonstruktion zeigt Bild 2, mit einem asymmetrischen Aufbau bezüglich der Ebene Pleuelachse/Zapfenachse. Wesentliche Unterschiede in der elastomechanischen Steifigkeit des Pleuellagers liegen in den beiden Hauptbelastungsrichtungen vor:

- Last auf die Unterschale: $\varphi = 0^o$
- Last auf die Oberschale: $\varphi = 180^o$

Für die spezifischen Lagerdaten nach Bild 2 ist der Verlauf der Tragkennzahl So bei elastischer und starrer Rechnung dargestellt.

Der Zapfen wird elasto-mechanisch als starr angenommen. Als wirksame hydrodynamische Geschwindigkeit wird eine Verdrängungsgeschwindigkeit von $\dot{\varepsilon}$ = 1,65 1/sec angenommen.

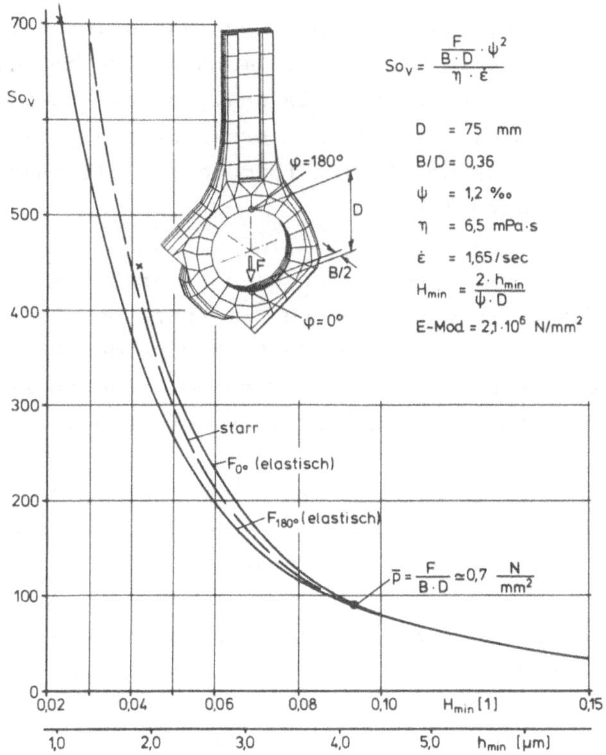

Bild 2: Tragkraftkennzahl So_v und minimaler Schmierspalt H_{min} bei Verdrängungsgeschwindigkeit $\dot{\varepsilon}$.

Bei gleichem minimalem Spalt ist im Vergleich zum theoretisch starren Fall das Lager höher belastbar, wenn die Last auf die untere Lagerhälfte ($\varphi = 0^{o}$) wirkt. Bei einer Belastung der oberen Lagerhälfte ($\varphi = 180^{o}$) ist die Tragkraft gegenüber dem starren Fall geringer.

Vergleichsrechnungen haben ergeben, daß eine begrenzte Änderung der Pleuelsteifigkeit, z.B. durch Variation der Querschnittsgeometrie am Schaft und im Lagerbereich, die Tragfähigkeit nur gering verändert. Die Analyse der Ergebnisse ließ erkennen, daß für Lager mit kleinen Breitenverhältnissen $B/D < 0{,}5$, der Einfluß der Ovalverformung für die Änderung der Tragkraft entscheidend ist.

Aus der besseren Schmiegung der unteren Lagerhälfte um den Zapfen, folgt daher auch die höhere Tragkraft bei der Verdrängungsbewegung. Die maximalen Werte der beiden Tragkraftkurven für Lastrichtung $\varphi = 0^{o}$ und $\varphi = 180^{o}$ ergeben sich aus der erreichbaren Konvergenz des Lösungsverfahrens.

Für die beiden Endwerte der elastischen Rechnung, $H_{min} = 0{,}026$ ($\varphi = 180^{o}$) und $H_{min} = 0{,}042$ ($\varphi = 0^{o}$), zeigt Bild 3 die Druckverteilung auf der abgewickelten Lagerschale.

Aufgrund der Symmetrie bezüglich der Lagermittelebene, beschränkt sich die Darstellung auf eine Lagerhälfte. Bei einer Belastung der unteren Lagerhälfte ($\varphi = 0^{o}$) überwiegt die Ovalverformung der Lagerbohrung und verläuft in Breitenrichtung des Lagers konstant.

Bei einer Belastung der Oberschale ($\varphi = 180^{o}$) ist die Verformung über der Lagerbreite nicht konstant. Besonders deutlich ist die Abweichung im Bereich der minimalen Spaltweite bei $\varphi = 180^{o}$ zu erkennen. Daraus resultiert - im Vergleich zur unteren Lagerhälfte - eine schlechtere Schmiegung um den Zapfen und damit eine verminderte Tragkraft.

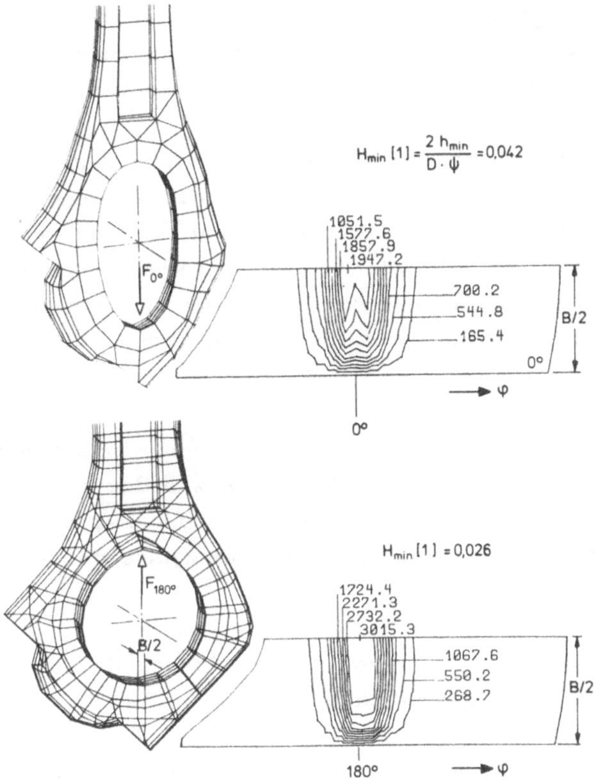

<u>Bild 3:</u> Dimensionslose Druckverteilung $p^* = p\cdot\psi^2/\eta\cdot\dot{\varepsilon}$

Die symmetrische Druckverteilung in Umfangsrichtung - mit den Maximalwerten bei $\varphi = 0^\circ$ bzw. $\varphi = 180^\circ$ - läßt den Schluß zu, daß nennenswerte Einflüsse aus der unsymmetrischen Pleuelgeometrie bezüglich der Längsachse nicht vorliegen.

Grundlager bei Drehung und Verdrängung

Das Tragverhalten sowie der Verlauf der Zapfenbahn eines Grundlagers unter Berücksichtigung der Lagerverformung zeigen die Bilder 4 und 5.

Bei instationär belasteten Radialgleitlagern bewegt sich der Zapfenmittelpunkt auf einer Bahnkurve, die zu jedem Zeitpunkt in eine tangentiale und radiale Bewegung zerlegt werden kann. Die hydrodynamische Druckverteilung in einem instationär belasteten Radialgleitlager läßt sich damit auf einen rotatorischen und einen translatorischen Bewegungsanteil zurückführen.

Der rotatorische Anteil setzt sich aus den Winkelgeschwindigkeiten des Zapfens und der Welle, sowie dem tangentialen Bewegungsanteil aus der Bahnkurve zusammen. Der translatorische Anteil entspricht der radialen Verlagerungsgeschwindigkeit des Zapfens.

Die Verlagerungsbahn wird nach dem Verfahren der überlagerten Tragkraftanteile nach Holland ermittelt.

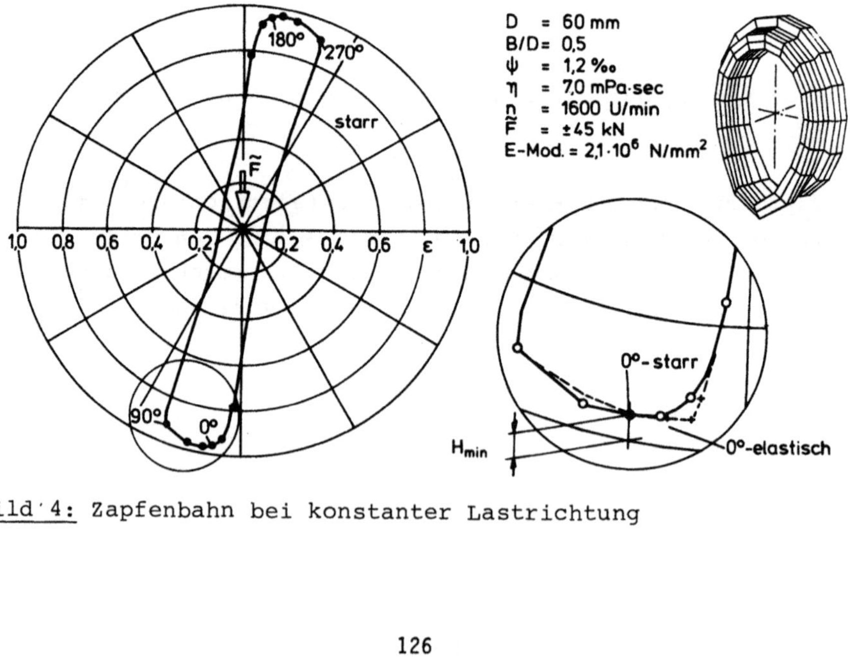

Bild 4: Zapfenbahn bei konstanter Lastrichtung

Die Berechnung wird für eine cosinus-förmig zeitlich veränderliche Belastung (F_{max} = ±45 KN), mit den Lagerdaten nach Bild 4 durchgeführt.

Der vergrößerte Querschnitt aus der Verlagerungsbahn (rechts unten) läßt den Unterschied zwischen der starren und elastischen Berechnung erkennen. Die größte Abweichung liegt im Bereich der maximalen Belastung bei $\delta = 0^\circ$ und $\delta = 180^\circ$.

Von Interesse ist der Einfluß der Lagerverformung auf die hydrodynamischen Tragkraftanteile aus der Dreh- und Verdrängungsbewegung (Bild 5).

Das obere Diagramm zeigt den Traganteil aus der Drehung als Funktion des Drehwinkels δ. Aufgrund der Verformung sinkt die Tragfähigkeit unter den theoretisch erreichbaren Wert des starren Lagers. Entsprechend dem Belastungsverlauf F ergeben sich die Unterschiede nur im Bereich der Belastungsspitzen $\delta = 0^\circ$, $\delta = 180^\circ$.

Der Verlust an Tragkraft bei der Drehbewegung muß daher durch eine höhere Tragfähigkeit bei Verdrängungsbewegung ausgeglichen werden. Im unteren Diagramm für die Tragkraft aufgrund der Verdrängung, liegen die elastisch berechneten Tragfähigkeiten auch oberhalb der theoretischen Werte des starren Lagers.

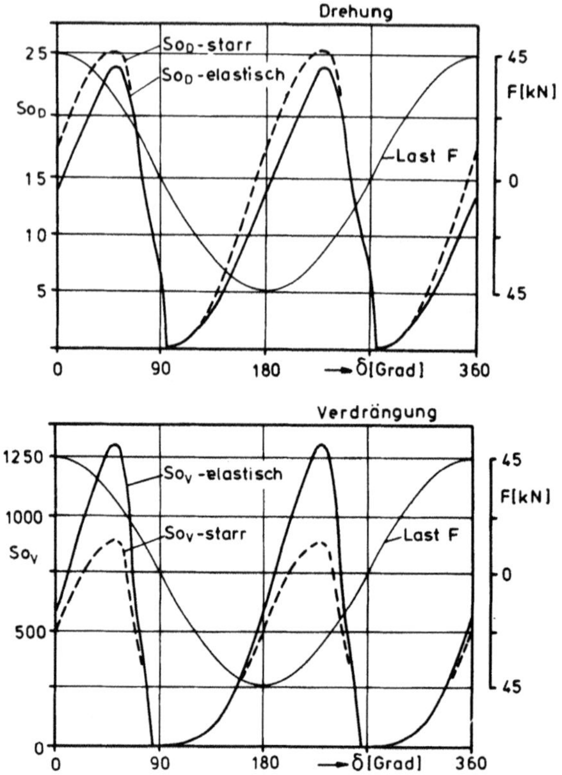

Bild 5: Traganteile $So_{D,V}$ aus der Dreh- und Verdrängungsbewegung bei einer instationären Lagerbelastung nach Bild 4

5. Lagerkennwerte mit Verformungsparametern

Speziell der Einfluß der Wellenverformung auf den Verlauf der Spaltgeometrie in Lagerbreitenrichtung ist bei Endlagern durch einen Parameter für die Neigung und bei Mittenlagern durch einen Parameter für die Krümmung der Welle darstellbar. Die Abweichung der Spaltgeometrie von der achsparallelen

Wellenlage wird in der Lastebene (YZ-Ebene) durch den Neigungswinkel α bzw. durch den Krümmungsradius ϱ angegeben (Bild 6).

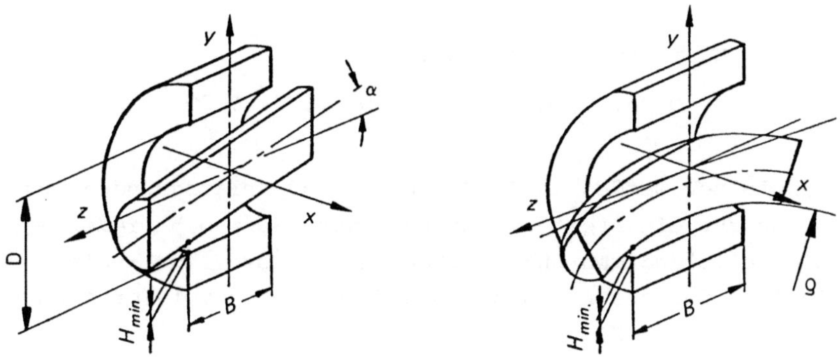

Neigungsparameter: $q = \frac{B}{D}\,\psi\,\tan\alpha$ Krümmungsparameter: $\varkappa = \frac{B}{4\psi}\frac{B}{D}\frac{1}{\varrho}$

Bild 6: Abweichungen von der achsparallelen Wellenlage durch Neigungs- und Krümmungsparameter ($q,\varkappa$) (ψ : rel. Lagerspiel)

Zur Aufstellung der hydrodynamischen Lagerkennwerte nach Bild 7 wird der Winkel α und der Krümmungsradius ϱ auf einen dimensionslosen Neigungsparameter q und einen Krümmungsparameter $\varkappa$ zurückgeführt, die in Bild 6 angegeben sind. In den beiden Parametern lassen sich allgemeine Abweichungen im Verlauf der Spaltgeometrie über der Lagerbreite berücksichtigen, die sich aus einer Verformung bzw. Schiefstellung der Welle und des Lagers zusammensetzen.

Für die hydrodynamisch wirksamen Geschwindigkeiten aus der Dreh- und Verdrängungsbewegung wurden Kennfelder für die Lagerkennwerte nach Bild 7 mit folgenden Parametern aufgestellt:

Lagerbreitenverhältnis B/D:

0,125; 0,250; 0,500; 0,750; 1,000; 1,500

Neigungsparameter q:

0,1; 0,2; 0,3

Krümmungsparameter $\varkappa$:

0,05; 0,10; 0,15; 0,20; 0,25; 0,30

Die Kennfelder werden in Bild 8 bis 16 aus Platzgründen auszugsweise für ein Breitenverhältnis von B/D = 0,5 wiedergegeben. Die vollständigen Untersuchungsergebnisse sind - einschließlich der theoretischen Grundlagen - im VDI-Forschungsheft Nr. 617/1983 /4/ - veröffentlicht.

Die Kennwerte stehen wahlweise als Funktion der minimalen Spaltweite oder der Exzentrizität der Welle in der Lagermittelebene zur Verfügung.

	Drehung	Verdrängung
- Sommerfeldzahl als dimensionslose Tragkraftzahl	$So_D = \frac{\bar{p} \cdot \psi^2}{\eta \cdot \omega}$	$So_V = \frac{\bar{p} \cdot \psi^2}{\eta \cdot \dot{\varepsilon}}$
- maximale Druckzahl	$p^*_{max,D} = \frac{p_{max} \cdot \psi^2}{\eta \cdot \omega}$	$p^*_{max,V} = \frac{p_{max} \cdot \psi^2}{\eta \cdot \dot{\varepsilon}}$
- Schmierstoffdurchsatz	$Q^*_D = \frac{Q_D}{R^3 \cdot \psi \cdot \omega}$	$Q^*_V = \frac{Q_V}{R^3 \cdot \psi \cdot \dot{\varepsilon}}$
- Lastmoment bei Wellenschiefstellung $q \neq 0$	$M_D = So_D \cdot \bar{z}_D$	$M_V = So_V \cdot \bar{z}_V$
- bezogene Reibungszahl	μ / ψ	
- Verlagerungswinkel	β	

Bild 7: Hydrodynamische Kennwerte

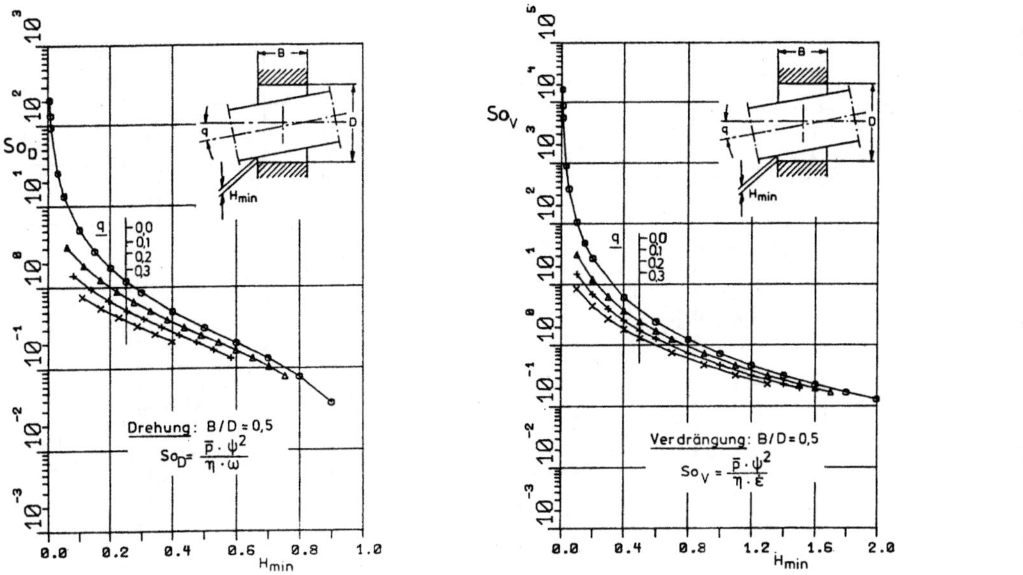

Bild 8: Sommerfeldzahl So bei Neigung q

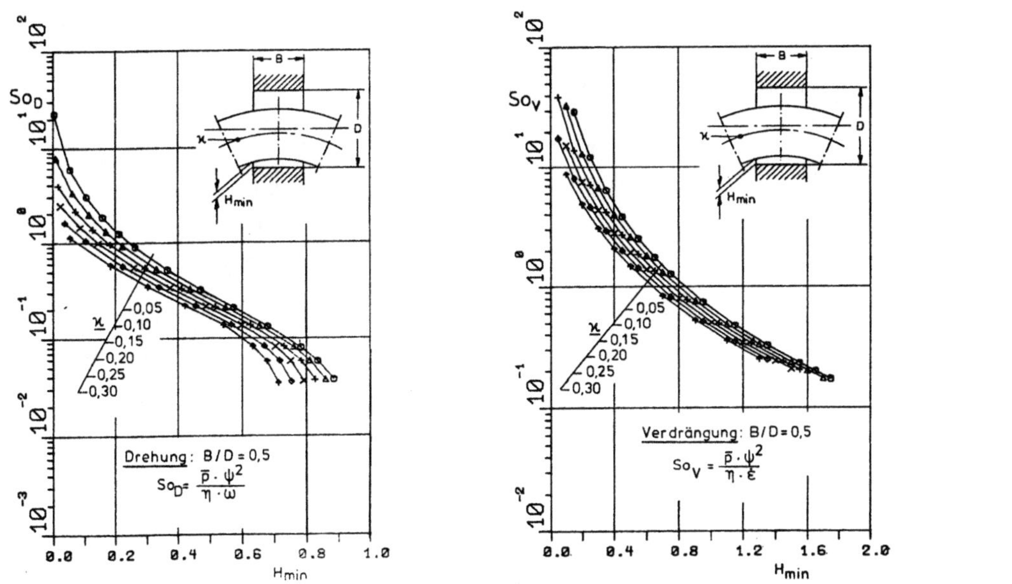

Bild 9: Sommerfeldzahl So bei Krümmung ϰ

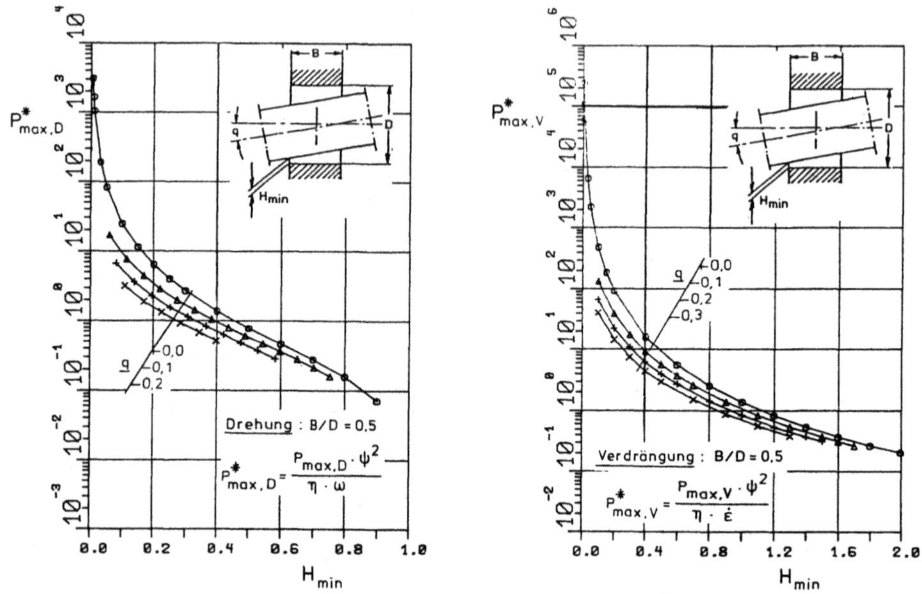

<u>Bild 10:</u> Maximaldruck $P^*_{max_{D,V}}$ bei Neigung q

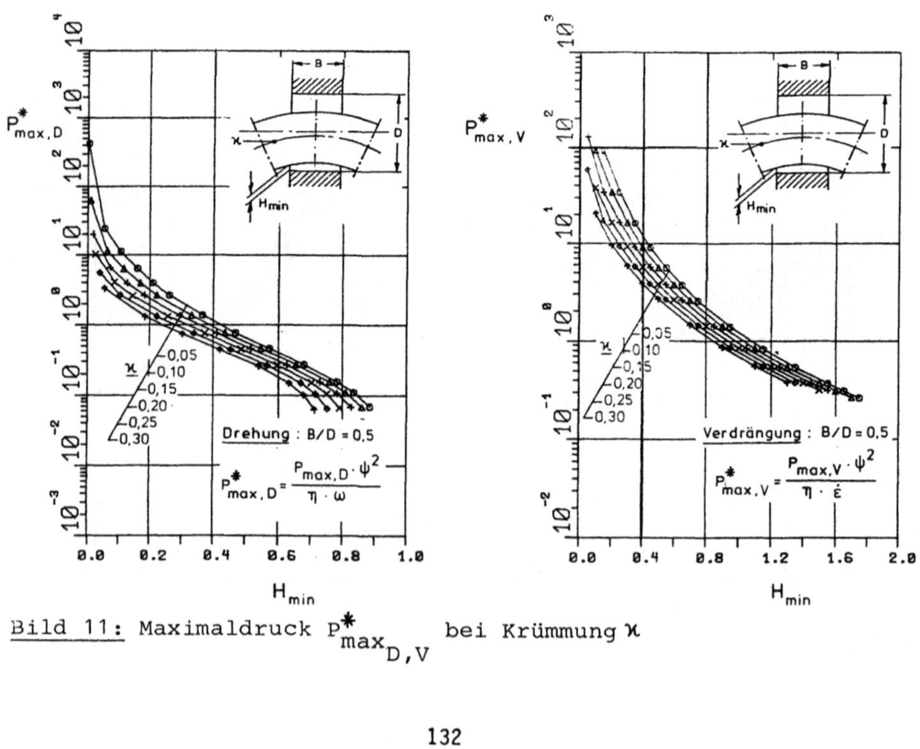

<u>Bild 11:</u> Maximaldruck $P^*_{max_{D,V}}$ bei Krümmung $\varkappa$

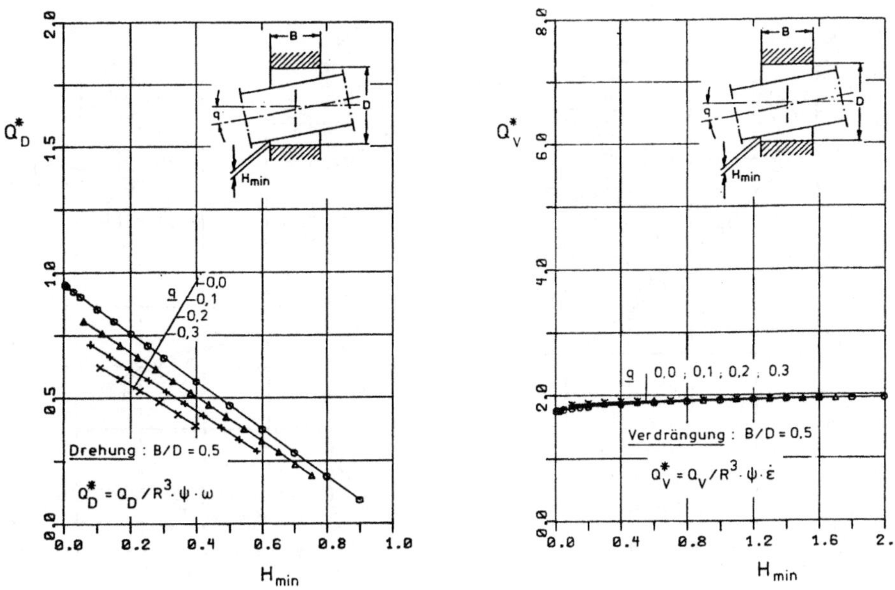

<u>Bild 12:</u> Ölbedarf $Q_{D,V}^*$ bei Neigung q

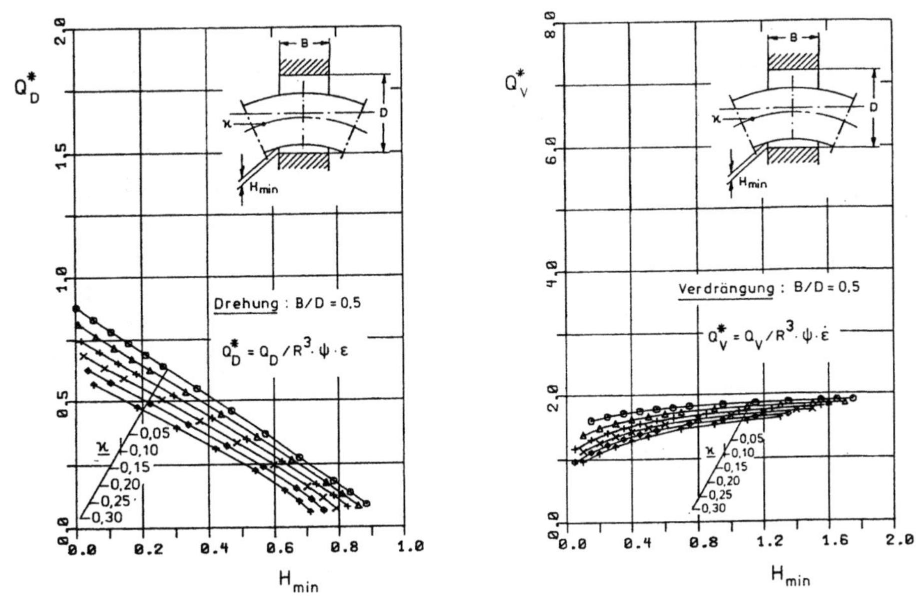

<u>Bild 13:</u> Ölbedarf $Q_{D,V}^*$ bei Krümmung ϰ

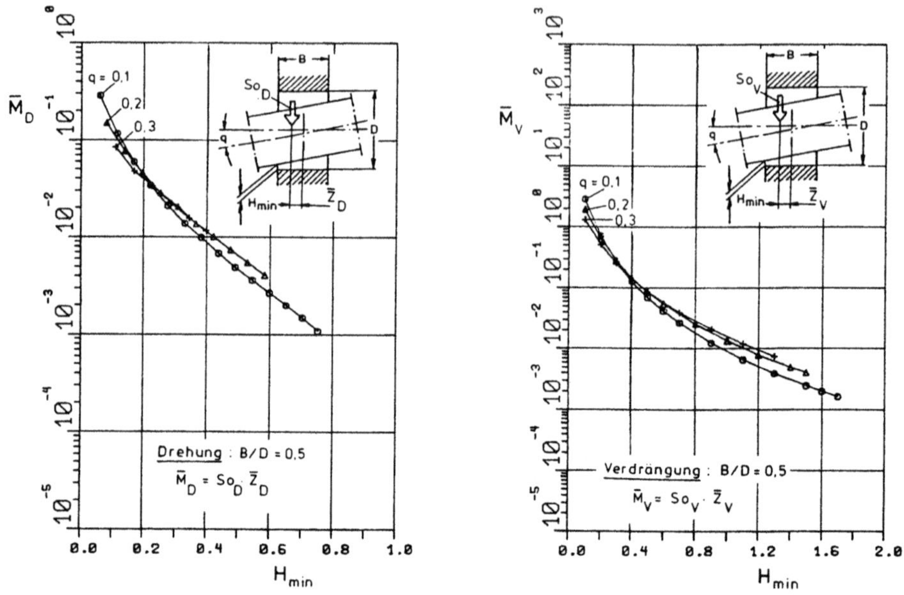

Bild 14: Kippmoment $M_{D,V}$ um die Lagermittelebene $\bar{z}$ = O

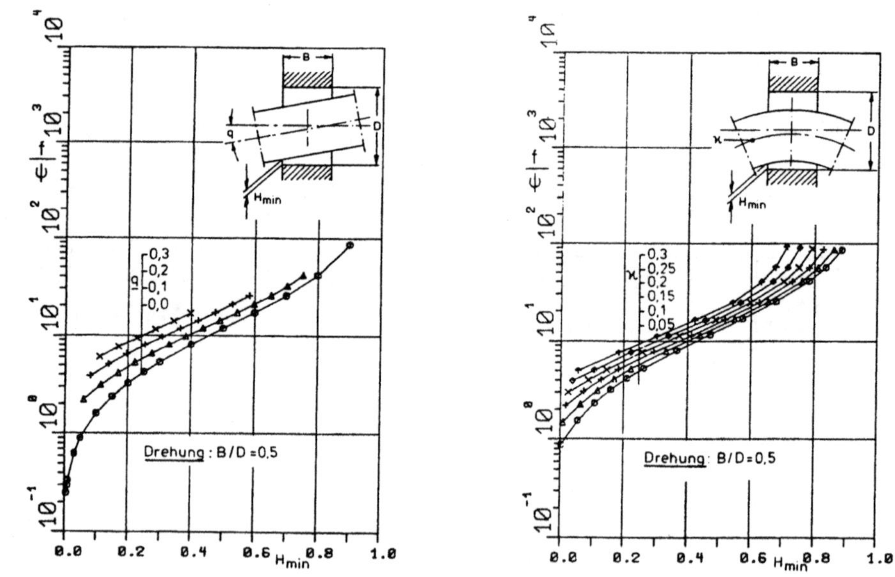

Bild 15: Reibungsziffer f/ψ bei Drehung

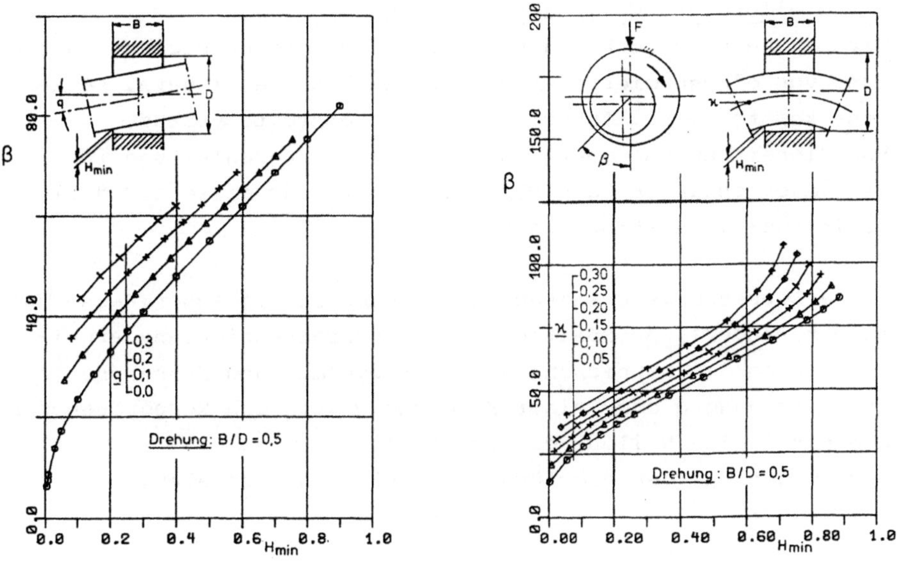

<u>Bild 16:</u> Verlagerungswinkel β bei Neigung q und Krümmung $\varkappa$

6.0 Näherungsverfahren für Lagerkennwerte bei Wellenschiefstellung und Wellendurchbiegung

Die bekannten Berechnungsverfahren zur betriebssicheren Auslegung von ölgeschmierten hydrodynamischen Gleitlagern, setzen eine konstante Spalthöhe über der Lagerbreite voraus.
Von dieser Annahme geht u.a. die Berechnungsanleitung für die Lagerkennwerte nach DIN 31652 - Hydrodynamische Radialgleitlager im stationären Betrieb - aus.

Diese Berechnungsverfahren lassen sich in einfacher Weise auf eine veränderliche Spaltgeometrie in Breitenrichtung erweitern, wenn die Abweichung der hydrodynamischen Kenngrößen bei einer Neigung q oder einer Krümmung $\varkappa$ von den Kenngrößen der achsparallelen Wellenlage bekannt ist.
Nachfolgend werden hierfür zwei Verfahren angegeben.

6.1 Vergleichsexzentrizität bei Neigung und Krümmung

Der Grundgedanke dieses Verfahrens besteht darin, die Abweichung der Schmierspaltgeometrie durch die Neigung q und die Krümmung $\varkappa$ auf einen Parallelspalt zurückzuführen. Hierbei wird die allgemeine Spaltgeometrie, die durch eine Exzentrizität ε und eine Neigung q bzw. Krümmung $\varkappa$ gekennzeichnet ist, zurückgeführt auf einen Parallelspalt mit der Vergleichsexzentrizität $\bar{\varepsilon}$ (Bild 17). Für die Vergleichsexzentrizität $\bar{\varepsilon}$ gelten dann die hydrodynamischen Kennwerte der achsparallelen Wellenlage.

Bei einer Spaltänderung durch den Neigungsparameter q wird die Vergleichsexzentrizität aus dem Mittelwert der minimalen Spaltweiten $H_{\pm 1}$ an den beiden Lagerrändern berechnet. Bei einer Spaltänderung durch den Krümmungsparameter $\varkappa$, hat sich eine unterschiedliche Gewichtung der beiden minimalen Spaltweiten am Lagerrand H_{-1} und in der Lagermittelebene H_o als sinnvoll erwiesen.

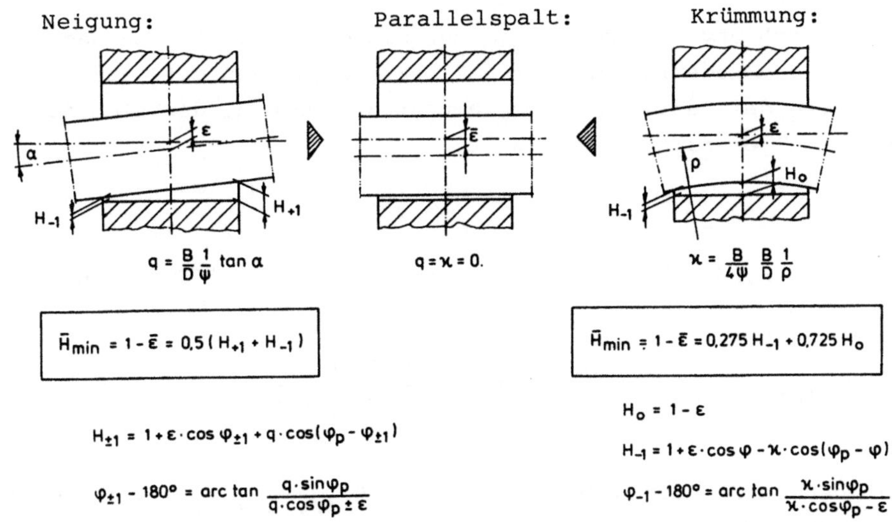

Bild 17: Vergleichsexzentrizität $\bar{\varepsilon}$ bei Schiefstellung q und Krümmung $\varkappa$

Zur Berechnung der Vergleichsexzentrizität sind die minimalen Spaltweiten am Lagerrand $H_{\pm 1}$ sowie der Lagewinkel $\varphi_{min\pm 1}$ der minimalen Spaltweiten erforderlich, die sich aus den nachfolgenden Beziehungen ergeben.

Wellenschiefstellung

Für den Fall der Wellenschiefstellung q = O führt der arithmetische Mittelwert (1) der minimalen Spaltweiten H_{min} an den beiden Lagerrändern $\bar{z}_i = +1$ und $\bar{z}_j = -1$ auf die beste Näherung.

$$H_{min} = 0{,}5\ (H_{min,\bar{z}=+1} + H_{min,\bar{z}=-1}) \qquad (1)$$

Die minimale Spaltweite an den Lagerrändern $\bar{z} = \pm 1$ ergibt sich nach (2) aus der Exzentrizität ε in der Lagermittelebene $\bar{z} = 0$ und dem Neigungsparameter q.

Zur Berechnung der Lage φ_{min} der minimalen Spaltweite nach (3) an den Lagerrändern $z = \pm 1$ bei $q \neq 0$, kann mit guter Näherung der Lastwinkel φ_p eingeführt werden, der sich für den Parallelspalt $q = 0$ ergibt.

$$H_{min,\bar{z}\pm 1} = 1 + \varepsilon \cdot \cos\varphi_{min} + \bar{z}\cdot q \cdot \cos(\varphi_p - \varphi_{min}) \quad (2)$$

$$\varphi_{min,\bar{z}\pm 1} = 180^\circ + \arc\tan \frac{q\cdot \sin\varphi_p}{q\cdot\cos\varphi_p + \bar{z}\cdot\varepsilon} \quad (3)$$

Mit den beiden minimalen Spaltweiten $H_{min,\ \bar{z} = \pm 1}$ ist die mittlere Spaltweite $\bar{H}_{min}$ berechenbar, aus der sich die Vergleichsexzentrizität

$$\bar{\varepsilon} = 1 - \bar{H}_{min} \quad (4)$$

ergibt.

Wellenkrümmung

Da die Wellenkrümmung über der Lagerbreite symmetrisch zur Lagermittelebene $\bar{z} = 0$ verläuft, bieten sich als charakteristische Stützstellen für die minimalen Spaltweiten die Lagermittelebene $\bar{z} = 0$ und der Lagerrand $\bar{z} = +1$ an.
Aus Vergleichsrechnungen werden die Gewichtungsfaktoren mit

$$\alpha = 0{,}725 \text{ und } \beta = 0{,}275$$

ermittelt.
Damit ergibt sich die mittlere minimale Spaltweite $\bar{H}_{min}$ bzw. die Vergleichsexzentrizität $\bar{\varepsilon}$ infolge Wellenkrümmung aus:

$$\bar{H}_{min} = 1 - \bar{\varepsilon} = 0{,}725 \cdot H_{min,\bar{z}=0} + 0{,}275\ H_{min,\bar{z}=+1} \quad (5)$$

Da die Änderung der Spaltgeometrie infolge der Krümmung auf die Lagermittelebene $\bar{z} = 0$ bezogen ist, folgt die minimale Spaltweite bei $\bar{z} = 0$ aus dem einfachen Zusammenhang für den Parallelspalt (6):

$$H_{min,\bar{z}=0} = 1 - \bar{\varepsilon} \qquad (6)$$

Die minimale Spaltweite am Lagerrand $z = \pm 1$ infolge der Krümmung $\varkappa$ folgt aus einem zur Neigung (2), (3) analogen Ausdruck (7), (8).

$$H_{min} = 1 + \varepsilon \cos\varphi_{min} - \varkappa \cdot \cos(\varphi_p - \varphi_{min}) \qquad (7)$$

$$\varphi_{min} = 180° + \arctan \frac{\varkappa \cdot \sin\varphi_p}{\varkappa \cdot \cos\varphi_p - \varepsilon} \qquad (8)$$

Genauigkeitsbetrachtung des Näherungsverfahrens

Die Abweichung der Näherungslösung mit $\bar{\varepsilon}$ bei $q = 0$ gegenüber den genauen Werten der Finite Elemente Lösung wird für die Betriebszustände Drehung und Verdrängung an charakteristischen Beispielen untersucht.

Drehung:

1. Lagerbreitenverhältnis:	$B/D = 1{,}0$
Wellenschiefstellung:	$q_x = 0{,}1$; $q_y = 0{,}1$
Exzentrizität der Lagermittelebene	$\varepsilon = 0{,}8$
Spaltweite bei $z = +1$:	$H_{min} = 0{,}2091$
$z = -1$:	$H_{min} = 0{,}1663$
Vergleichsexzentrizität:	$\bar{\varepsilon} = 0{,}8123$

	FE-Analyse ε ; q≠0	Approximation $\bar{\varepsilon}$; q=0	Fehler [%]
So_D	3,6272	3,9656	9,3
μ/ψ	1,6952	1,6222	4,3
$\bar{Q}_D$	1,2452	1,2632	1,5

2. Lagerbreitenverhältnis: $B/D = 0,25$
   Wellenkrümmung: $\varkappa = 0,10$
   Exzentrizität der Lagermittelebene: $\varepsilon = 0,7$
   Spaltweite bei $\bar{z} = 0$: $H_{min} = 0,3$
   $\bar{z} = 1.0$: $H_{min} = 0,2201$
   Vergleichsexzentrizität: $\bar{\varepsilon} = 0,7220$

	FE-Analyse ε ; $\varkappa \neq 0$	Approximation $\bar{\varepsilon}$; $\varkappa = 0$	Fehler [%]
So_D	0,2901	0,3239	11,6
μ/ψ	16,01	14,65	8,5
$\bar{Q}_D$	0,3252	0,3566	9,7

Verdrängung

1. Lagerbreitenverhältnis: $B/D = 1{,}0$

   Wellenschiefstellung: $q_x = 0{,}1;\ q_y = 0{,}1$

   Exzentrizität der Lagermittelebene: $\varepsilon = 0{,}8$

   Spaltweite bei $\bar{z} = +1$: $H_{min} = 0{,}2929$

   $\bar{z} = -1$: $H_{min} = 0{,}0945$

   Vergleichsexzentrizität: $\bar{\varepsilon} = 0{,}8063$

	FE-Analyse $\varepsilon;\ q \neq 0$	Approximation $\bar{\varepsilon};\ q = 0$	Fehler [%]
So_V	55,09	54,43	1,2
$\bar{Q}_V$	2,75	2,73	0,4

2. Lagerbreitenverhältnis: $B/D = 0{,}5$

   Wellenkrümmung: $\varkappa = 0{,}05$

   Exzentrizität der Lagermittelebene: $\varepsilon = 0{,}8$

   Spaltweite bei $\bar{z} = 0$: $H_{min} = 0{,}2$

   $\bar{z} = +1$: $H_{min} = 0{,}15$

   Vergleichsexzentrizität: $\bar{\varepsilon} = 0{,}8137$

	FE-Analyse $\varepsilon;\varkappa \neq 0$	Approximation $\bar{\varepsilon};\ \varkappa = 0$	Fehler [%]
So_V	29,19	32,47	11,2
$\bar{Q}_V$	1,60	1,82	13,7

6.2 Approximationsfunktion für die Sommerfeldzahl So

Die Änderung der hydrodynamischen Tragfähigkeit bei Wellenschiefstellung q und Wellenkrümmung $\varkappa$ gegenüber der achsparallelen Wellenlage, kann mit der Approximationsfunktion (9) ermittelt werden.
Mit unterschiedlichen Koeffizienten α_i (i = 1,2,3) für die Betriebsbedingungen Drehung und Verdrängung sowie die Parameter q und $\varkappa$,.approximiert Glg. (9) die Sommerfeldzahlen So_q und $So_\varkappa$ im quadratischen Mittel.

$$So_{q,\varkappa} = \frac{So(1+\alpha_1 \cdot \varepsilon + \alpha_2 \cdot \varepsilon^2)}{1+\alpha_1 \cdot \varepsilon + \alpha_2 \cdot \varepsilon^2 + \alpha_3 \cdot c} \qquad (9)$$

Die Approximation gibt die Sommerfeldzahl bei Schiefstellung So_q bzw. bei Krümmung $So_\varkappa$ der Welle als Funktion der Exzentrizität ε in der Lagermittelebene $\bar{z}$ = O sowie der Neigung q bzw. Krümmung $\varkappa$ wieder. Die Abweichung von der achsparallelen Wellenlage erfaßt der Koeffizient c, der durch die Parameter q und $\varkappa$ gebildet wird:

$$c = q\ (1 + q) \text{ bei Schiefstellung}$$

und

$$c = \varkappa\ (1 + \varkappa) \text{ bei Krümmung}.$$

Als Basis für die Approximation wird die Sommerfeldzahl So bei achsparalleler Wellenlage (q = O bzw. $\varkappa$ = O) herangezogen, die mit der Exzentrizität ε bei z = O aus den Tabellen nach /3/ oder mit Hilfe der Approximationsfunktion nach DIN 31652 bzw. nach /4/ zu ermitteln sind.
Für die Koeffizienten α_i nach (9) sind bei den verschiedenen Betriebszuständen die folgenden Werte einzusetzen:

	Drehung			Verdrängung		
	α_1	α_2	α_3	α_1	α_2	α_3
Neigung	-2,3838	1,4487	-0,017139	-2,5330	1,6909	-0,065228
Krümmung	-1,8175	0,8154	-0,080958	-0,88302	-0,20786	-0,32587

Koeffizient α_i zur Approximationsformel (9)

Mit (9) werden die Sommerfeldzahlen $So_{q,\varkappa}$ besonders im wichtigen Bereich hoher Exzentrizitäten bzw. geringer Spaltweiten mit einer mittleren Abweichung von ca. 5% gegenüber der Finite-Elemente Lösung ausreichend genau approximiert.

7. Zusammenfassung

Die hydrodynamischen Kenngrößen eines Radialgleitlagers werden u.a. durch den Verlauf der Schmierspaltgeometrie in Lagerbreitenrichtung beeinflußt.
Für den Fall der achsparallelen Wellenlage liegen umfangreiche Berechnungsergebnisse von verschiedenen Autoren für die wichtigsten Lagerbreitenverhältnisse und die beiden wirksamen hydrodynamischen Geschwindigkeiten bei Drehung und Verdrängung vor.
Diese Untersuchungen werden in der vorliegenden Arbeit erweitert auf die Änderung der Spaltgeometrie von der achsparallelen Wellenlage, die sich aus einer Schiefstellung und einer Krümmung ergibt.

Die Neigung und die Krümmung werden durch dimensionslose Parameter angegeben, die eine Spaltabweichung in Breitenrichtung erfassen, die sich aus der Versetzung oder Verformung des Lagers und der Welle zusammensetzen kann.

Die Lagerkennwerte stehen tabelliert in Diagrammform oder als Approximationsfunktion zur Verfügung.
Der Einfluß der Belastung auf die Lagerverformung sowie die sich hieraus ergebene Änderung der hydrodynamischen Tragfähigkeit, wird an einigen charakteristischen Beispielen aufgezeigt.

Literatur

/1/ K.H. Hafner, G. Knoll, H. Peeken
Berechnung statisch unbestimmter Mehrfachgleitlagerungen unter stationärer Belastung
(FE-Vorhaben 01 ZT 377, RWTH Aachen, 01 ZT 387, Klöckner-Humboldt-Deutz AG, Köln)

/2/ G. Knoll, H. Peeken, J. Widyanata
Lagerverformung
(FE-Vorhaben 01 ZT 108, RWTH Aachen)

/3/ H. Peeken, G. Knoll, K. Jacoby
Calculation of the characteristics of journal bearings with angular displacement and bending of the shaft
VDI-Forschungsheft Nr. 617/1983

/4/ Butenschön, H.-J.
Das hydrodynamische Radiallager endlicher Breite unter instationärer Belastung
Diss. Univ. Karlsruhe (TH) 1976

Bildverzeichnis der Lagerkennwerte:

Hydrodynamisch wirksame Geschwindigkeit - Drehung und Verdrängung (Index D und V).

Hydrodynamisch wirksame Geschwindigkeit - Drehung (bei der Verdrängung sind die Kennwerte für Reibung und Verlagerung gleich Null)

Gleitlagerermüdung: Bestimmung der dynamischen Festigkeit von Gleitlagerwerkstoffen auf Blei-, Zinn- und Cadmiumgrundlage

von

Dipl.-Ing. Willy Hilgers

Th. Goldschmidt AG
Abt. Lagerwerkstoffe
Essen

Förderkennzeichen: 01 ZT 127
Laufzeit: 1978 - 1982

Gliederung

1 Einleitung

Die Lagerungen moderner Maschinen werden nicht nur höher statisch belastet, sondern bei höheren Temperaturen und stärkeren dynamischen Belastungen betrieben. Die höheren Temperaturen resultieren aus höheren Drücken und höheren Umdrehungsgeschwindigkeiten der Welle im Lager, wodurch eine Steigerung der Maschinenleistung erzielt wird. Diese Faktoren, wie auch der Wunsch, das Leistungsgewicht der Maschine zu verringern, verursachen höhere Schwingungen und damit eine höhere dynamische Belastung des Lagers und des Lagerwerkstoffes. Auch die notwendige Vereinfachung und Verbilligung der Wartung erfordert eine Weiterentwicklung der Lagerwerkstoffe und des Maschinenelements Gleitlager. Für die Auswahl der Lagerwerkstoffe benötigt der Konstrukteur heute mehr Informationen über ihre mechanischen und physikalischen Eigenschaften. Die für die Lösung dieser Aufgabe erforderlichen Kenntnisse der dynamischen Eigenschaften der Lagerwerkstoffe sind im erforderlichen Umfange noch nicht vorhanden und sollen durch diese Untersuchungen erstellt werden.

2 Untersuchte Gleitlagerwerkstoffe

Die Bestimmung der dynamischen Festigkeit wurde an den Gleitlagerwerkstoffen auf Blei-, Zinn- und Cadmiumbasis durchgeführt. Als typischer Vertreter der Lagerwerkstoffe auf Bleigrundlage wurde LM THERMIT® verwendet. Bei den hochzinnhaltigen Lagerwerkstoffen unterscheiden wir zwei Gruppen: einmal die standfesten Legierungen mit etwa 80 % Zinn und zum anderen die zähen Legierungen mit Zinngehalten zwischen 83 und 91 %. In beiden Gruppen gibt es zwei unterschiedliche Typen, die durch den Cadmiumgehalt charakterisiert sind. Es wurden folgende Lagerwerkstoffe untersucht: LgSn80, TEGO® V 738, TEGOTENAX und TEGOTENAX S.

Zur Abrundung unserer Kenntnisse auf dem Gebiet der dynamischen Festigkeit von Gleitlagerwerkstoffen wurde auch die Cadmiumlegierung TEGOSTAR® mit in die Untersuchung einbezogen. Die chemische Zusammensetzung dieser Legierungen ist in der Tabelle 1 zusammengestellt.

Tabelle 1: Chemische Zusammensetzung von Lagerwerkstoffen auf Pb-, Sn- und Cd-Basis

	Chemische Zusammensetzung (Gew.-%)						
	Pb	Sn	Cd	Cu	Sb	Ni	As
LM THERMIT®	75,8	6	1	1,2	15	0,5	0,5
LgSn80	2	80	-	6	12	-	-
TEGO® V 738	max. 0,06	80,5	1,2	5,5	12	0,3	0,5
TEGOTENAX	max. 0,06	89	-	3,5	7,5	-	-
TEGOTENAX S	max. 0,06	87,5	1	3,5	7,5	0,2	0,3
TEGOSTAR®	-	-	98,6	-	-	1,4	-

3 Versuchsdurchführung

Ein umfassender Überblick über die dynamische Belastbarkeit der Lagerwerkstoffe wird durch die Aufstellung ihrer Dauerfestigkeitsschaubilder nach Smith oder Haigh (DIN 50100) erreicht. Zum Aufstellen der Dauerfestigkeitsschaubilder werden Wöhler-Kurven bei Zugschwell-, Wechsel- und Druckschwellbelastung im Bereich von 10^7 Lastwechseln aufgenommen. Die Untersuchungen bei Raumtemperatur wurden mittels eines 6 t-Resonanzpulsators und bei 60 °C und 100 °C mittels eines 2 t-Resonanzpulsators der Firma Schenk durchgeführt. Die Prüffrequenz dieser Maschine liegt bei 30 - 35 Hz. Die Last wurde sinusförmig aufgebracht. Für die Untersuchung wurde die in Bild 1 wiedergegebene Probenform verwendet.

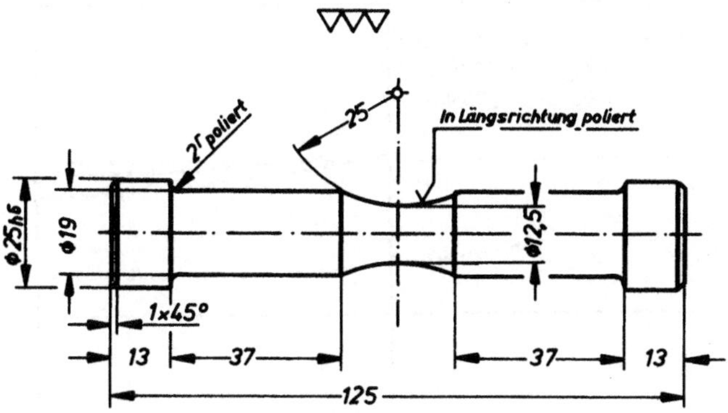

Bild 1 *Pulserstab für NE-Metalle*

Bei der Bestimmung der Wöhler-Kurven bei Raumtemperatur ist die Zeitstandfestigkeit der untersuchten Legierungen noch so hoch, daß sie das Ergebnis nicht wesentlich beeinflußt. Ihr Einfluß liegt offensichtlich noch im Streubereich der Meßergebnisse. Dagegen hat die Zeitstandfestigkeit bei erhöhter Temperatur das Meßergebnis wesentlich beeinflußt. Da der verwendete Pulsator kraftgesteuert und nicht weggesteuert ist, mußte durch vergleichende Untersuchungen der Einfluß des Kriechens der Legierungen bei der Aufstellung der Wöhler-Kurven ermittelt werden. Dies wurde bei der Aufstellung der Diagramme bei erhöhter Temperatur berücksichtigt.

Wie Bild 2 verdeutlicht, zeigen die Wöhler-Kurven im untersuchten Bereich hoher Lastwechselzahlen bereits einen weitgehend flachen Verlauf.

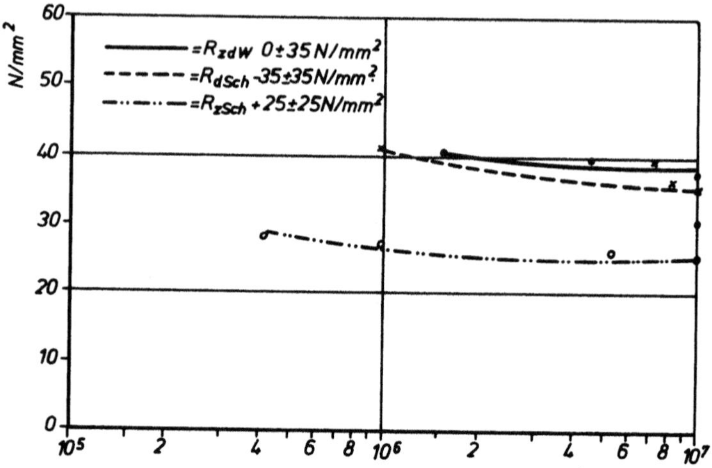

Bild 2 Dauerfestigkeit von TEGO V738 (Wöhler-Kurven)

4 Versuchsergebnisse

4.1 Meßwerte

Da für die Aufstellung der Dauerfestigkeitsschaubilder die Streckgrenze und die Zugfestigkeit sowie die Quetschgrenze und die Druckfestigkeit bei Raumtemperatur, 60 °C und 100 °C erforderlich sind, wurden diese Werte ebenfalls von den untersuchten Legierungen ermittelt. Die Meßwerte sind in Tabelle 2 zusammengestellt.

Tabelle 2: Statische Festigkeit der untersuchten Lagerwerkstoffe

Lagerwerkstoff	R_m (Nmm^{-2})			$R_{p0,2}$ (Nmm^{-2})		
	RT	60 °C	100 °C	RT	60 °C	100 °C
LM THERMIT®	59,6	53	45	28,4	27,6	25
LgSn80	89,3	71	64	61,8	56,7	48
TEGO® V 738	102	84,5	69	84,4	68	56
TEGOTENAX	76,5	59,8	45,6	46	43	31
TEGOTENAX S	100	80,3	57,8	65,7	60	44
TEGOSTAR	129	111	85,7	78,5	77,4	57

Lagerwerkstoff	$\sigma_{d\ 50}$ (Nmm^{-2})			$\sigma_{d\ 0,2}$ (Nmm^{-2})		
	RT	60 °C	100 °C	RT	60 °C	100 °C
LM THERMIT®	134	96	83,4	46	40	28
LgSn80	189	138	121	61,8	55	37,3
TEGO® V 738	195	158	126	80,4	70	48
TEGOTENAX	157	112	100	47	44	29,5
TEGOTENAX S	235	159	136	62,8	60	30,4
TEGOSTAR	285	237	226	69,7	62	50

Für die Aufstellung der Dauerfestigkeitsschaubilder wurden Wöhler-Kurven bei Zugschwell-, Wechsel- und Druckschwellbelastung bei Raumtemperatur, 60 °C und 100 °C aufgenommen. Die Meßwerte sind in Tabelle 3 zusammengestellt.

Tabelle 3: Dynamische Festigkeit der untersuchten Lagerwerkstoffe

Lagerwerkstoff	σ_{zsch} (Nmm^{-2})		
	RT	60 °C	100 °C
LM THERMIT®	+ 14 ± 14	+ 12 ± 12	+ 11 ± 11
LgSn80	+ 24 ± 24	+ 20 ± 20	+ 15 ± 15
TEGO® V 738	+ 29 ± 29	+ 24 ± 24	+ 18 ± 18
TEGOTENAX	+ 19 ± 19	+ 17,4 ± 17,4	+ 16 ± 16
TEGOTENAX S	+ 26 ± 26	+ 22 ± 22	+ 17,5 ± 17,5
TEGOSTAR	+ 19 ± 19	+ 17 ± 17	+ 15 ± 15

Lagerwerkstoff	σ_w (Nmm^{-2})		
	RT	60 °C	100 °C
LM THERMIT®	0 ± 21	0 ± 20	0 ± 17,5
LgSn80	0 ± 25	0 ± 20	0 ± 18
TEGO® V 738	0 ± 35	0 ± 30	0 ± 22
TEGOTENAX	0 ± 30	0 ± 25	0 ± 18
TEGOTENAX S	0 ± 31	0 ± 26	0 ± 20
TEGOSTAR	0 ± 20	0 ± 19	0 ± 19

Lagerwerkstoff	σ_{dsch} (Nmm^{-2}) RT	60 °C	100 °C
LM THERMIT®	- 23 ± 23	- 18 ± 18	- 12 ± 12
LgSn80	- 25 ± 25	- 22 ± 22	- 17 ± 17
TEGO® V 738	- 35 ± 35	- 28 ± 28	- 19 ± 19
TEGOTENAX	- 24 ± 24	- 19 ± 19	- 14 ± 14
TEGOTENAX S	- 26 ± 26	- 23 ± 23	- 16 ± 16
TEGOSTAR	- 24 ± 24	- 22 ± 22	- 20 ± 20

Alle Meßergebnisse in den Tabellen 2 und 3 beruhen auf mindestens sechs Messungen.

4.2 Dauerfestigkeitsschaubilder nach Haigh

Die durch das Wöhler-Verfahren gewonnenen Werte der Dauerfestigkeit für die verschiedenen Beanspruchungsbereiche wurden in einem Dauerfestigkeitsschaubild nach Haigh (DIN 50100) dargestellt. In dem Koordinatenkreuz werden auf der Abszissenachse σ_m (Zug) bzw. σ_m (Druck), auf der Ordinatenachse σ_A aufgetragen. Dadurch entsteht die Grenzlinie des Spannungsausschlages, deren Schnittpunkt mit der Ordinatenachse die Wechselfestigkeit σ_w angibt und deren Schnittpunkt mit der Abszissenachse durch die Zugfestigkeit bzw. Druckfestigkeit gegeben ist. Die Begrenzung des Spannungsausschlages durch die Streck- bzw. Quetschgrenze ist eine Gerade zwischen den Zahlenwerten der Streck- bzw. Quetschgrenze auf der Ordinaten- und der Abszissenachse.

Die Schwellfestigkeit sowohl im Zug- wie im Druckbereich wird durch Verdoppelung jenes Spannungsausschlages σ_A gewonnen, der als Ordinate für den Schnittpunkt zwischen 45°-Linie durch den Achsen-Nullpunkt und der σ_A-Grenzlinie abgelesen wird.

Die Dauerfestigkeitsschaubilder nach Haigh bei 20 °C, 60 °C und 100 °C der Lagerwerkstoffe LM THERMIT®, LgSn80, TEGO® V 738, TEGOTENAX, TEGOTENAX S und TEGOSTAR® sind in den Bildern 3 - 8 wiedergegeben.

Für die praktische Verwendung der Meßergebnisse zur Lagerberechnung können die aus den Wöhler-Kurven ermittelten Meßwerte mit Hilfe von Approximationsformeln [1] eingesetzt werden.

Zugfestigkeit (Abhängigkeit von R_m bei Raumtemperatur von der Temperatur):

$$R_m(\vartheta) = R_{m_{RT}} \times [1 - 0{,}0044 \times (\vartheta - 20°)] \qquad (1)$$

Maximale Abweichung etwa 15 %

Wechselfestigkeit

$$\sigma_W = R_{m\vartheta} \times 0{,}35 \qquad (2)$$

Zugschwellfestigkeit

$$\sigma_{zsch_a} = R_{m\vartheta} \times 0{,}275 \qquad (3)$$

Druckschwellfestigkeit

$$\sigma_{dsch_a} = R_{m\vartheta} \times 0{,}30 \qquad (4)$$

Maximale Abweichung etwa 20 %

Die Approximationen 2 - 4 gelten nur für die Legierungen auf Blei- und Zinnbasis und nicht für die auf Cadmiumbasis. Für TEGOSTAR® gilt im gesamten Schwingfestigkeitsbereich

$$\sigma_A = 20 \text{ Nmm}^{-2} = \text{const} \qquad (5)$$

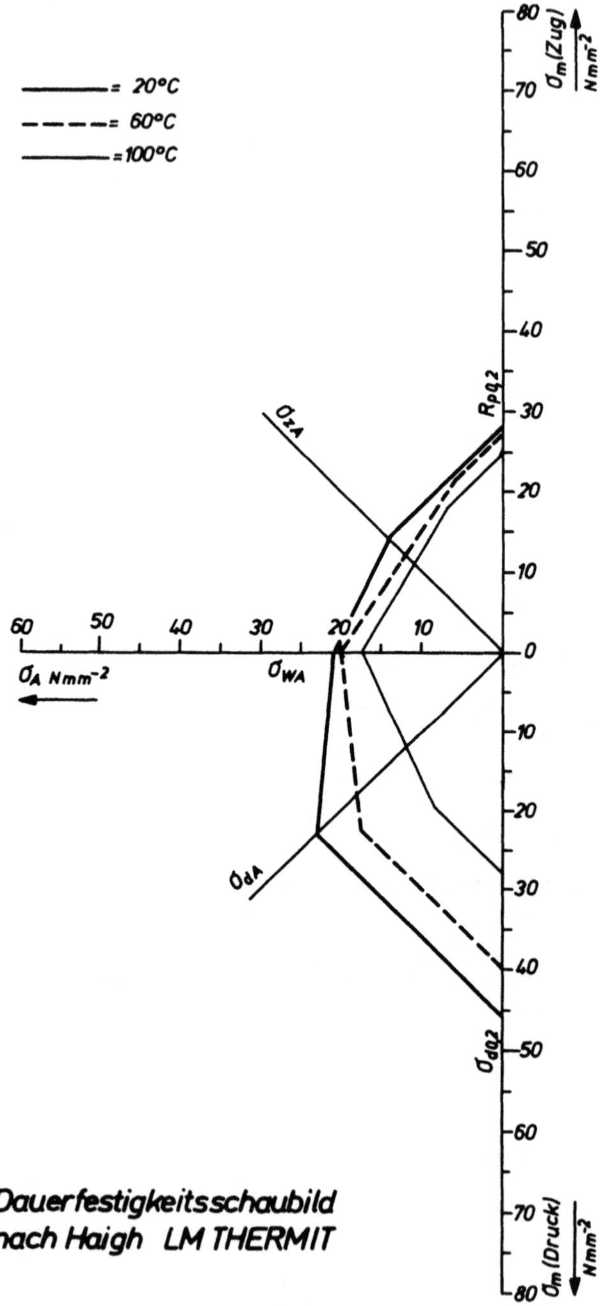

Bild 3 Dauerfestigkeitsschaubild nach Haigh LM THERMIT

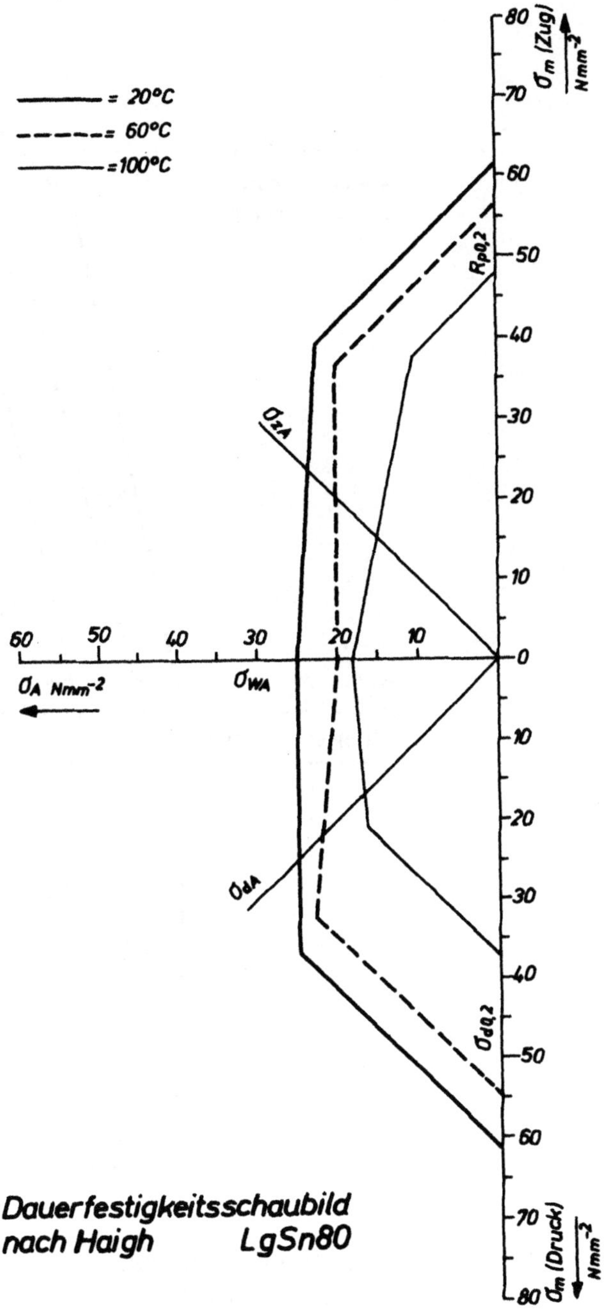

Bild4 Dauerfestigkeitsschaubild nach Haigh LgSn80

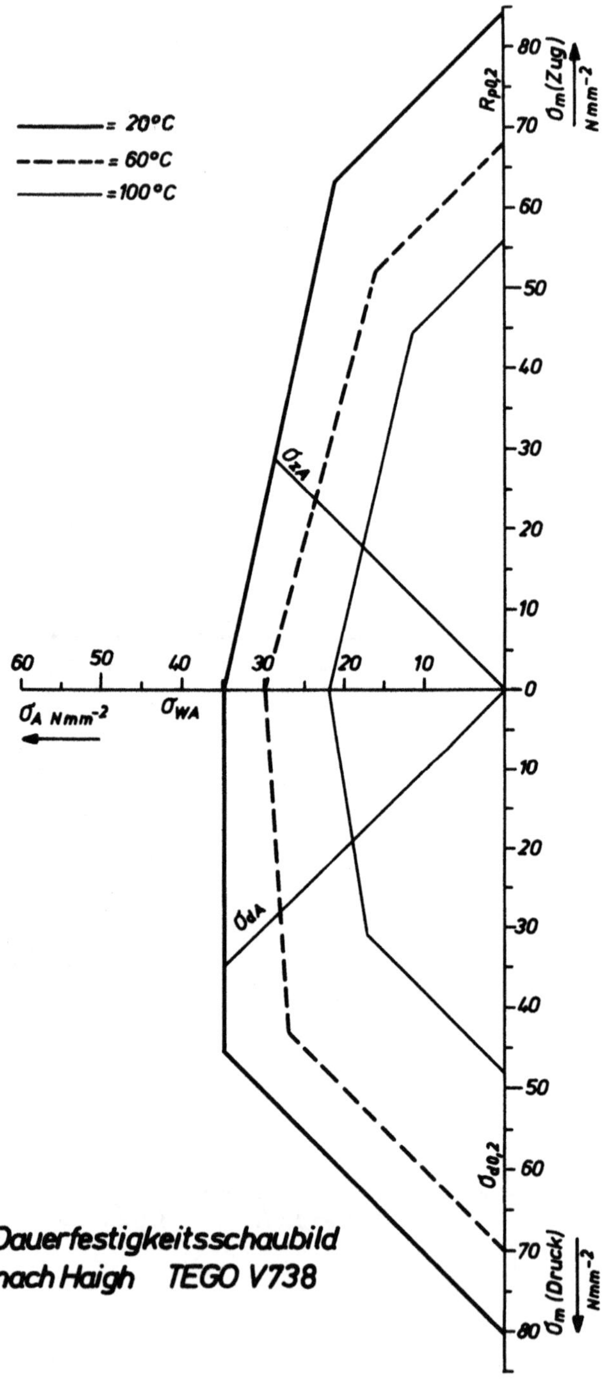

Bild 5 Dauerfestigkeitsschaubild nach Haigh TEGO V738

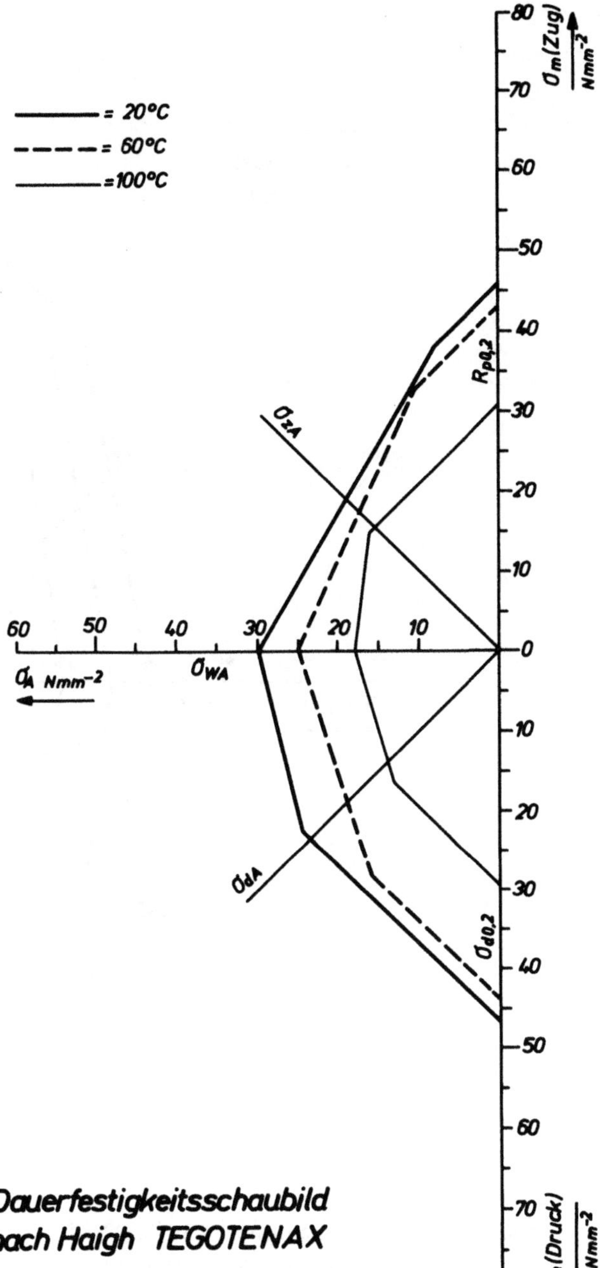

Bild 6 Dauerfestigkeitsschaubild nach Haigh TEGOTENAX

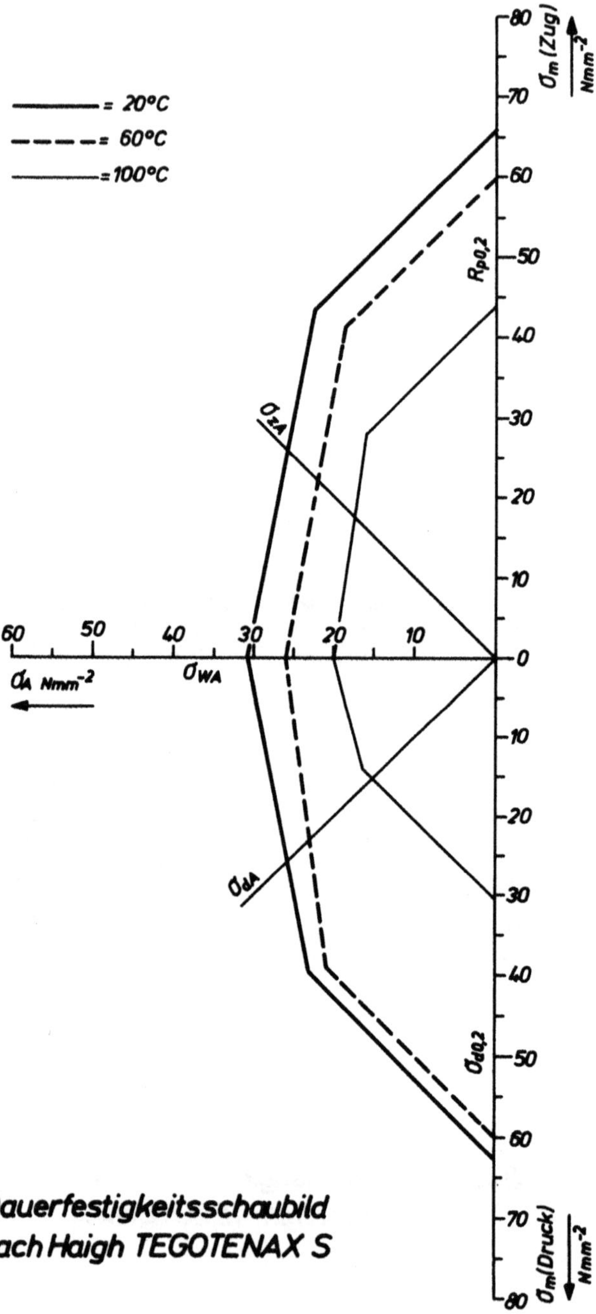

Bild 7 *Dauerfestigkeitsschaubild nach Haigh TEGOTENAX S*

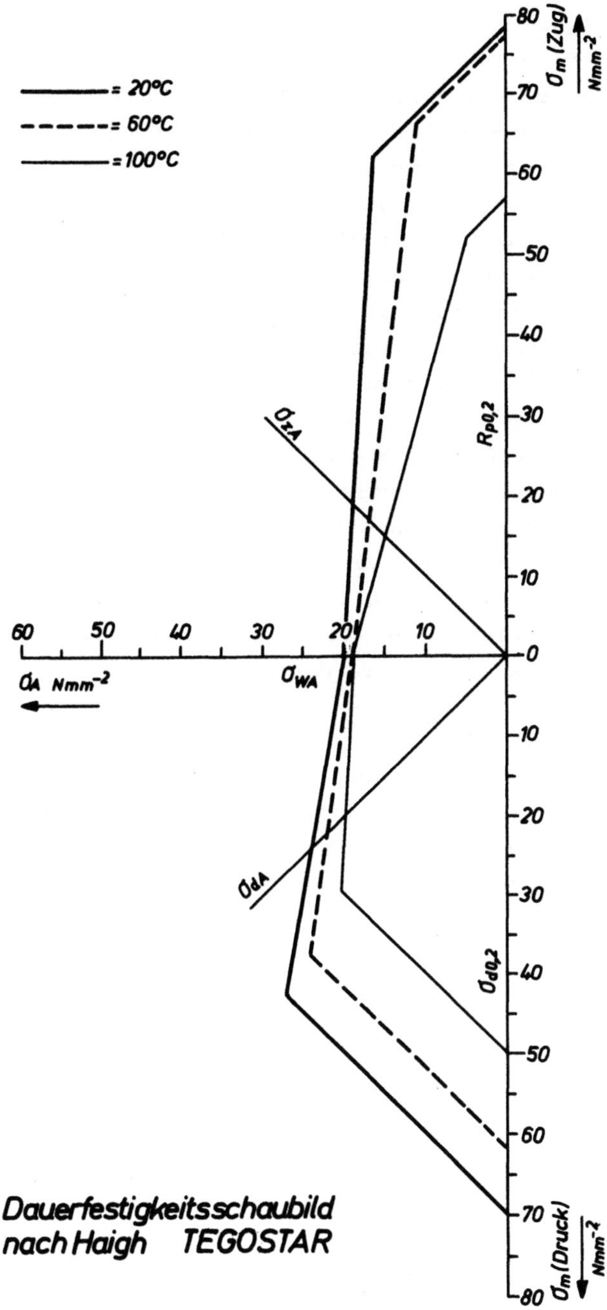

Bild 8 Dauerfestigkeitsschaubild nach Haigh TEGOSTAR

4.3 Diskussion der Versuchsergebnisse

Allgemein ist zu diesen Schaubildern festzustellen, daß der Druckschwellbereich bei dem Lagerwerkstoff auf Bleibasis wesentlich größer ist als der Zugschwellbereich. Dies ist bei den Lagerwerkstoffen auf Zinn- und Cadmiumbasis nicht der Fall. Bei diesen Legierungen ist der Zugschwell- wie auch der Druckschwellbereich etwa gleich groß. Die Wechselfestigkeit ist bei den hochzinnhaltigen Lagerwerkstoffen nur geringfügig kleiner als die Biegewechselfestigkeit. Bei den Lagerwerkstoffen auf Blei- und Cadmiumbasis liegt die Wechselfestigkeit 20 - 30 % niedriger als die Biegewechselfestigkeit.

Der Einfluß der Temperaturen auf die dynamischen Eigenschaften der Legierungen erfolgt nicht linear. Der Abfall der Festigkeitswerte zwischen Raumtemperatur und 60 °C ist im allgemeinen wesentlich geringer als zwischen 60 °C und 100 °C. Jedoch gilt dies nicht für alle Legierungen. Die Erniedrigung der Zeitstandfestigkeit bei 60 °C und 100 °C wirkt sich auf die Meßergebnisse deutlich aus.

Die Reihung der Lagerwerkstoffe nach ihrer dynamischen Festigkeit ist bei allen drei untersuchten Temperaturen gleich. Im Druckschwellbereich sind bleihaltige Lagerwerkstoffe dynamisch weniger belastbar als die zinnhaltigen Legierungen. Jedoch ist der Unterschied zu der Legierung LgSn80 relativ gering. Aus diesen Untersuchungen geht hervor, daß die cadmiumhaltigen Legierungen auf Zinnbasis - TEGO® V 738, TEGOTENAX S - dynamisch höher belastbar sind als die vergleichbaren Legierungen ohne Cadmiumzusatz. Die Cadmiumlegierung TEGOSTAR weist trotz der hohen Quetschgrenze eine relativ geringe ertragbare Wechselbeanspruchung auf.

5 Zusammenfassung

Zum erstenmal wurden die dynamischen Festigkeiten von Lagerwerkstoffen auf Blei-, Zinn- und Cadmiumbasis bei höheren Lastfrequenzen bei Raumtemperatur, 60 °C und 100 °C ermittelt und in Dauerfestigkeitsschaubildern nach Haigh dargestellt. Aus den Untersuchungen ist folgendes Resümee zu ziehen:

Im Druckschwellbereich sind bleihaltige Lagerwerkstoffe dynamisch weniger belastbar als die zinnhaltigen Legierungen, jedoch ist der Unterschied zu der Legierung LgSn80 relativ gering. Das Dauerfestigkeitsschaubild von LM THERMIT® bestätigt die Erfahrungen, daß die hochbleihaltigen Legierungen dynamisch jedoch höher belastbar sind als aus den bisherigen technologischen Werten zu erwarten war. Die positive Wirkung eines Cadmiumzusatzes auf die dynamische Belastbarkeit der Lagerwerkstoffe auf Zinnbasis ist sowohl bei den standfesten Legierungen mit 80 % Sn - LgSn80, TEGO® V 738 - als auch bei den Legierungen mit 88 % Sn - TEGOTENAX und TEGOTENAX S - deutlich zu erkennen. Die Cadmiumlegierung TEGOSTAR weist trotz der hohen Quetschgrenze eine relativ geringe Differenz zwischen ertragbarer Ober- und Unterspannung auf. Nach diesen Untersuchungen sind cadmiumhaltige Legierungen auf Zinnbasis - TEGO® V 738, TEGOTENAX S - der Cadmiumlegierung TEGOSTAR® überlegen.

Die an Proben aus Lagerwerkstoffen ermittelten Dauerfestigkeitswerte sind auf Verbundlager übertragbar. Dauerfestigkeitsuntersuchungen mit Stahl/Lagermetall-Verbundproben ergaben vergleichbare Ergebnisse [2]. Die Untersuchungen im Institut für Maschinenkonstruktionslehre der Universität Karlsruhe haben gezeigt, daß bei einer Prüftemperatur von 100 °C im Lager die Verbundlager eine wesentlich höhere dynamische Belastung aufnehmen können als aus diesen Diagrammen zu ersehen ist [3].

Die Untersuchungsergebnisse lassen zunächst nur eine Reihung der Lagerwerkstoffe in bezug auf ihre dynamische Belastbarkeit im Lager zu. Erst nachdem die Spannungen in der Lagermetallschicht von Verbundlagern berechnet werden können [4], ist eine quantitative Aussage über die dynamische Belastung der Lagerwerkstoffe im Verbundlager möglich. Aufgrund der ermittelten dynamischen Festigkeitswerte kann der Lagerwerkstoff ausgewählt werden, der die berechneten dynamischen Belastungen im Dauerbetrieb aushält.

6 Schrifttum

[1] Lang, O.: Persönliche Mitteilung

[2] Peeken, H., J. Knoll, R. Schüller: VDI-Z. 123, 1981, S. 195 - 200

[3] Harbordt, J.: Beitrag zur theoretischen Ermittlung der Spannungen in den Schalen von Gleitlagern (Kriterien für die Materialermüdung), Dissertation Universität Karlsruhe (TU), 1975

[4] Datta, R., R. Haller: Gleitlagerermüdung: Erstellung eines Berechnungsverfahrens, Tribologie, Band 3, Berlin - Heidelberg - New York, Springer-Verlag 1982, S. 201 - 239

Untersuchungen der Verträglichkeit von Schmierölen mit metallischen Gleitlagerwerkstoffen bei tribologischer Beanspruchung

von

Dr.-Ing. K.-H. Habig

Dipl.-Ing. N. Kelling

Bundesanstalt für Materialprüfung (BAM)

Berlin

Förderkennzeichen: 01 ZT 240

Laufzeit: 1.1.1981 - 31.12.1982

Zusammenfassung

Schmieröle können Bestandteile enthalten, welche metallische Gleitlagerwerkstoffe korrosiv angreifen. Dadurch kann die Funktionsfähigkeit von Gleitlagern beeinträchtigt werden. Durch tribologische Beanspruchungen werden chemische Reaktionen und somit wahrscheinlich auch Korrosionsvorgänge in vielen Fällen erheblich beschleunigt. Um dies zu untersuchen, wurden mit dem Stift-Scheibe-Prüfsystem unter Mischreibungsbedingungen tribologische Prüfungen an unterschiedlichen Gleitlagerwerkstoff-Öl-Kombinationen durchgeführt, wobei gehärteter Stahl als Gegenkörperwerkstoff diente. Die Ergebnisse zeigen, daß eine tribochemische Reaktionsschichtbildung schon nach kurzen Beanspruchungszeiten und bei niedrigen Öltemperaturen einsetzt. Die gebildeten Reaktionsschichten wirken aber durchweg verschleißmindernd. Eine für einige Gleitlagerwerkstoff-Öl-Kombinationen beobachtete erhöhte Rauheit der Gleitflächen könnte aber das Erreichen von hydrodynamischen Betriebszuständen erschweren.

Inhalt

1 Einleitung und Zielsetzung

An leistungsfähige Schmieröle werden komplexe Anforderungen gestellt. Zur Erfüllung dieser Anforderungen wurden unterschiedliche Additive entwickelt, die den Schmierölen zugesetzt werden. So enthalten z.B. Getriebeöle im allgemeinen EP(extreme pressure)-Additive, die mit den Zahnflanken der aus Stahl gefertigten Zahnräder bei Überbeanspruchungen reagieren, um ein adhäsiv bedingtes Fressen zu verhindern. Dabei ist nicht auszuschließen, daß solche Additive auch mit anderen Komponenten, die nicht aus Stahl bestehen, chemisch reagieren und deren Funktionsfähigkeit unter Umständen nachteilig beeinflussen.

So wurde von Timmermann über die Ergebnisse von statischen Korrosionsuntersuchungen an metallischen Gleitlagerwerkstoffen berichtet, die in unterschiedlichen Schmierölen bei Temperaturen zwischen 80 und 120°C 3 Wochen lang gelagert worden waren /1/. Vor allem bei 120°C zeigten sich je nach Kombination von Gleitlagerwerkstoff und Schmieröl mehr oder weniger deutliche Gewichtsänderungen, die auf Korrosionsprozesse zurückzuführen sind.

Chemische Reaktionen können durch tribologische Beanspruchungen erheblich beschleunigt werden, wofür die reibbedingte Temperaturerhöhung und eine sogenannte mechanische Aktivierung als Folge plastischer Verformungen der beanspruchten Oberflächenbereiche verantwortlich gemacht werden /2,3/.

Es sollte daher untersucht werden, wie sich tribologische Gleitbeanspruchungen auf die Reaktion von Schmierölen mit metallischen Gleitlagerwerkstoffen auswirken und welchen Einfluß die Bildung von Reaktionsprodukten auf das Reibungs- und Verschleißverhalten hat.

2 Versuchsprogramm

2.1 Gleitlagerwerkstoffe

Eine Auflistung der Gleitlagerwerkstoffe, die im statischen Korrosionstest untersucht wurden /1/, enthält Tabelle 1. Für die tribologischen Prüfungen wurden nur die ersten fünf Gleitlagerwerkstoffe verwendet, von denen außer der chemischen Zusammensetzung auch die Härte und die Rauheitswerte R_z und R_a nach einer Schleifbehandlung bestimmt wurden.

2.2 Schmieröle

Die verwendeten Schmieröle und deren untersuchte physikalische und chemische Eigenschaften sind in Tabelle 2 zusammengestellt. Die gleichzeitige Anwesenheit von Zink und Phosphor in den Ölen B, E, F und H läßt vermuten, daß in diesen Ölen Zinkdialkyldithiophosphat als Additiv vorhanden ist. In den Ölen C und I könnte ein phosphorhaltiges Additiv enthalten sein, in dem Getriebeöl D ein phosphor- und schwefelhaltiges Additiv. Diese Anmerkungen lassen erkennen, daß die Daten der chemischen Analyse keine eindeutigen Aussagen über den Aufbau der Schmieröle zulassen. Hierzu wären aufwendige Analysen notwendig gewesen, die im Rahmen dieses Vorhabens nicht durchgeführt werden konnten.

2.3 Untersuchte Kombinationen

Die untersuchten Gleitlagerwerkstoff-Öl-Kombinationen können Tabelle 3 entnommen werden. Die Gleitlagerwerkstoffe PbSb 14 Sn 9 CuAs, CuSn 8 und AlSn 20 Cu wurden bei 60°C mit allen Schmierölen kombiniert. Ferner wurden das Hydrauliköl B, das Industriegetriebeöl D und das Mehrbereichsmotorenöl F mit den fünf zuerst genannten Gleitlagermetallen kombiniert und bei 60°C, 80°C, 100°C und 120°C untersucht. Die in den statischen Korrosionsversuchen gemessenen Gewichtsänderungen sind in Tabelle 3 ebenfalls aufgeführt. Bei einigen Kombinationen war keine Gewichtsänderung meßbar; bei vielen Kombinationen war sie erst bei 120°C deutlich ausgeprägt.

Werkstoff	Chemische Zusammensetzung in Gew. %	Härte bei 20°C	Rauhtiefe	
			R_Z [µm]	R_a [µm]
PbSb 14 Sn 9 CuAs	Pb 74,7 ; Sb 13,28 ; Sn 9,83 ; Cu 0,83 ; Cd 0,53 ; Ni 0,27	13,7 ± 1 HB 2,5/15,6	2,61 ± 0,29	0,37 ± 0,06
SnSb 8 Cu 4 Cd	Sn 88,1 ; Sb 7,11 ; Cu 3,52 ; Cd 0,72 ; As 0,32 ; Ni 0,18	17,4 ± 2 HB 2,5/15,6	2,16 ± 0,22	0,31 ± 0,02
CuPb 22 Sn/Stahl	(Pb 20···22; Sn ~ 1,5; Fe < 0,7)	37,3 ± 1 HB 2,5/15,6	2,78 ± 0,24	0,31 ± 0,03
CuSn 8	Sn 8,05 ; P 0,25 ; Zn 0,05 ; Fe 0,005 ; Pb 0,003 ; Rest Cu	133,0 ± 6 HB 2,5/62,5	2,31 ± 0,23	0,26 ± 0,05
AlSn 20 Cu/Stahl	(Sn 18···20; Cu 1; Verunreinigungen < 0,7)	23,6 ± 1 HB 2,5/15,6	2,38 ± 0,28	0,28 ± 0,06
CuZn 40 Al 2	Cu 57,87 ; Al 1,49 ; Mg 1,84 ; Pb 0,65 ; Si 0,49 ; Ni 0,05 ; Fe 0,07 ; Sn 0,03			
CuAl 10 Fe 5 Ni 5	Cu 81,04 ; Al 10,06 ; Fe 4,14 ; Ni 4,54 ; Zn 0,06 ; Sn 0,05 ; Hg 0,06 ; Si 0,03 ; Pb 0,02			
CuNi 2 Si	Cu 97,4 ; Ni 1,91 ; Si 0,56 ; Cr 0,04 ; Al 0,03			

Tabelle 1: Gleitlagerwerkstoffe - chemische Zusammensetzung, Härte, Rauhtiefe

Öl	Umlauföl C 32	Hydrauliköl H-LP 46	Hydraulik- u. Maschinenöl H-LP 46	Industrie-Getriebeöl C-LP 100	Diesel-Motorenöl SAE 30	Mehrbereichs-Motorenöl SAE 15 W 50	Gasmotorenöl (aschefrei)	Hydrauliköl (detergierend) H-LP 32	Industrie-Getriebeöl C-LP 32
Spezifikation	DIN 51 517	DIN 51 524	DIN 51 524	DIN 51 517	MIL-L 2104 B	MIL 46 152	–	DIN 51 524	DIN 51 517
BAM-Bezeichnung	A	B	C	D	E	F	G	H	I
ASTM-Farbzahl	L 0,5	0,5	0,5	5,5	4,5	L 3,5	2,5	L 2,5	L 2,5
Dichte bei 15°C	0,866	0,873	0,874	0,891	0,885	0,883	0,880	0,872	0,867
Viskosität 40°C mm^2/s	31,45	43,69	43,29	103,2	89,53	123,9	100,7	33,07	32,41
Viskosität 100°C mm^2/s	5,26	6,45	6,60	11,6	10,44	16,52	12,09	5,45	5,51
Neutralisationszahl mg KOH/g	0,03	0,95	2,0	1,1	–	–	0,03	0,81	1,2
Verseifungszahl mg KOH/g	–	–	2,4	–	–	–	–	–	–
Basenzahl	–	–	–	–	7,6	4,7	0,95	3,0	–
Sulfatasche %	–	0,18	–	–	0,84	0,86	–	0,49	–
Phosphor %	–	0,05	0,01	0,04	0,09	0,13	–	0,04	0,04
Zink %	–	0,06	–	–	0,10	0,15	–	0,04	–
Kalzium %	–	–	–	–	0,24	0,19	–	0,14	–
Barium %	–	0,01	–	–	–	–	–	–	–
aktiver Schwefel %	–	–	–	0,5	–	–	–	–	–
Bromzahl mg KOH/g	–	–	–	–	7,4	4,9	0,9	3,8	–

Tabelle 2: Schmieröle - untersuchte physikalische und chemische Eigenschaften

Bezeichnung	A	B	C	D	E	F	G	H	I
Lagerwerkstoff \ Öl	Umlauföl C 32	Hydrauliköl H-LP 46	Hydraulik- u. Maschinenöl H-LP 46	Industrie-Getriebeöl C-LP 100	Diesel-Motorenöl SAE 30	Mehrbereichs-Motorenöl SAE 15 W 50	Gasmotorenöl (aschefrei)	Hydrauliköl (detergierend) H-LP 32	Industrie-Getriebeöl C-LP 32
PbSb 14 Sn 9 Cu As	x ○ ○ ◔ ○ ○ ◔ ○ ○ ◔	xx ○ ◔ ◔ ○ ○ ◑ ○ ◔ ◕	x ○ ○ ○ ○ ○ ◔ ○ ○ ◑	xx ◔ ◔ ◑ ◔ ◔ ◑ ◔ ◔ ◕	x ○ ○ ◔ ○ ○ ◔ ○ ○ ◔	xx ○ ○ ◔ ○ ○ ◑ ○ ○ ◑	x ○ ○ ◔ ○ ○ ◔ ○ ○ ◔	x ○ ○ ○ ○ ○ ○ ○ ○ ○	x ◑ ◔ ◔ ◑ ◔ ◔ ◑ ◑ ◑
SnSb 8 Cu 4 Cd		xx ○ ◔ ◔ ◔ ◔ ◑ ◔ ◔ ◕		xx ◔ ◔ ◔ ◔ ◔ ◑ ◔ ◔ ◔		xx ○ ○ ◔ ○ ○ ◑ ○ ○ ◑			
CuPb 22 Sn		xx ○ ◔ ◔ ○ ○ ◑ ○ ◔ ◑		xx ◔ ◑ ◕ ◔ ◑ ● ◑ ◑ ●		xx ○ ○ ◑ ○ ○ ◑ ○ ○ ◔			
CuSn 8	x ○ ○ ◑ ○ ○ ◑ ○ ○ ◑	xx ○ ○ ◔ ◔ ◔ ◑ ◔ ○ ◑	x ○ ○ ◑ ○ ○ ◑ ○ ○ ◑	xx ◔ ◑ ◕ ◑ ◕ ◕ ◑ ◕ ◕	x ○ ○ ◔ ○ ○ ◔ ○ ○ ◑	xx ◔ ◑ ◑ ◑ ◑ ○ ◑ ◑ ○	x ○ ○ ◑ ○ ○ ◑ ○ ○ ◑	x ○ ○ ○ ○ ○ ○ ○ ○ ○	x ○ ○ ○ ○ ○ ○ ○ ○ ○
AlSn 20 Cu	x ○ ○ ◑ ○ ○ ◑ ○ ○ ◑	xx ◔ ◔ ◔ ◔ ◔ ◑ ◔ ◔ ◑	x ○ ○ ◔ ○ ○ ○ ○ ○ ◑	xx ◔ ◔ ◑ ◔ ◔ ◕ ◔ ◔ ◕	x ○ ○ ○ ○ ○ ○ ○ ○ ◔	xx ○ ○ ◔ ○ ○ ○ ○ ○ ○	x ○ ○ ◔ ○ ○ ◔ ○ ○ ◔	x ○ ○ ◔ ○ ○ ○ ○ ○ ○	x ○ ◔ ◕ ○ ◔ ◕ ◔ ◑ ◕

Statischer Korrosionsversuch:

Tage \ T	80°C	100°C	120°C
7	○	○	○
14	○	○	○
21	○	○	○

Gewichtsänderung in mg:

- ○ 0
- ◔ < 1
- ◑ 1 – 10
- ◕ 10 – 100
- ● > 100

Tribologische Beanspruchungen:

- x $T_{Öl}$ = 60°C
- xx $T_{Öl}$ = 60; 80; 100; 120°C

Tabelle 3: Untersuchte Gleitlagerwerkstoff-Öl-Kombinationen

3 Versuchsdurchführung

3.1 Prüfapparatur

Die tribologischen Untersuchungen wurden mit einem Stift-Scheibe-Tribometer durchgeführt, dessen Aufbau in Bild 1 schematisch dargestellt ist.

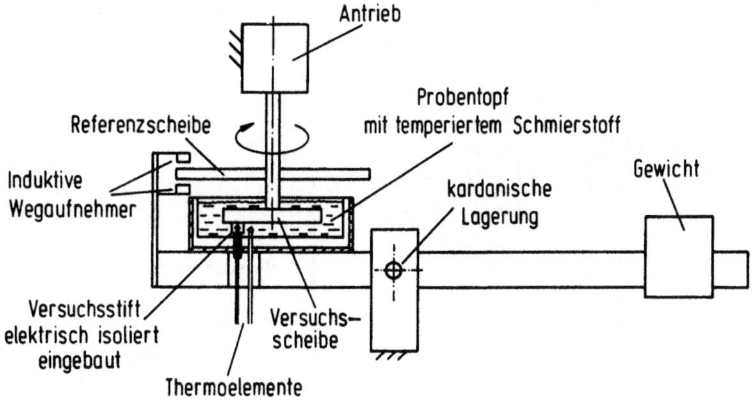

Bild 1: Stift-Scheibe-Tribometer

Der Stift, der aus Gleitlagerwerkstoff gefertigt war, wurde mit einer bekannten Normalkraft F_N gegen eine rotierende Scheibe aus Stahl 42 CrMo 4 mit einer Härte von 500 HV 10 gedrückt. Stift und Scheibe befanden sich in einem doppelwandigen Probentopf, der mit 100 ml des zu untersuchenden Schmieröles gefüllt war. Zwischen den doppelten Wänden des Topfes wurde ein Wärmeträgeröl umgepumpt, das mit einem Thermostaten auf die gewünschte Temperatur mit einer maximalen Abweichung von ± 1°C gebracht wurde. Die Schmieröltemperatur wurde mit einem Thermoelement in unmittelbarer Nähe der Kontaktfläche von Stift und Scheibe gemessen. Ein zweites Thermoelement befand sich im Gleitlagermetall-Stift ca. 1 mm unterhalb der Gleitfläche. Während der Untersuchungen wurden die Reibungskraft und der lineare Verschleißbetrag kontinuierlich gemessen und aufgezeichnet. Es zeigte sich, daß der Verschleiß fast ausschließlich durch den Verschleiß der Gleitlagerwerkstoffe gegeben war, während die Stahlscheiben keinem meßbaren Verschleiß unterlagen.

3.2 Messung des elektrischen Übergangswiderstandes

Bilden sich auf den Gleitflächen tribochemische Reaktionsschichten, so hat dies eine Änderung des elektrischen Übergangswiderstandes zur Folge; daher kann durch seine Messung die Bildung von Reaktionsschichten verfolgt werden /4-8/. Die dazu benutzte Meßanordnung ist schematisch in Bild 2 dargestellt.

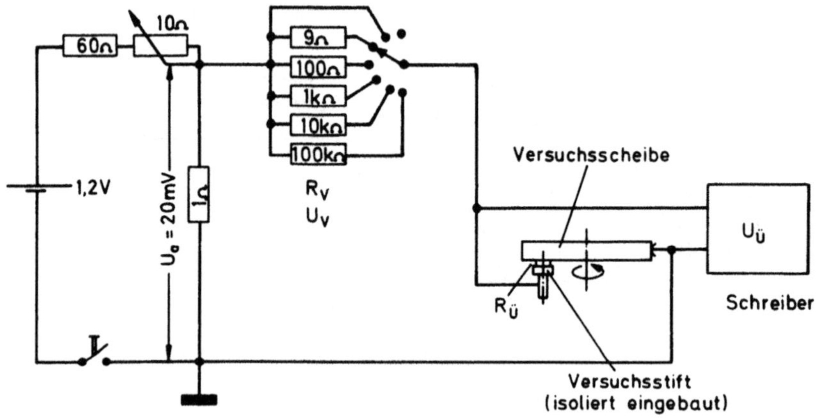

Bild 2: Anordnung zur Messung des elektrischen Übergangswiderstandes

Mit Hilfe eines Spannungsteilers wird eine von außen angelegte Gleichspannung auf 20 mV reduziert. Diese Spannung speist einen Stromkreis, in dem der zwischen Stift und Scheibe auftretende Übergangswiderstand $R_Ü$ und ein Vorwiderstand R_V in Reihe geschaltet sind. Gemessen wird der Spannungsabfall an der Kontaktfläche von Stift und Scheibe. Es gelten folgende Beziehungen:

$$U_a = U_V + U_Ü$$

$$R_{ges} = R_V + R_Ü$$

$$R_Ü = \frac{U_Ü}{U_a - U_Ü} \cdot R_V$$

Bei einigen Kombinationen trat eine positive oder negative Kontaktspannung auf, deren Größe mit dem Vorwiderstand R_V=100kΩ ohne äußere Spannungsquelle gemessen wurde. Diese Kontaktspannung wurde von der gemessenen Spannung $U_Ü$ substrahiert bzw. zu ihr addiert und daraus der zugehörige Übergangswiderstand $R_Ü$ ermittelt.

3.3 Versuchsbedingungen und -ablauf

Aus den Gleitlagerwerkstoffen wurden Stifte mit einem zylindrischen Ansatz von 4 mm Durchmesser gefertigt, so daß die Größe der Stirnfläche, die als Gleitfläche diente, 12,6 mm² betrug. Die Gleitflächen wurden geläppt und anschließend mit Schleifpapier geschliffen, wodurch sie die in Tabelle 1 wiedergegebenen Rauheitswerte erhielten. Die als Gegenkörper verwendeten Stahlscheiben wurden nach der Wärmebehandlung ebenfalls zunächst geläppt und dann mit Schleifpapier auf einem metallographischen Schleifgerät ohne Vorzugsrichtung geschliffen; dadurch ergaben sich für die Rauheit die folgenden Werte: R_z = 1,5 ± 0,1 µm und R_a = 0,17 ± 0,02 µm.

Sämtliche Prüfungen wurden bei einer Gleitgeschwindigkeit v = 0,1 m/s durchgeführt. Dagegen wurde die Normalkraft so variiert, daß das Verhältnis von Viskosität der verschiedenen Schmieröle zur Normalkraft konstant war. Dadurch sollte ein annähernd gleichbleibender Mischreibungszustand erreicht werden.

Um eine vollständige Anlage des ebenen Stiftes an die Scheibe in einer angemessenen Zeit zu erreichen, wurde zu Beginn eine erhöhte Normalkraft aufgebracht. Nach dem Erreichen einer konstanten Verschleißrate wurde die Normalkraft entsprechend der Ölviskosität verringert. Der Versuch wurde bis zum Erreichen eines Beharrungszustandes fortgesetzt, der durch eine Konstanz von Verschleißrate, Reibungszahl und elektrischem Übergangswiderstand gekennzeichnet war. Die dazu notwendige Prüfdauer lag höchstens bei 20h.

In einer ersten Versuchsserie wurde die Öltemperatur konstant auf 60°C gehalten. Für jeden Versuch wurden neue Probekörper und neues Öl verwendet. In einer zweiten Versuchsserie wurden die vier Temperaturen 120°C, 100°C, 80°C und 60°C gewählt, ohne daß die Probekörper und das Öl nach jeder Temperatureinstellung gewechselt wurden. Die Versuche begannen mit der höchsten Öltemperatur; nach Erreichen des Beharrungszustandes folgte der Versuch der nächst niedrigeren Temperaturstufe.

4 Versuchsergebnisse

4.1 Reaktionsschichtbildung

Die Reaktionsschichtbildung wurde durch die Messung des elektrischen Widerstandes verfolgt, die durch Beobachtungen im Licht- und Raster-Elektronen-Mikroskop sowie durch chemische Oberflächenanalysen ergänzt wurde.

Bild 3 zeigt einen typischen Verlauf des elektrischen Übergangswiderstandes und der Reibungszahl über der Beanspruchungsdauer

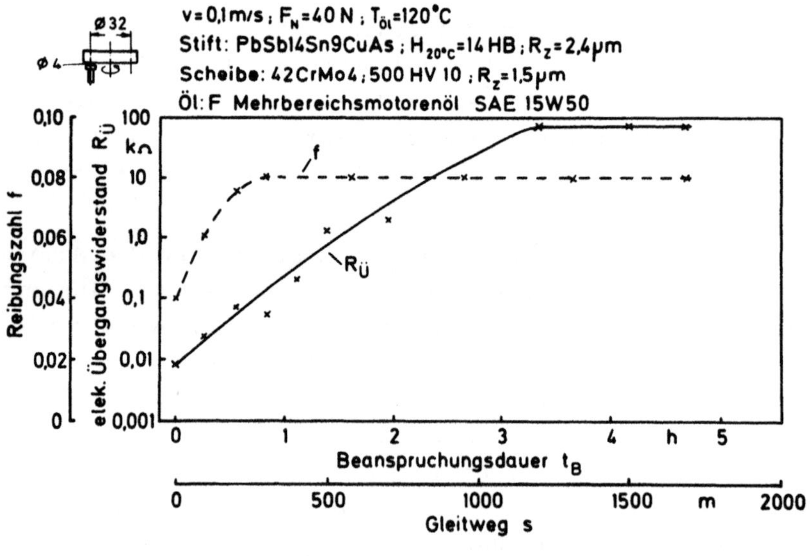

Bild 3: Elektrischer Übergangswiderstand und Reibungszahl in Abhängigkeit von der Beanspruchungsdauer bzw. vom Gleitweg

bzw. dem Gleitweg.
Der elektrische Übergangswiderstand steigt stetig an und erreicht nach ca. 3 h einen Endwert von ca. 100 k Ω, während der Ausgangswert nur 0,01 Ω betrug. Der anfängliche Anstieg der Reibungszahl von 0,04 auf 0,08 deutet an, daß der erhöhte elektrische Übergangswiderstand nicht auf die Ausbildung eines größeren hydrodynamischen Traganteils zurückzuführen sein dürfte, weil dieser Vorgang mit einer Erniedrigung der Reibungszahl verbunden ist.

Die meist inselförmigen Reaktionsprodukte ließen sich im Lichtmikroskop gut erkennen. Schwarz-Weiß-Fotografien waren jedoch zu kontrastarm, so daß hier auf ihre Wiedergabe verzichtet wird. Über einige Ergebnisse von Untersuchungen mit dem Raster-Elektronen-Mikroskop und mit einem Auger-Oberflächenanalysengerät wird weiter unten berichtet.

In Tabelle 4 sind die bei rein statischer Korrosionsbeanspruchung ermittelten Gewichtsänderungen und die bei den tribologischen Gleitbeanspruchungen gemessenen Werte des elektrischen Übergangswiderstandes für die Kombinationen von 3 Ölen mit 5 Gleitlagerwerkstoffen gegenübergestellt. Bei 80°C ist die durch Korrosion verursachte Gewichtsänderung recht gering. Trotzdem tritt teilweise ein sehr hoher elektrischer Übergangswiderstand auf, der auf eine Reaktionsschichtbildung hinweist. Bei 100°C erleidet nur CuSn 8 in dem Getriebeöl D bei statischer Korrosionsbeanspruchung eine größere Gewichtsänderung, während die Reaktionsschichtbildung bei einer größeren Anzahl von Gleitlagerwerkstoff-Schmieröl-Kombinationen in Erscheinung tritt. Erst die statische Korrosionsbeanspruchung bei 120°C führt in den meisten Fällen zu einer größeren Gewichtsänderung. Dieser Gewichtsänderung entspricht aber nicht in allen Fällen ein hoher elektrischer Übergangswiderstand. Dabei ist zu berücksichtigen, daß die Beanspruchungsdauer sehr unterschiedlich war: beim Korrosionstest 21 Tage, bei der tribologischen Beanspruchung weniger als 20 Stunden.

Zu den einzelnen Ergebnissen können folgende Bemerkungen gemacht werden: Auf CuSn 8 bilden sich weder bei statischer Kor-

Öl	Lagermetall	Öltemperatur					
		80° C		100° C		120° C	
		Δm in mg bei Korros. nach 21 Tg.	$R_Ü$ in kΩ triboch. Reaktion	Δm in mg bei Korros. nach 21 Tg.	$R_Ü$ in kΩ triboch. Reaktion	Δm in mg bei Korros. nach 21 Tg.	$R_Ü$ in kΩ triboch. Reaktion
B H-LP 46	PbSb14Sn9CuAs	0	100	0,4	100	11,7	0,1
	SnSb8Cu4Cd	0,2	100	0,5	1	18,6	100
	CuPb22Sn	0	500	0,2	230	4,5	180
	CuSn8	0,1	0,04	0	0,01	- 5,8	0,001
	AlSn20Cu	0,3	0,01	0,5	0,1	- 1,1	10
D C-LP 100	PbSb14Sn9CuAs	0,6	100	0,4	100	31,5	100
	SnSb8Cu4Cd	0,2	1	0,3	1	41,6	0,01
	CuPb22Sn	1,1	230	1,4	230	251,7	150
	CuSn8	1,6	500	37,5	500	- 73,2	500
	AlSn20Cu	0,6	100	0,5	100	18,3	100
F 15W/50	PbSb14Sn9CuAs	0	10	0	0,1	4,6	10
	SnSb8Cu4Cd	0	10	0	10	2,2	1
	CuPn22Sn	0	500	0	500	0,5	230
	CuSn8	- 1,4	0,007	- 2,0	0,001	- 192,5	0,001
	AlSn20Cu	0	1	0	1	0	0,01

Tabelle 4: Gegenüberstellung des Gewichtsverlustes durch statische Korrosion und des elektrischen Übergangswiderstandes durch Reaktionsschichtbildung

rosion noch bei tribologischer Beanspruchung fest haftende Reaktionsprodukte, wenn das Schmieröl aus den Ölen B und F besteht. In beiden Ölen ist als Additiv offenbar Zinkdialkyldithiophosphat vorhanden, was durch die Gehalte an Zink und Phosphor angezeigt wird (s. Tabelle 2!). Obwohl CuPb 22 Sn in diesen Ölen im statischen Korrosionstest kaum angegriffen wird, erfährt es eine ausgeprägte tribochemische Reaktionsschichtbildung. Das phosphor- und schwefelhaltige Getriebeöl D neigt auf den untersuchten Gleitlagerwerkstoffen zur Bildung von Korrosionsprodukten und offenbar mit Ausnahme von SnSb 8 Cu 4 Cd auch zur Bildung von tribochemischen Reaktionsschichten. AlSn 20 Cu reagiert mit dem Getriebeöl stärker als mit den beiden anderen Ölen.

Zum detaillierten Nachweis der Reaktionsschichten wurden an CuPb 22 Sn EDAX- und Auger-Analysen durchgeführt. Bild 4 zeigt links die rasterelektronenmikroskopische Aufnahme der Gleitfläche von CuPb 22 Sn nach der tribologischen Beanspruchung

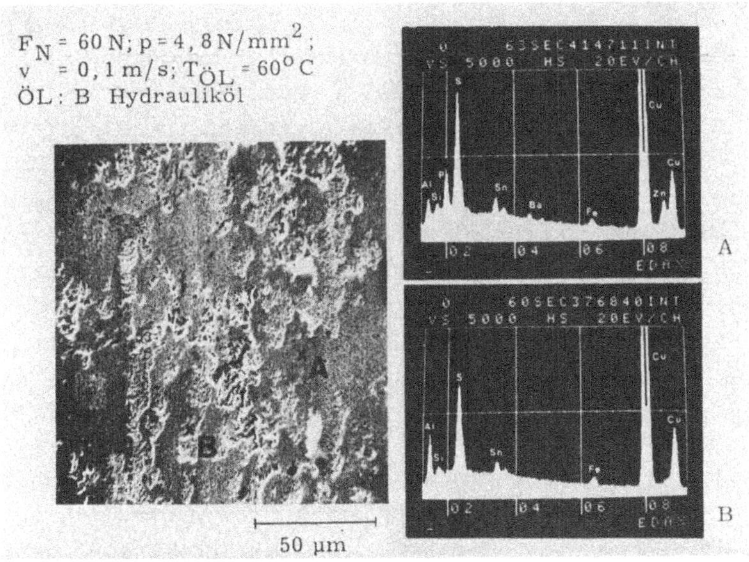

Bild 4: REM- und EDAX-Untersuchungen an CuPb 22 Sn nach der tribologischen Beanspruchung

in Hydrauliköl B, wobei der hohe elektrische Übergangswiderstand (s. Tabelle 4!) auf eine ausgeprägte Reaktionsschichtbildung schließen läßt. Zunächst wurde im Bereich des Punktes A, in dem eine Reaktionsschicht vermutet wird, eine Analyse gemacht.

Die Elemente Kupfer und Zinn und wahrscheinlich auch Aluminium, Silizium und Eisen stammen vom Gleitlagerwerkstoff. Blei, das im Gleitlagermetall partikelförmig vorliegt, erscheint an dieser Stelle nicht. Schwefel, Phosphor, Zink und Barium kommen vom Schmieröl (s. Tabelle 2!). An einer Vertiefung im Bereich B sind die Elemente Phosphor, Zink und Barium nicht mehr und Schwefel mit einer verminderten Intensität nachweisbar. Aus dem Vergleich beider Bilder läßt sich schließen, daß im Bereich A eine dickere Reaktionsschicht mit Bestandteilen des Schmieröles gebildet wurde.

Die Elemente der obersten Atomlagen können mit dem Auger-Verfahren analysiert werden; außerdem ist es möglich, Tiefenprofilanalysen durchzuführen, indem die Probekörper Atomlage für Atomlage abgesputtert werden /9/.

Bild 5 zeigt das Auger-Spektrum einer tribologisch nicht beanspruchten Oberfläche von CuPb22Sn nach der Lagerung in Hydrauliköl B bei 60°C. Die Kupfer-Peaks stammen vom Gleitlagerwerkstoff. Der Blei-Peak, der bei ca. 100 eV auftreten müßte, ist nur schwach ausgeprägt; Zinn erscheint vermutlich wegen seiner geringen Konzentration nicht. Zink, Schwefel und möglicherweise auch Kohlenstoff und Sauerstoff dürften vom Schmierstoff kommen, dessen Phosphor aber nicht nachweisbar ist. Die Anwesenheit von Chlor ist vermutlich durch das verwendete chlorhaltige Reinigungsmittel bedingt, mit dem die Stifte nach den Versuchen gereinigt wurden.

Durch die tribologische Beanspruchung nimmt die Intensität der Peaks von Schwefel, Sauerstoff und Zink deutlich zu (Bild 6). Es hat sich demnach eine Reaktionsschicht gebildet. Die Augertiefenprofilanalyse in Bild 7 zeigt, daß die Konzentration der Elemente Zink und Schwefel gleichsinnig mit

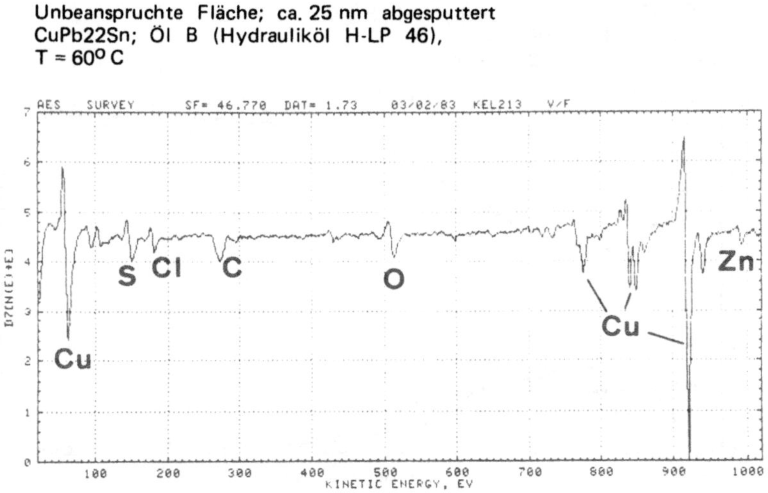

Bild 5: Augerspektrum von CuPb 22 Sn nach Lagerung in Hydrauliköl B bei 60°C

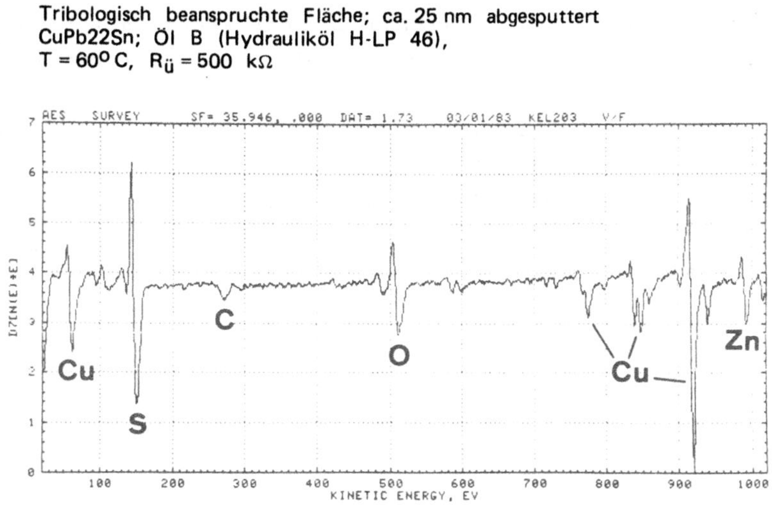

Bild 6: Augerspektrum von CuPb 22 Sn nach tribologischer Beanspruchung in Hydrauliköl B bei 60°C

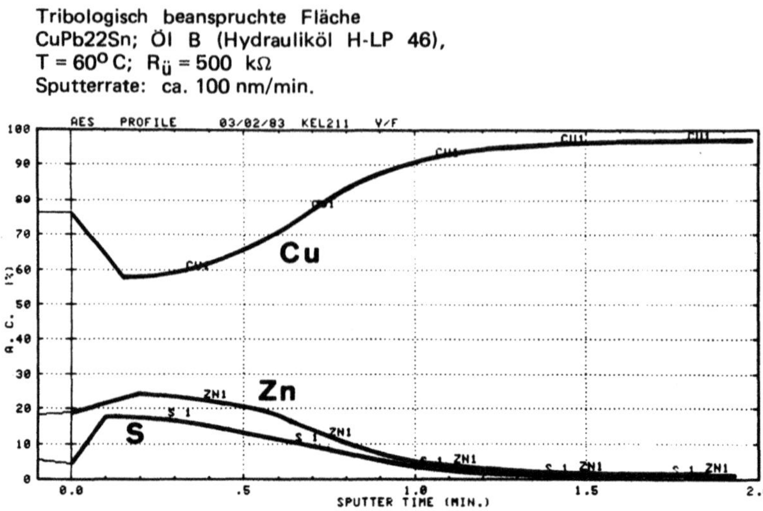

Bild 7: Augertiefenprofilanalyse von CuPb 22 Sn nach tribologischer Beanspruchung in Hydrauliköl B bei 60°C

zunehmender Tiefe auf null zurückgeht. Bei der gewählten Sputterrate von 100 nm/min verschwindet die Reaktionsschicht nach 100 bis 150 nm entsprechend 1 bis 1,5 min Sputterzeit.

Die tribologische Beanspruchung in dem phosphor- und schwefelhaltigen Industriegetriebeöl D führt zu einem Auger-Spektrum, das in Bild 8 dargestellt ist. Schwefel ist nachweisbar, Phosphor dagegen wiederum nicht. Die Tiefenprofilanalyse (Bild 9) läßt erkennen, daß der Schwefelgehalt zwischen 100 und 125 nm verschwindet, entsprechend einer Sputterzeit zwischen 4 und 5 min bei einer Sputterrate von 25 nm/min. Chlor, das - wie schon erwähnt - vom Freon-Reinigungsmittel stammen dürfte, ist schon nach 25 nm verschwunden.-Nach der tribologischen Beanspruchung im Mehrbereichsmotorenöl F, das Zink, Phosphor und vermutlich auch Schwefel enthält, sind Schwefel und Zink nachweisbar (Bild 10). Besonders auffallend ist die große Intensität des Kohlenstoffpeaks. Aus der Tiefenprofilanalyse geht hervor, daß der Schwefelgehalt sehr schnell auf null zurückgeht, während die Kohlenstoffkonzentration wesentlich langsamer abnimmt,

Tribologisch beanspruchte Fläche, ca. 10 nm abgesputtert
CuPb22Sn; Öl D (Industriegetriebeöl C-LP 100),
T = 60° C; $R_{ü}$ = 100 kΩ

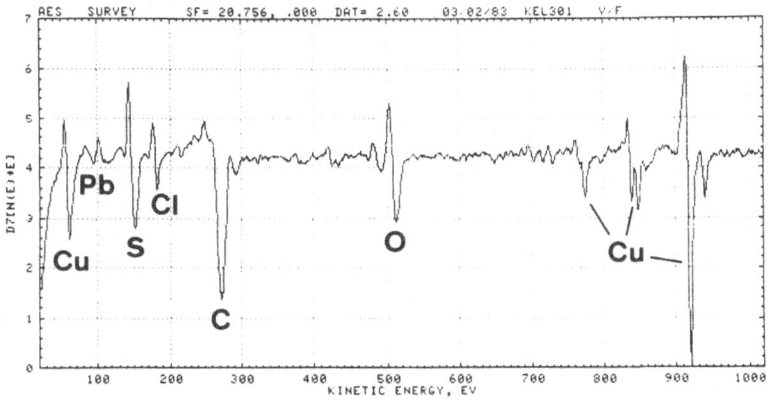

Bild 8: Augerspektrum von CuPb 22 Sn nach tribologischer Beanspruchung in Industriegetriebeöl D bei 60°C

Tribologisch beanspruchte Fläche
CuPb22Sn; Öl D (Industriegetriebeöl C-LP 100),
T = 60° C; $R_{ü}$ = 100 kΩ
Sputterrate: ca. 25 nm/min.

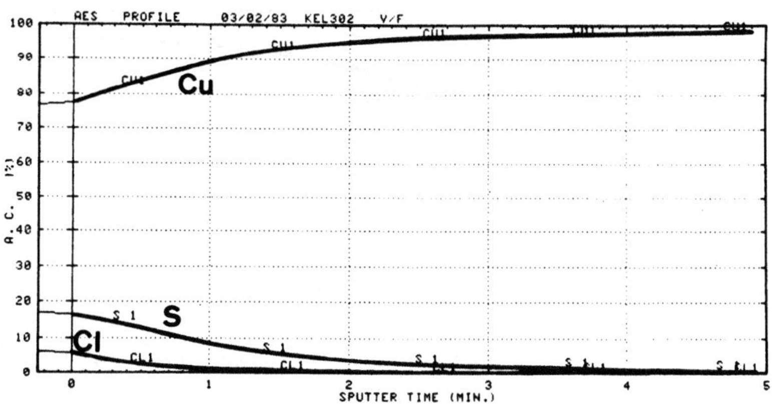

Bild 9: Augertiefenprofilanalyse von CuPb 22 Sn nach tribologischer Beanspruchung in Industriegetriebeöl D bei 60°C

Tribologisch beanspruchte Fläche; ca. 10 nm abgesputtert
CuPb22Sn; Öl F (Mehrbereichsmotorenöl SAE 15 W 50);
T = 60° C; $R_{ü}$ = 15 kΩ

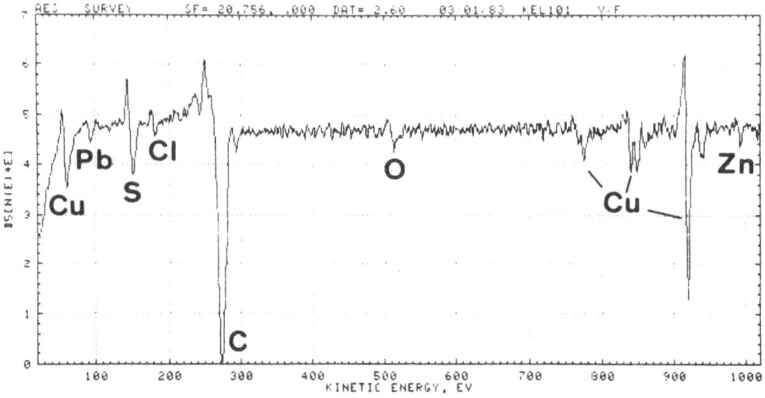

Bild 10: Augerspektrum von CuPb 22 Sn nach tribologischer Beanspruchung in Mehrbereichsmotorenöl F bei 60°C

Tribologisch beanspruchte Fläche
CuPb22Sn; Öl F (Mehrbereichsmotorenöl SAE 15 W 50);
T = 60° C; $R_{ü}$ = 15 kΩ
Sputterrate: ca. 10 nm/min.

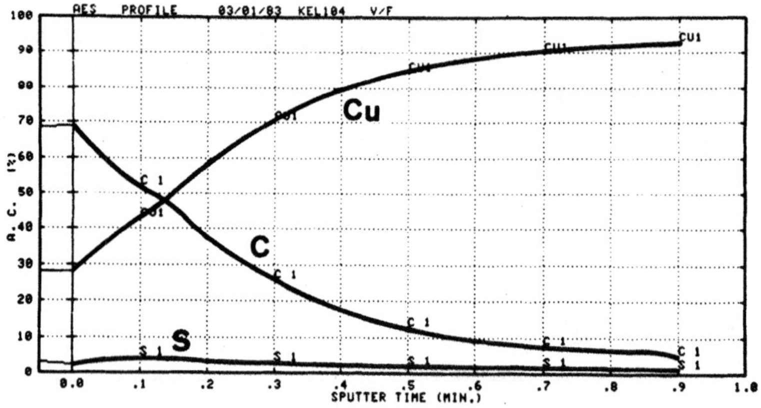

Bild 11: Augertiefenprofilanalyse von CuPb 22 Sn nach tribologischer Beanspruchung in Mehrbereichsmotorenöl F bei 60°C

ohne daß erklärbar ist, wie der Kohlenstoff gebunden ist (Bild 11).

Zusammenfassend sind die für die Kombination der drei Öle B, D und F mit CuPb 22 Sn gemessenen Werte des elektrischen Übergangswiderstandes $R_Ü$ und die Ergebnisse der Augeranalysen in Tabelle 5 wiedergegeben. Danach nehmen mit steigendem elektrischem Übergangswiderstand die Schwefelkonzentration (Atom % S/Cu) und die Sputtertiefe bis zum Schwefelgehalt "null" zu; daraus kann geschlossen werden, daß die Dicke der Reaktionsschicht mit steigendem elektrischen Übergangswiderstand zunimmt.

Öl	Bez.	$R_ü$ [kΩ]	Atom % (S/Cu) max.	Sputtertiefe [nm] % S = O	Atom % (Zn/Cu) max.	Sputtertiefe [nm] % Zn = O
Hydrauliköl H-LP 46	B	500	0,3	175	0,4	175
Industrie-Getriebeöl C-LP 100	D	100	0,2	110	—	—
Mehrbereichs-Motorenöl SAE 15 W 50	F	15	0,1	15	—	—

Tabelle 5: Zusammenstellung von Ergebnissen der Messung des elektrischen Übergangswiderstandes $R_Ü$ und der Augeranalysen von CuPb 22 Sn nach tribologischer Beanspruchung in unterschiedlichen Ölen

Wegen der begrenzten Verfügbarkeit des Augeranalysengerätes konnten die anderen Kombinationen nicht untersucht werden. Die vorgestellten Ergebnisse lassen einschließlich der hier nicht reproduzierbaren lichtmikroskopischen Aufnahmen eindeutig den Schluß zu, daß hohe gemessene Werte des elektrischen Übergangswiderstandes die Bildung von Reaktionsschichten anzeigen. Im folgenden soll über den Einfluß der Reaktionsschichten auf den Verschleiß, die Reibung und die Rauhtiefe der Gleitflächen berichtet werden.

4.2 Reibung und Verschleiß

Zunächst sollen das Reibungs- und Verschleißverhalten der Gleitlagerwerkstoffe PbSb 14 Sn 9 CuAs, CuSn 8 und AlSn 20 Cu betrachtet werden, die bei 60°C mit sämtlichen Ölen kombiniert wurden. Zur Kennzeichnung des Verschleißverhaltens wurde einmal die Verschleißrate $W_{V/s}$ herangezogen, die zum Erreichen eines vergleichbaren Reibungszustandes bei unterschiedlichen Normalkräften gewonnen wurde, wobei - wie schon erwähnt - das Verhältnis von Normalkraft F_N zur Ölviskosität ν konstant war. Zusätzlich wurde der Verschleißkoeffizient k ermittelt, der durch folgende Beziehung gegeben ist:

$$k = \frac{W_{V/s}}{F_N}$$

Da der Einfluß der Reaktionsschichtbildung auf die Reibungs- und Verschleißkennzahlen untersucht werden sollte, sind die Ergebnisse in den nachfolgenden Tabellen nach der Größe des elektrischen Übergangswiderstandes geordnet, dessen Zunahme auf eine verstärkte Reaktionsschichtbildung hinweist.

Tabelle 6 enthält die für PbSb 14 Sn 9 CuAs ermittelten Daten. Für den elektrischen Übergangswiderstand $R_Ü$ lassen sich zwei Bereiche unterscheiden, die zu deutlich unterschiedlichen Verschleißkenngrößen führen:

I. $R_Ü \leqslant 3 k\Omega$ $\quad W_{V/s} = (5,1 \pm 2,8) 10^{-4}$ mm³/m

$\quad k = (7,1 \pm 4,4) 10^{-6}$ mm³/N·m

II. $R_Ü > 150 k\Omega$ $\quad W_{V/s} = (5,3 \pm 0,1) 10^{-6}$ mm³/m

$\quad k = (5,8 \pm 2,8) 10^{-8}$ mm³/N·m

Bei Werten des elektrischen Übergangswiderstandes $R_Ü > 150 k\Omega$ werden offenbar dickere, schützende Reaktionsschichten gebildet, die den Verschleiß um ca. 2 Größenordnungen verminderten. Die Reibungszahlen wurden im Mittel zwar auch durch die Reaktionsschichtbildung erniedrigt; die im Bereich I gemessenen unteren Werte der Reibungszahlen stimmen aber mit den im Bereich II gemessenen oberen Werten überein.

PbSb 14 Sn 9 CuAs; $v = 0{,}1$ m/s; $F_N/\nu = 3{,}21 \frac{N \cdot s}{mm^2}$; $T_{Öl} = 60°C$

$R_Ü$ kΩ	Öl	f	$\bar{f}$	$W_{V/s}$ mm³/m	$\bar{W}_{V/s}$ mm³/m	k mm³/Nm	$\bar{k}$ mm³/Nm
0,002	J	0,05	0,07±0,02	$7{,}5 \cdot 10^{-5}$	$(5{,}1 \pm 2{,}8)\,10^{-4}$	$1{,}5 \cdot 10^{-6}$	$(7{,}1 \pm 4{,}4)\,10^{-6}$
0,010	B	0,07		$3{,}5 \cdot 10^{-4}$		$7{,}0 \cdot 10^{-6}$	
0,060	A	0,10		$6{,}0 \cdot 10^{-4}$		$1{,}2 \cdot 10^{-5}$	
0,400	H	0,06		$6{,}1 \cdot 10^{-4}$		$1{,}2 \cdot 10^{-5}$	
0,600	F	0,04		$5{,}3 \cdot 10^{-4}$		$3{,}1 \cdot 10^{-6}$	
3	G	0,07		$9{,}1 \cdot 10^{-4}$		$7{,}0 \cdot 10^{-6}$	
150	E	0,05	0,03±0,02	$5{,}2 \cdot 10^{-6}$	$(5{,}3 \pm 0{,}1)\,10^{-6}$	$4{,}3 \cdot 10^{-8}$	$(5{,}8 \pm 2{,}8)\,10^{-8}$
200	C	0,01		$5{,}4 \cdot 10^{-6}$		$9{,}0 \cdot 10^{-8}$	
550	D	0,04		$5{,}2 \cdot 10^{-6}$		$4{,}0 \cdot 10^{-8}$	

Tabelle 6 : Elektrischer Übergangswiderstand $R_Ü$, Reibungszahl f, Verschleißrate $W_{V/s}$ und Verschleißkoeffizient k für PbSb 14 Sn 9 CuAs in verschiedenen Ölen bei 60°C.

Für CuSn 8 scheint die Grenze des elektrischen Übergangswiderstandes, bei der sich die Verschleißrate um eine Größenordnung ändert, zwischen 30 und 40 kΩ zu liegen (Tabelle 7). Die Reibungszahl erhöht sich mit zunehmendem elektrischen Widerstand nicht signifikant.

AlSn 20 Cu wird offenbar in allen Ölen mit einer mehr oder weniger dicken Reaktionsschicht bedeckt, wie die hohen Werte des elektrischen Widerstandes andeuten, die zwischen 10 kΩ und 400 kΩ liegen (Tabelle 8). Ein systematischer Einfluß des elektrischen Übergangswiderstandes auf die relativ niedrigen Reibungszahlen, Verschleißraten bzw. Verschleißkoeffizienten ist nicht erkennbar.

Weiterhin wurden mit den Ölen B, D und F und den Gleitlagerwerkstoffen PbSb 14 Sn 9 CuAs, SnSb 8 Cu 4 Cd, CuSn 8 , CuPb 22 Sn und AlSn 20 Cu Untersuchungen in Abhängigkeit von der Öltemperatur durchgeführt. Beginnend mit 120°C wurde die Öltemperatur in Stufen von 20°C auf 60°C gesenkt. Das Verhältnis von Normalkraft zur Ölviskosität war wiederum konstant, so daß die Normalkraft mit sinkender Temperatur zunahm.

Die für PbSb 14 Sn 9 CuAs gewonnenen Ergebnisse sind in Tabelle 9 zusammengefaßt. Zunächst fallen die niedrigen Werte des elektrischen Übergangswiderstandes bei 120°C und 100°C bei Verwendung des Hydrauliköles B auf. Damit verbunden sind - besonders bei 120°C - hohe Werte der Reibungszahl, der Verschleißrate und des Verschleißkoeffizienten. Das Getriebeöl D bewirkte bei allen Temperaturen eine ausgeprägte, annähernd gleiche Reaktionsschichtbildung, wie aus den Werten des elektrischen Übergangswiderstandes hervorgeht. Dementsprechend hängen die Reibungszahlen und die Verschleißmeßgrößen nur wenig von der Temperatur ab. Mit dem Motorenöl F sind die Werte des elektrischen Übergangswiderstandes um eine Größenordnung niedriger, wenn man den sehr niedrigen Wert bei 100°C vernachlässigt. Dies macht sich insbesondere im Vergleich zum Getriebeöl in höheren Reibungszahlen und höheren Verschleißraten bemerkbar.

CuSn 8 ; v = 0,1 m/s; $F_N/\nu = 3{,}21 \frac{N \cdot s}{mm^2}$; $T_{Öl} = 60°C$

$R_Ü$ kΩ	Öl	f	$\overline{f}$	$W_{V/s}$ mm^3/m	$\overline{W}_{V/s}$ mm^3/m	k mm^3/Nm	$\overline{k}$ mm^3/Nm
0,0002	H	0,08	0,06 + 0,02	$2{,}7 \cdot 10^{-4}$	$(1{,}4 \pm 1{,}0) \cdot 10^{-4}$	$5{,}3 \cdot 10^{-6}$	$(2{,}2 \pm 2{,}1) \cdot 10^{-6}$
0,0015	F	0,06		$1{,}0 \cdot 10^{-4}$		$6{,}0 \cdot 10^{-7}$	
0,0055	A	0,06		$6{,}0 \cdot 10^{-5}$		$1{,}2 \cdot 10^{-6}$	
0,230	B	0,07		$2{,}2 \cdot 10^{-4}$		$3{,}7 \cdot 10^{-6}$	
30	G	0,03		$6{,}9 \cdot 10^{-5}$		$5{,}3 \cdot 10^{-7}$	
40	J	0,04	0,05 + 0,02	$1{,}3 \cdot 10^{-6}$	$(4{,}6 \pm 4{,}3) \cdot 10^{-6}$	$2{,}6 \cdot 10^{-8}$	$(4{,}9 \pm 3{,}3) \cdot 10^{-8}$
60	D	0,02		$2{,}6 \cdot 10^{-6}$		$2{,}0 \cdot 10^{-8}$	
200	E	0,07		$1{,}1 \cdot 10^{-5}$		$9{,}2 \cdot 10^{-8}$	
550	C	0,06		$3{,}5 \cdot 10^{-6}$		$5{,}8 \cdot 10^{-8}$	

Tabelle 7: Elektrischer Übergangswiderstand $R_Ü$, Reibungszahl f, Verschleißrate $W_{V/s}$ und Verschleißkoeffizient k für CuSn 8 in verschiedenen Ölen bei 60°C

AlSn 20 Cu; $v = 0{,}1$ m/s; $F_N / \nu = 3{,}21 \frac{N \cdot s}{mm^2}$; $T_{Öl} = 60°C$

$R_Ü$ kΩ	Öl	f	$\bar{f}$	$W_{V/s}$ mm³/m	$\bar{W}_{V/s}$ mm³/m	k mm³/Nm	$\bar{k}$ mm³/Nm
10	D	0,02	$0{,}02 \pm 0{,}01$	$1{,}3 \cdot 10^{-6}$	$(2{,}3 \pm 1{,}6)\ 10^{-6}$	$1{,}0 \cdot 10^{-8}$ *	$(3{,}1 \pm 2{,}4)\ 10^{-8}$
40	B	0,03		$4{,}2 \cdot 10^{-6}$		$7{,}0 \cdot 10^{-8}$	
55	J	0,03		$3{,}0 \cdot 10^{-6}$		$6{,}0 \cdot 10^{-8}$	
100	G	0,01		$1{,}3 \cdot 10^{-6}$		$1{,}0 \cdot 10^{-8}$ *	
100	E	0,02		$1{,}2 \cdot 10^{-6}$		$1{,}0 \cdot 10^{-8}$ *	
150	H	0,04		$1{,}5 \cdot 10^{-6}$		$3{,}0 \cdot 10^{-8}$	
300	A	0,01		$5{,}0 \cdot 10^{-7}$		$1{,}0 \cdot 10^{-8}$ *	
360	C	0,01		$3{,}0 \cdot 10^{-6}$		$5{,}0 \cdot 10^{-8}$	
400	F	0,01		$5{,}1 \cdot 10^{-6}$		$3{,}0 \cdot 10^{-8}$	

Tabelle 8: Elektrischer Übergangswiderstand $R_Ü$, Reibungszahl f, Verschleißrate $W_{V/s}$ und Verschleißkoeffizient k für AlSn 20 Cu in verschiedenen Ölen bei 60°C

/* Grenze der Meßempfindlichkeit

PbSb 14 Sn 9 CuAs; $v = 0{,}1$ m/s; $F_N/\nu = 3{,}21$ N·s/mm²

Öl	Öl-Temp. °C	$R_Ü$ kΩ	f	$W_{v/s}$ mm³/m	k mm³/Nm
B	120	0,100	0,17	$9{,}2 \cdot 10^{-5}$	$6{,}2 \cdot 10^{-6}$
	100	0,100	0,08	$5{,}1 \cdot 10^{-5}$	$2{,}6 \cdot 10^{-6}$
	80	100	0,06	$1{,}0 \cdot 10^{-5}$	$2{,}9 \cdot 10^{-7}$
	60	100	0,05	$2{,}0 \cdot 10^{-5}$	$3{,}3 \cdot 10^{-7}$
D	120	100	0,05	$5{,}5 \cdot 10^{-6}$	$2{,}2 \cdot 10^{-7}$
	100	100	0,04	$7{,}2 \cdot 10^{-6}$	$2{,}1 \cdot 10^{-7}$
	80	100	0,03	$7{,}9 \cdot 10^{-6}$	$1{,}2 \cdot 10^{-7}$
	60	100	0,05	$9{,}7 \cdot 10^{-6}$	$0{,}7 \cdot 10^{-7}$
F	120	10	0,11	$3{,}7 \cdot 10^{-5}$	$9{,}3 \cdot 10^{-7}$
	100	(0,100)	0,09	$3{,}9 \cdot 10^{-5}$	$7{,}1 \cdot 10^{-7}$
	80	10	0,10	$3{,}3 \cdot 10^{-5}$	$3{,}7 \cdot 10^{-7}$
	60	10	0,08	$2{,}4 \cdot 10^{-5}$	$1{,}4 \cdot 10^{-7}$

Tabelle 9: Einfluß der Öltemperatur auf das tribologische Verhalten von PbSb 14 Sn 9 CuAs

Für SnSb 8 Cu 4 Cd treten hohe Werte des elektrischen Übergangswiderstandes vor allem in Hydrauliköl B auf (Tabelle 10), wobei die Temperatur von untergeordnetem Einfluß zu sein scheint (Ausnahme 100°C). Mit dem Getriebeöl D und dem Motorenöl F ist der elektrische Übergangswiderstand meistens niedriger. Dies führt zu höheren Verschleißraten bzw. Verschleißkoeffizienten, nicht aber zu höheren Reibungszahlen.

CuPb 22 Sn erfuhr in allen drei Ölen eine starke Reaktionsschichtbildung, die in den Ölen D und F bei 60°C schwächer als bei den anderen Temperaturen zu sein scheint (Tabelle 11). Die niedrigsten Reibungszahlen treten verbunden mit niedrigen Verschleißraten bei 60°C in Hydrauliköl B und bei 80°C in Motorenöl F auf. Sonst unterscheiden sich vor allem die Verschleißraten nur wenig.

CuSn 8 wurde nur in Getriebeöl D von einer dickeren Reaktionsschicht bedeckt, wie die hohen Werte des elektrischen Übergangswiderstandes zu erkennen geben (Tabelle 12). Dadurch sind die Reibungszahlen und die Verschleißbeträge meistens deutlich niedriger als unter den anderen Bedingungen.

Auch AlSn 20 Cu erfuhr nur in Getriebeöl D eine stärkere Reaktionsschichtbildung verbunden mit niedrigeren Verschleißraten und Reibungszahlen als beim Ausbleiben der Reaktionsschichtbildung (Tabelle 13).

Für die Öltemperatur von 60°C lagen die Ergebnisse von zwei Versuchsserien vor:

A. Beanspruchung nur bei 60°C
B. Beanspruchung bei 120°C, 100°C, 80°C und 60°C

In der Versuchsreihe B können sich die Eigenschaften der Schmieröle und der Gleitlagerwerkstoffe durch die bei den höheren Temperaturen aufgebrachten Beanspruchungen verändert haben, so daß nicht der gleiche Ausgangszustand wie in der Versuchsserie A vorliegt. Es war daher zu prüfen, welche Auswirkung die unterschiedliche Prüfprozedur auf die tribologischen Kennwerte hat.

SnSb 8 Cu 4 Cd; $v = 0{,}1$ m/s; $F_N/\nu = 3{,}21$ N·s/mm²

Öl	Öl-Temp. °C	$R_Ü$ kΩ	f	$W_{v/s}$ mm³/m	k mm³/Nm
B	120	100	0,05	$2{,}6\cdot10^{-5}$	$1{,}7\cdot10^{-6}$
	100	1	0,06	$2{,}3\cdot10^{-5}$	$1{,}2\cdot10^{-6}$
	80	100	0,07	$1{,}3\cdot10^{-5}$	$3{,}8\cdot10^{-7}$
	60	100	0,09	$3{,}1\cdot10^{-5}$	$5{,}2\cdot10^{-7}$
D	120	0,01	0,07	$1{,}6\cdot10^{-4}$	$6{,}2\cdot10^{-6}$
	100	1	0,07	$1{,}2\cdot10^{-4}$	$3{,}5\cdot10^{-6}$
	80	1	0,05	$2{,}5\cdot10^{-4}$	$3{,}9\cdot10^{-6}$
	60	1	0,03	$2{,}5\cdot10^{-4}$	$2{,}0\cdot10^{-6}$
F	120	1	0,09	$2{,}4\cdot10^{-4}$	$5{,}9\cdot10^{-6}$
	100	10	0,08	$2{,}1\cdot10^{-4}$	$3{,}8\cdot10^{-6}$
	80	10	0,07	$3{,}2\cdot10^{-4}$	$3{,}6\cdot10^{-6}$
	60	0,001	0,07	$5{,}5\cdot10^{-4}$	$3{,}2\cdot10^{-6}$

Tabelle 10 : Einfluß der Öltemperatur auf das tribologische Verhalten von SnSb 8 Cu 4 Cd

CuPb 22 Sn; $v = 0,1\ m/s$; $F_N/\nu = 3,21\ N \cdot s/mm^2$

Öl	Öl-Temp. ° C	$R_Ü$ kΩ	f	$W_{v/s}$ mm^3/m	k mm^3/Nm
B	120	180	0,08	$1,4 \cdot 10^{-5}$	$1,07 \cdot 10^{-6}$
	100	230	0,06	$1,1 \cdot 10^{-5}$	$5,7 \cdot 10^{-7}$
	80	500	0,03	$2,3 \cdot 10^{-5}$	$6,5 \cdot 10^{-7}$
	60	500	0,01	$4,2 \cdot 10^{-6}$	$7,0 \cdot 10^{-8}$
D	120	150	0,10	$2,9 \cdot 10^{-5}$	$1,2 \cdot 10^{-6}$
	100	230	0,07	$1,6 \cdot 10^{-5}$	$4,6 \cdot 10^{-7}$
	80	230	0,07	$1,2 \cdot 10^{-5}$	$2,0 \cdot 10^{-7}$
	60	100	0,06	$1,2 \cdot 10^{-5}$	$1,0 \cdot 10^{-7}$
F	120	230	0,04	$2,0 \cdot 10^{-5}$	$5,0 \cdot 10^{-7}$
	100	500	0,07	$2,3 \cdot 10^{-5}$	$4,2 \cdot 10^{-7}$
	80	500	0,04	$5,4 \cdot 10^{-6}$	$6,0 \cdot 10^{-8}$
	60	15	0,09	$3,6 \cdot 10^{-5}$	$2,1 \cdot 10^{-7}$

Tabelle 11 : Einfluß der Öltemperatur auf das tribologische Verhalten von CuPb 22 Sn

CuSn 8 ; v = 0,1 m/s; F_N/ν = 3,21 N·s/mm²

Öl	Öl-Temp. °C	$R_Ü$ kΩ	f	$W_{v/s}$ mm³/m	k mm³/Nm
B	120	0,001	0,13	$2{,}3\cdot10^{-4}$	$1{,}5\cdot10^{-5}$
	100	0,010	0,13	$2{,}1\cdot10^{-4}$	$1{,}1\cdot10^{-5}$
	80	0,040	0,11	$2{,}6\cdot10^{-4}$	$7{,}4\cdot10^{-6}$
	60	0,023	0,10	$3{,}8\cdot10^{-4}$	$6{,}3\cdot10^{-6}$
D	120	500	0,10	$2{,}6\cdot10^{-5}$	$1{,}3\cdot10^{-6}$
	100	500	0,06	$1{,}5\cdot10^{-5}$	$4{,}3\cdot10^{-7}$
	80	500	0,08	$2{,}1\cdot10^{-5}$	$3{,}2\cdot10^{-7}$
	60	500	0,05 1)	$1{,}2\cdot10^{-5}$	$9{,}0\cdot10^{-8}$
F	120	0,001	0,16	$1{,}0\cdot10^{-3}$	$2{,}5\cdot10^{-5}$
	100	0,001	0,13	$9{,}1\cdot10^{-4}$	$1{,}7\cdot10^{-5}$
	80	0,007	0,14	$9{,}0\cdot10^{-4}$	$1{,}0\cdot10^{-5}$
	60	0,100	0,11	$1{,}4\cdot10^{-3}$	$8{,}2\cdot10^{-6}$

1) stick-slip

Tabelle 12 : Einfluß der Öltemperatur auf das tribologische Verhalten von CuSn 8

AlSn 20 Cu; $v = 0{,}1$ m/s; $F_N/\nu = 3{,}21$ N·s/mm²

Öl	Öl-Temp. °C	$R_Ü$ kΩ	f	$W_{v/s}$ mm³/m	k mm³/Nm
B	120	10	0,05	$1{,}2 \cdot 10^{-4}$	$8{,}0 \cdot 10^{-6}$
	100	0,100	0,06	$1{,}3 \cdot 10^{-4}$	$6{,}5 \cdot 10^{-6}$
	80	0,010	0,06	$2{,}2 \cdot 10^{-4}$	$6{,}3 \cdot 10^{-6}$
	60	0,100	0,05	$2{,}7 \cdot 10^{-4}$	$4{,}5 \cdot 10^{-6}$
D	120	100	0,04	$2{,}9 \cdot 10^{-5}$	$1{,}2 \cdot 10^{-6}$
	100	100	0,01	$9{,}0 \cdot 10^{-6}$	$2{,}6 \cdot 10^{-7}$
	80	100	0,01	$3{,}2 \cdot 10^{-5}$	$4{,}9 \cdot 10^{-7}$
	60	(0–100)	0,01 – 0,05*	$1{,}3 \cdot 10^{-4}$	$1{,}0 \cdot 10^{-6}$
F	120	0,010	0,08	$4{,}0 \cdot 10^{-4}$	$1{,}0 \cdot 10^{-5}$
	100	1	0,09	$4{,}7 \cdot 10^{-4}$	$8{,}5 \cdot 10^{-6}$
	80	1	0,07	$4{,}7 \cdot 10^{-4}$	$5{,}2 \cdot 10^{-6}$
	60	0,010	0,07	$6{,}2 \cdot 10^{-4}$	$3{,}6 \cdot 10^{-6}$

* stick-slip

Tabelle 13 : Einfluß der Öltemperatur auf das tribologische Verhalten von AlSn 20 Cu

Versuchsserie A: $T_{Öl} = 60°C$; Versuchsserie B: $T_{Öl} = 60°C$ nach 120°C, 100°C, 80°C

$v = 0,1$ m/s; $F_N/\nu = 3,21 \frac{N \cdot s}{mm^2}$

Lagerwerkstoff		Öl B			Öl D			Öl F		
		$R_Ü$ kΩ	f	$W_{V/s}$ mm³/m	$R_Ü$ kΩ	f	$W_{V/s}$ mm³/m	$R_Ü$ kΩ	f	$W_{V/s}$ mm³/m
PbSb 14 Sn 9 CuAs	A	0,010	0,07	$3,5 \cdot 10^{-4}$	550	0,04	$5,2 \cdot 10^{-6}$	0,600	0,04	$5,3 \cdot 10^{-4}$
	B	100	0,05	$2,0 \cdot 10^{-5}$	100	0,05	$9,7 \cdot 10^{-6}$	10	0,08	$2,4 \cdot 10^{-5}$
CuSn 8	A	0,230	0,07	$2,2 \cdot 10^{-4}$	60	0,07	$2,6 \cdot 10^{-4}$	0,0015	0,06	$1,0 \cdot 10^{-4}$
	B	0,023	0,10	$3,8 \cdot 10^{-4}$	500	0,01-0,05 1)	$1,2 \cdot 10^{-5}$	0,100	0,11	$1,4 \cdot 10^{-3}$
AlSn 20 Cu	A	40	0,03	$4,2 \cdot 10^{-6}$	10	0,02	$1,3 \cdot 10^{-6}$ 2)	400	0,01	$5,1 \cdot 10^{-6}$
	B	0,1	0,05	$2,7 \cdot 10^{-4}$	(0-100)	0,01-0,05 1)	$1,3 \cdot 10^{-4}$	0,010	0,07	$6,2 \cdot 10^{-4}$

1) stick-slip

2) Grenze der Meßempfindlichkeit

Tabelle 14: Tribologische Kennwerte aus unterschiedlichen Versuchsserien

Die in Tabelle 14 zusammengestellten Ergebnisse zeigen für die Versuchsserien A und B erhebliche Unterschiede, die im elektrischen Übergangswiderstand mehrere und in der Verschleißrate zwei Größenordnungen betragen können. Eine durchweg starke Reaktionsschichtbildung fand nur in Öl D statt. Die teilweise größeren Verschleißraten der Versuchsserie B dürften hier auf stick-slip-Vorgänge zurückzuführen sein. Auf PbSb 14 Sn 9 CuAs war mit den Ölen B und F in der Versuchsserie B die Reaktionsschichtbildung stärker als in der Versuchsserie A, was eine Erniedrigung der Verschleißrate zur Folge hatte. AlSn 20 Cu zeigte ein entgegengesetztes Verhalten: Ausbleiben der Reaktionsschichtbildung in der Versuchsserie B verbunden mit einer deutlichen Erhöhung der Verschleißrate.

Diese Ergebnisse zeigen also, daß die Reaktionsschichtbildung durch mögliche Veränderungen der Schmieröle oder Gleitlagerwerkstoffe während der tribologischen Beanspruchungen beeinflußt werden kann.

4.3 Rauheit der Gleitflächen

Von den Gleitflächen der aus den verschiedenen Gleitlagerwerkstoffen gefertigten Stifte wurden nach Beendigung der Prüfläufe mit einem Tastschnittgerät Profildiagramme aufgenommen. Durch die tribologische Beanspruchung trat in der Regel eine mehr oder weniger deutliche Glättung der Oberflächen auf. Dafür typische Profildiagramme zeigen die Bilder 12 und 13. In vielen Fällen zeigten die Profildiagramme aber auch Rauheitsspitzen (Bild 14). Die Höhe der Rauheitsspitzen, d.h. ihr Abstand von der Mittellinie, wurde ausgemessen, mit h_c bezeichnet und in Tabelle 15 für unterschiedliche Kombinationen der Gleitlagerwerkstoffe und Öle zusammengestellt. Bei PbSb 14 Sn 9 CuAs und CuSn 8 fallen einmal hohe h_c-Werte für kleine Werte des elektrischen Übergangswiderstandes - also schwache Reaktionsschichtbildung - auf. PbSb 14 Sn 9 CuAs weist außerdem nur noch für den höchsten Wert des elektrischen Übergangswiderstandes einen erhöhten h_c-Wert auf, während bei CuSn 8 für Werte des elektrischen Übergangswiderstandes ≥ 40 kΩ die h_c-Werte im Mittel höher sind als für

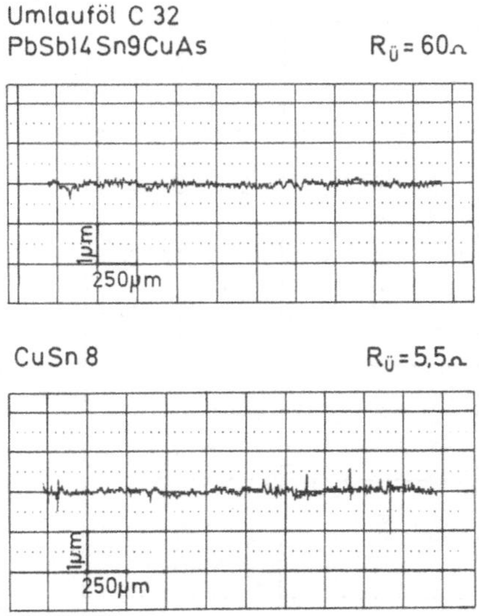

Bild 12: Profildiagramme der Gleitflächen von PbSb 14 Sn 9 CuAs und CuSn 8 nach tribologischer Beanspruchung im Umlauföl A

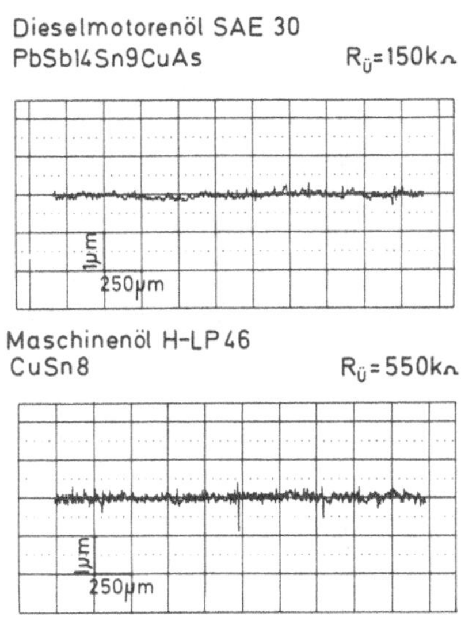

Bild 13:
Profildiagramme der Gleitflächen von PbSb 14 Sn 9 CuAs und CuSn 8 nach tribologischer Beanspruchung in Dieselmotorenöl E bzw. Maschinenöl C

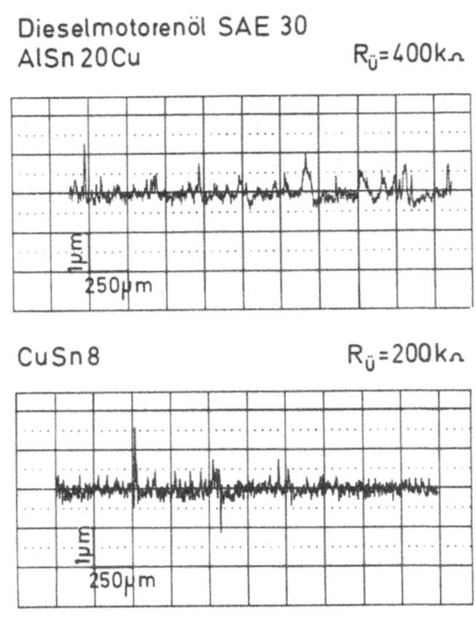

Bild 14:
Profildiagramme der Gleitflächen von AlSn 20 Cu und CuSn 8 nach tribologischer Beanspruchung in Dieselmotorenöl E

$T_{Öl} = 60°C$; $v = 0,1$ m/s; $F_N/\nu = 3,21$ Ns/mm²

Gleitlagerwerkstoff											
PbSb 14 Sn 9 CuAs	$R_Ü$ in kΩ	0,002	0,01	0,06	0,35	0,40	3	150	200	550
	h_c in µm	0,70	0,20	0,10	0,25	0,40	0,20	0,30	0,25	0,90
	Öl	J	B	A	F	H	G	E	C	D
CuSn 8	$R_Ü$ in kΩ	0,002	0,006	0,23	30	40	60	120	220	550
	h_c in µm	0,80	0,40	0,50	0,50	1,50	0,70	1,05	0,90	0,40
	Öl	H	A	B	G	J	D	F	E	C
AlSn 20 Cu	$R_Ü$ in k	10	40	55	100	150	300	360	400	400
	h_c in µm	0,80	0,70	1,25	1,00	0,88	0,80	1,20	0,60	2,50
	Öl	D	B	J	G	H	A	C	F	E

Tabelle 15: Rauheitswerte h_c der Gleitflächen von Gleitlagerwerkstoffen nach tribologischer Beanspruchung in unterschiedlichen Ölen

niedrigere Werte des elektrischen Übergangswiderstandes. AlSn 20 Cu hat durchweg hohe Werte des elektrischen Übergangswiderstandes und hohe h_c-Werte.

Lichtmikroskopische Untersuchungen hatten gezeigt, daß die Reaktionsschichten in der Regel nur inselförmig waren, so daß die höheren Rauheitswerte verständlich erscheinen. Daß bei sehr geringer Reaktionsschichtbildung teilweise relativ hohe Rauheitswerte gemessen werden, könnte auf verstärkte adhäsive Wechselwirkungen zwischen Gleitlagerwerkstoff und Stahlgegenkörper zurückzuführen sein.

5 Zusammenfassung und Schlußfolgerungen

In den Bildern 15, 16 und 17 sind die Reibungszahl, die Verschleißrate und die gemittelte Rauhtiefe R_z über dem elektrischen Übergangswiderstand aufgetragen. Während die Reibungszahl tendenziell nur geringfügig mit steigendem elektrischen Übergangswiderstand abnimmt, sinkt die Verschleißrate als Folge

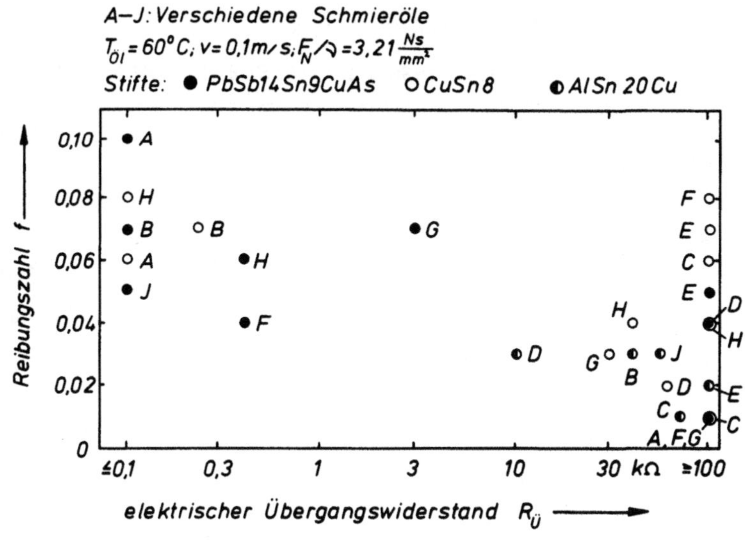

Bild 15: Reibungszahl in Abhängigkeit vom elektrischen Übergangswiderstand

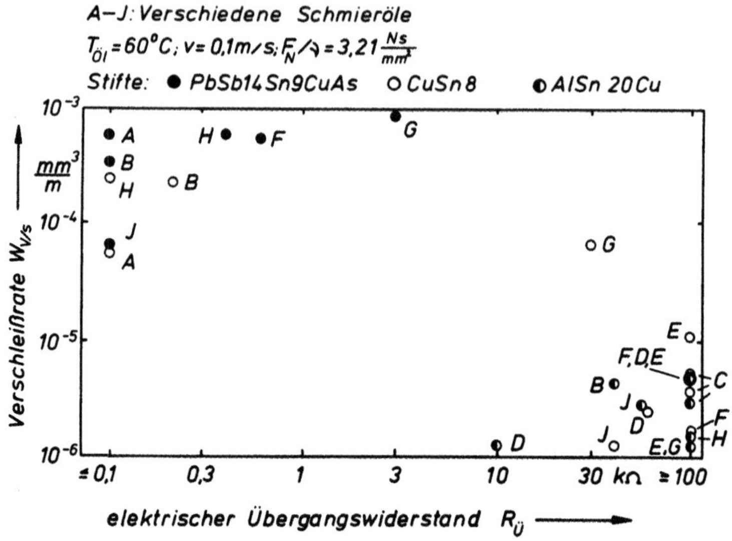

Bild 16: Verschleißrate in Abhängigkeit vom elektrischen Übergangswiderstand

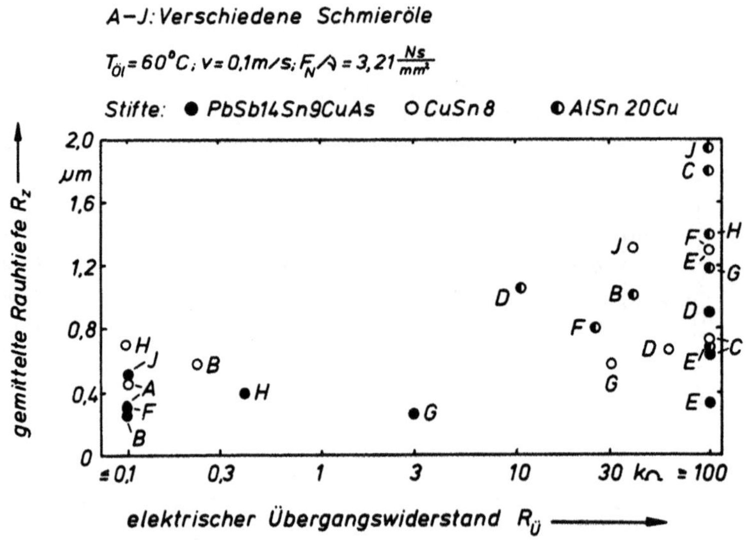

Bild 17: Gemittelte Rauhtiefe der Gleitflächen in Abhängigkeit vom elektrischen Übergangswiderstand

der Reaktionsschichtbildung deutlich. Die gemittelte Rauhtiefe R_z ist bei der Bildung von Reaktionsschichten im Mittel höher, als wenn die Reaktionsschichtbildung ausbleibt.

Aus den Untersuchungen lassen sich folgende Schlußfolgerungen ziehen:

I. Mit der empfindlichen Methode der elektrischen Übergangswiderstandsmessung kann die Bildung von Reaktionsschichten während der tribologischen Beanspruchung schon nach kurzen Beanspruchungszeiten von wenigen Stunden und bei niedrigen Öltemperaturen nachgewiesen werden.

II. Eine tribochemische Reaktionsschichtbildung kann auch bei Gleitlagerwerkstoff-Öl-Kombinationen auftreten, bei denen im statischen Korrosionstest keine Gewichtsänderung meßbar war.

III. In einigen Fällen wurde keine tribochemische Reaktionsschichtbildung beobachtet, obwohl im statischen Korrosionstest eine Gewichtsänderung auftrat. Hier war der Verschleiß offenbar so groß, daß sich keine dickeren Reaktionsschichten bilden konnten.

IV. Die Reaktionsschichtbildung hängt nicht in einfacher Weise von den bestimmten chemischen Eigenschaften der Öle und der Gleitlagerwerkstoffe ab. Zu einer fundierten Klärung sind umfassendere Ölanalysen notwendig, wobei zusätzlich die Veränderung der Öleigenschaften durch die tribologische Beanspruchung zu berücksichtigen ist.

V. Unter den vorherrschenden Mischreibungsbedingungen wird der Verschleiß durch tribochemische Reaktionsschichten in allen Fällen vermindert. Teilweise höhere Rauheitswerte könnten sich aber ungünstig auswirken, indem sie eine größere Filmdicke zum Erreichen von hydrodynamischen Schmierungszuständen erfordern.

Dank

Für die Bereitstellung der Probekörper aus den unterschiedlichen Gleitlagerwerkstoffen und die Durchführung der chemischen Analysen sorgte Herr Dipl.-Ing. W. Hilgers.
Folgende Firmen stellten Gleitlagerwerkstoffe zur Verfügung: Carobronze, Nürnberg; Glyco-Metallwerke, Wiesbaden; Th. Goldschmidt AG, Essen; Vereinigte Deutsche Metallwerke, Frankfurt; Wielandwerke, Ulm.

Auf Veranlassung von Herrn W. Kara und Herrn K.-H. Timmermann lieferte die Deutsche Shell AG, Hamburg, die Schmieröle einschließlich der Analysen.

Die EDAX- und Auger-Analysen wurden im Laboratorium 5.32 der BAM "Mikroanalyse von Oberflächen" von Herrn D. Treu und Herrn Ing.grad. D. Schmidt durchgeführt.

Allen Mitarbeitern und Firmen sei herzlich gedankt. Unser besonderer Dank gilt dem Bundesministerium für Forschung und Technologie für die finanzielle Förderung der Forschungsarbeiten.

Literatur

/1/ Timmermann, K.-H.
Zur Verträglichkeit von Lagerwerkstoff/Schmierstoff-Paarungen
Schmiertechnik + Tribologie 26(1979),S.118-124

/2/ Thiessen, P.A.; Meyer, K.; Heinicke, G.
Grundlagen der Tribochemie
Berlin: Akademie Verlag 1967

/3/ Heidemeyer, J.
Einfluß der plastischen Verformung von Metallen bei Mischreibung auf die Geschwindigkeit ihrer chemischen Reaktionen
Schmiertechnik und Tribologie 22(1975), S.84-90

/4/ Lunn, B.
Evaluating bearing materials under boundary lubrication
Lubr. Engng. 11(1955), S.255-260

/5/ Baist, W.
Beobachtungen an Miniatur-Reibflächen
Erdöl und Kohle 18(1965), S.294-300

/6/ Tischer, H.
Der elektrische Übergangswiderstand
Literaturrecherche zur Untersuchung von Reibungs- und Verschleißvorgängen
Berlin: Bundesanstalt für Materialprüfung (BAM), Fachgruppe 5.2 (1967)

/7/ Czichos, H.
Untersuchungen über die Verteilung metallischer und nichtmetallischer Kontaktanteile bei Mischreibung
Wear 17(1971), S.209-217

/8/ Tonck, A.; Martin, J.M.; Kapsa, Ph.; Georges, J.M.
Boundary lubrication with antiwear additives: study of interface film formation by electrical contact resistance
Tribology international 12(1979), S.209-213

/9/ Hantsche, H.; Habig, K.-H.
Oberflächenspezifische Analysenverfahren (AES/SAM, ESCA/XPS, SIMS) und ihr Einsatz zur Untersuchung von Verschleiß-Schutzschichten
Z. Werkstofftechnik 13(1982), S.361-369

Verschleißminderung an hochbelasteten Gelenkverbindungen

von

Prof. Dr.-Ing. Hans Krause
Dipl.-Ing. Claus Hammel

Lehrgebiet: Abnutzung der Werkstoffe
der
Rheinisch-Westfälischen Technischen Hochschule
Aachen

Förderkennzeichen: 01 ZT 167
Laufzeit: 1.1.1978 - 31.12.1981

Zusammenfassung

Die Kardangelenke in den Antriebsspindeln von Hüttenwerkswalzen unterliegen aufgrund ihrer spezifischen Betriebsbedingungen einem hohen Verschleiß im Mischreibungsgebiet. Dies verursacht einen erheblichen Instandhaltungsaufwand. In praxisorientierten Versuchen an zwei speziell für den Anwendungsfall konzipierten Gleitflächenprüfständen wurde das Reibungs- und Verschleißverhalten der im Kardangelenk eingesetzten bzw. einsetzbaren Werkstoff/Schmierstoff-Paarungen untersucht. Dabei wurden öl- und fettgeschmierte Kupferlegierung/Stahl- und Kunststoff/Stahl-Paarungen eingesetzt. Ferner wurde der Einfluß zahlreicher Parameter wie Mikrogeometrie der Werkstoffoberflächen, geringere Schmierstoffzufuhr bis hin zum Trockenlauf, Schmierstoffverschmutzung durch abrasive Zunderpartikel, dynamische Belastungsschwingungen u.a. ermittelt, wobei auf eine praxisnahe Wahl der Prüfbedingungen geachtet wurde.
Der in den Prüfstandsversuchen ermittelte erhebliche Einfluß der Härtedifferenz zwischen Kupferlegierung und Stahl wurde in gezielten Praxisversuchen bei der Hoesch Hüttenwerke AG überprüft.

Gliederung

1. Problemfall und Aufgabenstellung

Die Kardangelenke in den Antriebsspindeln von Hüttenwerkswalzen unterliegen aufgrund ungünstiger Betriebsbedingungen, verursacht durch hohe Belastungen, schmierungstechnisch ungünstige Kinematik und abrasiv wirkende Verunreinigungen zwischen den Gleitflächen einem hohen Verschleiß im Mischreibungsgebiet. Die in Bild 1 dargestellte Kardangelenkspindel verbindet die nicht fluchtenden und während der Drehmomentübertragung orts- bzw. winkelveränderlichen Motor- und Walzenwellen.

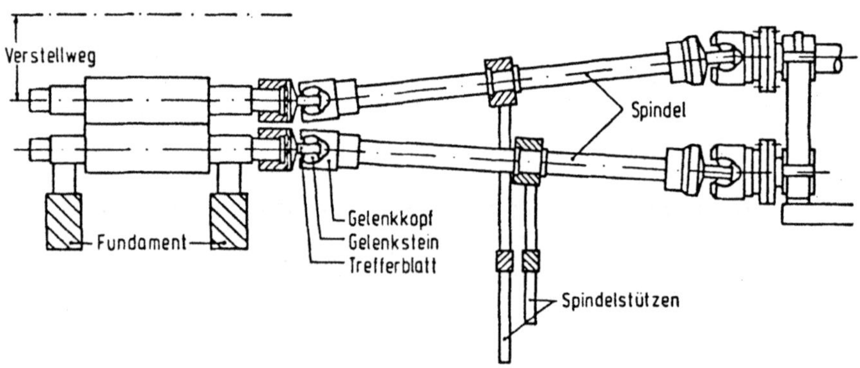

Bild 1: Schemazeichnung der Kardangelenkspindel zwischen Motorblock und Walzenständer

Bild 2 zeigt die Elemente des Kardangelenkes: Gelenkkopf, Gelenktreffer, Bolzen und Gelenksteinpaar. Die angegebenen Maße beziehen sich auf ein Brammenblockgerüst und geben eine Vorstellung von der Größe des Systems.
Gelenkkopf und konvexe Gelenksteinseiten bilden ein Drehgelenk. Das ebene Flächengelenk (bestehend aus Trefferblatt und planen Gelenksteinen) führt bei jeder Spindeldrehung Schwenkbewegungen mit sinusförmigem Geschwindigkeitsverlauf um die Achse des Bolzens aus, wobei bei einer vertikalen Verstellung der Walzen eine Verschiebung des Gelenksteinpaares auf dem Trefferblatt

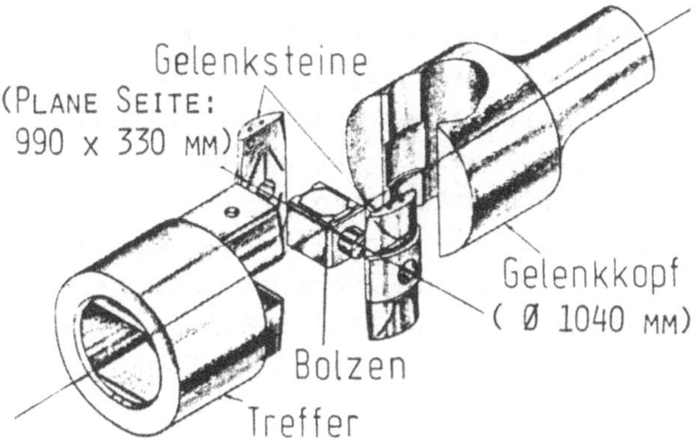

Bild 2: Elemente des Spindelkardangelenkes

als Spindel-Längenausgleich überlagert wird.
Die Gelenksteine, für die je nach Art der Beanspruchung Kupferlegierungen oder Kunststoffe eingesetzt werden, sind als Verschleißteile konzipiert. Gelenkkopf und Gelenktreffer sind aus Vergütungsstahl und sollten aus betriebstechnischen und wirtschaftlichen Gründen möglichst wenig verschleißen, da ein Auswechseln dieser Gelenkelemente einen hohen Aufwand darstellen würde. Da das walzenseitige Kardangelenk normalerweise nicht gekapselt werden kann, führt dort zwischen die Gleitflächen dringender Hüttenstaub als abrasiv wirkende Schmierstoff-Verunreinigung zusätzlich zu den reinen Mischreibungsbedingungen zu einem erhöhten Verschleiß.
Der Verschleiß dieser Gelenksteine verursacht neben hohen Materialkosten einen beträchtlichen Instandhaltungsaufwand sowie Folgekosten durch Produktionsausfall. Ihr Gesamtwert beläuft sich dabei auf mehrere hunderttausend Mark pro Jahr und Walzwerk.

Bereits vor Ablauf des Forschungsvorhabens wurden in den Hüttenwerken Maßnahmen zur Verringerung des Kardangelenkverschleißes durchgeführt, unter anderem auch durch eine Variation der Werkstoffpaarungen. Obwohl dies teilweise eine Standzeitverlängerung

der einzelnen Gelenkelemente zur Folge hatte, blieb das Kardangelenk eine kostenintensive Schwachstelle. Hinzu kommt, daß Betriebsversuche unter nicht konstanten und nicht reproduzierbaren Bedingungen ablaufen. Dies erschwert eine objektive Werkstoffauswahl. Die Schwierigkeiten einer objektiven Auswahl zeigen sich auch in der Vielzahl der in der Hüttenwerkspraxis für Kardangelenke eingesetzten Stoffsysteme.
Aufgabe dieser Untersuchung ist daher, für die unterschiedlichen Betriebsbedingungen der Walzstraßen die verschleißminimalen Stoffsysteme zu ermitteln und Einflußgrößen auf den Verschleiß der Gleitpartner dieses Tribosystems aufzuzeigen.

2. Betriebsmessungen

Grundlage der Untersuchungen bildeten Betriebsmessungen an den Antriebssystemen unterschiedlicher Walzgerüste im Hüttenwerk.

Die Belastung im Kardangelenk resultiert aus der Übertragungsfunktion für die Walz- bzw. Spindeldrehmomente. Aufgrund der Elastizität des gesamten Spindelsystems werden dem Grundwalzmoment beim Anstich des Walzgutes Momentenschwingungen überlagert.
Beim industriellen Forschungspartner zeigten mehrere Walzstraßen - trotz Unterschieden in ihrer Baugröße und den Walzprodukten - gleichartige Verschleißerscheinungen. An diesen Walzstraßen wurden Drehmomentenmessungen durchgeführt, die nach dem Prinzip der Überschreitungshäufigkeit ausgewertet und in Summenhäufigkeitsdiagrammen dargestellt wurden. Nach Berücksichtigung der jeweiligen Gelenkgeometrien zeigt Tabelle 1 die daraus errechneten Flächenpressungen als verschleißwirksame Belastungsgröße. Die hohen Flächenpressungen liegen für alle untersuchten Walzstraßen in einem engen Bereich und erklären damit die gleichartigen Verschleißerscheinungen.

Obwohl bei den verschiedenen Walzstraßen Unterschiede in den die Kinematik bestimmenden Betriebsbedingungen auftreten, ist die Gleitgeschwindigkeit im Vergleich mit den Geschwindigkeitsbereichen anderer Maschinenelemente betragsmäßig zumindest ähnlich.

Mit Hilfe der Röntgendiffraktometrie wurden auf den Gleitflächen haftende, ölverschmierte Verunreinigungen und auf einer Arbeitsbühne oberhalb einer Walzstraße eingesammelte Flugstäube untersucht. Die Analyse beider Verunreinigungen zeigt eine ähnliche Zusammensetzung.

		Flächenpressungen nach dem Einlauf			
Walzgerüst	**Spindel**	$p_{m\ 50\%}$ N/mm²	$p_{m\ 90\%}$ N/mm²	$p_{m\ 98\%}$ N/mm²	$p_{m\ max}$ N/mm²
Brammenblockgerüst	OS	19,3	31,8	41,1	111,6
	US	21,9	35,8	46,2	87,7
Blockgerüst I	OS	7,9	19,2	25,2	39,0
	US	17,7	24,5	30,3	46,8
Blockgerüst II	OS	5,0	8,6	10,5	15,0
Walzgerüst 3-m-Straße	OS	36,3	58,0	70,4	95,5
Vorgerüst (Breitband) V1	OS/US	0,36	0,52	0,62	1,00
V2	OS	17,8	29,4	36,5	52,7
	US	18,0	29,5	35,9	50,5
	OS	20,5	28,6	33,2	40,5
	US	17,2	29,6	34,7	50,5
V3	US	20,6	40,5	53,4	84,7
			OS	US	
Blockgerüst B2			37,2	84,0	
Profilgerüst P1÷3			69,3	156,3	

Tabelle 1: Rechnerische Flächenpressungen

Neben α-Fe und Eisen(III)-Oxid ist vor allem das Auftreten des Eisen(II,III)-Oxides Fe_3O_4 und des Eisenhydroxides γ-FeO(OH) zu erwähnen. Es handelt sich hierbei um die kristallinen Hauptbestandteile des Rostes. Weiterhin wurden kleinere Mengen SiO_2

(α-Quarz) gefunden. Verschleißprodukte aus dem Gelenk konnten in nennenswerten Mengen nicht festgestellt werden. Aus diesem Grunde muß der sich beim Entzundern des Walzgutes bildende Flugstaub als Hauptursache für den Abrasivverschleiß angesehen werden.

3. Beschreibung der Gleitflächenprüfstände

Eine Analyse bestehender Gleitflächenprüfstände hatte ergeben, daß auf keiner dieser Prüfmaschinen die im Sinne der Ergebnisübertragbarkeit erforderliche Praxisnähe gewährleistet war. Deshalb wurden die für die Untersuchung eingesetzten Gleitflächenprüfstände speziell für die Simulation der Gelenk-Betriebsbedingungen konstruiert.

Beide Gleitflächenprüfstände sind von der Konstruktion her prinzipiell gleich. Ein regelbarer Gleichstrommotor treibt über Winkelgetriebe, Exzenterscheibe und Pleuelstange einen Schlitten an, der durch Kurvenrollen und Rollenumlaufschuhe geführt wird. Der Mitnehmer mit Exzenterscheibe und Pleuelstange transformiert die Drehbewegung in eine oszillierende Bewegung mit sinusförmigem Geschwindigkeitsverlauf, dessen Amplitude und Frequenz von der eingestellten Exzentrizität und Drehzahl abhängig ist.
Die Gleitpaarung besteht aus je einer Unter- und Oberprobe. Die Unterprobe wird in den bewegten Schlitten eingespannt. Die Oberprobe und ihre Halterung, über die der Schmierstoff zugeführt werden kann, wird zwischen mit Dehnungsmeßstreifen versehenen Federstäben festgeschraubt, so daß über nachfolgende Auswerteeinheiten die Reibungszahlen bestimmt werden können. Die Normalkräfte werden durch Hydrauliksysteme aufgebracht. Bei dem in Bild 3 dargestellten Gleitflächenprüfstand I (GP I) können bei einstellbarer, jedoch statischer Flächenpressung an vier Probenpaarungen gleichzeitig Reibungs- und Verschleißversuche durchgeführt werden. Um auch den Einfluß von Druckkraftschwingungen untersuchen zu können, wurde der in Bild 4 gezeigte Prüfstand (GP II) in die Druckkammer einer Universalprüfmaschine mit Hydropulsator eingebaut. Die hohen Belastungen

machten jeweils stabile Prüstandskonstruktionen erforderlich.

Bild 3: Gleitflächenprüfstand I (GP I)

Bild 4: Gleitflächenprüfstand II (GP II)

Einstell- bzw. variierbare Parameter sind an beiden Gleitflächenprüfständen die Werkstoffpaarung, der Schmierstoff und die Schmierstoff-Förderleistung, der Verunreinigungsgrad bei Abrasivverschleißversuchen, die Druckkraft (bei Druckkraftschwingungen am GP II auch die Amplitude und die Frequenz), die Exzenterscheibendrehzahl und der unidirektionale Hubweg sowie der summarische Gleitweg und damit die Beanspruchungsdauer.

Die Betriebsbereiche der beiden Gleitflächenprüfstände sind in Tabelle 2 den Kardangelenk-Betriebsbedingungen eines Brammenblockgerüstes, das aufgrund seiner technischen und wirtschaftlichen Bedeutung Untersuchungsschwerpunkt war, gegenübergestellt. In den wichtigsten Parameter ist eine gute Simulation der Praxis gewährleistet. Lediglich bei der Auslegung der Prüfflächen für die Modellprüfkörper mußte aus wirtschaftli-

	Brammenblock-gerüst	Gleitflächen-prüfstand I	Gleitflächen-prüfstand II
Prüfstellenzahl	-	4	1
Gleitfläche	$<10^5$ mm²	0 ÷ 400 mm²	
Druckkraft	$F_{50\%}$ = 1 MN	stat.: 400 ÷ 3000 daN	stat.: 50 ÷ 10000 daN dyn.: $F_{o_{max}}$ = 6000 daN $F_{u_{min}} \geq 0{,}05 \cdot F_o$
Schwingungsfrequenz	12 ÷ 16 Hz	-	3 ÷ 16 Hz
Flächenpressung	$p_{50\%} \geq$ 10 N/mm²	stat.: 10 ÷ 50 N/mm²	stat.: 1,3 ÷ 250 N/mm² dyn.: $F_{o_{max}}$ = 150 N/mm²
Drehzahl	45 ÷ 100 min⁻¹	30 ÷ 70 min⁻¹	
unidirekt. Hubweg	0 ÷ 150 mm	0 ÷ 100 mm	
Gleitgeschwindigkeit	v_{max} = 0,8 m/s	v_{max} = 0,36 m/s	
Schmierung	Im Normalbetrieb: Mischreibungsbedingungen. Trockenlauf möglich. Schmierverfahren: Kontinuierliche und diskontinuierliche Öl- und Fettschmierung.		
Verunreinigungen	Hüttenstaub	Förderung von Suspensionen (Schmierstoff und Verunreinigungen) in beliebiger Zusammensetzung möglich.	

Tabelle 2: Kenndaten der Praxisbedingungen und des Anwendungsbereiches der beiden Gleitflächenprüfstände

chen und technischen Gründen mit A = 400 mm^2 ein Kompromiß gefunden werden.

4. Untersuchungswerkstoffe

Für die Durchführung der Prüfstandsversuche wurden ausschließlich Werk- und Schmierstoffe ausgewählt, die auch im praktischen Betrieb der Kardangelenke eingesetzt werden bzw. eingesetzt werden können. Die Probenform ist in Bild 5 dargestellt. Dabei simuliert die Oberprobe den Gelenksteinwerkstoff (Kupferlegierung oder Kunststoff), die Unterprobe den Gelenkkopf- bzw. Gelenktrefferwerkstoff (Vergütungsstahl).

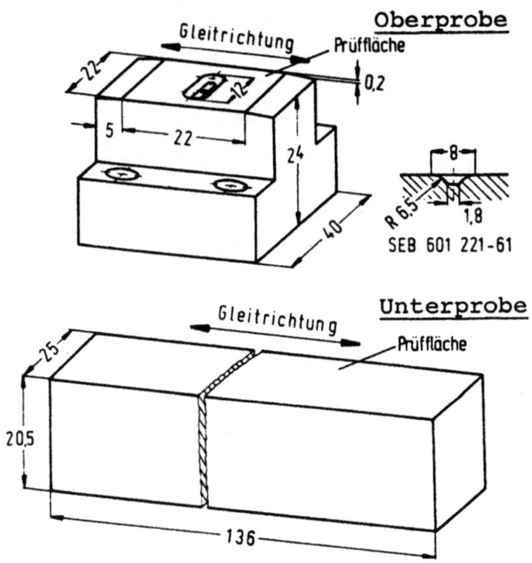

Bild 5: Probengeometrie

Die Kupferlegierungen wurden entweder aus Original-Gelenksteinen oder aus speziellen Halbzeugen gefertigt. Die Stahlproben wurden aus entsprechendem Halbzeug hergestellt.

In Tabelle 3 sind in kurzer Übersicht die untersuchten metallischen Werkstoffe, ihre interne Kodierung sowie eine Analyse ihrer chemischen Zusammensetzung und der Makrohärte dargestellt.

Die Härten der Stähle betrugen bei jeder Legierung 230 HV10 bis 350 HV10 und entsprachen somit den in der Praxis eingesetzten Gelenkkopf- und Gelenktrefferhärten.

Werkstoff	Interne Kodierung	Bezeichnung nach DIN	Materialform	Zusammensetzung								Makrohärte Mittelwert HV 10
1	2	3	4	5								
				Cu	Sn	Zn	Ni	Mn	Fe	Al	Pb	
Kupferlegierung	A	Cu Al 10 Ni	Gelenkstein	78,5	<0,1	0,07	5,6	0,26	5,15	10,3	0,01	219
	B	Cu Sn 12	Halbzeug	87,6	11,2	0,07	0,66	<0,01	0,20	0,01	0,16	97
	C	Cu Sn 12 Ni	Halbzeug	86,0	11,8	0,05	1,40	<0,01	0,28	0,01	0,40	106
	D	Cu Al 10 Ni	Halbzeug	79,3	0,10	0,23	5,5	1,06	4,1	9,6	0,06	169
	E	Cu Al 11 Ni	Halbzeug	77,0	0,18	0,21	6,6	0,88	4,3	10,6	0,07	218
	F	Cu Zn 34 Al 2	Halbzeug	60,8	0,28	32,7	0,80	2,10	1,00	2,00	0,28	154
	G	Cu Sn 12 Ni	Halbzeug	86,7	11,4	0,10	1,45	<0,01	0,01	0,03	0,21	122
	H	Cu Al 11 Ni	Gelenkstein	78,0	0,1	<0,10	6,2	0,26	5,2	10,2	0,01	222
	J	Cu Al 11 Ni	Gelenkstein	77,9	0,1	<0,07	6,2	0,31	5,1	10,3	0,02	234
	M	Cu Al 10 Fe	Halbzeug	85,5	0,1	0,72	1,25	0,43	3,1	8,7	0,07	152
	N	Cu Zn 25 Al 5	Gelenkstein	66,6	0,15	21,6	0,4	4,0	2,9	4,2	0,06	175
	O	Cu Sn 12 Ni	Halbzeug	86,0	11,9	0,00	1,6	0,00	0,00	0,00	0,08	105
	P	Cu Zn 34 Al 2	Halbzeug	59,5	0,00	33,5	1,1	2,15	1,17	2.3	0,15	155

			C	Si	Mn	P	S	N	Al	Cu	Cr	Ni	Mo	V
Stahl	R	34 Cr Mo 4	0,34	0,38	0,92	0,025	0,024	0,011	0,034	0,17	1,10	0,18	0,24	0,04
	S	34 Cr Ni Mo 6	0,35	0,30	0,60	0,021	0,029	0,0065	0,033	0,15	1,59	1,43	0,21	<0,01
	T	46 Mn Si 4	0,49	0,95	0,99	0,023	0,028	0,0060	0,006	0,17	0,20	0,08	0,01	<0,01

Stahlhärten: 230 HV 10 - 350 HV 10

Tabelle 3: Daten der untersuchten metallischen Werkstoffe

Einen Überblick über die untersuchten Kunststoffe gibt Tabelle 4.
Die in den Versuchen verwendeten Schmierstoffe entsprechen den im Walzwerk eingesetzten Qualitäten. Daten sind Tabelle 5 zu entnehmen.

Interne Kodierung	Kurz-Zeichen	Mechanische Eigenschaften: Dichte ρ mg/mm³	Zugfestigkeit σ_{zB} N/mm²	Elast.-Modul E N/mm²	Dehnung bei Lastmaximum %	Thermische Eigenschaften: Wärmeleitfähigkeit W/(K·m)	lineare Wärmeausdehnungskoeffizient µm/(m·K)
1	2	3	4	5	6	7	8
KA	PA 6 G + MoS_2	Wegen Materialmangel keine Eigenschaftsprüfung möglich				0,24	90
KB	PA 6 G					0,24	90
KC	PA 6 E					0,23	70 ÷ 100
KD	PA 6 G + MoS_2	1,14	84	3100	2,76	0,29	70 ÷ 80
KE	PA 6 E	1,15	81	3200	3,42	0,23	70 ÷ 100
KF	PA 6 G + MoS_2	1,16	78	3300	4,3	0,29	70 ÷ 80
KG	PA 6 G + MoS_2 + 1)	1,17	75	3300	3,6	-	-
KH	Duroplast	1,35	66 2)	680	3,6 3)	0,34	350
KJ	duroplast PI	1,64	40 2)	13000	0,3 3)	-	19
KK	PA 6 E	Labormäßig erzeugte Polyamide, Eigenschaftsprüfung nicht möglich					
KL	PA 6 E						
KN	PA6.6+20%Cf	1,23	190 2)	15000	3,0 3)	-	25
KO	PA6.6+15%Cf	1,20	126	10200	3,5	-	12
KZ	PA6G+10%Öl	1,14	68	2680	3,7	-	95
	Prüfnorm DIN	53479	53455	53455	50143	Katalogwerte	

1) Wärmestabilisator

2) = Reißfestigkeit

3) = Reißdehnung

Tabelle 4: Daten der untersuchten Kunststoffe

Schmierstoff-art	Bezeichnung nach DIN 51502	Kin. Viskosität ν mm²/s bei 50°C	Kin. Viskosität ν mm²/s bei 100°C	Dichte ρ kg/m³	Dyn. Viskosität η m Pas bei 50°C	Dyn. Viskosität η m Pas bei 100°C	Flamm-punkt °C	NZ mg KOH/g Öl	VZ mg KOH/g Öl	Oxid-asche %	Koks-rückstand %	TBN mg KOH/g Öl
Legiertes Getriebeöl	CLP 144 1)	148,2	19,3	906	134,3	17,5	242	1,02	1,48	0,03	0,41	1,33
	CLP 225 2)	242,7	26,5	912	221,3	24,2	248	0,88	1,21	0,02	0,74	1,50
	CLP 324 3)	317,9	34,3	907	288,3	31,1	280	1,12	1,92	0,035	0,88	1,63
	CLP 144 1)	139,4	18,8	908	126,6	17,1	238	0,61	1,31	0,025	0,41	1,25
	Prüfnorm DIN	51366		51757	berechnet		51376	51558	51559	51575	51551	EN 55

Die Bezeichnung der Schmieröle entspricht nach der neuesten Ausgabe der DIN 51502: 1) CLP 220
(Viskositäten werden bei 40°C ermittelt.) 2) CLP 460
3) CLP 680

Schmierstoff-art	Bezeichnung nach DIN 51502	Grundöldaten: kin. Viskosität (50°C) mm²/s	Grundöldaten: Flammpunkt °C	Grundöldaten: Stockpunkt °C	Verdicker	Walkpenetration 0,1 mm	mech.dyn. Laufprüfung B	Timkenprüfung
Schmierfette	KP 2k	92±7	220	-20	Li-12-Hydroxystearat	265 + 15	100 + 20 mg Verschleiß (120 °C)	5,0+0,5 mg Verschleiß bei 43 lbs
	KP 2p	ca. 300	310	-10	org. Polymer	325	positiv (180 °C)	Verschleiß <5 mg bei 35 lbs
	Prüfnorm DIN	51562 51550	51584	51583		51804	51806	SEB181302

Tabelle 5: Daten der untersuchten Schmierstoffe

5. Versuchsdurchführung und Ergebnisdarstellung

5.1. Versuchsdurchführung und Meßgrößen

Der Gesamtgleitweg der Probenpaarungen wurde in Intervalle unterteilt, um eine eindeutige Erfassung der Verschleißbereiche und der Veränderung wichtiger tribologischer Parameter zu ermöglichen. Als Verschleißmaß diente bei den metallischen Gleitwerkstoffen der Gewichtsverlust nach jedem Intervall; bei den Kunststoffen wurde aufgrund des geringen spezifischen Gewichts hierzu die Höhendifferenzmessung (Genauigkeit: 1 µm) herangezogen, die als summarisches Maß Verschleiß und plastische Verformung aufnimmt (elastische Verformungen konnten durch Auslagerung bei konstanter Temperatur rückgängig gemacht werden).

Weitere Meßgrößen waren die Gleitflächenmikrogeometrie (R_a, R_t, R_z R_p), die Reibungskräfte, sowie in einigen Versuchen die Reibungstemperatur. Härtemessungen und rasterelektronenmikroskopische Analysen ergänzten die Untersuchungen.

5.2. Ergebnisdarstellung

In den Darstellungen zum Reibungs- und Verschleißverhalten werden die Prüfbedingungen vorgestellt:

① kennzeichnet den Werkstoff der feststehenden Oberprobe,
② den Werkstoff der bewegten Oberprobe. Unter
③ wird die Schmierstoffart und mit q die pro Stunde geförderte Schmierstoffmenge aufgezeigt.

Bei Versuchen mit abrasiven Zunderpartikeln im Schmierstoff wird mit ρ_s die Verunreinigungsmenge in g/l angegeben. Die Flächenpressung p_{stat} oder p_{dyn}, die Drehzahl n der Spindel bzw. der Exzenterscheibe in beiden Gleitflächenprüfständen, der unidirektionale Gleitweg h sowie die Anfangsrauheit der Stahlgleitfläche $R_{a_{oSt}}$ vervollständigen die Aufzählung wichtiger Einflußparameter.

Die zeitliche Verschleißabhängigkeit zeigte bei fast allen Versuchen einen ausgeprägten Einlauf mit anschließendem proportionalem Verschleißbereich gemäß der aus den Kurvenverläufen zahlreicher Versuche hergeleiteten Verschleißkurven-Gleichung

$$v = \alpha(1 - e^{\beta t}) + m \cdot t \qquad \alpha, \beta, m = \text{const.}$$

Dabei kann die Beanspruchungszeit t durch die Größe des Gleitweges S ersetzt werden.

Die Verschleißmeßwerte wurden in ihrer zeitlichen Abhängigkeit als Verschleißkurven oder nach definierten Gleitwegen als summarischer Verschleißbetrag in Form von Balkendiagrammen oder Punkten dargestellt. Auch bei den Summen- bzw. Balkendiagrammen liegen intervallmäßig durchgeführte Versuche zugrunde.

Die im folgenden vorgestellten Ergebnisse stellen eine kurze Zusammenfassung aller Untersuchungen dar. Ein Teil der Ergebnisse wurde bereits in [1] veröffentlicht.

6. Versuchsergebnisse

6.1. Stoffliche Einflußgrößen auf Reibung und Verschleiß

6.1.1. Kupferlegierung/Stahl-Paarungen

Die untersuchten Werkstoffe variieren in ihrer Härte in Abhängigkeit von den Legierungselementen und der Wärmebehandlung zwischen 90 und 350 HV10. Tribologische Erfahrungswerte in Abhängigkeit von einzelnen Legierungszusammensetzungen sind in [2 ÷ 5] dargestellt. Die Härtedifferenz einer Gleitpaarung als wichtige tribologische Einflußgröße wurde in [6, 7, 8] für Radial-Wellenlager untersucht.
Am Gleitflächenprüfstand I wurde in umfangreichen Versuchsreihen unter Einbeziehung sämtlicher Werkstoffe und unter unterschiedlichen Versuchsbedingungen die Existenz einer verschleißminimalen Härtedifferenz für das Tribosystem "Kardangelenk" untersucht. Bild 6 zeigt den Summenverschleiß von Kupferlegierung/

Stahl-Paarungen nach 3200 m Gleitweg, wobei die Makrohärte der Kupferlegierungen als Ordnungsgröße gewählt wurde. Bei einer Stahlhärte von 230 HV10 überdecken die Kupferlegierungen einen Bereich der Härtedifferenz von 0 bis 140 HV10.

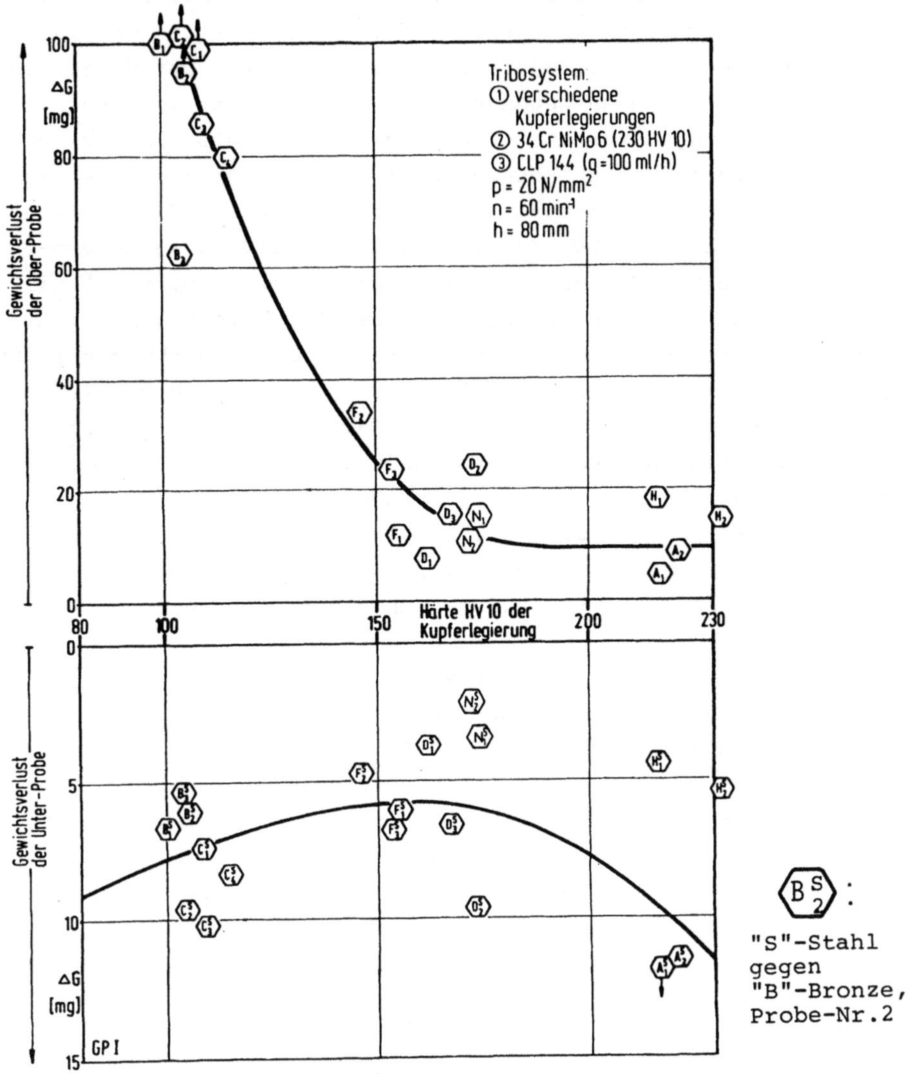

Bild 6: Verschleiß der Gleitpaarungen in Abhängigkeit von der Härte der Kupferlegierung

Hieraus ist eine für den Stahl- und Kupferlegierungsverschleiß optimale Härtedifferenz von ca. 80 HV10 abzulesen. Mit steigender Härte kann im Bereich großer Härtedifferenzen eine starke, jedoch mit Verringerung der Härtedifferenz eine sich ebenfalls verringernde Abnahme der Kupferlegierungs-Verschleißbeträge festgestellt werden. Ab einer Kupferlegierungshärte von ca. 170 HV10 bleibt der Verschleiß nahezu konstant. Der Stahlverschleiß weist eine entgegengesetzte Tendenz auf: mit zunehmender Kupferlegierungshärte steigt der Stahlverschleiß. Im Bereich hoher Härtedifferenzen konnte vereinzelt ein Anstieg des Stahlverschleißes beobachtet werden, der auf erhöhte adhäsive Bindungskräfte der weichen Kupferlegierungen und auf eine verschleißfördernde Wirkung verfestigter Verschleißpartikel als Zwischenstoff-Verunreinigung zurückgeführt werden konnte. Rasterelektronenmikroskopische Oberflächenuntersuchungen wiesen für den Kupferlegierungsverschleiß in erster Linie den Mechanismus der 2-Stoff-Abrasion durch die Rauheiten der härteren Stahl-Probe aus. Eine Analyse der Verschleißpartikel ließ folgende Mechanismen erkennen: bei den Partikeln, die einem der beiden Gleitwerkstoffe analysengleich waren, dürften Ermüdungserscheinungen nach mehrmaligen Verformungen durch Furchungsvorgänge der Gegenkörperrauheiten die Verschleißursache sein.

Die Bildung größerer, flacher oder sphäroidischer Verschleißteilchen kann auf durch Druck und Reibungstemperatur geförderte Sintervorgänge zwischen den einzelnen abgetragenen "Rauheitsspitzen" oder besser -mikroflächen zurückgeführt werden. Die Verschleißpartikel, deren Analysen eine Elementvielfalt mit jeweils unterschiedlicher Gewichtung zeigten, lassen - auch durch ihre kompaktere Form bedingt - adhäsive Mechanismen vermuten, wobei auch Additive über die Reaktionsschichtbildung in den Partikeln gebunden sind. Unterschiede in der Gewichtung der Hauptelemente Eisen und Kupfer resultieren aus der Lage der Schweißbrücken-Bruchstellen.

Die Gültigkeit der verschleißoptimalen Härtedifferenz für die betrachteten Tribosysteme wurde unter erweiterten Versuchsbedingungen überprüft. Eine Erhöhung der Stahlhärte auf 260 HV10 bis 350 HV10 führte zu den gleichen Abhängigkeiten auch für einen höheren Bereich der Absoluthärten, wie in Bild 7 für den Endverschleiß von Kupferlegierung/Stahl-Paarungen bei einer Stahlhärte von 300 HV10 gezeigt wird. Lediglich der erhöhte Stahlverschleiß bei hoher Härtedifferenz wurde mit steigender Stahlhärte nicht mehr beobachtet [9].

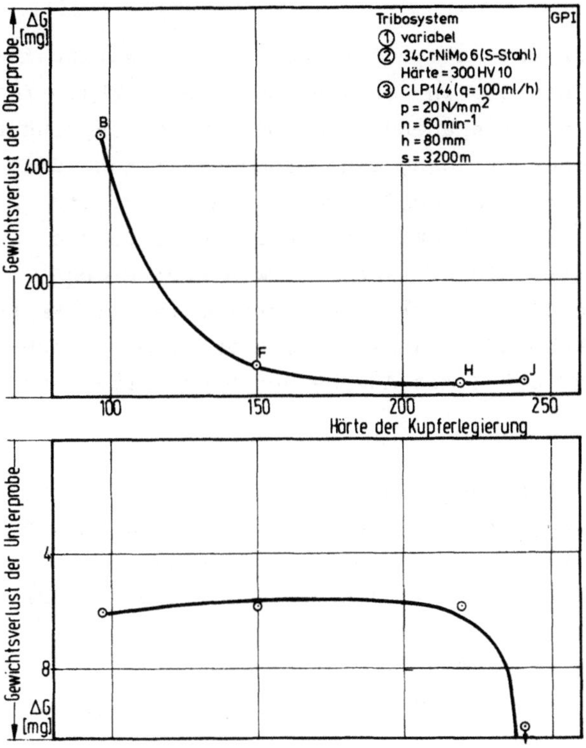

Bild 7: Verschleiß der Gleitpaarungen bei höherer Stahlhärte

Der Verschleiß der Gleitpaarungen in Abhängigkeit von der Härtedifferenz bei variablen Schmierstoffviskositäten, variablen Oberflächenrauheiten des härteren Gleitpartners Stahl sowie bei abrasiven Verunreinigungspartikeln im Schmierstoff ist in den entsprechenden Abschnitten beschrieben.

Die Unterschiede im Verschleißverhalten bei den jeweiligen Stahlqualitäten waren nur geringfügig, so daß kein eindeutiger Einfluß der Stahl-Legierungen auf das tribologische Verhalten der Gleitpaarungen festgestellt werden konnte.

Die Reibungszahlen zeigten keinen eindeutigen Einfluß der Kupferlegierungssorte, jedoch traten nach einem definierten Gleitweg die geringsten Reibungszahlen (μ = 0,01 ÷ 0,02) im Bereich der optimalen Härtedifferenz auf.

Neben der Ermittlung der Makrohärte der bearbeiteten Werkstoffe wurden Untersuchungen über die in den Randzonen der Werkstoffe wirksame Mikrohärte nach der spanenden Bearbeitung durchgeführt. Dies ergab, daß die Probenfertigung eine Randzonenhärtung der Stähle und Kupferlegierungen durch die von außen induzierte Scherbeanspruchung der Grenzschichten zur Folge hat. Da die für die Reibungs- und Verschleißversuche verwendeten Proben immer nach dem gleichen Schema bearbeitet wurden, ist die Kaltverfestigung in Oberflächennähe nahezu gleich groß. Die Ergebnisse untereinander sind daher mit Angabe der Makrohärte repräsentativ.

Das Gefüge der untersuchten Kupferlegierungen weist in den meisten Fällen eine komplexe Struktur mit unterschiedlich harten Phasen auf. Die Makrohärte mittelt somit die Mikrohärte der einzelnen Gefügebestandteile. Es wurden deshalb weitere Untersuchungen zum Einfluß der Größe und der Verteilung von Phasen unterschiedlicher Härte im Gefüge der Kupferlegierungen auf den Verschleiß unter den speziellen Beanspruchungsbedingungen durchgeführt.

Über den Einfluß von Größe und Verteilung der Phasen unterschiedlicher Härte im Gefüge metallischer Werkstoffe auf den Verschleiß liegen in der Literatur [5, 24 ÷ 30] zahlreiche Ergebnisse vor.
Der Verschleißwiderstand der Kupferlegierungen beruht unter den gegebenen Beanspruchungsbedingungen in hohem Maße auf den harten Phasen im Gefüge, die die Tragfunktion übernehmen. Ein Herauslösen der harten Gefügebestandteile wirkt sich ungünstig auf den Verschleiß aus, da die weicheren Phasen einen geringeren Verschleißwiderstand besitzen.

Die Größe und Verteilung der Phasen unterschiedlicher Härte hat in diesem Zusammenhang einen Einfluß.

Bei diesen Verschleißversuchen wurden einige der legierungsähnlichen Kupferlegierungen untereinander verglichen, wobei alle Versuchsparameter inklusive der Härtedifferenz der verglichenen Bronzen zum Stahl konstant gehalten wurden, so daß ausschließlich der Gefügeeinfluß sichtbar wird.
Bild 8 zeigt zum Beispiel den Endverschleiß zweier CuSn12Ni/34CrNiMo6-Gleitpaarungen nach einem Durchlaufversuch (ohne Intervalle), wobei Kupferlegierungen gleicher Zusammensetzung und Makrohärte, jedoch mit einer unterschiedlichen Phasenverteilung im Gefüge, eingesetzt wurden. Das Gefüge dieser beiden Bronzen weist - vereinfacht dargestellt - eine dendritische Primärerstarrung in einer weichen Restphase auf, wobei jedoch der Werkstoff "O" eine feinere Verteilung der einzelnen Phasen aufweist als der Werkstoff "C". Bei den hier verglichenen Bronzen übernimmt die dendritisch primär erstarrte, harte Phase die Tragfunktion, wobei eine feinere und gleichmäßigere Verteilung dieser Phase zu einer günstigeren Lastverteilung im Gefüge führt.

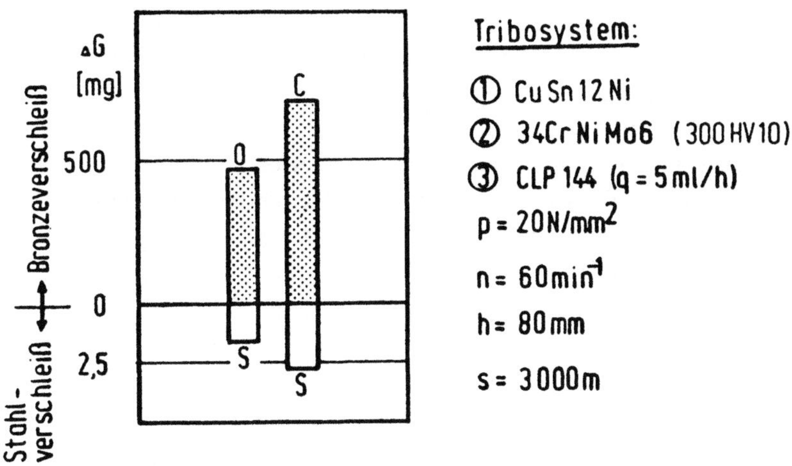

Bild 8: Einfluß der Phasenverteilung im Gefüge einer Kupferlegierung auf den Verschleiß

Dies hat unter den gegebenen Beanspruchungsbedingungen einen geringeren Verschleiß der untersuchten CuSn12Ni-Legierung zur Folge.

Im Falle der CuZn34Al2-Legierung lag eine globulitisch primär erstarrte, weichere Phase in einer harten Restphase vor (Kupferlegierungen "P" und "F"). Unter den speziellen Beanspruchungsbedingungen erwies sich bei dieser Legierung eine kompaktere harte Phase als günstig, da diese einen höheren Widerstand gegen Abscheren bzw. Herauslösen bietet und somit besser die Tragfunktion übernehmen kann.

Diese Ergebnisse zeigen, daß unter den gegebenen Versuchsbedingungen neben dem ausgeprägten Einfluß der Härtedifferenz zwischen Kupferlegierung und Stahl zusätzlich Gefügeparameter den Verschleiß beeinflussen können.

6.1.2. Kunststoff/Stahl-Paarungen

Der Verlauf der Höhenabnahme der Kunststoffe als auch der Kunststoff-Rauheitenverlauf zeigten eine ausgeprägte Einlaufcharakteristik. Die Stahlrauheiten übten in hohem Maße eine abrasive Wirkung auf die Kunststoff-Gleitfläche aus, jedoch ließen Kunststoffübertragungen auf die Stahlgleitfläche sowie deren Verfärbung auch adhäsive Mechanismen vermuten.

In Bild 9 ist der Paarungsverschleiß der untersuchten Kunststoff/Stahl-Paarungen bei verschiedenen Flächenpressungen dargestellt. Innerhalb der Polyamide fällt - wie auch in [10, 11, 12] beobachtet - der ungünstige Einfluß des MoS_2-Zusatzes auf: die MoS_2-Partikel werden in Gleitflächennähe durch die plastifizierte Grenzschicht umschlossen, so daß einerseits die schmierende Wirkung nicht ausgenutzt werden kann und andererseits durch eine Fremdkörperwirkung der Partikel bei scherender Beanspruchung erhöhter Furchungsverschleiß verursacht wird. Die Herstellungsart (Extrusion oder Guß) hat keinen Einfluß auf den Polyamid-Verschleiß. Höhenabnahme und Verschleiß der Stahl/Duroplast-Paarungen können mit den Ergebnissen der reinen Polyamid-Versuche ver-

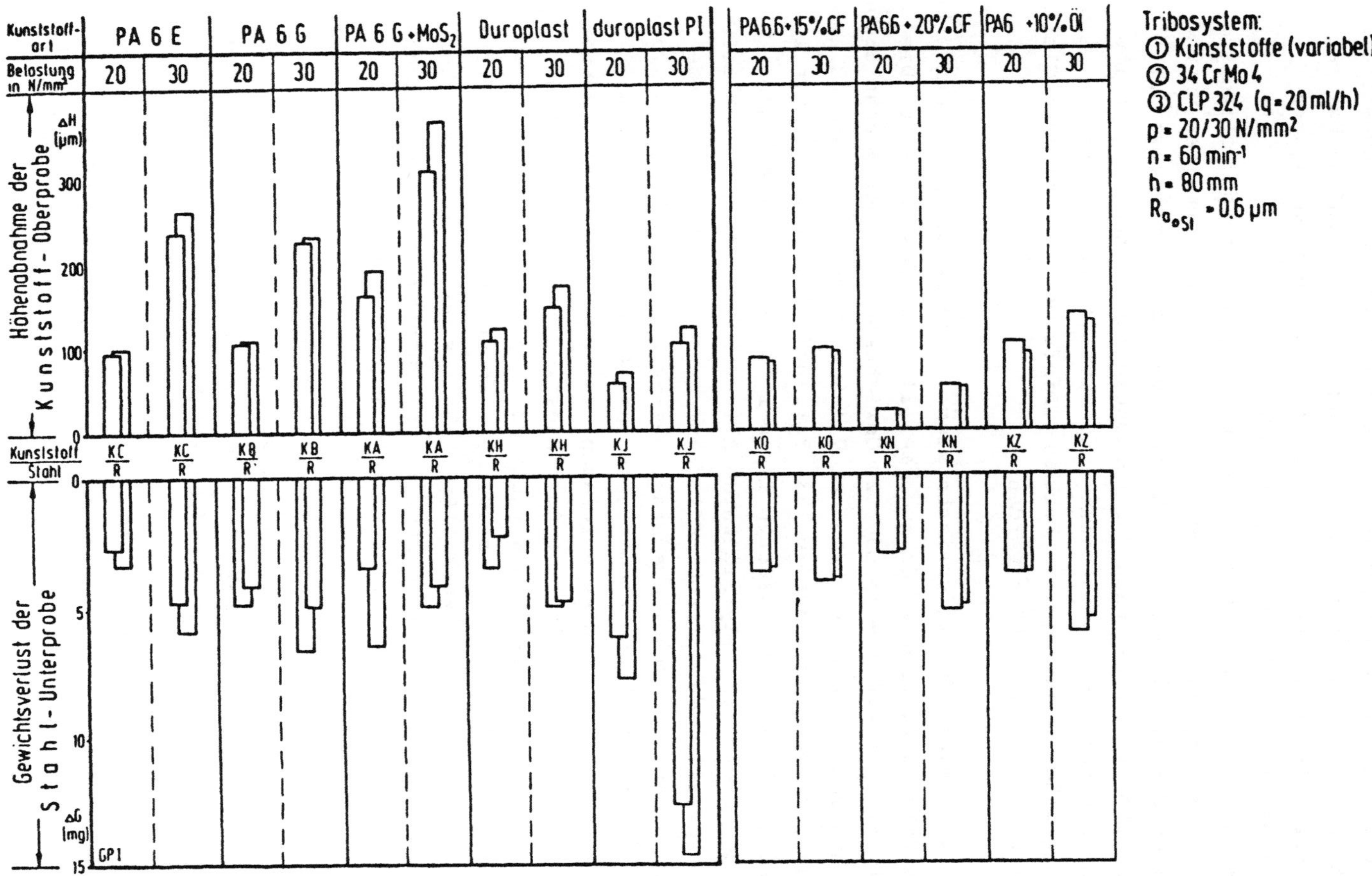

Bild 9: Höhenabnahme und Verschleiß der untersuchten Kunststoff/Stahl-Paarungen

glichen werden. Das duroplastische Polyimid als Prüfkunststoff mit der höchsten Dichte zeigt analog zum Härteeinfluß bei metallischen Gleitpaarungen die geringste Höhenabnahme, jedoch gleichzeitig den höchsten Stahlverschleiß.
Die labormäßig erzeugten Polyamide mit größerer Sphärolithstruktur zeigten durch eine verstärkte Höhenabnahme den ungünstigen Einfluß dieser Modifikation. Das Randzonengefüge der Kunststoffe vor und nach der Reibungsbeanspruchung wies keine oder nur geringe Unterschiede auf. Dies konnte auf die nur relativ geringe Eindring- und Furchungstiefe bei geschmierten Gleitpaarungen zurückgeführt werden.

Als verschleißgünstig erwiesen sich die kohlenstoffaserverstärkten Polyamide. Dies wurde auch in [31 ÷ 36] festgestellt. Die Polyamide enthielten 15 oder 20 Gewichtsprozent kurzgeschnittene nichtorientierte Fasern von ca. 7 ÷ 9 µm Durchmesser und 60 µm Länge, wobei sowohl der in [33, 36] unterschiedene Fasertyp I (bei "KN") als auch Fasertyp II (bei "KO") zum Einsatz kam.
Im Gegensatz zum Polyimid wurde kein erhöhter Stahlverschleiß festgestellt, da die Kohlenstoffasern eine leicht polierende Wirkung auf den Stahl ausübten, was zu einer Erhöhung des Traganteils führt. Hinzu kommt, daß diese Polyamide nur geringe plastische Verformungen aufwiesen, zum einen aufgrund erhöhter Wärmeleitfähigkeit infolge der Fasern, zum anderen aufgrund der Matrix-verstärkenden Wirkung der Kohlenstoffasern.
Da die Paarungen geschmiert wurden, konnte keine Graphit-Filmbildung auf dem Gegenwerkstoff Stahl festgestellt werden. Bei Fettschmierung (KP2k) wurden die gleichen Kunststoff-Bewährungsfolgen erhalten wie bei Ölschmierung (CLP 324).

Die Höhenabnahme und der Stahlverschleiß bei Einsatz des ölgefüllten Polyamids lag im Rahmen der ungefüllten Polyamide. In Versuchen mit Mangelschmierung zeigte es jedoch einen geringeren Verschleiß als die übrigen Kunststoffe.

Eine Erhöhung der Flächenpressung auf $p = 30\ N/mm^2$ führte erwartungsgemäß zu einer verstärkten Kunststoff-Höhenabnahme; die Bewährungsfolgen der Kunststoffe wurden hierdurch jedoch nicht verändert.

Die duroplastischen Kunststoffe zeigten gegenüber allen Polyamiden eine stofflich bedingte, erhöhte Reibung. Eine Reibungsverringerung durch den MoS_2-Zusatz ist bei den untersuchten Polyamiden nicht gegeben.

6.1.3. Schmierstoffe

Der Verschleiß und die Reibung der Gleitpaarungen wurden bei den jeweils im Hüttenwerk eingesetzten Schmierstoffen untersucht.
In Bild 10 ist zusammenfassend in einer dreidimensionalen Darstellung der Einfluß der Viskosität der verwendeten CLP-Öle bei unterschiedlichen Härtedifferenzen der Gleitwerkstoffe aufgezeigt. Als Maßstab konnte hier nur die Ausgangsviskosität der Schmierstoffe und nicht die in Abhängigkeit von Temperatur und Druck im Schmierspalt wirksame Viskosität dienen.
Bei allen Kupferlegierung/Stahl-Paarungen kann eine Verringerung des Verschleißes mit steigender Schmierstoffviskosität festgestellt werden; der Gradient der Verbesserung ist jedoch in hohem Maße von der jeweiligen Härtedifferenz abhängig.
Bei nicht optimaler Härtedifferenz kann mit steigender Schmierstoffviskosität eine deutliche Verschleißverringerung des relativ hoch verschleißenden Werkstoffes beobachtet werden. Für kleine Differenzen trifft dies zu für den Stahl, bei hohen Härtedifferenzen für die Kupferlegierung. Diese prinzipielle Abhängigkeit wurde auch unter veränderten Versuchsbedingungen (z.B. geringere Schmierstofförderleistung) gefunden. Somit erscheint eine Erhöhung der Schmierstoffviskosität ab einem gewissen Wert für optimale Härtedifferenzen nicht mehr sinnvoll.

Bei Kunststoff/Stahl-Paarungen war eine Verbesserung im Verschleißverhalten durch eine Viskositätserhöhung nicht feststellbar, da aufgrund der hohen Elastizität der Kunststoffe eine Keilwirkung der Gleitflächenrauheiten und eine damit verbundene verbesserte hydrodynamische Tragfähigkeit nicht wirksam werden konnte.

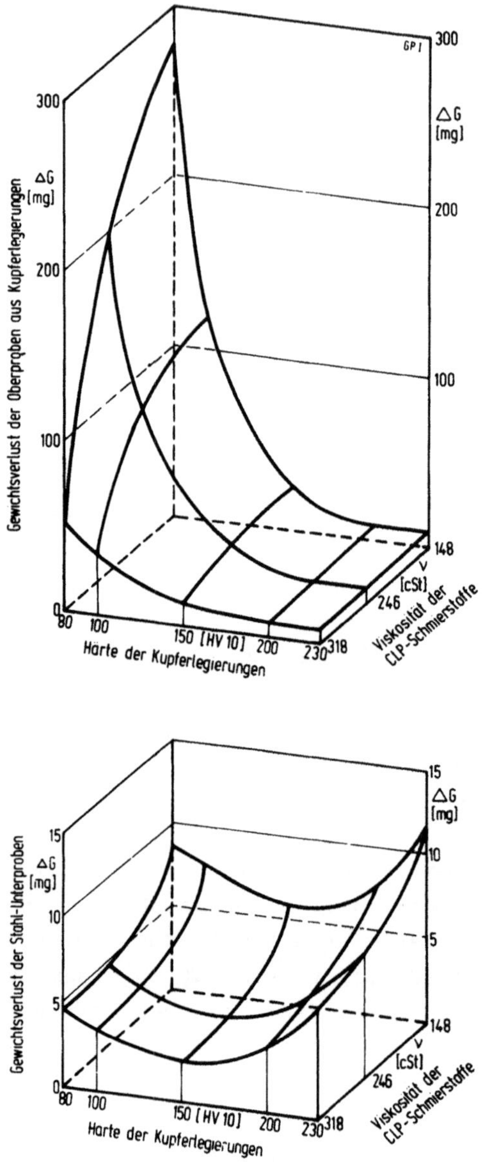

Tribosystem:
① verschiedene Kupferlegierungen
② 34 CrNiMo 6 / 34 CrMo 4 (230 HV 10)
③ verschiedene Schmierstoffviskositäten (q = 100 ml/h)
p = 20 N/mm²
n = 60 min⁻¹
h = 80 mm

Bild 10: Abhängigkeit des Paarungsverschleißes von der Härtedifferenz und der Schmierstoffviskosität

Der Vergleich von Öl- und Fettschmierung für Stahl/Bronze-Paarungen mit höherer Härtedifferenz in Bild 11 zeigt, daß bei Anwendung der Öle mit der geringeren Viskosität ein deutlich höherer Bronzeverschleiß resultiert als bei Schmierung mit den Fetten oder dem Öl mit der höchsten Viskosität, während der Stahlverschleiß nur sehr geringe Unterschiede zeigt.

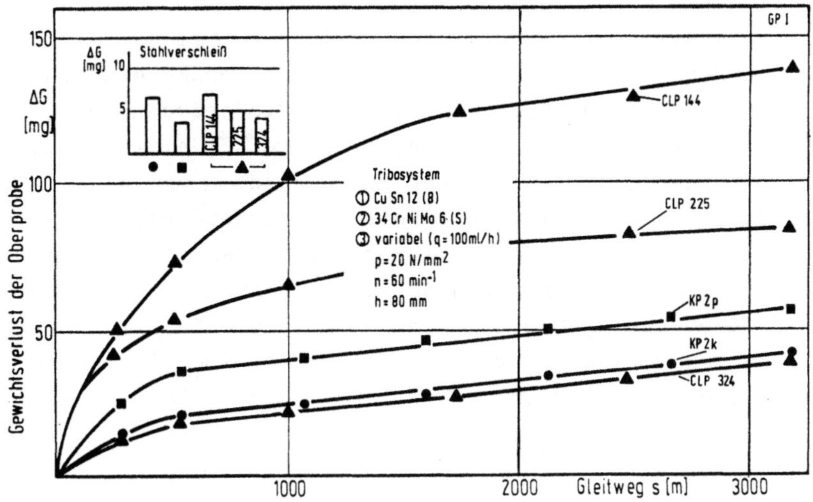

Bild 11: Verschleiß von Bronze/Stahl-Gleitpaarungen bei Variation des Schmierstoffs

Im Bereich der optimalen Härtedifferenz von ca. 80 ÷ 100 HV10 wurden prinzipiell die gleichen Tendenzen bestätigt, jedoch fielen die Unterschiede auch für den Bronzeverschleiß nur gering aus, so daß auch hierbei der Gradient der Verbesserung eindeutig von der Härtedifferenz abhängt.

Der Verlauf der Reibungszahlen blieb in allen Versuchen relativ unbeeinflußt von der Art und der Viskosität des Schmierstoffs, da die Zunahme der inneren Reibung durch Abnahme infolge verbesserter Tragfähigkeit und damit verringerter Festkörperberührung kompensiert wird.

6.2. Einfluß des Reibungs- beziehungsweise Schmierungszustands

Die Untersuchung des Reibungs- und Verschleißverhaltens der Werkstoffpaarungen bei unterschiedlichen Schmierstoff-Förderleistungen (q = 0,6 ml/h bis 100 ml/h) zeigte unabhängig von der Art des Schmierstoffs, daß eine Verringerung der Förderleistung zu erhöhter Reibung, erhöhtem Verschleiß und höheren Oberflächenrauheiten führt. Durch den direkten Zusammenhang zwischen Schmierfilmhöhe, Ausgangsrauheit und Verschleißmaß ist eine zu geringe Förderleistung auf jeden Fall zu vermeiden. Einige Versuche wurden unter extrem ungünstigen Schmierungsbedingungen bzw. im Trockenlauf durchgeführt. Dabei mußte jedoch die Belastungshöhe reduziert werden, um insbesondere bei einigen metallischen Gleitpaarungen ein Fressen zu verhindern und somit die Auswertbarkeit zu gewährleisten. Bei Stahl/Bronze-Paarungen unter Trockenlaufbedingungen dominiert der adhäsive Verschleißmechanismus, wobei die Trennung der Schweißbrücken im weicheren Werkstoff, also in der Kupferlegierung erfolgt. In Bild 12 wird der Einfluß der Werkstoffhärte für den Mechanismus der Adhäsion deutlich: sowohl der Kupferlegierungsverschleiß als auch die Reibung verringern sich mit zunehmender Härte der Kupferlegierung.

Bei den Kunststoff/Stahl-Paarungen können unter Trockenlaufbedingungen Mechanismen der adhäsiven Bindung, des Materialübertrags, des abrasiven Furchens sowie des Schmelzens der Plastoberfläche auftreten.

Die Untersuchung der Kunststoff/Stahl-Paarungen unter ungünstigen Schmierungsbedingungen nach Bild 13 und Notlaufbedingungen zeigten, daß Unterschiede in den Bewährungsfolgen bei den reinen und den mit MoS_2 gefüllten Polyamiden sowie bei den Duroplasten nicht auftreten.
Das ölgefüllte Polyamid zeigte hier deutlich geringere Verschleißbeträge als die übrigen Kunststoffe, während die faserverstärkten Polyamide hier keine Vorteile gegenüber den reinen Polyamiden aufwiesen. Es muß jedoch in diesem Zusammenhang berücksichtigt werden, daß diese Versuche unter ungünstigen Schmierungsbedingungen mit erheblich reduzierter Flächenpressung

durchgeführt werden mußten, um eine starke plastische Verformung der reinen und der mit Öl oder MoS_2 gefüllten Polyamide, die eine sinnvolle Auswertung unmöglich gemacht hätte, zu verhindern.

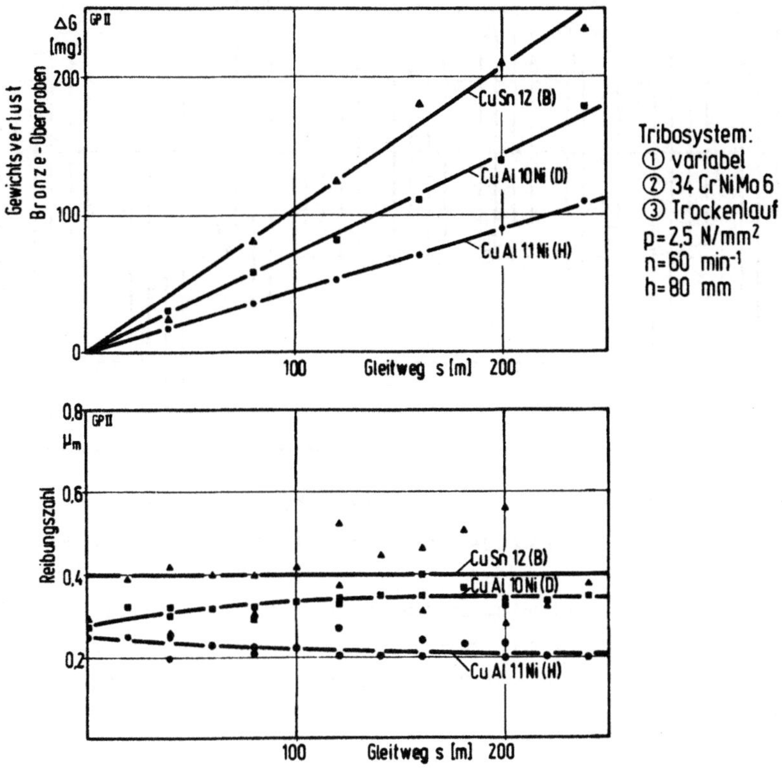

Bild 12: Einfluß der Kupferlegierung auf Verschleiß und Reibung von Kupferlegierung/Stahl-Paarungen bei Trockenlauf

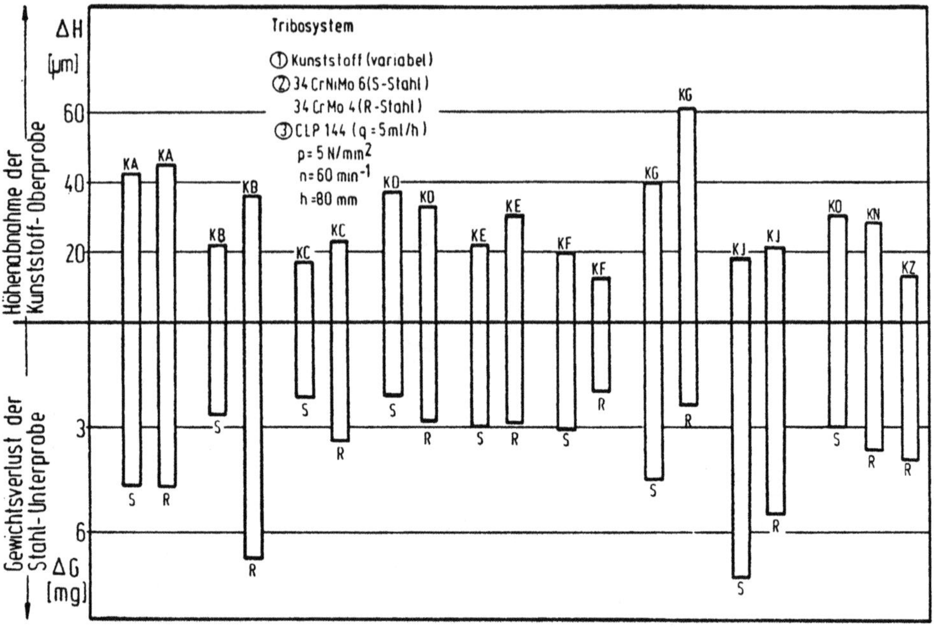

Bild 13: Höhenabnahme und Verschleiß verschiedener Kunststoff/ Stahl-Paarungen bei geringer Schmierstoff-Förderleistung

Auch unter ungünstigen Schmierungsbedingungen und Trockenlauf (nach Bild 14) wiesen die mit MoS_2 legierten Polyamide gegenüber den reinen Polyamiden eine verstärkte Höhenabnahme und geringfügig höhere Reibungszahlen auf.

Innerhalb der Polyamid-Reihe konnte kein Einfluß der Kunststoffart auf den Stahlverschleiß und ebenso kein Einfluß der Stahllegierung auf die Kunststoff-Höhenabnahme festgestellt werden. Diese Ergebnisse wurden generell auch unter Trockenlaufbedingungen bestätigt.

Der Stahlverschleiß zeigte beim Gleitpartner Kunststoff nur eine geringe Abhängigkeit von den Schmierungsbedingungen, während bei Kupferlegierung/Stahl-Paarungen ein erheblicher Verschleißanstieg der Stähle mit abnehmender Schmierstoff-Förderleistung zu verzeichnen war.

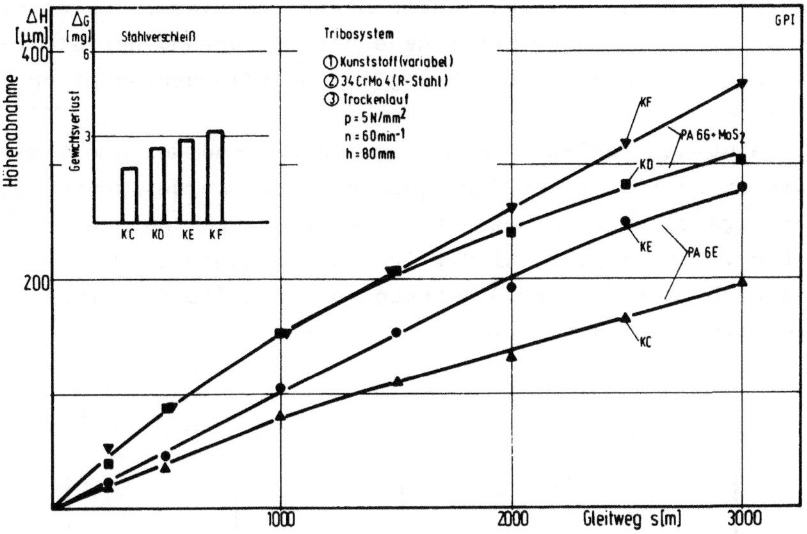

Bild 14: Höhenabnahme und Verschleiß verschiedener Kunststoff/Stahl-Paarungen bei Trockenlauf

6.3. Versuche zur Ermittlung der Einflüsse auf den Schmierstoff-Traganteil

Ergänzend zu den Verschleißversuchen wurden Versuche durchgeführt, die eine qualitative Erfassung des Schmierstoff-Traganteils unter den gegebenen Mischreibungsbedingungen ermöglichen. Aus den in der Literatur |37 ÷ 45| vorgestellten Meßprinzipien und Meßwertaufnehmern wurde als hier einsetzbares Verfahren die Abstandsmessung mittels induktiver Miniatur-Wegaufnehmer, die in die Oberprobe eingebaut wurden, ausgewählt.

Als exakt auswertbare Meßgröße, unter Voraussetzung aufwendiger Eichverfahren, bot sich der Unterschied zwischen maximaler ($e_{d,max}$) und minimaler ($e_{d,min}$) Annäherung der Werkstoffoberflächen während eines Hubes der Gleitbewegung an, der als maximaler dynamischer Schmierstoff-Trennweg $h_{d,max}$ definiert wurde:

$$h_{d,max} = e_{d,max} - e_{d,min} .$$

(Der Begriff Schmierfilmdicke wurde bewußt vermieden, da unter den gegebenen Bedingungen keine dauerhafte Trennung der Gleitflächen ohne gegenseitige Berührung der Oberflächenrauheiten erfolgt.)

Bild 15 zeigt den Verlauf der Meßsignale während der Gleitbewegung, wie er in fast allen Versuchen erhalten wurde, sowie die Lage der Wegaufnehmer in bezug auf Gleitrichtung und Schmierstoffzufuhr. Dem Hauptsignal der induktiven Miniatur-Wegaufnehmer sind nicht auswertbare Schwankungen durch die Berührung der Rauheiten überlagert.

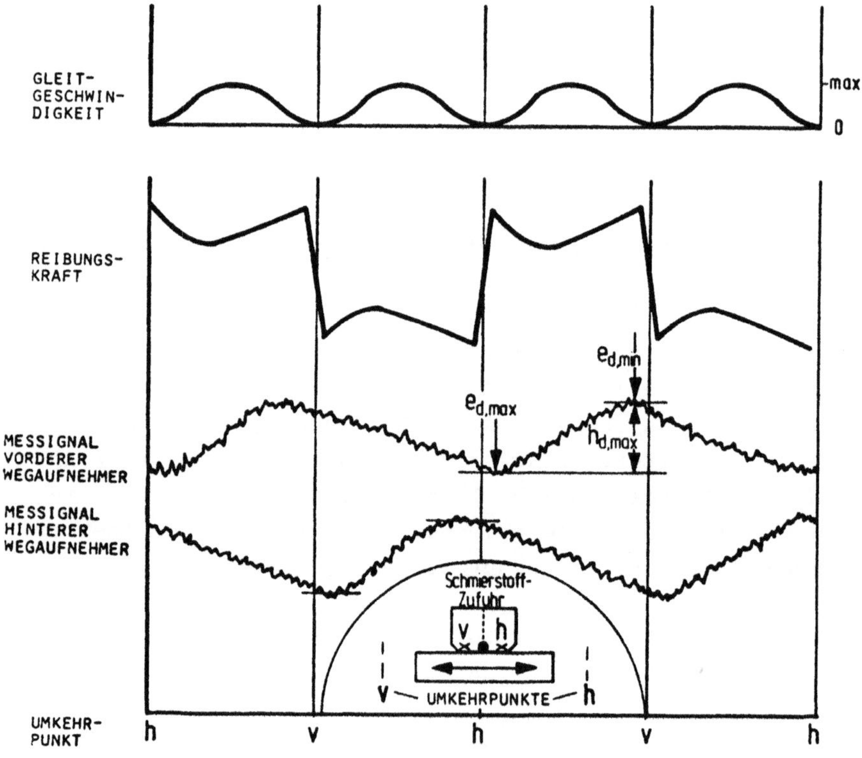

Bild 15: Verlauf der Meßsignale der Miniatur-Wegaufnehmer

Die geringste Annäherung der Werkstoffoberflächen ($e_{d,min}$ ≙ maximaler Trennung durch den Schmierstoff) wird am vorderen Meßwertaufnehmer kurz vor dem vorderen Umkehrpunkt gegen Ende des Vorhubes und am hinteren Meßwertaufnehmer dementsprechend kurz vor dem hinteren Umkehrpunkt gegen Ende des Rückhubes erhalten. Die maximale Annäherung der Werkstoffoberflächen ($e_{d,max}$ ≙ geringster Trennung durch den Schmierstoff) wird jeweils kurz hinter den entsprechenden Umkehrpunkten erhalten. Die Verschiebungen beider Aufnehmersignale bezüglich der Hubmitte bzw. des Umkehrpunktes sind zu erklären mit der Weg- und Geschwindigkeitsabhängigkeit des hydrodynamischen Schmierstoff-Traganteils sowie der Schmierstoff-Verdrängungsströmung, die ab der Hubmitte bei abnehmender Gleitgeschwindigkeit einsetzt, und wurden bereits in [46, 47] beobachtet. Die Verschiebung zwischen den Meßsignalen des vorderen und hinteren Meßwertaufnehmers ist auf die bevorzugte Strömungsrichtung des Schmierstoffes aus der Schmiernut bei der jeweiligen Hubrichtung zurückzuführen. So wird beim Vorhub der aus der Schmiernut austretende Schmierstoff in Richtung des vorderen Meßwertaufnehmers transportiert, beim Rückhub entsprechend in Richtung des hinteren Meßwertaufnehmers. Am jeweils gegenüberliegenden Aufnehmer treten zwar die gleichen Effekte auf, jedoch aufgrund des erheblich geringeren Schmierstoffangebotes (es verbleibt nur der in den als Mikro-Depots wirkenden Rauheiten gespeicherte Schmierstoff) in weitaus geringerem Maße, so daß im Mikrobereich eine Neigung der Proben eintritt.

Die Untersuchung sollte zeigen, wie der maximale dynamische Schmierstoff-Trennweg $h_{d,max}$ von den jeweiligen Versuchsparametern beeinflußt wird und inwieweit Zusammenhänge zwischen dieser Meßgröße und dem Verschleiß bestehen.

Aus der Vielzahl der Messungen seien an dieser Stelle nur die wichtigsten Ergebnisse in Kurzform dargestellt, wobei sich die Erläuterungen auf eine Flächenpressung von 10 N/mm^2 beziehen:

- Bei höheren Gleitgeschwindigkeiten (h = 80 mm, n = 60 min^{-1}) führt eine höhere Viskosität des CLP-Schmieröles zu einem deutlichen Anstieg des Schmierstoff-Trennweges.

- Bei höherer Gleitgeschwindigkeit und hoher Schmierstoffviskosität (CLP 324) hat die Schmierstoff-Förderleistung aufgrund der hierbei geringeren seitlichen Abströmverluste einen geringeren Einfluß auf den Schmierstoff-Trennweg $h_{d,max}$ als bei niedrigerer Schmierstoffviskosität (CLP 144).

- Bei geringeren Gleitgeschwindigkeiten (h = 80 mm, n = 20 min^{-1}) sind die gleichen, oben angeführten Tendenzen feststellbar, jedoch fallen die Einflüsse aufgrund der absolut gesehen geringeren $h_{d,max}$-Werte weniger deutlich aus. Das gleiche gilt für höhere Flächenpressungen ($p > 10$ N/mm^2).

- Bei impulsartiger Schmierstoffzufuhr führt eine Erhöhung der Schmierstoff-Zufuhrfrequenz bei konstanter Schmierstoff-Förderleistung zu einem Anstieg des Schmierstoff-Trennweges $h_{d,max}$.

- Es konnte ein eindeutiger Zusammenhang zwischen dem maximalen, dynamischen Schmierstoff-Trennweg $h_{d,max}$ und dem Verschleiß der Kupferlegierung/Stahl-Gleitpaarungen gefunden werden, wobei höhere Schmierstoff-Trennwege generell zu einem geringeren Verschleiß führten. Dabei muß natürlich berücksichtigt werden, daß eine Veränderung der mit den beschriebenen Meßverfahren bestimmbaren Kenngröße $h_{d,max}$ nur zu einem gewissen Prozentsatz in eine Veränderung des mittleren Schmierstoff-Trennweges eingeht. Bei höheren Härtedifferenzen zwischen Kupferlegierung und Stahl fiel die Verschleißverringerung bei höheren $h_{d,max}$-Werten deutlicher aus, da dann insgesamt eine höhere Verschleißintensität vorliegt.

6.4. Gleitflächenmikrogeometrie

Analysen über den Einfluß der Gleitflächenmikrogeometrie bei unterschiedlichen Tribosystemen liegen in [13 ÷ 17] vor.
Für das betrachtete System "Kardangelenk" seien die wichtigsten Zusammenhänge kurz dargestellt: Den dominierenden Mikrogeometrie-Einfluß auf den Reibungs- und Verschleißvorgang sowie auf Veränderung der Mikrogeometrie übt in erster Linie die Rauheit

des härteren Gleitpartners Stahl aus. Die Anfangsmikrogeometrie der Kupferlegierungen ist von untergeordneter, die der Kunststoffe ohne Bedeutung. Der Verlauf des arithmetischen Mittenrauhwertes R_a ist bei Kupferlegierung/Stahl-Paarungen u.a. von der Härtedifferenz abhängig: während bei hohen Härtedifferenzen ($\Delta H > 150$ HV10) generell die Stahlrauheiten konstant bleiben und die Bronzerauheiten ausgehend vom Anfangswert abnehmen, wie in Bild 16 gezeigt, findet bei geringeren und insbesondere im Bereich der optimalen Härtedifferenzen - wie in Bild 17 dargestellt - ein Angleichvorgang der Rauheiten statt, wobei die Angleichung in höherem Maße vom weicheren Gleitpartner, also von der Kupferlegierung, getragen wird.

Dieser Prozeß ist mit einem relativ hohen Verschleiß der Gleitpartner verbunden, so daß höhere Anfangsrauheiten der Stähle bei konstanter, niedrigerer Bronzerauheit zu einem längeren und verschleißintensiveren Angleichvorgang führen.

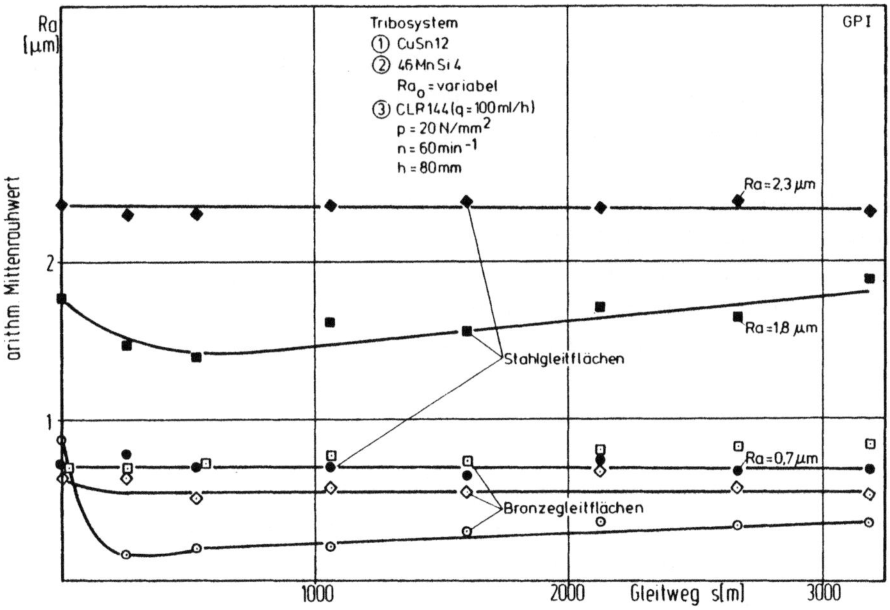

Bild 16: Einfluß der Stahl-Anfangsrauheit auf den Rauheitsverlauf von Kupferlegierung/Stahl-Paarungen bei hoher Härtedifferenz

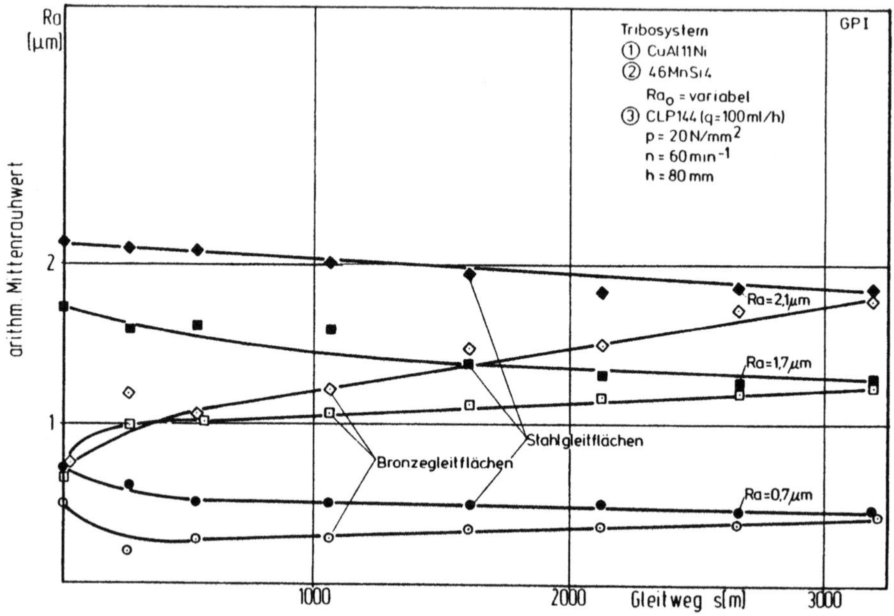

Bild 17: Einfluß der Stahl-Anfangsrauheit auf den Rauheitsverlauf von Kupferlegierung/Stahl-Paarungen bei optimaler Härtedifferenz

Bild 18 stellt in einer dreidimensionalen Darstellung den gleichzeitigen Einfluß von Härtedifferenz (dabei betrugen die Kupferlegierungshärten 80 bis 230 HV10, die Stahlhärten 230 bis 350 HV10) und Stahl-Anfangsrauheit auf den Kupferlegierungsverschleiß nach einem Gleitweg von 3200 m dar.

Da der gezeigte Summenverschleißbetrag sowohl den Einlaufbereich als auch den linearen Verschleißbereich erfaßt, ist der hohe Verschleißanstieg im Bereich optimaler Härtedifferenzen in erster Linie auf einen verstärkten Einlaufverschleiß zurückzuführen, während insbesondere bei hohen Härtedifferenzen höhere Stahlrauheiten die Kupferlegierungs-Verschleißgeschwindigkeit generell vergrößern. Beim Stahlverschleiß wurden insbesondere im Bereich optimaler Härtedifferenzen die gleichen Tendenzen beobachtet, jedoch traten dabei die Unterschiede aufgrund des

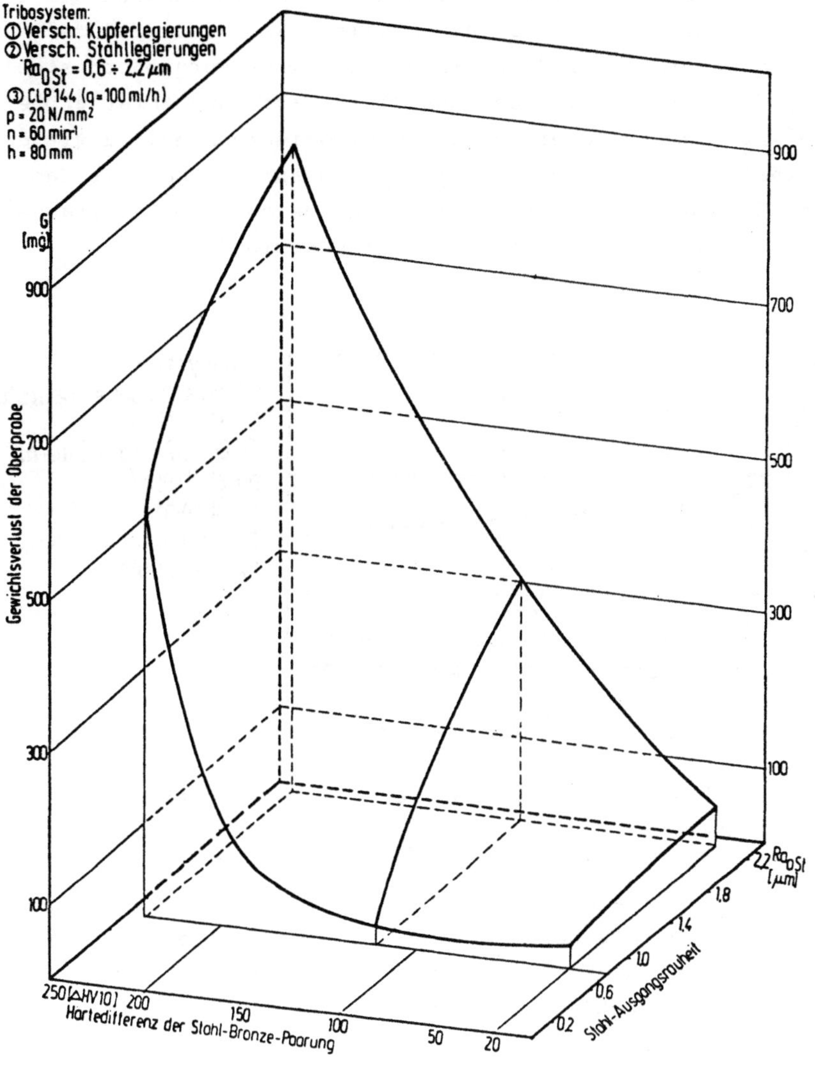

Bild 18: Abhängigkeit des Kupferlegierungsverschleißes von der Härtedifferenz der Kupferlegierung/Stahl-Paarung und der Anfangsrauheit der Stahl-Unterprobe

absolut geringeren Verschleißmaßes nicht so deutlich hervor. Die Reibungszahlen nahmen bei höherer Stahl-Anfangsrauheit aufgrund der verstärkten abrasiven Gegenkörperfurchung zu.

Bei konstanter, niedriger Stahlrauheit zeigten die Kunststoffe prinzipiell die in Bild 19 dargestellten Rauheitsverläufe: die Rauheiten der reinen und gefüllten Polyamide vergrößern sich, während die duroplastischen Kunststoffe aufgrund ihrer größeren Dichte mit einer Annäherung an die niedrigere Stahlrauheit eher dem Verhalten metallischer Gleitflächen ähneln. Das gleiche trifft für die faserverstärkten Polyamide zu. Die Stahlrauheiten bleiben annähernd konstant oder nehmen geringfügig ab.

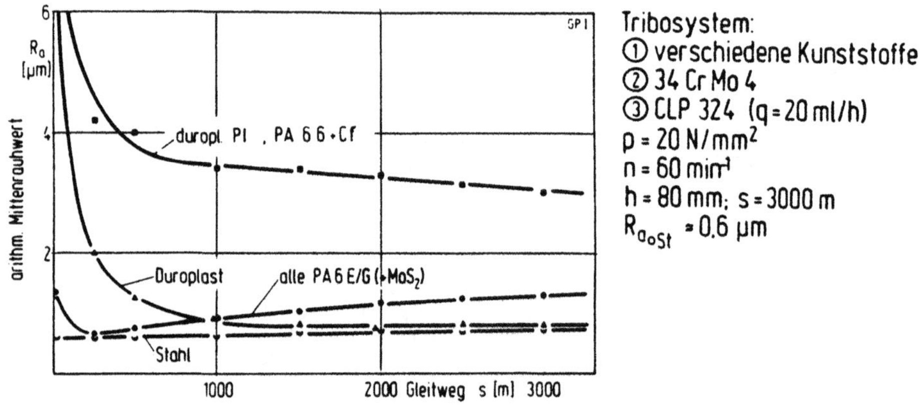

Bild 19: Rauheitsverläufe verschiedener Kunststoff/Stahl-Paarungen

Bei höheren Stahlrauheiten blieben diese prinzipiellen Abhängigkeiten bestehen; die Höhenabnahme der Kunststoffe, die Reibungszahlen und die Rauheiten der Kunststoffoberfläche nahmen jedoch aufgrund einer verstärkten Furchung und einer erhöhten Reibungstemperatur zu.

6.5. Abrasiv-Verschleiß durch Hüttenstaub

Eine wesentliche Ursache für den hohen abrasiven Verschleiß der Kardangelenkelemente ist der zwischen die Gleitflächen eindringende Hüttenstaub. Die Mikrohärten dieser Zunderpartikel wurden mit 500 - 600 HV0,2 bestimmt und lagen somit eindeutig über den Werten aller eingesetzten Werkstoffe. Für die Durchführung der Versuche wurde dem Schmierstoff der in den Hüttenwerken gesammelte Hüttenstaub in definierten Mengen zugemischt, wobei die Korngröße der Partikel zwischen 0,071 und 0,14 mm lag. Die Grundlagen bei der Interpretation der Ergebnisse sind auch in [18 ÷ 22] dargestellt.

Unter Zufuhr von mit abrasivem Zunder verunreinigtem Schmierstoff spielt die Partikeleinbettfähigkeit der Werkstoffe eine entscheidende Rolle. Die Ergebnisse zeigten, daß generell mit steigender Verunreinigungsmenge im Schmierstoff der Verschleiß der nicht-Partikel-einbettenden Werkstoffe erheblich zunimmt, der Verschleiß der einbettfähigen Werkstoffe jedoch abnimmt, da die eingebetteten Partikel eine direkte Reibungsbeanspruchung dieser Oberflächen verhindern (Abstandswirkung).

Bei den Kupferlegierung/Stahl-Paarungen bestätigen rasterelektronenmikroskopische Untersuchungen, daß generell bei allen Verschmutzungsmengen (ρ_s = 0,2 g/l ÷ 20 g/l) eine weitgehend freie Beweglichkeit der Abrasivpartikel mit der Bewegungsform Wälzen oder Rollen und wechselseitigem Furchen vorliegt, so daß höhere Zunderanteile im Schmierstoff zu erhöhtem Verschleiß beider Gleitpartner führen; die Bronzen mit der geringsten Härte zeigten jedoch vereinzelte Partikeleinbettungen.
Da der Abrasivverschleiß eine erhöhte plastische Verformung der Gleitflächen verursacht, steigt mit dem Verschmutzungsgrad die Reibung und die Reibungstemperatur an.

Für stoffliche Optimierungsversuche wurde eine mittlere Verschmutzungsmenge von 2 g Zunder je Liter Schmierstoff ausgewählt, da hierbei ein deutlich meßbarer Abrasivverschleiß auftrat. Der in Bild 20 gezeigte Summenverschleißbetrag der Gleitpaarungen kann direkt als Maß für die Verschleißintensität herangezogen werden, da unter Bedingungen der 3-Stoff-Abrasion kein oder nur ein sehr geringer Einlaufverschleiß auftritt.

Obwohl hierbei neben den zahlreichen tribologischen Einflußgrößen der "reinen" Mischreibung noch weitere, in hohem Maße den Verschleißvorgang bestimmende Größen wie Schmutzpartikel-Ein-

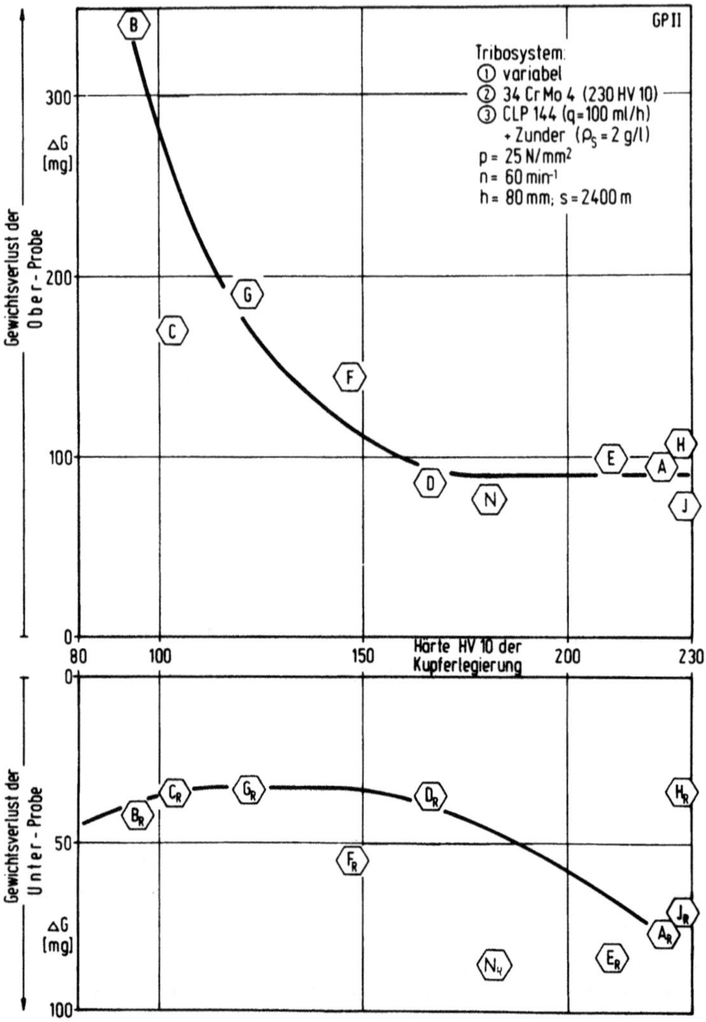

Bild 20: Abrasivverschleiß der Gleitpaarungen in Abhängigkeit von der Härte der Kupferlegierung

bettfähigkeit, Zwischenkornzerkleinerung, Form, Härte, Verweildauer und Verteilung der Abrasivkörner hinzukommen bzw. sogar dominieren, konnte für das betrachtete Tribosystem auch für den Mechanismus der 3-Stoff-Abrasion eine optimale Härtedifferenz der Gleitpartner bei ca. 80 - 100 HV10 ermittelt werden.

Die Absolutbeträge des Verschleißes liegen jedoch aufgrund der größeren Tiefenwirkung der 3-Stoff-Abrasion bedeutend höher.

Die Reibungszahlen lagen mit $\mu = 0{,}06 \div 0{,}08$ deutlich über denen bei reiner Mischreibung. Ein stofflicher Einfluß zwischen den verschiedenen Kupferlegierungen konnte dabei nicht festgestellt werden.

Höhere Stahlhärten führten allgemein zu einem geringeren Stahlverschleiß, wobei sich der Verschleiß der Kupferlegierung im Rahmen der jeweiligen Härtedifferenz einstellte.

Bei höheren Zundermengen im Schmierstoff (ρ_s = 20 g/l) gewinnt die Zunderpartikel-Einbettfähigkeit der weichen Bronzen verstärkt an Bedeutung.
Bild 21 zeigt den Einfluß unterschiedlicher Stahlhärten auf den Verschleiß einer Kupferlegierung-Stahl-Paarung mit einer weichen Bronze (B/Härte = 97 HV10). Diese Bronzefläche wies im Gegensatz zu den härteren Kupferlegierungen vereinzelte Partikel-Einbettungen mit geringer Eindringtiefe auf.

Höhere Stahlhärten führten aufgrund des mit steigender Stahlhärte höheren Widerstandes gegen die Furchungsmechanismen der in die Bronze eingebetteten Zunderpartikel zu einem geringeren Stahlverschleiß und zu einem höheren Bronzeverschleiß, wobei ein Teil der eingebetteten Partikel wieder aus der Bronzeoberfläche herausgerissen wird. Dies bestätigt neben rasterelektronenmikroskopischen Untersuchungen auch der Verlauf der Reibungszahlen und der Bronzerauheiten, die mit steigender Stahlhärte zunehmen. Hinzu kommt, daß mit höherer Stahlhärte eine für den Bronzeverschleiß ungünstigere Härtedifferenz im Sinne reiner Mischreibungsbedingungen erzeugt wird.

Bei allen Kunststoff/Stahl-Paarungen wurde ein Einbetten der Verunreinigungen in die Kunststoff-Gleitfläche beobachtet. Die freie Beweglichkeit der Partikel war somit gehemmt, wie REM-Aufnahmen eindeutig bestätigten. Hierdurch wurde die Kunststoff-Oberfläche vor einer direkten Reibungsbeanspruchung geschützt, während die eingebetteten Partikel auf den Gegenkörper Stahl

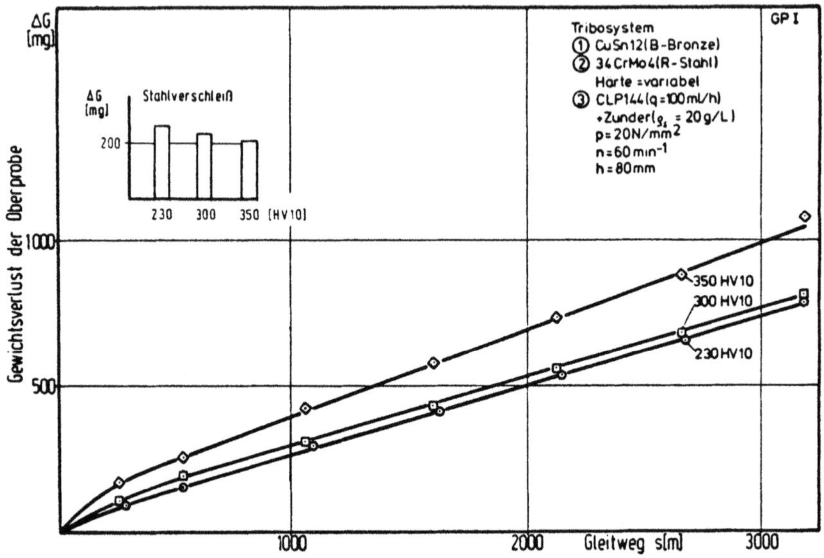

Bild 21: Einfluß der Stahlhärte auf das Verschleißverhalten von Bronze/Stahl-Paarungen bei Schmierung mit verschmutztem Schmierstoff

eine verstärkte abrasive Wirkung ausübten und somit zu einem stark erhöhten Stahlverschleiß führten.

Bild 22 verdeutlicht diesen negativen Einfluß bei einer Zundermenge von 2 g/l im Schmierstoff.

Lediglich das mit 20% Kohlenstoffasern verstärkte Polyamid wies ein den Kupferlegierung/Stahl-Paarungen ähnliches Verhalten auf, nämlich eine stärkere Höhenabnahme (dies gilt auch für das duroplastische Polyimid) und gleichzeitig einen Stahlverschleiß, der im Bereich der Ergebnisse mit metallischen Gleitpaarungen liegt. Die rasterelektronenmikroskopischen Untersuchungen wiesen zwar ebenfalls Partikeleinbettungen aus, jedoch nicht in dem hohen Maße wie bei den anderen Polymeren, so daß ein gewisser Teil der Zunderpartikel frei beweglich war.

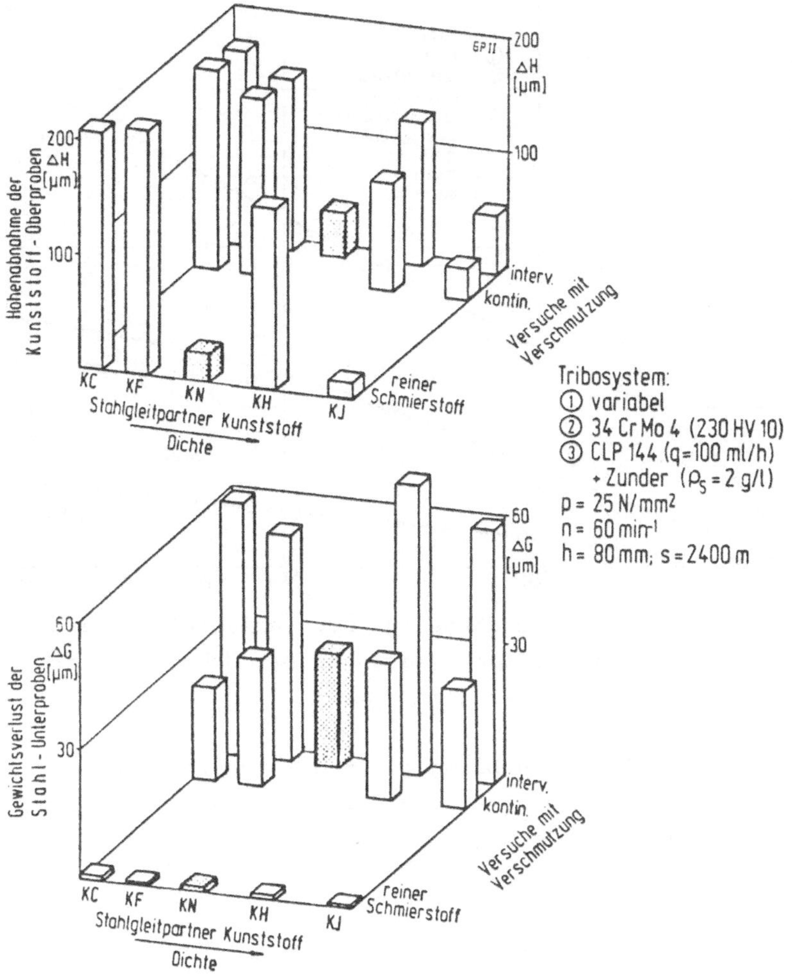

Bild 22: Höhenabnahme und Verschleiß von Kunststoff/Stahl-Paarungen bei reinem und verschmutztem Schmierstoff

Bei höheren Stahlhärten fiel zwar, wie in Bild 23 für die hohen Zundermengen von 20 g/l im Schmierstoff gezeigt, der Stahlverschleiß erheblich geringer aus; die prinzipielle Verschleißerhöhung blieb jedoch erhalten.

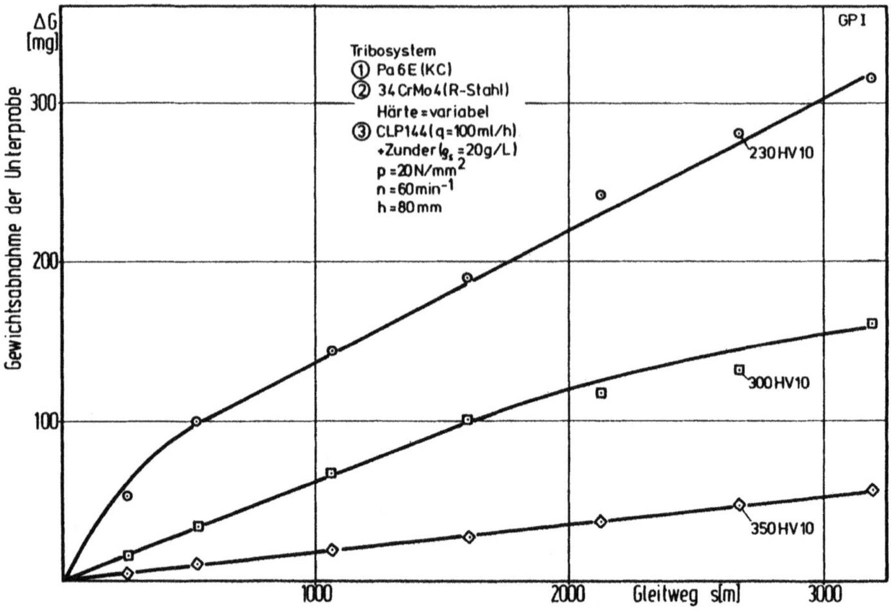

Bild 23: Einfluß der Stahlhärte auf das Verschleißverhalten von Kunststoff/Stahl-Paarungen bei Schmierung mit verschmutztem Schmierstoff

Da der Stahlverschleiß unabhängig von der Kunststoffart zunimmt, ist vom Einsatz der Kunststoffe als Stahlgleitpartner unter verschmutzten Umgebungsbedingungen abzuraten.

6.6. Einfluß der einzelnen Beanspruchungsparameter

Die Beanspruchungsparameter statische und dynamische Belastung, Hubweg und Gleitgeschwindigkeit sind vom Walzprozeß bzw. von der Kinematik der Kardangelenke vorgegeben und können nicht einseitig verändert werden. Dennoch wurde der Einfluß dieser Parameter auf Reibung und Verschleiß der betrachteten Tribosysteme untersucht.

Höhere statische Druckkräfte führten zu erhöhter Reibung und zu einem höheren Verschleiß der metallischen Gleitpaarungen

im Einlauf- und im stationären Bereich, wobei innerhalb des betrachteten Bereiches der Flächenpressungen ($p = 20\ N/mm^2 \div 50\ N/mm^2$) keine grundlegenden Wechsel im Verschleißmechanismus auftraten.
Bei Stahl/Kunststoff-Paarungen nahmen mit höherer Druckkraft ($p = 30\ N/mm^2$) die Verschleißbeträge zu, die Reibung aufgrund plastifizierter Kunststoff-Oberflächen ab.

Der Einfluß dynamischer Lastschwingungen ist in Bild 24 dargestellt. Mit zunehmender Schwingungsamplitude nimmt der Verschleiß der Kupferlegierung/Stahl-Paarungen aufgrund der Pumpwirkung der Schwingungen und einer daraus resultierenden verbesserten Schmierstoffversorgung der Gleitflächen ab [23]. Verschleißmindernd dürfte auch die für Trennvorgänge günstige vertikal wirkende Schwingbewegung sein. Bei hohen Amplituden tritt jedoch eine Verschleißzunahme auf, da die Belastung in den Spitzen verschleißfördernd wirkt. Die Überlagerung dieser Einflüsse führt zu einem Minimum der normierten Stahl-Verschleißbeträge bei einem Verhältnis von $A_N/F_N = 0{,}5$. Auch der Verlauf des Kupferlegierungsverschleißes läßt einen Anstieg bei höheren Amplituden vermuten.

Bei Kunststoff/Stahl-Paarungen führten steigende Schwingungsamplituden generell zu einer verstärkten Kunststoff-Höhenabnahme, da aufgrund des hohen elastisch-plastischen Verformungsvermögens der Kunststoffe eine Verbesserung der Schmierungsbedingungen durch Pumpwirkung nicht eintritt und eine erhöhte Temperaturbeanspruchung infolge der Schwingungsdämpfung verschleißfördernd wirksam wird. Unterschiede in der Dichte und den Dämpfungseigenschaften der Kunststoffe machten sich in der Höhe der Verschleißzunahme bemerkbar.

Veränderliche Frequenzen der Belastungsschwingungen hatten bei Kupferlegierung/Stahl-Paarungen keinen merklichen Einfluß auf den Verschleiß; bei Kunststoff/Stahl-Paarungen führte jedoch eine Steigerung der Frequenz zu einer verstärkten Kunststoff-Höhenabnahme aufgrund erhöhter Probentemperatur. Die mittleren Reibungszahlen wiesen keinen Einfluß der Frequenz auf.

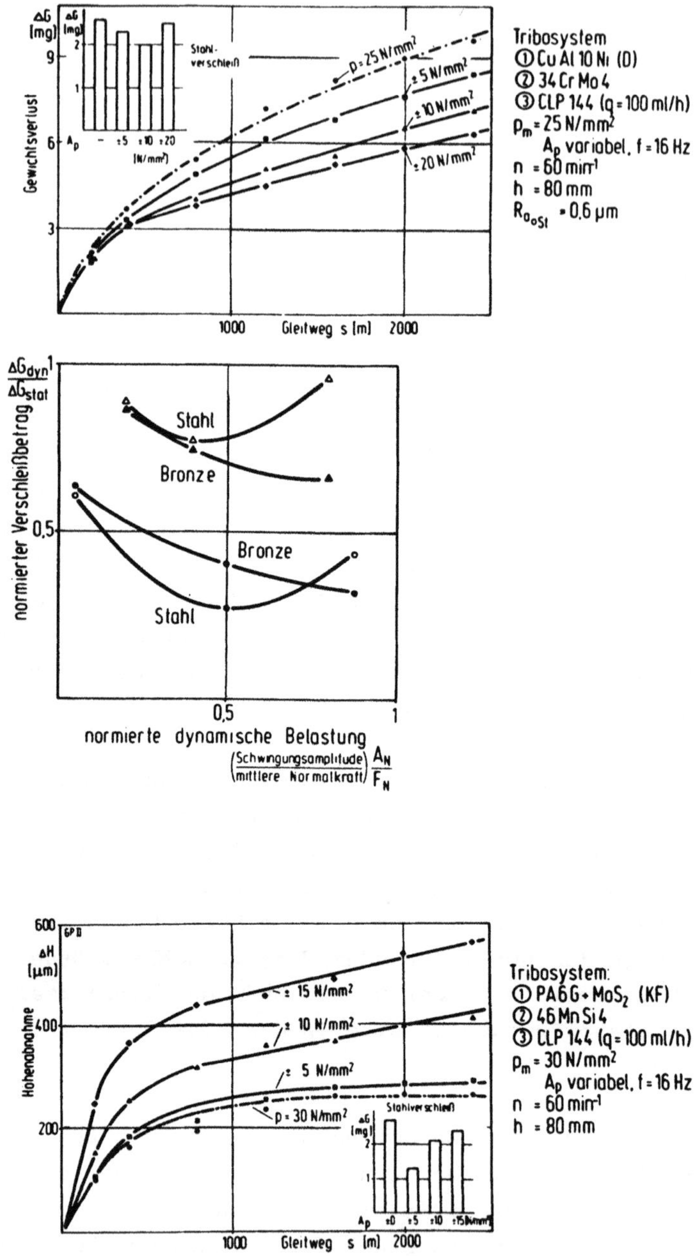

Bild 24: Einfluß dynamischer Lastschwingungen bei Kupferlegierung/Stahl- und Kunststoff/Stahl-Paarungen

Bei Fettschmierung (Bild 25) wurden generell die gleichen Ergebnisse in bezug auf den Einfluß der dynamischen Lastschwingungen wie bei Ölschmierung gefunden.

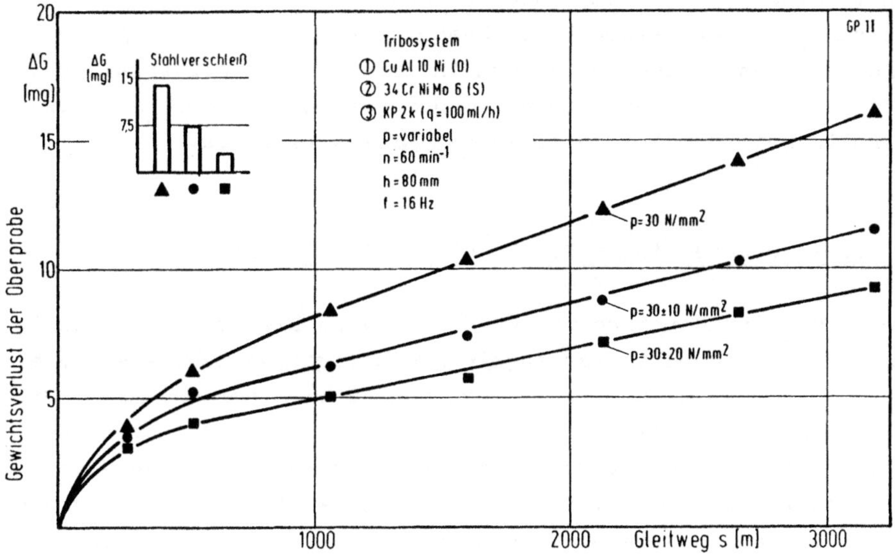

Bild 25: Verschleiß von Kupferlegierung/Stahl-Gleitpaarungen unter dem Einfluß dynamischer Belastungen bei Fettschmierung

Da der Transport der Abrasivpartikel zwischen die Gleitflächen der Kardangelenke insbesondere durch Druckkraftschwingungen gefördert wird, interessierte der Einfluß der Schwingungen bei Zufuhr von verunreinigtem Schmierstoff. Es zeigte sich, daß bis zu einer gewissen Verschmutzungsmenge im Schmierstoff (ρ_s = 2 g/l) die oben angeführten Tendenzen bestätigt werden, während bei einer Erhöhung der Verschmutzungsmenge (ρ_s = 20 g/l) eine Verschleiß- und Reibungszunahme der Kupferlegierung/Stahl-Paarungen mit steigender Schwingungsamplitude auftritt, da aufgrund der Pumpwirkung zwar eine verbesserte Schmierstoffversorgung, aber gleichzeitig auch ein verstärkter Transport der Abrasivpartikel in die Gleitfläche erfolgt.

Höhere Gleitgeschwindigkeiten führten aufgrund einer verbesserten Schmierfilmbildung, wobei die Rauheiten den Aufbau von Mikroschmierkeilen begünstigen, zu einem geringeren Verschleiß der metallischen Gleitpaarungen. Bei Kunststoff/Stahl-Paarungen hatte eine erhöhte Temperatur aufgrund höherer Gleitgeschwindigkeiten eine verstärkte Höhenabnahme der Polyamide zur Folge; die Duroplaste ähnelten jedoch in ihrem Verschleißverhalten aufgrund der höheren Dichte und der geringeren Temperaturempfindlichkeit dem der metallischen Gleitwerkstoffe.

7. Erläuterungen im Hinblick auf die Praxisversuche

Im Rahmen der Untersuchung wurde das Verschleißverhalten der unterschiedlichen im Kardangelenk eingesetzten bzw. einsetzbaren Werkstoff/Schmierstoff-Paarungen anhand praxisorientierter Prüfstandsversuche ermittelt. Dabei wurde der Einfluß zahlreicher Parameter auf den Verschleiß dieses Tribosystems aufgezeigt. In der Praxis ist jeder Versuch am Originalsystem mit einem hohen Zeit- und Kostenaufwand verbunden. Die Versuche am Originalsystem müssen sich deshalb zwangsläufig auf die gezielte Überprüfung der wichtigsten Prüfstandsergebnisse beschränken. Hierbei ist insbesondere der dominierende Einfluß der Härtedifferenz zwischen Kupferlegierung und Stahl zu berücksichtigen.

Bezüglich der Durchführung der Praxisversuche beim Forschungspartner Hoesch Hüttenwerke AG sind folgende Einschränkungen gegeben:

- Die Anzahl möglicher Versuche am Originalsystem läßt naturgemäß eine geringere statistische Absicherung der Praxisergebnisse erwarten.

- Die Betriebsbedingungen am Walzgerüst sind nicht konstant. Den veränderlichen Einflußgrößen muß durch eine besondere Versuchsdurchführung Rechnung getragen werden.

- Bei der Überprüfung der verschleißoptimalen Härtedifferenz zwischen Kupferlegierung und Stahl am Praxissystem ist zu berücksichtigen, daß die Härte der großen Kardangelenk-Gleitflächen stärkeren Schwankungen über der Oberfläche unterliegt, als dies bei den kleineren Prüfstands-Probekörpern der Fall war.

Die praxisnahe Durchführung aller Prüfstandsversuche ließ eine gute Übertragbarkeit der gefundenen Ergebnisse erwarten. Durch die Ergebnisse der Praxisversuche bei den Hoesch Hüttenwerken wird dies bestätigt. Lediglich die Abgrenzung der Ergebnisse konnte aus oben genannten Gründen in den Praxisversuchen nicht mit einer derartigen Prägnanz erfolgen, wie dies in den Prüfstandsversuchen möglich war.

8. Schrifttum

/1/ Krause, H., Hammel, C., Haas, H. Verschleißminderung an hochbelasteten Gelenkverbindungen
Teil I: Schmiertechnik - Tribologie 28 (1981) 6, S. 218 - 222
Teil II: Schmiertechnik - Tribologie 29 (1982) 1, S. 16 - 19

/2/ N.N. Gestaltung von Lagerungen - Gleitlagerwerkstoffe
VDI-Richtlinie 2203, 1964

/3/ Hummel, O.H. Gleitlagerwerkstoffe
KEM Konstruktion, Elemente, Methoden 11 (1974), S. 26 - 27

/4/ Roemer, E. Werkstoffe und Schichtaufbau bei Gleitlagern
Zeitschrift für Werkstofftechnik 4 (1973) 8, S. 434 - 442

/5/ Mittelbach, B. Eigenschaften von Gleitwerkstoffen auf Kupferbasis
Zeitschrift wirtschaftlicher Fertigung 66 (1971) 10, S. 489 - 495

/6/ Reindl, L. Ein Werkstoff für Gleitplatten, Schneckenräder und Gleitlager
Industrie-Anzeiger 95 (1973) 80, S. 1634 - 1636

/7/ Droste, K. Schmierung und Gestaltung von Gleitlagern. II. Lagerkennzahl, Gleitraumgestaltung und Lagerwerkstoffe
Stahl und Eisen 77 (1957) 18, S. 1196 - 1204

/8/ Neale, M.J. Tribology Handbook
Edited by Newns-Butterworths, London 1975

/9/ Krause, H. Hammel, C. Untersuchung des Reibungs- und Verschleißverhaltens von Stahl/Bronze- und Stahl/Kunststoff-Paarungen bei variabler Stahlhärte, durchgeführt im Rahmen der Kardangelenkuntersuchungen
Bericht Nr. 8011 des Lehrgebietes "Abnutzung der Werkstoffe", RWTH Aachen 1980

/10/ Hachmann, H. Strickle, E. Reibung und Verschleiß an der Gleitpaarung Kunststoff/Stahl bei Trockenlauf
Kunststoffe 59 (1969) 1, S. 45 - 50

/11/ Erhard, G. Strickle, E. Gleitelemente aus thermoplastischen Kunststoffen, Teil I: Gleitreibungsverhalten im Trockenlauf, Teil II: Gleitreibungsverhalten bei Schmierung und Einfluß von Zusatzstoffen, Teil III: Berechnung der Belastbarkeit
Kunststoffe 62 (1972) 1, S. 2 - 9, S. 232 - 234; 5, S. 282 - 288

/12/ Steinbuch, R.T. Nylon 6 as a bearing material
WEAR 5 (1962), S. 458 - 466

/13/ Brendel, H. Ehrlich, M. Untersuchung zur Änderung der Oberflächenrauheit beim Gleitvorgang
Schmierungstechnik 9 (1978) 2, S. 49 - 53

/14/ Hammer, P. Polzer, G. Optimierung der Bearbeitungsrauhigkeit reibender Maschinenteile
Die Technik 22 (1967) 8, S. 489 - 491

/15/ Vasilca, G. Raszillier, V. Statistische quantitative Parameter der Gleitflächenmikrogeometrie von Lagerlegierungen auf Kupferbasis
Schmierungstechnik 2 (1971) 10, S. 302 - 310

/16/ Witenberg, J. — Oberflächenrauheit als Einflußgröße für die Steigerung der Verschleißfestigkeit von Geräteteilen
Schmierungstechnik 9 (1978) 4, S. 100 - 103

/17/ Ziegler, H.
Gültbauer, F. — Untersuchungen über Einflußfaktoren auf die Gleitreibung
Fachberichte Hüttenpraxis Metallweiterverarbeitung 18 (1980) 11, S. 1011-1015

/18/ Richardson, R.C.D. — The wear of metals by hard abrasives
WEAR 10 (1967), S. 291 - 309

/19/ Finkin, E.F. — Examination of Abrasion Resistance Criteria for Some Ductile Metals
Transactions of the ASME 96 (1974) 2, S. 210 - 214

/20/ Lancaster, J.K. — Abrasive Wear of Polymers
WEAR 14 (1969), S. 223 - 239

/21/ Tao, F.F.
Appeldoorn, J.K. — An Experimental Study of the Wear Caused by Loose Abrasive Paricles in Oil
ASLE Transactions 13 (1970), S. 169-178

/22/ Wellinger, K.
Uetz, H.
Gommel, G. — Verschleiß durch Wirkung von körnigen mineralischen Stoffen
Materialprüfung 9 (1967) 5, S. 153 - 160

/23/ Broszeit, E.
Kloos, K.H.
Hess, F.J.
Wagner, E. — Einfluß von Schwingungen auf die Verschleißeigenschaften eines Reibsystems
WEAR 28 (1974), S. 395 - 401

/24/ Hurricks, P.L. — Some Metallurgical Factors Controlling The Adhesive and Abrasive Wear Resistance of Steel
A Review
WEAR 26 (1973), S. 285 - 304

/25/ Silence, W.L. Effect of Structure on Wear Resistance of Co-, Fe- and Ni-Base
Conference 1977 "Wear of Materials", S. 77 - 85

/26/ Montgomery, R.S. Friction and Wear of Some Bronzes under Lubricated Reciprocating Sliding
WEAR 15 (1970), S. 373 - 387

/27/ Caubet, J.J. Beitrag zur Untersuchung des Verschleißverhaltens von Bronze
HTM 26 (1971) 2, S. 131 - 137

/28/ Mann, H. Legierungen mit Kupfer
aus: Kühnel, Gleitlagerwerkstoffe

/29/ De Gee
Zaat, J.H. Wear of Copper Alloys against Steel in Oxygen and Argon
WEAR 5 (1962), S. 257 - 274

/30/ Taga, Y.
Nakajima, K. Friction and Wear of CuZn-Alloys against Stainless Steel
WEAR 37 (1976), S. 365 - 375

/31/ Tsukizoe, T.
Ohmae, N. Wear performance of unidirectionally oriented carbon fibre reinforced plastics
Tribology International 1975, 8, S. 171 - 175

/32/ Keuerleber, R. Kohlenstoffaserverstärkte Thermoplaste
Kunststoffe 68 (1978) 6, S. 331 - 334

/33/ Giltrow, J.P.
Lancaster, J.K. Carbon-Fibre Reinforced Polymers as Self-Lubricating Materials
Proc. Instn. Mech. Engrs., 1967-68, Vol. 182, S. 147 - 157

/34/ Lancaster, J.K. The Effect of Carbon-Fibre Reinforcement on the Friction and Wear of Polymers
Br. J. appl. Phys. (J. Phys. D.), 1968, Ser. 2, Vol. 1, S. 549 - 559

/35/ Tanaka, K. Friction and Wear of Glass and Carbon Fibre-Filled Thermoplastic Polymers
Transactions of the ASME, 1977, S. 407 - 414

/36/ Lancaster, J.K. Lubrication of Carbon-Fibre-Reinforced Polymers - Part II: Organic Fluids
WEAR 20 (1972), S. 335 - 351

/37/ Archard, J.F.; Kirk, M.T. Hydrodynamic Lubrication of Perspex
Nature 194, S. 965 - 966

/38/ Cameron, A. Surface Failures in Gears
Journal of the Institute of Petroleum 40 (1954), S. 191 - 202

/39/ Bell, J.C.; Kannel, J.W. Simulation of Ball-Bearing Lubrication with a Rolling-Disc Apparatus
Transactions of the ASME. Journal of Lubrication Technology (1970), S. 1 - 15

/40/ Czichos, H. Untersuchungen über die Verteilung metallischer und nichtmetallischer Kontaktanteile bei Mischreibung
WEAR 17 (1971), S. 209 - 217

/41/ Brüser, P. Untersuchungen über die elastohydrodynamische Schmierfilmdicke bei elliptischen Hertzschen Kontaktflächen
Dissertation TU Braunschweig 1972

/42/ Brüser, P. — Ein Verfahren zur Auswertung von kapazitiven Schmierfilmdickenmessungen
Schmiertechnik - Tribologie 21 (1974) 4

/43/ Brüser, P. — Schmierfilmdickenmessungen bei hochbelasteten Wälzkörpern
Schmiertechnik - Tribologie 24 (1977) 4, S. 94 - 97

/44/ Weck, M., Kruse, A., Gohritz, A. — Determination of Surface Fatigue of Gear Material by Roller Tests
Transactions of the ASME. Journal of Mechanical Design (1977), S. 1 - 7

/45/ Haddad, N., Heinz, R., Schmidt, F., Schmidt, U. — Vortrag der Arbeitsgruppe "Drahtgeber" im Koordinationskreis "Elastohydrodynamik" des BMFT-Tribologie-Programms, 1. Präsentation Tribologie 1981 des BMFT 12. - 14.5.1981 in Koblenz

/46/ Bongartz, H.B. — Die Tragkraftkomponenten der Gleitführung und ihr Einfluß auf das Reibungsverhalten im Bereich der Mischreibung.
Dissertation an der RWTH Aachen, 1970

/47/ Steinführer, G. — Die Schmierfilmdicke beim Geschwindigkeitswechsel
Dissertation an der Universität Hannover 1978

Verschleißminderung an hochbelasteten Gelenkverbindungen

von

Dipl.-Ing. Heinz Haas
Dr.-Ing. Eugen Gülker
Dipl.-Ing. Detlef Hegebarth

Hoesch Hüttenwerke AG
Maschinenbetriebe
Dortmund

Förderkennzeichen 01 ZT 177
Laufzeit: 01.01.1978 - 31.12.1981

Zusammenfassung

Die im Rahmen dieses Forschungsvorhabens gewonnenen Erkenntnisse haben die Prüfstandsergebnisse der Technischen Hochschule Aachen hinsichtlich des erheblichen Einflusses der Härtedifferenz auf den Systemverschleiß bestätigt.
Der bei den Prüfstandsversuchen außerdem festgestellte Einfluß weiterer Parameter, wie Oberflächenrauheit der Gleitpartner und Schmierstoffviskosität, war nicht Thema der Praxisversuche.
Es hat sich in den Prüfstandsversuchen jedoch gezeigt, daß durch Verringerung der Stahlanfangsrauheit eine weitere Senkung des Systemverschleißes möglich ist.
Eine Erhöhung der Schmierölviskosität über bestimmte Werte hinaus scheint dagegen für den Bereich der optimalen Härtedifferenz nicht sinnvoll.

Während die Prüfstandsversuche ein Verschleißminimum bei einer Härtedifferenz von etwa 80 - 100 HV nachweisen, erscheint es wegen der naturgemäß auftretenden Härteschwankungen bei den Gleitpartnern erforderlich, in der Praxis einen erweiterten Härtedifferenzbereich von ca. 80 - 120 HV zuzulassen.
Eine konsequente Anwendung dieser Erkenntnisse führt über die Minimierung des Systemverschleißes zu einer Erhöhung der Standzeiten der Reibpartner. Das Ziel der Untersuchungen, nämlich Einsparung von Rohstoffen sowie Minderung der Produktionsausfallkosten und Instandhaltungskosten ist somit erreicht worden. Es kann davon ausgegangen werden, daß - je nach Ausgangslage - eine mehr als doppelte Lebensdauer erreicht werden kann.

Die von der TH Aachen erarbeiteten wissenschaftlichen Grundlagen ermöglichen zusammen mit den praktischen Erfahrungen die Auswahl verschleißminimaler Werkstoffpaarungen des Typs Stahl/Kupferlegierung. Sie lassen sich auch auf andere Tribosysteme , bei denen ebene Gleitbewegungen unter Mischreibungsbedingungen ablaufen, z. B. bei ebenen Gleitbahnen übertragen.

Inhaltsverzeichnis

1. Problemstellung

Die für den Antrieb hochbelasteter Walzgerüste verwendeten Gelenkverbindungen sind hohen thermischen und mechanischen Wechselbeanspruchungen ausgesetzt. Dabei entstehen durch Reibung und Verschleiß Energie- und Rohstoffverluste und erhöhte Kosten für Instandhaltung und Produktionsausfälle.

2. Zielsetzung

Die Anwendbarkeit der in umfangreichen Prüfstandsversuchen [1, 2, 3] gewonnenen Erkenntnisse sollte an Gelenkspindelsystemen der Praxis geprüft werden.
Während in den Prüfstandsversuchen alle wichtigen Einflußgrößen untersucht und in ihrer Wirkung bewertet wurden, konnte das Hauptaugenmerk bei den Praxisversuchen ausschließlich darauf gelegt werden, den bei den Versuchen gefundenen Zusammenhang zwischen der Härtedifferenz der Reibpartner und dem Verschleiß unter Betriebsbedingungen zu überprüfen.

Darüber hinaus sollten die Untersuchungen einen Hinweis darauf geben, ob der Betreiber oder Erbauer solcher oder ähnlicher Tribosysteme mit hohen Mischreibungsanteilen die Auswahl einer optimalen Werkstoffpaarung vornehmen kann.
Dies gilt sowohl für die Verbesserung bestehender Systeme als auch für Neukonstruktionen.

3. Versuchsprogramm

3.1 Auswahl der Walzgerüste

Für die Durchführung der Praxisversuche wurden zwei Reversiergerüste in Warmwalzwerken ausgewählt, deren mechanische Beanspruchung der Walzenantriebe und Umgebungseinflüsse als charakteristisch für hochbelastete Gelenkverbindungen angesehen werden müssen (Bild 1). Die Versuche an diesen Gerüsten haben den Vorteil, daß meßbare Verschleißbeträge in verhältnismäßig kurzer Zeit vorliegen. Zudem eignen sich die Stillstandsphasen während der Wartungsarbeiten für die Durchführung der Verschleißmessungen, ohne den Produktionsablauf zu beeinträchtigen.

Bild 1 Ansicht des Walzgerüstes VG 1 (Brammenblockgerüst)

In die Versuche werden jeweils die walzenseitigen Gelenke der Oberwalzen einbezogen.

Bild 2 zeigt die schematische Darstellung der Gelenkspindelanordnung.

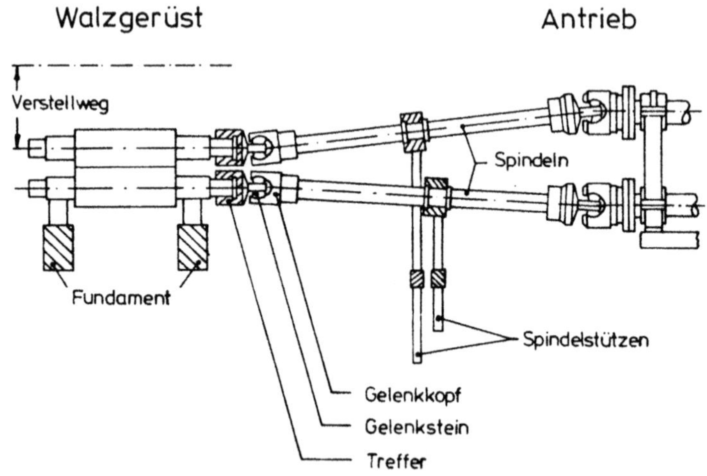

Bild 2 Anordnung der unteren und oberen Gelenkspindeln als Bindeglied zwischen Antriebseinheit und Arbeitswalzen

Der Verstellweg ist von der jeweiligen Walzgutdicke abhängig und bestimmt zusammen mit der Spindeldrehzahl die maximale Gleitgeschwindigkeit an den Gelenkflächen und den zurückgelegten Gleitweg.
Ebenso wie andere verschleißrelevante Einflußgrößen, z. B. Drehmoment und Spindeldrehzahl ist der Verstellweg und damit der Auslenkwinkel eine zeitlich veränderliche Größe.
Um den Einfluß dieser Veränderlichen auf die Versuchsergebnisse möglichst gering zu halten, wurden Parallelbetriebsversuche durchgeführt, auf die noch näher eingegangen wird. Dadurch konnte eine weitgehende Vergleichbarkeit der Versuche untereinander erzielt werden.

In Tabelle 1 sind einige Produktionsdaten der ausgewählten Walzgerüste aufgeführt.

Walzgerüst	interne Kodierung	Vorprodukt	Walzgewicht kN	Abmessungen des Walzgutes, alle Maße in mm: vor dem Walzen	Abmessungen des Walzgutes, alle Maße in mm: nach dem Walzen	Stichzahl
Brammen - blockgerüst	VG1	Kokillenguß- block	80 - 280	<u>80 - kN - Block (konisch):</u> 580 × 780 / 640 × 840 × 2400 <u>280 - kN - Block (konisch):</u> 900 × 1660 / 980 × 1700 × 2700	<u>minimal:</u> b = 500, d = 80 <u>maximal:</u> b = 1600, d = 500 <u>durchschnittlich:</u> b = 1100, d = 170	12 - 30
Vorgerüst (Breitband)	VG2	Bramme	60 - 300	b = 600 ÷ 1550 d = 160 ÷ 195	b = 600 ÷ 1550 d = 52 ÷ 56	3 - 5

<u>Tabelle 1</u> Produktionsdaten der ausgewählten Walzgerüste

3.2 Einflußgrößen

3.2.1 Werkstoffpaarungen

Die Festlegung der Materialpaarungen für die Praxisversuche erfolgte nach folgenden Gesichtspunkten:

- Auswahl von Normlegierungen, die auch Bestandteil der Prüfstandsversuche waren,
- der Trefferwerkstoff war vorgegeben, da auf vorhandene Gelenktreffer zurückgegriffen wurde,
- die Materialauswahl erfolgte unter Berücksichtigung der bei den Prüfstandsversuchen ermittelten optimalen Härtedifferenz zwischen Stahl und Kupferlegierungen.

In Tabelle 2 sind die wichtigsten Kennwerte der verwendeten Werkstoffe wiedergegeben.

Werkstoff	Bezeichnung DIN	interne Kodierung	chemische Zusammensetzung							Makrohärte HV 20	
			Cu	Sn	Zn	Ni	Mn	Fe	Al	Mittelwert	Standardabweichung
Kupferlegierung	CuSn 12 Ni	A_1	85,9	11,6	0,08	2,05	-	0,03	-	107	8,4
	CuSn 12 Ni	A_2	86,7	11,1	0,23	1,8	-	0,04	-	101	3,3
	CuSn 12 Ni	A_3	86,4	11,5	0,12	1,64	-	0,03	-	100	1,9
	CuSn 12 Ni	A_4	86,5	11,4	0,08	1,65	-	0,02	-	110	4,6
	CuSn 12 Ni	A_5	86,4	11,5	0,08	1,60	-	0,01	-	109	5,0
	CuSn 12 Ni	A_6	86,6	11,4	0,10	1,71	-	0,03	-	114	4,7
	CuSn 12 Ni	A_7	86,4	11,6	0,06	1,62	-	0,05	-	103	3,7
	CuAl 10 Ni	B	80,5	-	0,21	5,3	1,1	4,1	8,6	172	7,8
	CuZn 25Al 5	C_1	66,0	0,16	21,8	0,4	4,0	3,2	4,2	182	2,9
	CuZn 25Al 5	C_2	66,6	0,15	21,6	0,4	4,0	2,9	4,2	182	6,7
	CuZn 25Al 5	D	65,0	0,07	21,4	2,36	2,85	2,53	5,7	240	5,8
	CuAl 11 Ni	E_1	77,2	0,12	0,11	5,9	1,35	4,2	11,1	196	5,7
	CuAl 11 Ni	E_2	76,9	0,06	0,12	6,1	1,04	4,98	10,7	193	5,1
	CuZn 34 Al 2	F	61,6	0,18	31,1	1,27	2,01	1,23	2,5	160	3,1
Stahl	42 Cr Mo 4 V	S	gemäß DIN 17200							316	20,5
	42 Cr Mo 4 V	T								243	18,2

Tabelle 2 Kennwerte der verwendeten Gelenkstein- und Trefferwerkstoffe

Die in Tabelle 2 für den Trefferwerkstoff 42 CrMo 4 V angegebenen unterschiedlichen Härtewerte ergeben sich aus der Art des verwendeten Auftragschweißwerkstoffes bei der Instandsetzung der Treffer.
Der Unterschied in den Oberflächenhärten führte zu der getrennten Kodierung der Versuchstreffer für die beiden Versuchsgelenke.
Die Härtemessungen an den Gelenksteinen wurden mit einem tragbaren Härteprüfgerät nach Vickers mit einer Prüfkraft von 196 N durchgeführt.
Die Härtemessung an den Gelenktreffern erfolgte mittels Schnell-Prüfverfahren (EQUO-Verfahren). Ein Meßkörper ermittelt die Härte über einen Vergleich der Aufprall- mit der Rückprallgeschwindigkeit einer Hartmetall-Prüfkugel. Der so ermittelte Meßwert ist über Tabellen direkt in Vickershärte umzurechnen. Eigene vergleichende Messungen mit beiden Geräten an den Trefferblattflächen zeigten eine gute Übereinstimmung der Meßergebnisse.

3.2.2 Gleitflächenmikrogeometrie

Vor und nach den Betriebsversuchen wurde die Rauheit der Trefferblattgleitflächen gemessen. Die bei der Fertigung bzw. bei der Nacharbeit der Treffer erzielten Oberflächengüten entsprechen den praktischen Normalwerten. Da ein Einfluß der Stahlrauheit auf den Systemverschleiß zwar auch in den Prüfstandsversuchen nachgewiesen wurde, eine Untersuchung dieser Zusammenhänge im Rahmen der Praxisversuche jedoch nicht vorgesehen war, wurde auf eine Variation der Rauheiten verzichtet. In Tabelle 3 sind daher lediglich die mittleren Trefferrauheiten [4] als zusätzliche Systemkenngrößen angegeben.

Versuchsgelenk	Rauheit µm R_a		R_t	
	vor	nach	vor	nach
VG 1	1,7 - 2,5	0,8 - 1,0	15 - 20	10 - 16
VG 2	1,2 - 1,9	1,1 - 1,5	11 - 20	15 - 22

Tabelle 3 Mittlere Rauheitswerte der Versuchsgelenktreffer vor und nach den Betriebsversuchen

3.2.3 Schmierstoffauswahl und -versorgung

Beide Versuchsgelenke werden über eine Ölnebelschmieranlage mit Schmieröl [5] versorgt. Die zeitliche Schmierstoffzufuhr wird über die Dauer der Versuche nicht verändert. Die Schmierstoffmenge, bezogen auf das Walzguteinsatzgewicht, beträgt je Gelenk

an VG 1   5 dm^3/1000 t

an VG 2   1 dm^3/1000 t

In Tabelle 4 sind die für den hier betrachteten Einsatzfall relevanten Ölkenndaten zusammengefaßt.
Neben Wirkstoffen zur Verminderung von Oxidation und Korrosion enthalten beide Schmieröle Zusätze zur Verbesserung des Verhaltens im Mischreibungsgebiet (EP-Zusätze) und des Ölnebelverhaltens.

Schmierölbezeichnung	CLP 220	CLP 460	Einheit	Prüfnorm
Kin. Viskosität bei 40 °C	220 ± 10%	460 ± 10%	mm^2/s	DIN 51 550 DIN 51 562
Viskositätsindex V.I.	min. 80		./.	DIN 51 563
Mischreibungsverhalten FZG-Test A/8,3/90 Schadenskraftstufe 12 spez. Verschleiß	max. 0,1		mg/PS·h	DIN 51 354
Timkenprüfung Gesamtverschleiß nach 10 Minuten bei 43 lbs	max. 4		mg	SEB 181 302
Verhalten gegen Dichtungswerkstoffe bei 100 °C und 168 h Härteänderung	max. ± 4		Shore A	DIN 53 505
Volumenänderung	max. + 4		Vol %	DIN 53 521
Korrosionswirkung auf Kupfer Korrosionsgrad	max. 1 - 100 A 3		./.	DIN 51 759

Tabelle 4 Kennwerte der verwendeten Schmieröle

3.2.4 Walzguteinsatzgewicht

Als Bezugsgröße für den Verschleiß dient das Walzguteinsatzgewicht, d. h. die Menge Walzgut, die im Versuchszeitraum in den Versuchswalzgerüsten gewalzt wurde.
Diese Bezugsgröße ist im Hüttenwerksbereich üblich, da sie einen aussagefähigen Vergleich mehrerer Versuchsergebnisse untereinander zuläßt und darüber hinaus genau und einfach zu bestimmen ist.
Die bezogene Verschleißmeßgröße wird in der Normung als Verschleiß-Durchsatz-Verhältnis bezeichnet [6].

3.3 Versuchsdauer

Aus produktionstechnischen Gründen ergaben sich für die Versuche an den beiden Walzgerüsten unterschiedliche Meßintervalle.
So konnten die Verschleißmessungen am Versuchsgelenk VG 1 wegen des 4 - 6 wöchigen Walzenwechselrhythmus nur in diesen Intervallen erfolgen.
Am Versuchsgelenk VG 2 lagen meßtechnisch günstigere Verhältnisse vor, da wöchentliche Instandhaltungsstillstände genutzt werden konnten. Daher erfolgten die Messungen hier in der Anfangsphase eines Versuches wöchentlich; im weiteren Verlauf wurden die Intervalle auf 2 - 4 Wochen verlängert.

Ein Versuch galt als beendet, wenn entweder eine festgelegte Walzguteinsatzmenge erreicht war, oder die Gelenksteine wegen zu hohen Verschleißes vorzeitig ausgebaut werden mußten.

3.4 Messungen

3.4.1 Temperaturmessungen

Am Versuchsgerüst VG 2 wurden die Gelenktemperaturen an den frei zugänglichen Stirnseiten der Gelenksteine mittels Tastthermometer über die Versuchsdauer gemessen. Die Meßintervalle lagen zwischen 2 - 8 Stunden, je nach Walzprogramm. Die Ergebnisse zeigen, daß in den Gelenken Temperaturen auftreten, die an den Schmierstoff hohe Ansprüche stellen. So liegt der Anteil der Temperaturen über 100°C bei 10 % (Tabelle 5).
Spitzentemperaturen von bis zu 145°C traten im wesentlichen während der Einlaufphase eines Versuches oder unter extremen Walzbedingungen - höherfestes Walzgut - auf.

Meßdatum	Anzahl der Messungen	stirnseitige Gelenksteintemperaturen °C			
		50 %	90 %	98 %	max.
Mai 1980 Aug. 1980	92	≤ 80	≤ 100	≤ 120	145

Tabelle 5 Stirnseitige Gelenksteintemperaturen am Versuchsgelenk VG 2

3.4.2 Drehmomentenmessungen

Die Drehmomentenmessungen und -aufzeichnungen wurden an beiden Versuchsgerüsten kontinuierlich durchgeführt.
Die Auswertung erfolgte nach dem Verweildauerzählverfahren, bei dem die Verweilzeit bestimmter Laststufen aufgezeichnet und klassiert wird. Wie in Tabelle 6 erkennbar ist, unterscheiden sich die Drehmomentenkollektive für die positive und negative Drehrichtung. Es sind für beide Spindeldrehrichtungen jeweils die Drehmomente aufgeführt, die 50, 90 und 98 % aller Drehmomente einschließen, sowie den oberen Grenzwert der höchsten, noch belegten Klasse.
Tabelle 7 zeigt die entsprechenden Abmessungen der Versuchsgelenke und die rechnerisch ermittelten Flächenpressungen unter Einbeziehung der Drehmomente gemäß Tabelle 5.

Walzgerüst	interne Kodierung	Meßdatum	Aufnahmezeit h	Spindeldreh-richtung	Spindeldrehmomente MNm			
					$M_{t\,50\%}$	$M_{t\,90\%}$	$M_{t\,98\%}$	$M_{t\,max}$
Brammen-blockgerüst	VG 1	Feb. 1980	70	(+) positiv	≤ 1,43	≤ 1,9	≤ 2,38	3,33
				(−) negativ	≤ 0,95	≤ 1,9	≤ 2,38	3,33
Vorgerüst (Breitband)	VG 2	Aug. 1980	137	(+) positiv	≤ 1,08	≤ 1,6	≤ 2,15	2,42
				(−) negativ	≤ 0,81	≤ 1,35	≤ 1,61	2,42

Tabelle 6 Repräsentative Spindeldrehmomente an den Versuchsgerüsten VG 1 und VG 2

Versuchs-gelenk	Abmessungen in mm			Momenten-hebelarm d mm	Gleitfläche A_{real} mm^2	Spindeldreh-richtung	Flächenpressung nach dem Einlaufen N/mm^2			
	Trefferblatt a	Gelenkstein b	c				$p_{50\%}$	$p_{90\%}$	$p_{98\%}$	p_{max}
VG 1	240	990	330	740	$6{,}6 \times 10^4$	(+) positiv	≤ 29,3	≤ 38,9	≤ 48,8	68,2
						(−) negativ	≤ 19,5	≤ 38,9	≤ 48,8	68,2
VG 2	290	880	330	680	$5{,}2 \times 10^4$	(+) positiv	≤ 40,9	≤ 60,9	≤ 81,4	91,6
						(−) negativ	≤ 30,7	≤ 51,1	≤ 60,9	91,6

Tabelle 7 Geometrische Gelenkdaten und die rechnerischen Flächenpressungen

Die von den Drehmomenten hervorgerufenen Flächenpressungen sind bei den betrachteten Gelenkverbindungen sehr hoch und führen zusammen mit einem unzureichenden hydrodynamischen Schmierfilmaufbau zum Verschleiß der Reibpartner.

Gemäß Bild 3 errechnet sich die gemeinsame, ebene Kontaktfläche des halben Gelenksteins und des Gelenktreffers zu

$$A_{ideal} = \frac{1}{2} \cdot c \cdot (b - a)$$

Davon muß noch der Anteil der Schmiernutenfläche von ca. 20 % subtrahiert werden. Weiterhin ist zu berücksichtigen, daß wegen des notwendigen Lagerspiels der Gelenkstein im eingelaufenen Zustand nur auf ca. 2/3 seiner Länge trägt [1].

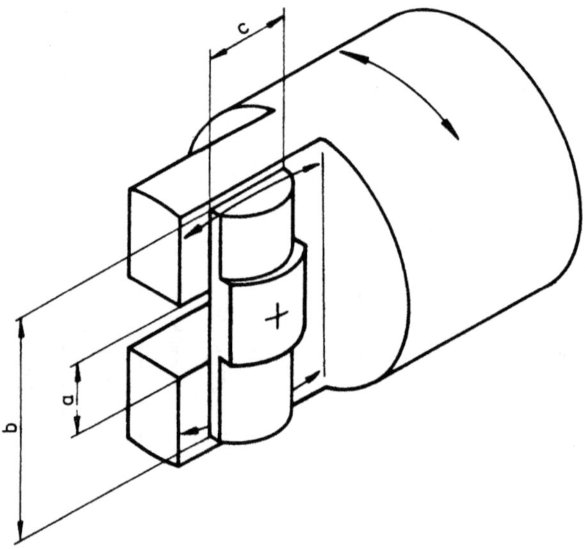

Bild 3 Gleitflächengeometrie (schematische Darstellung)

3.4.3 Verschleißmessungen

Für die Messung des Verschleißes als Kenngröße bei der Gegenüberstellung und Bewertung von Kupferlegierung/Stahl-Paarungen wurden in die Gleitflächen der Gelenksteine und -treffer Meßbohrungen eingebracht, deren Tiefenänderung während des Einsatzes ein Maß für den Verschleiß ist.
Bild 4 zeigt die Anordnung und Gestaltung der Verschleißmeßbohrungen am Beispiel des Gelenksteines vom Versuchsgerüst VG 2. Auf die Darstellung der Schmiernuten wurde dabei der Übersichtlichkeit wegen verzichtet. Die entsprechenden Treffergleitflächen erhielten lediglich 3 bzw. 4 Verschleißmeßbohrungen.

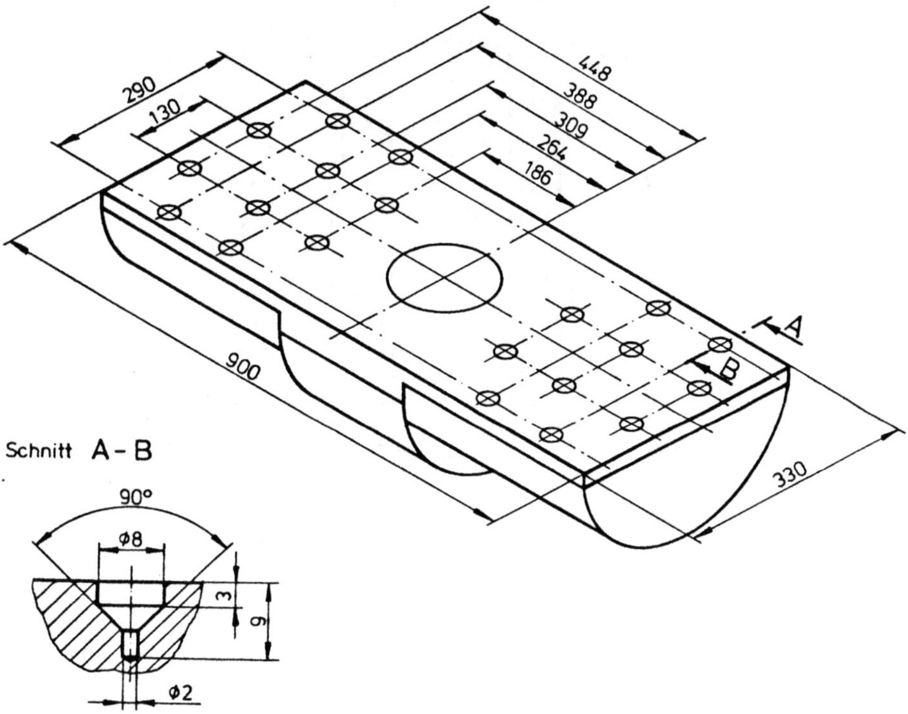

Bild 4 Anordnung der Meßbohrungen in der ebenen Gleitfläche eines Gelenksteines

Die Meßbohrungen wurden mittels entsprechend umgerüsteter Feinmeßuhren in festgelegten Zeitabständen vermessen.

3.5 Versuchsdurchführung

Im Gegensatz zu Prüfstandsversuchen, bei denen das Beanspruchungskollektiv und die Struktur des Tribosystems [7] innerhalb mehrerer Versuchsreihen konstant gehalten, bzw. definiert verändert werden kann, müssen bei Betriebsversuchen ungewollte Veränderungen der verschleißbestimmenden Parameter in Kauf genommen werden. Um eine weitgehende Vergleichbarkeit der Einzelversuche untereinander zu erzielen, wurden im Rahmen dieser Untersuchungen sogenannte Parallel-Betriebsversuche (Bild 5) durchgeführt.

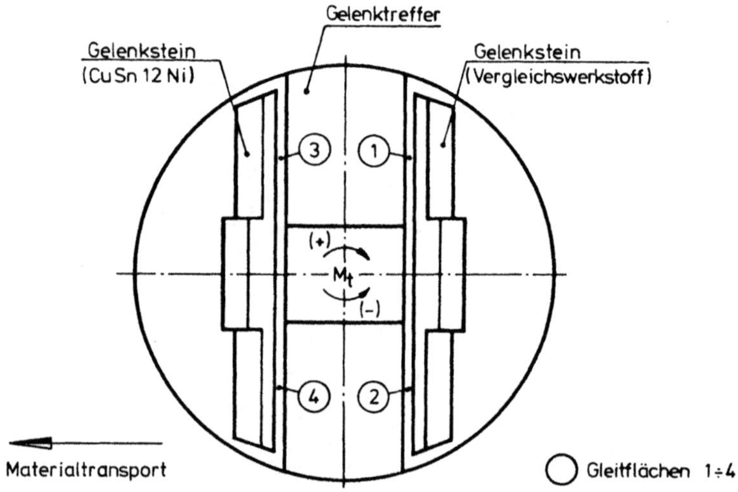

Bild 5 Anordnung der Versuchsgelenksteine im Gelenk

Jeweils ein Gelenkstein aus dem Bezugswerkstoff CuSn 12 Ni wurde gemeinsam mit einem Gelenkstein anderer Zusammensetzung eingesetzt. Das Beanspruchungskollektiv ist für die beiden betrachteten Werkstoffpaarungen Stahl/Kupferlegierung je nach Spindeldrehrichtung weitgehend gleich.
Die Struktur des Tribosystems unterscheidet sich innerhalb der Einzelversuche lediglich in der Art des Vergleichswerkstoffes.

Der wertmäßige Vergleich beider Werkstoffe bzw. Werkstoffpaarungen erfolgt durch Gegenüberstellung der Verschleißmeßwerte der diagonal gegenüberliegenden Berührungs-(Gleit-) flächen 1/4 und 2/3.

An beiden Versuchswalzgerüsten wurde die Auswahl der Gelenksteinwerkstoffe so vorgenommen, daß sich aus den jeweiligen Paarungen Treffer/Gelenkstein rechnerische Härtedifferenzen ergaben, die für jedes Versuchsgelenk einen bestimmten Bereich überdecken (Tabelle 8). Dabei wird für die Bezugskupferlegierung "A" eine mittlere Oberflächenhärte von 106 HV 20 zugrundegelegt. Unter Berücksichtigung der vorhandenen mittleren Trefferhärten ergeben sich die in der untenstehenden Tabelle angegebenen Härtedifferenzen.

Versuchsgelenk	Versuch-Nr.	Werkstoffpaarung		mittlere Härtedifferenz Δ HV
		Treffer	Gelenksteinwerkstoffe	
VG 1	1	S	A_1 / B	210 / 144
	2		A_2 / E_1	210 / 120
	3		A_3 / D	210 / 76
VG 2	1	T	A_4 / C_1	137 / 61
	2		A_5 / C_2	137 / 61
	3		A_6 / F	137 / 83
	4		A_7 / E_2	137 / 50

Tabelle 8 Aufstellung der Werkstoffpaarungen und der resultierenden Härtedifferenzen

Die 3 Versuche am Versuchsgelenk VG 1 lassen demnach den Vergleich von 4 Kupferlegierungen mit Härtedifferenzen zum Treffer "S" im Bereich von 76 - 210 HV zu. Entsprechendes gilt für die Versuche am Versuchsgelenk VG 2. Die hier untersuchten 4 Kupferlegierungen überdecken in Verbindung mit dem Treffer "T" einen Bereich von 50 - 137 HV.

4. Versuchsergebnisse

Die Verschleißbeträge der Gleitflächen 2 und 3, die bei positiver Walzendrehrichtung (Bild 5) belastet werden, sind durchweg größer als die der Flächen 1 und 4. Als Folge der größeren Beanspruchungshäufigkeit unter Last und des höheren Belastungskollektivs (Tabelle 6) werden die Berührungsflächen bei positiver Drehrichtung, also in Richtung des Weitertransportes des Walzgutes, stärker beansprucht.
Die Unterschiede in der Beanspruchungshäufigkeit für die positive bzw. negative Drehrichtung an Reversierwalzgerüsten sind umso ausgeprägter, je geringer die durchschnittliche Walzstichzahl an einem Walzgerüst ist.

Die Bilder 6 - 9 zeigen die bei Gelenksteinen aus Kupferlegierungen typischen Verschleißerscheinungsformen. In den Abbildungen sind die beiden Gelenksteine aus dem Versuch Nr. 2 am Versuchsgelenk VG 2 dargestellt.
In Bild 6 ist der stärkere Verschleißangriff an der Gleitfläche 2 gegenüber dem an der Fläche 1 wegen der vorgenannten höheren Beanspruchungshäufigkeit deutlich zu erkennen.
Bei visuellem Vergleich der beiden Gelenksteine zeigt die Gegenüberstellung der Gleitflächen 1 und 4 sowie der Flächen 2 und 3 sehr eindrucksvoll den unterschiedlichen Verschleißangriff.

Ebenso wird deutlich, wie durch den Verschleiß der Gleitflächen die Schmiernutgeometrie nachteilig verändert und somit die Schmierstoffzufuhr zu den Gleitflächen nicht nur erschwert, sondern sogar völlig unterbrochen werden kann.

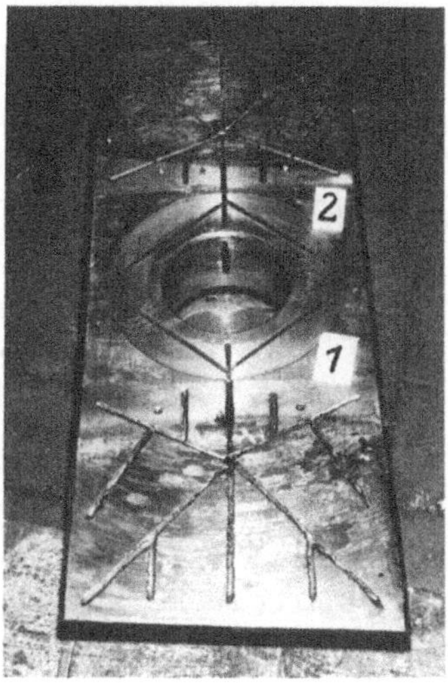

Bild 6 Versuchsgelenkstein aus Werkstoff CuZn25Al5 (C_2)

Bild 7 Versuchsgelenkstein aus Werkstoff CuSn12Ni (A_5)

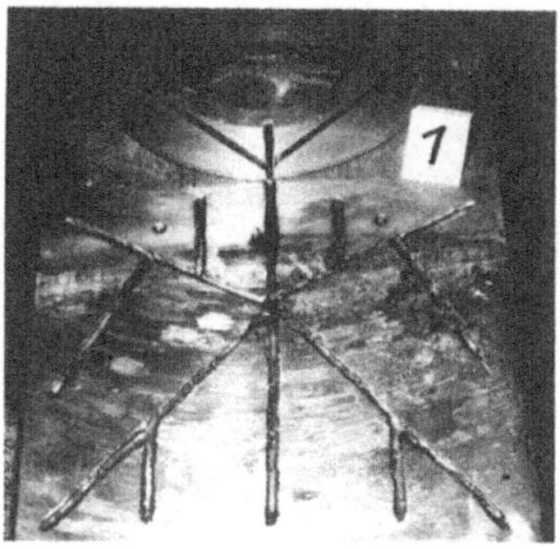

Bild 8 Ausschnitt aus Bild 6, Gleitfläche 1 mit starkem Freßverschleiß

Bild 9 Ausschnitt aus Bild 7, Gleitfläche 4 mit geringem Verschleiß

In den Bildern 10 - 16 ist der Verschleiß der Gelenksteine und -treffer in Abhängigkeit vom Walzguteinsatzgewicht aus den Einzelversuchen dargestellt.
Die markierten Kurvenpunkte bei den Kupferlegierungen repräsentieren jeweils den arithmetischen Mittelwert aus den Meßwerten der 4 äußeren Meßbohrungen jeder Gelenksteingleitfläche.
Die Kurvenpunkte für den Stahlverschleiß stellen dagegen das Mittel aus allen 3 bzw. 4 Meßwerten einer Treffergleitfläche dar.

Bei allen Versuchen zeigt sich entsprechend den Prüfstandsergebnissen eine nahezu lineare Abhängigkeit des Verschleißes von der Beanspruchungszeit bzw. von der hier gewählten Bezugsgröße, dem Walzguteinsatzgewicht.
Eine kurze Einlaufphase mit erhöhtem Verschleiß ist lediglich bei den Kupferlegierungen zu erkennen, während der Trefferverschleiß kein eindeutiges Einlaufverhalten zeigt.
Dieser Umstand ist jedoch zum Teil durch die insgesamt sehr geringen Verschleißwerte der Treffer und die vorgegebenen Meßintervalle zu erklären.
Die Verschleißwerte der Gelenksteine liegen beim 2- bis 6-fachen des Stahlverschleißes. Auch dies entspricht den Erkenntnissen aus den Prüfstandsversuchen.

Für jeden Versuch wurde abschließend das Verhältnis der Verschleißbeträge bei Versuchsende von Vergleichswerkstoff zu Bezugswerkstoff gebildet und dabei der Verschleißbetrag des Bezugswerkstoffes gleich 1 gesetzt.
Auf der Basis dieser Relativwerte sind die Einzelversuche untereinander vergleichbar, auch wenn sich das Beanspruchungskollektiv verändert hat.

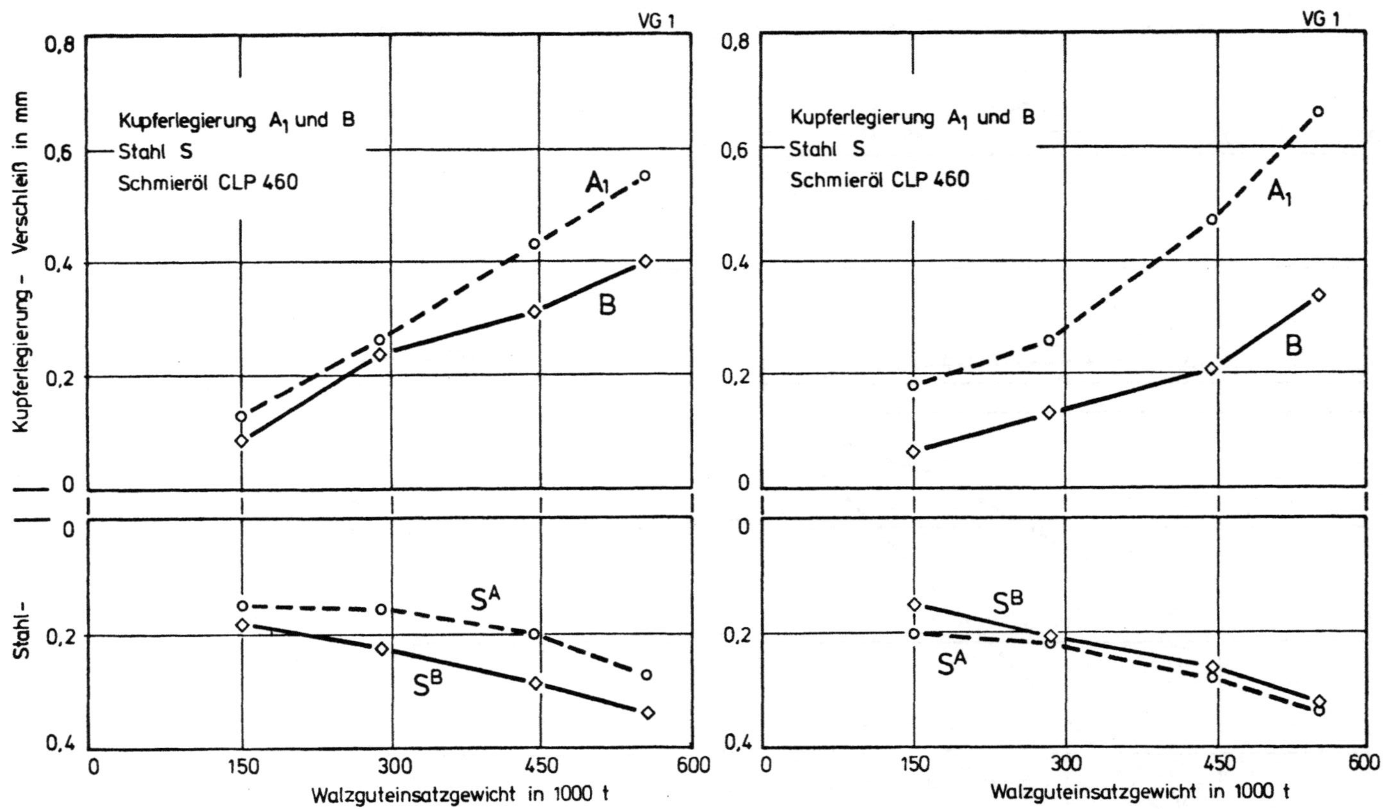

Bild 10 Verschleißbeträge der Gelenksteine A_1 und B und des Gelenktreffers S in Abhängigkeit vom Walzguteinsatzgewicht

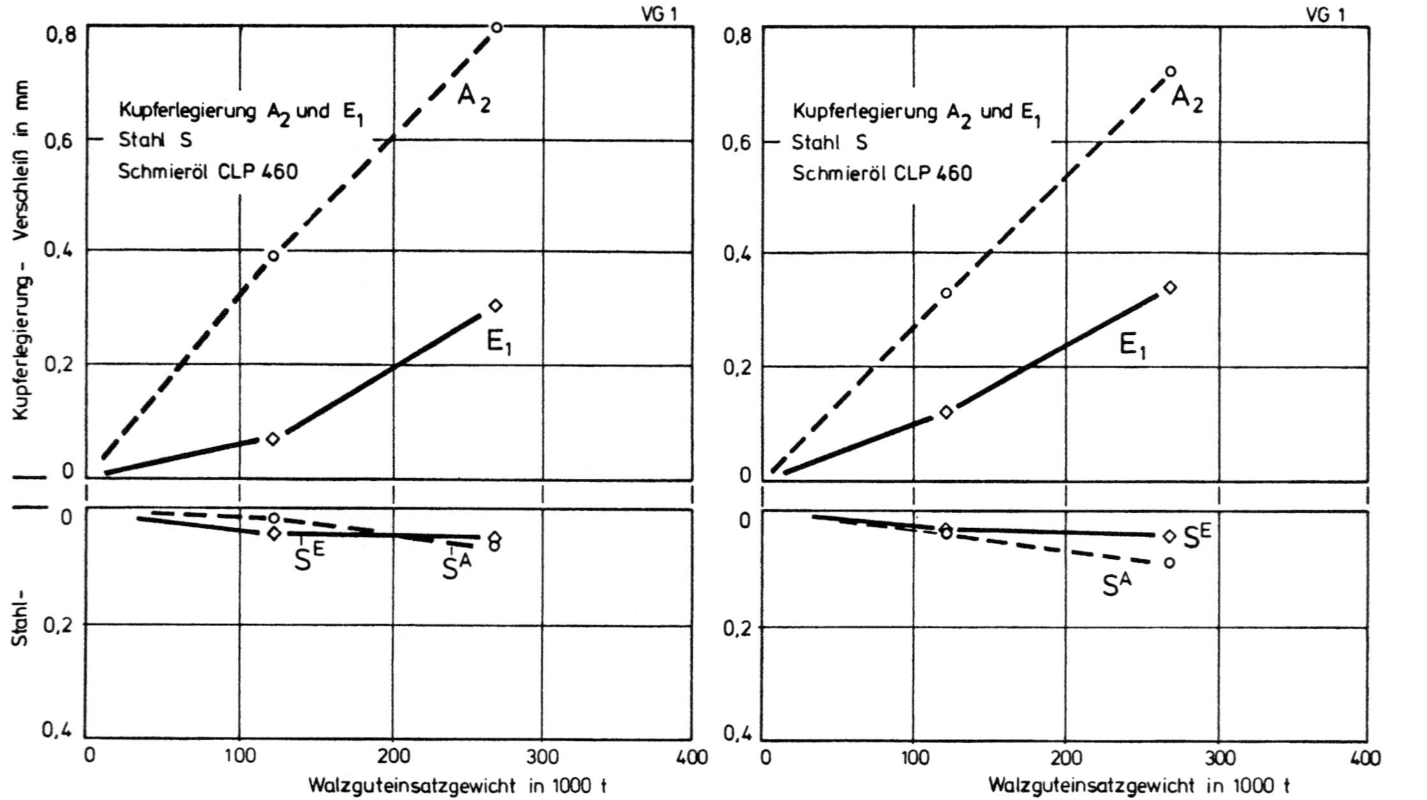

Bild 11 Verschleißbeträge der Gelenksteine A_2 und E_1 und des Gelenktreffers S in Abhängigkeit vom Walzguteinsatzgewicht

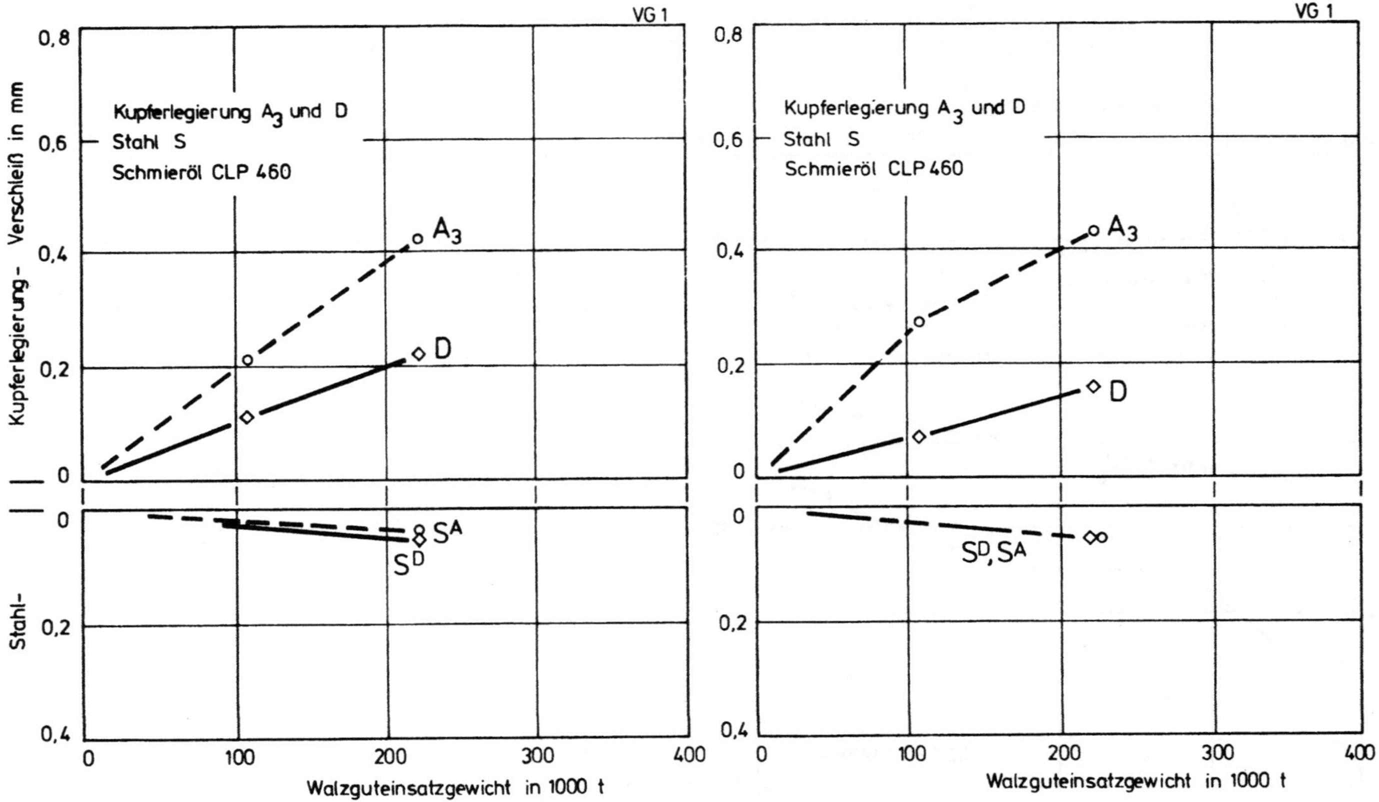

Bild 12 Verschleißbeträge der Gelenksteine A_3 und D und des Gelenktreffers S in Abhängigkeit vom Walzguteinsatzgewicht

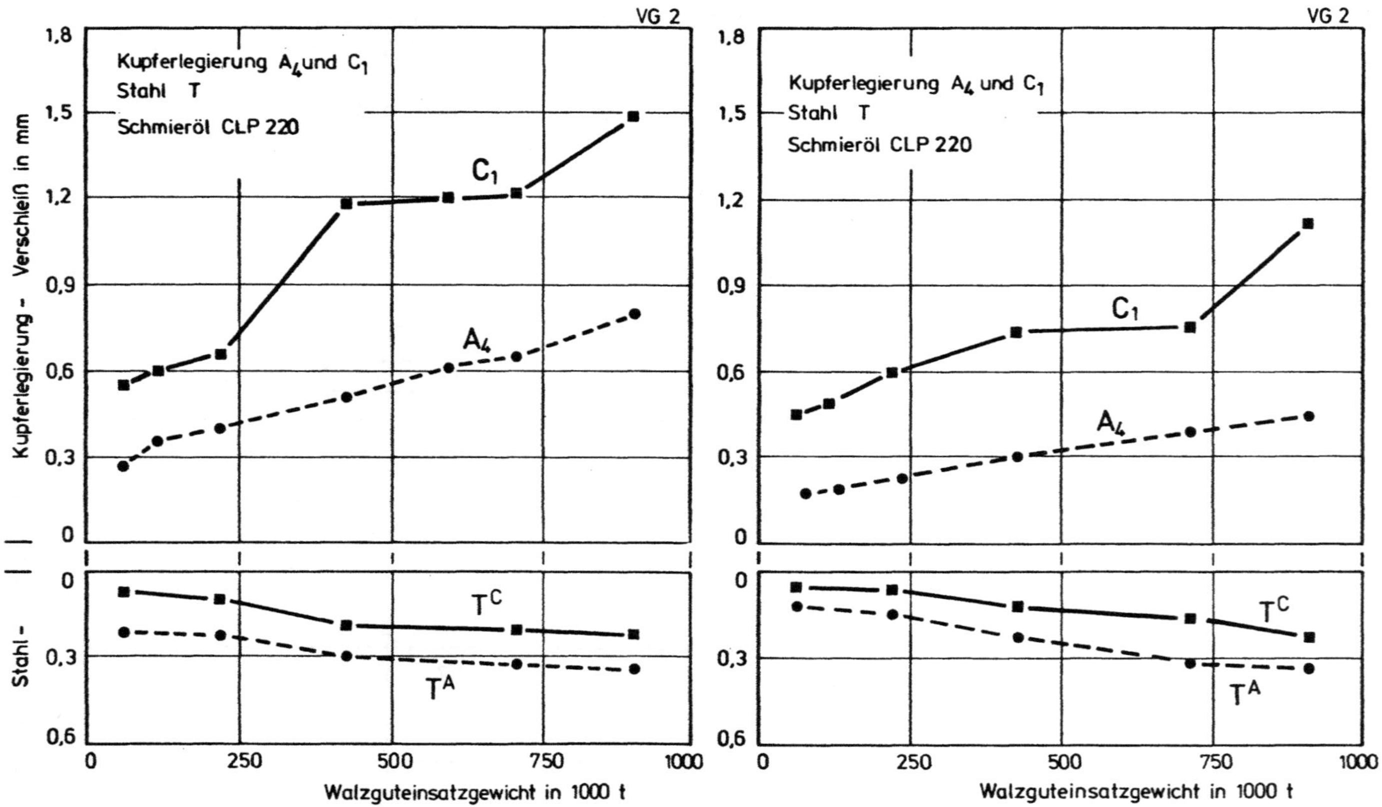

<u>Bild 13</u> Verschleißbeträge der Gelenksteine A_4 und C_1 und des Gelenktreffers T in Abhängigkeit vom Walzguteinsatzgewicht

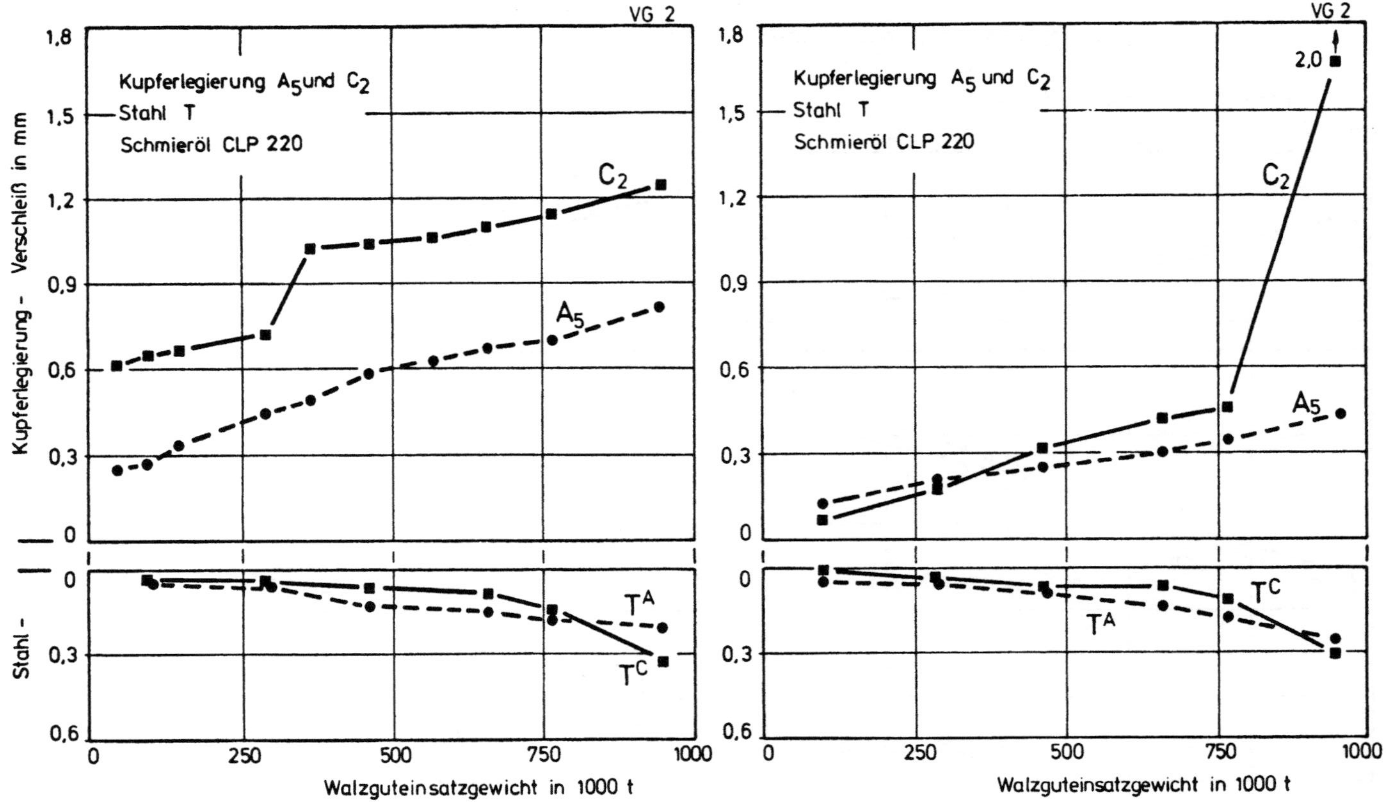

Bild 14 Verschleißbeträge der Gelenksteine A_5 und C_2 und des Gelenktreffers T in Abhängigkeit vom Walzguteinsatzgewicht

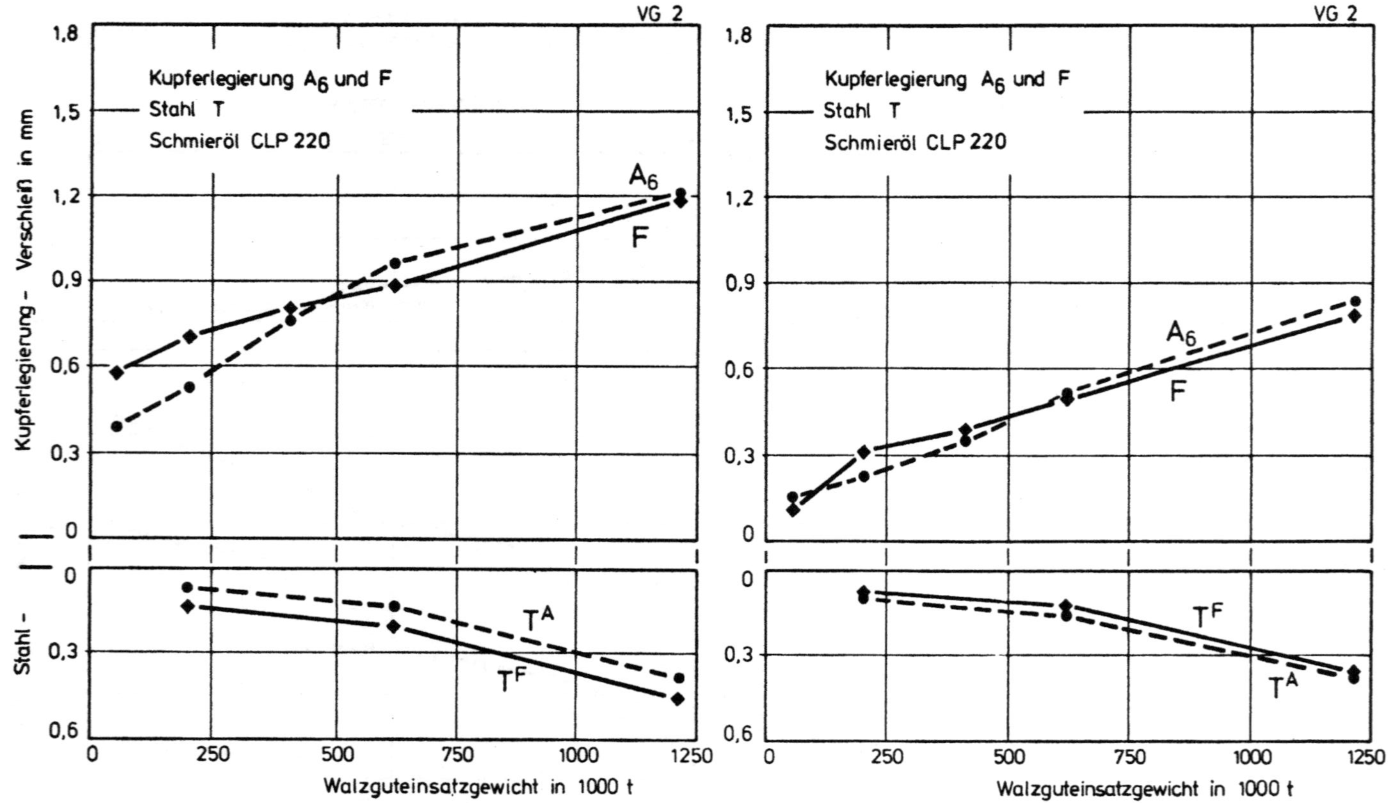

Bild 15 Verschleißbeträge der Gelenksteine A_6 und F und des Gelenktreffers T in Abhängigkeit vom Walzguteinsatzgewicht

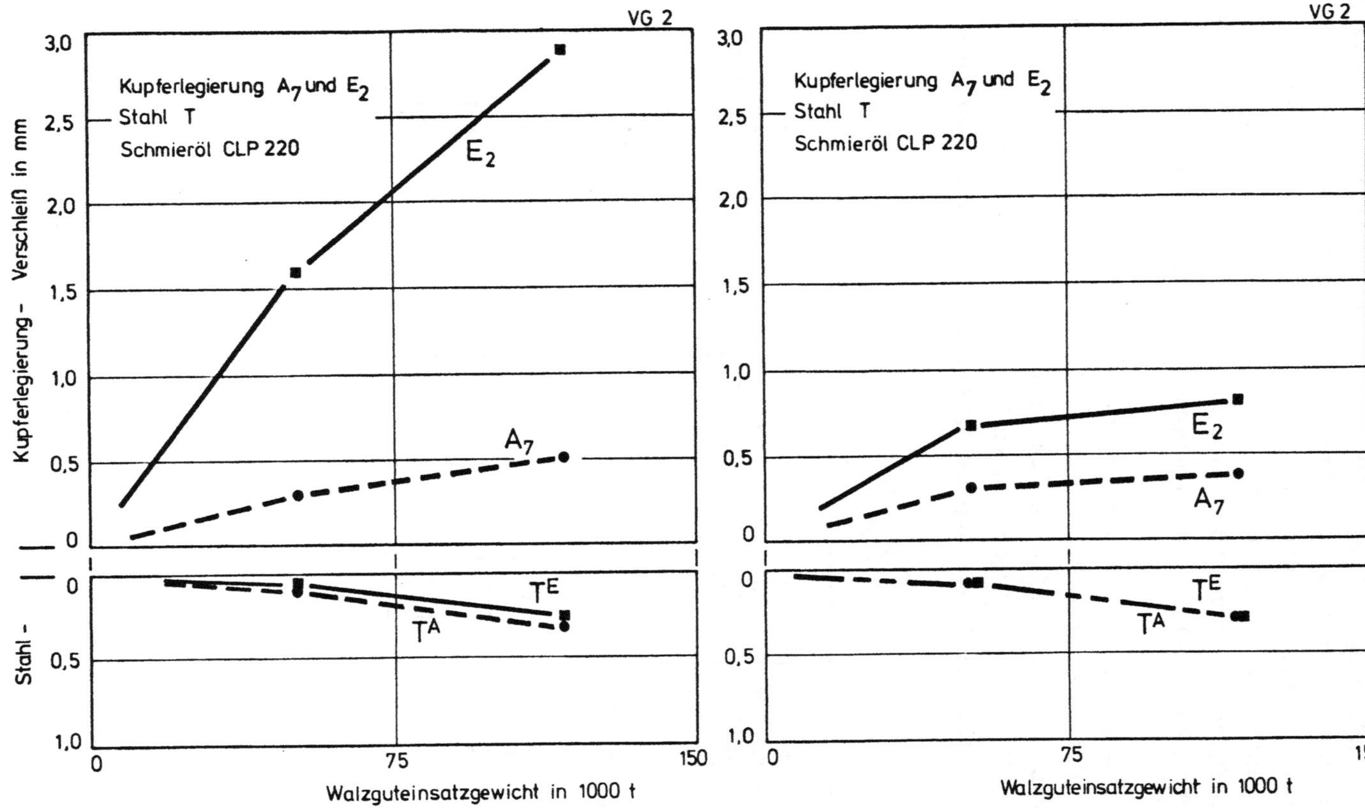

Bild 16 Verschleißbeträge der Gelenksteine A_7 und E_2 und des Gelenktreffers T in Abhängigkeit vom Walzguteinsatzgewicht

In den Bildern 17 und 18 sind die relativen Verschleißbeträge von Gelenksteinen und -treffern beider Versuchsgelenke in Abhängigkeit von der Härtedifferenz zwischen Stahl und Kupferlegierung dargestellt.
Die relativen Verschleißbeträge der Paarungen S/A sowie T/A sind der Deutlichkeit wegen schraffiert gezeichnet.

Während der Verschleiß der Kupferlegierungen ein Minimum aufweist, ist beim Stahlverschleiß keine eindeutige Abhängigkeit von der Härtedifferenz zu erkennen.
Für die Bewertung der optimalen Härtedifferenz kann somit nur der Verschleiß der Kupferlegierungen herangezogen werden.

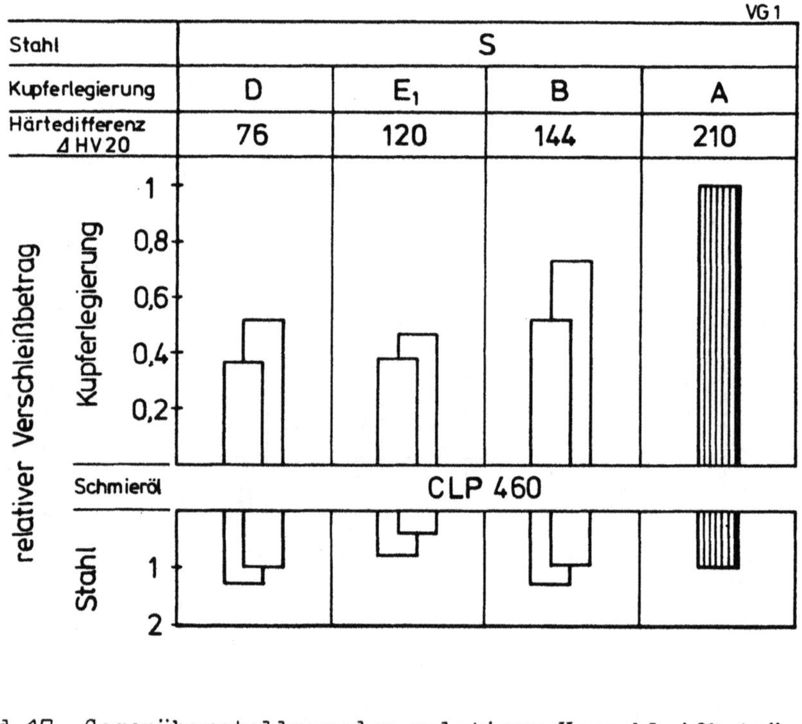

Bild 17 Gegenüberstellung der relativen Verschleißbeträge verschiedener Stahl/Kupferlegierung-Paarungen bezogen auf die Paarung S/A in Abhängigkeit von der mittleren Härtedifferenz

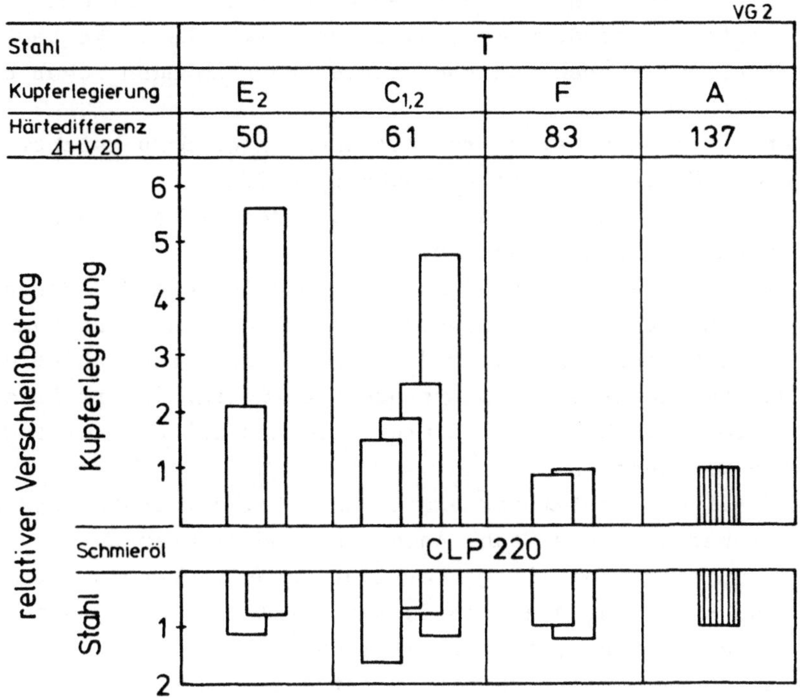

Bild 18 Gegenüberstellung der relativen Verschleißbeträge verschiedener Stahl/Kupferlegierung-Paarungen bezogen auf die Paarung T/A in Abhängigkeit von der mittleren Härtedifferenz

Den deutlich geringsten Verschleiß der Kupferlegierungen weisen die Versuchspaarungen mit Härtedifferenzen von 76 und 120 HV für das Versuchsgelenk VG 1 bzw. 83 und 137 HV für VG 2 auf. Sowohl bei geringeren als auch bei höheren Werten steigt der Verschleiß der Kupferlegierungen wieder an. Somit kann eine verschleißminimale Härtedifferenz im Bereich von 80 - 120 HV bestätigt werden.
Die Auswahl der verschleißminimalen Materialpaarungen kann somit für den jeweiligen Einzelfall durch den Anlagenerbauer oder Anlagenbetreiber erfolgen.

Häufig ist einer der Reibpartner - meist der Stahlwerkstoff - durch andere Anforderungen, z. B. bestimmte Festigkeitseigenschaften, vorgegeben oder bei bestehenden Anlagen sogar bereits vorhanden.
Der entsprechende Gegenwerkstoff kann unter Berücksichtigung der o. g. Härtedifferenz ausgewählt werden.
Dabei sind die in der Praxis auftretenden Härteschwankungen an den Bauteilen zu beachten.
Für Kupferlegierungen sind in den einschlägigen DIN-Normen nur die unteren Härtegrenzwerte festgelegt. Für eine konsequente praktische Anwendung der Erkenntnisse scheint es daher für die betrachteten Tribosysteme zweckmäßig, die im Einzelfall geforderte Härte der Kupferlegierung bei der Auftragsvergabe vorzunehmen.
Eine ähnliche Problematik ergibt sich bei der Instandsetzung des Reibpartners aus Stahl nach einer bestimmten Nutzungsdauer. Um eine nachteilige Veränderung weitgehend zu vermeiden, muß auch hier die geforderte Oberflächenhärte, entsprechend toleriert, festgelegt werden.
Die Beachtung dieser Erkenntnisse führt zu erheblichen Verbesserungen der Lebensdauer dieser Tribosysteme und erfüllt so die Forderungen nach Einsparung von Rohstoffen, Produktions- und Instandhaltungskosten.

5. Anhang

5.1 Verwendete Formelzeichen und Abkürzungen

A_{ideal}	Berührungs-(Gleit-)fläche bei idealer Schmiegung	mm^2
A_{real}	reale Berührungsfläche	mm^2
a	Aussparung im Trefferblatt	mm
b	Breitenmaß des Walzgutes	mm
b	Gelenksteinlänge	mm
c	Gelenksteinbreite	mm
d	Dickenmaß des Walzgutes	mm
d	Momentenhebelarm nach dem Einlaufvorgang	mm
HV 20	Vickershärte	N/mm^2
Δ HV 20	mittlere Differenz zwischen der Oberflächenhärte von Gelenktreffer zu Gelenkstein	N/mm^2
M_t	Spindeldrehmoment	MNm
p	mittlere Flächenpressung	N/mm^2
VG 1	Versuchswalzgerüst 1 (Brammenblockgerüst)	-
VG 2	Versuchswalzgerüst 2 (Vorgerüst, Breitbandwalzwerk)	-

5.2 Schrifttum

[1] Krause, Hans; Tackenberg, Winfried — "Verbesserung der Verschleißlebensdauer hochbeanspruchter ebener Gleitpaarungen" Diss. TH Aachen 1979

[2] Krause, Hans; Hammel, Claus; Haas, Heinz — "Verschleißminderung an hochbelasteten Gelenkverbindungen I" Schmiertechnik + Tribologie, 28. Jahrgang, 6(1981), S. 218-222

[3] Krause, Hans; Hammel, Claus; Haas, Heinz — "Verschleißminderung an hochbelasteten Gelenkverbindungen II" Schmiertechnik + Tribologie, 29. Jahrgang, 1(1982), S. 16-19

[4] DIN 4762 — "Erfassung der Gestaltabweichung 2. - 5. Ordnung an Oberflächen an Hand von Oberflächenschnitten" August 1960, Ausschuß Oberflächen im Deutschen Normenausschuß (DNA)

[5] DIN 51502 — "Bezeichnung der Schmierstoffe und Kennzeichnung der Schmierstoffbehälter, Schmiergeräte und Schmierstellen" November 1979, Normenausschuß Materialprüfung (NMP) im DIN Deutsches Institut für Normung e.V.

[6] DIN 50321 — "Verschleiß-Meßgrößen" Dezember 1979, Normenausschuß Materialprüfung (NMP) im DIN Deutsches Institut für Normung e.V.

[7] DIN 50320 "Verschleiß, Begriffe, Systemanalyse von Verschleißvorgängen, Gliederung des Verschleißgebietes" Dezember 1979, Normenausschuß Materialprüfung (NMP) im DIN Deutsches Institut für Normung e.V.

Konstruktive Optimierung an Gelenklagern und Gelenkköpfen bezüglich der Verschleißminderung.

Berechnungsgrundlagen der Gebrauchsdauer

von

Ing. O. Riedling
Dr.-Ing. M.A. Khosrawi

Artur Seyfert GmbH u.Co KG
Kugellagerfabrik Korntal

Förderzeichen: 01 ZT 058S

Laufzeit : 01.08.1979 bis 31.05.1983

Zusammenfassung

Die Gelenklager und Gelenkköpfe werden zur Übertragung von statischen und dynamischen Kräften in zahlreichen Antriebsaggregaten eingesetzt, die oszillierende Kipp- und Schwenkbewegungen bei relativ niedriger Gleitgeschwindigkeit durchführen. Die Gelenklager und -köpfe werden in wartungsfreie und nichtwartungsfreie eingeteilt. Während bei wartungsfreien Gelenklagern und -köpfen im allgemeinen ein mit PTFE gefülltes und im Außenring befestigtes Stützgewebe, kurz PTFE-Folie, als Gleitwerkstoff die Funktion des Tribosystems garantiert, muß bei nichtwartungsfreien Lagern ein Zwischenstoff, Schmierfett, die Trennung der Gleitpaarung bewirken. Unter den Beanspruchungsbedingungen der Gelenklager und -köpfe herrschen erschwerte Mischreibungsbedingungen vor mit der Folge, daß diese Tribosysteme nachgeschmiert werden müssen. Für die Hersteller und Anwender dieser Maschinenteile ist es von größter Bedeutung zur Vermeidung von Folgeschäden, Kenntnisse über den Zeitpunkt der Einsatzgrenze der wartungsfreien bzw. der Nachschmierung der nichtwartungsfreien Gelenklager und -köpfe zu besitzen.

Um hierzu Grundlagen zu schaffen, wurden zuerst mit einem Einzelprüfstand bei Verwendung von Seriengelenklagern die tribologischen Kenngrößen Reibmoment, Temperatur und Spielzunahme studiert und festgestellt, daß der tribologische Vorgang in drei Bereiche Einlauf, Tieflage (stationär) und Hochlage-Bereich eingeteilt werden kann, der für verschiedene Normallasten unterschiedlich abläuft. Weiter wurde festgestellt, daß der Einlauf und der Übergang zur Hochlage, da sie stochastische Prozesse darstellen, großen Streuungen unterliegen. Hierdurch wurde auch unterschiedliche Gebrauchsdauer bei Versuchen, die unter gleicher Bedingung im Reihenprüfstand bei Verwendung von Seriengelenklagern gefahren wurden, erreicht. Aufgrund der zahlreichen gleichartigen Versuche konnte für nichtwartungsfreie Stahl/Bronze-Paarung eine Gebrauchsdauergleichung für die untersuchten Beanspruchungsbedingungen erstellt werden, die 80 - 90% aller ermittelten Gebrauchsdauerwerte erfaßt. Im untersuchten Bereich konnte keine Differenzierung der Gebrauchsdauer nach der Schwenkfrequenz vorgenommen werden. Dominierend war bei allen

Versuchen der Einfluß der Normallast. Bei wartungsfreier Stahl/PTFE-Paarung wurde von einer Rechnung der Gebrauchsdauer vorerst wegen starker Abhängigkeit des Einlaufverschleißes von Gleitgeschwindigkeit und Belastung abgesehen. Hierzu sind noch weitere Versuche bei anderen Beanspruchungsbedingungen vorgesehen, die für die Berechnung der Gebrauchsdauer ergänzende Daten liefern sollen.

Aus Verschleißkurven konnte entnommen werden, daß bei Gelenklagern fast 50% der Gebrauchsdauer im letzten Drittel der Laufzeit (Gesamtlastwechselzahl) auf Kosten der starken Spielzunahme erzielt wurde. Diese Tatsache führte zu der Überlegung, nicht die volle rechnerische Gebrauchsdauer zu nutzen, sondern nach 2/3 der Lastwechselzahl der Gebrauchsdauer nachzuschmieren. Hierzu wurde die Nachschmierfristkurve errechnet und durch Versuche bestätigt, daß bei rechtzeitigem Nachschmieren die Gebrauchsdauer des Gelenklagers um ein Vielfaches verlängert werden kann und daß die Einlaufphase die ungünstigste Periode ist und mit Zunahme der Nachschmierperioden die Spielzunahme abnimmt (in fünfter Periode ist die Spielzunahme kleiner als in vierter usw.).

Ebenfalls wurden zur Berechnung der Gebrauchsdauer die bekannten Erkenntnisse über Verschleißentwicklung herangezogen und eine allgemeine Berechnungsmethode für Gebrauchsdauer entwickelt und am Beispiel der Stahl/Bronze-Paarung kontrolliert.

Durch diese Arbeit konnten die im Gelenklager und -kopf ablaufenden tribologischen Vorgänge detailliert studiert und die Vorstellung über die Gebrauchsdauer und die Bedeutung der Nachschmierfrist dokumentiert werden.

I n h a l t s v e r z e i c h n i s

Zusammenstellung der verwendeten Symbole

F_N	N	Normallast (Radiallast)
p	N/mm^2	Pressung
v_m	m/s	mittlere Gleitgeschwindigkeit bei oszillierender Bewegung
v	m/s	Gleitgeschwindigkeit bei rotierender Bewegung
d_k	mm	Innenringdurchmesser
L_G	LW	Gebrauchsdauer
L_{NS}	LW	Nachschmierfrist
L_{WE}	LW	Lastwechselzahl im Einlaufbereich
L_{WL}	LW	Lastwechselzahl im linearen Bereich
f	min^{-1}	Schwenkfrequenz
ß	grd	Schwenkwinkel
K		Konstante
δ	µm	Spielzunahme (radial)
δ_{Gr}	µm	Grenzspielzunahme, Ausfallgrenze
δ_E	"	Spielzunahme im Einlauf
δ_L	"	Spielzunahme im linearen (stationären) Bereich
δ_{LWE}	µm/LW	Spielzunahmerate im Einlaufbereich
δ_{LWL}	"	Spielzunahmerate im linearen Bereich

1. Zielsetzung (Aufgabenstellung)

In zahlreichen Antriebsaggregaten, die besondere räumliche Einstellbarkeit zwischen Welle und Gehäuse erfordern oder oszillierende Kipp- und Schwenkbewegungen bei relativ niedriger Gleitgeschwindigkeit durchführen, sind die Gelenklager und Gelenkköpfe neben den Wälzlagern wichtige Konstruktionselemente. Unter der Bedingung der oszillierenden Kipp- und Schwenkbewegung kann sich keine vollhydrodynamische Schmierung ausbilden, die Vorgänge laufen im Mischreibungsgebiet ab. Diese Tatsache führte zur Entwicklung von wartungsfreien Gelenklager- und Gelenkkopfkonstruktionen, bei denen ein Kunststoff, im allgemeinen Polytetrafluoräthylen (PTFE) als Gleitwerkstoff zur Anwendung kommt. Neben diesen wartungsfreien kommen die nichtwartungsfreien Gelenklager und Gelenkköpfe noch in großer Stückzahl und in unterschiedlichen Größen zur Anwendung. Bei beiden Gelenklager- und Gelenkkopfkonstruktionen wird die Lebensdauer durch den Verschleiß eingeschränkt.

Für die Hersteller und Anwender dieser Maschinenteile ist es von größter Bedeutung, Kenntnisse über den Zeitpunkt der Einsatzgrenze der wartungsfreien bzw. der Nachschmierung der nichtwartungsfreien Gelenklager und Gelenkköpfe zu besitzen. Erst dann ist es möglich, die Folgeschäden und damit die unerwarteten Stillstandzeiten zu vermeiden.
Hierfür Grundlagen zu schaffen ist das Ziel dieser Arbeit.

2. Lösungsweg

Zur Ermittlung des Verschleißes und der Gebrauchsdauer wurden zahlreiche Versuche auf einem Einzel- und einem Reihenprüfstand mit Serienteilen durchgeführt. Mit dem Einzelprüfstand wurden vorwiegend Grundlagenversuche zum Studium des Reibungs-, Temperatur- und Verschleißverhaltens und mit dem Reihenprüfstand vorwiegend Versuche zur Ermittlung des Verschleißes und der Gebrauchsdauer bei verschiedenen Gleitgeschwindigkeiten und Belastungen unter wechselnder Beanspruchung und oszillierender sowie rotierender Bewegung durchgeführt. Bei diesen Versuchen kamen Gelenklager und Gelenkköpfe unterschiedlicher Konstruktionen und Werkstoffpaarungen (Innenring/Außenring) zur Anwendung.

3. Analyse des tribologischen Systems

3.1 Tribologisches System

Gelenklager und Gelenkköpfe sind einbaufertige und genormte (DIN 648) Lagerelemente, Bild 1.

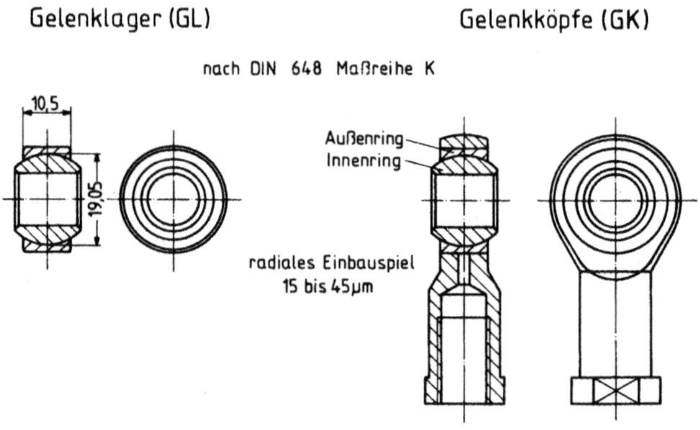

Bild 1:
Tribologisches System

Sie bestehen aus einem kugelförmigen Innenring und einem hohlkugeligen Außenring. Der Innenring ist breiter als der Außenring, wodurch die Kippbewegung ohne Verringerung der tragenden Gleitfläche ermöglicht wird. Der Gelenkkopf ist ein in einem Kopf mit Außenschaft befestigtes Gelenklager. Tribologisch unterscheiden sich Gelenklager und -kopf nicht.

Das Einbauspiel liegt zwischen 15 und 45 µm. Die Gelenklager und -köpfe werden in wartungsfreie und nichtwartungsfreie eingeteilt. Im ersten Fall dient im allgemeinen ein mit PTFE gefülltes Stützgewebe, im folgenden PTFE-Folie genannt, das im Außenring befestigt wird, als eigentlicher Gleitwerkstoff. Im zweiten Fall wird Schmierfett als Zwischenstoff verwendet. Die nichtwartungsfreien Lager können aus Stahl (Innenring) / Stahl (Außenring) oder aus Stahl/Bronze-Paarung bestehen. Zur Schmierung werden je nach Anwendungsfall unterschiedliche Schmierstoffsorten verwendet.

3.2 Funktionsbeschreibung

Die Gelenklager und -köpfe dienen zur Übertragung von statischen und dynamischen Kräften in Verbindung mit dreh- und oszillierender Schwenk- und Kippbewegung unter veränderlichen Winkeln, Bild 2.

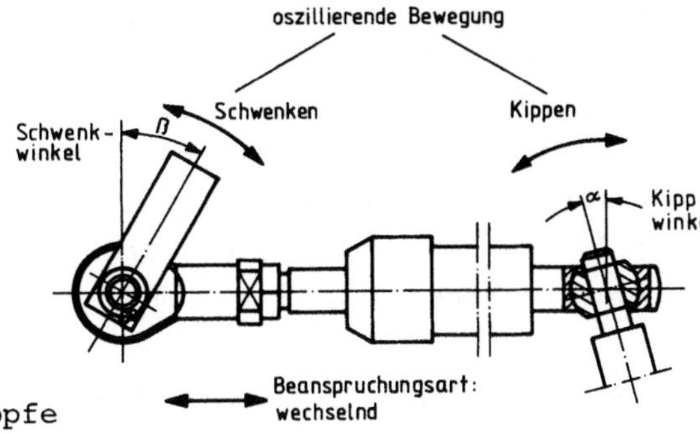

Bild 2:
Funktionsbeschreibung der Gelenklager und -köpfe

3.3 Analyse des Bewegungs- und Belastungsvorganges

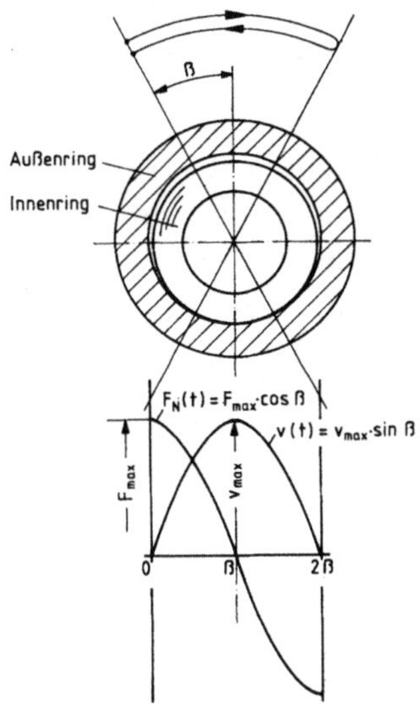

Bild 3:
Analyse des Bewegungs- und Belastungsvorganges

Überall dort, wo die Gelenklager und -köpfe eine oszillierende Schwenkbewegung ausführen, kann man die Bewegungs- und Belastungsvorgänge vereinfacht als periodische Vorgänge darstellen. Die Gleitgeschwindigkeit folgt einem Sinus- und die Normallast (Radialkraft) einem um 90° im Vergleich zur Gleitgeschwindigkeit nacheilenden Cosinusverlauf, Bild 3.

Bei dieser Bewegungsart tritt die maximale Normallast bei niedrigster Gleitgeschwindigkeit auf. Während diese Beanspruchungsart bei wartungsfreien Gelenklagern und -köpfen keine Änderung der Kontaktverhältnisse zur Folge hat, führt sie bei nichtwartungsfreien Lagern, besonders in Umkehrpunkten, zu erschwerten tribologischen Bedingungen. An diesen Stellen wird die Schmieschicht leicht durchbrochen, wodurch es zu Metall/Metall-Kontakt kommt. Je nach Güte des Schmierstoffes kommt es zu mehr oder weniger Verschleiß, der durch die Adhäsionsneigung der Paarungswerkstoffe zueinander bestimmt wird [1] , vergleichbar mit dem technisch trockenen Schmierzustand.

3.4 Verschleißmechanismen und -erscheinungsbilder

3.4.1 Wartungsfreie Gelenklager und -köpfe

Bei wartungsfreien Gelenklagern und -köpfen aus Stahl/PTFE werden im allgemeinen die Verschleißmechanismen Abrasion, Adhäsion und Ermüdung unterschieden [2] .

Der durch Abrasion entstehende Verschleiß ist hauptsächlich eine Folge der Unebenheiten des härteren Gleitpartners (Innenring) und wird von der Rauheit und der Form der Rauhberge bestimmt. Durch Energiekonzentration werden Erhebungen abgeschert oder Partikel aus dem Verband herausgerissen.

Der adhäsive Verschleiß vollzieht sich zunächst dadurch, daß die Scherfestigkeit innerhalb des Werkstoffes kleiner als die der adhäsiven Bindungen ist, eine Werkstoffübertragung auf den Gleitpartner erfolgt, der schließlich durch Ermüdung abgetragen wird. Werkstoffübertragung von im Außenring angebrachter PTFE-Folie auf Stahlinnenring aufgrund adhäsiver Bindung wird oft im Betrieb beobachtet, Bild 4.

Bild 4:
Werkstoffübertragung bei Stahl/PTFE-Paarung

Unter Ermüdungsverschleiß wird das Versagen des Werkstoffs bei zyklischem Gleitvorgang verstanden. Der härtere Werkstoff verformt den weicheren plastisch so weit, bis Spannungskonzentrationen zu Rißbildung führen. Die Tiefe der Rißbildung hängt von den herrschenden Beanspruchungen ab. Verschleißpartikel entstehen durch Abscheren der eine bestimmte kritische Ausdehnung erreichten Riße in Richtung der Gleitebene. Welcher der genannten Prozesse in der Grenzschicht der Gleitpaarung abläuft, hängt von der Höhe und Form der eingeleiteten Energie ab.

3.4.2 Nichtwartungsfreie Gelenklager und -köpfe

Bei nichtwartungsfrei geschmierten Gelenklagern und -köpfen wird hauptsächlich Adhäsion, Ermüdung und der Reaktionsschichtverschleiß wirksam. Die Abrasion kann im allgemeinen als sekundärer Prozeß, nach der Trennung der starken adhäsiven Bindungen, beobachtet werden. Bei konformen Tribosystemen, wie bei Gelenklagern und -köpfen ist der Ermüdungsverschleiß von untergeordneter Bedeutung. Der Reaktionsschichtverschleiß ist eine Folge der tribochemischen Reaktion der eventuell im Fett eingebauten Hochdruckkomponente nach ihrer Zersetzung mit den Gleitwerkstoffen [3]. Überall dort, wo durch Adhäsion verursachter Verschleiß vorherrscht, kommt der Schmierung große Bedeutung zu. Die gleichmäßige Versorgung der Kontaktstellen beim Gelenklager und -kopf ist indes schwierig, da einmal durch die herrschende Kinematik an Umkehrpunkten und zum anderen durch die herstellungsbedingten hochbeanspruchten Stellen die Schmierung im Laufe der Betriebszeit erschwert wird. Die Formanpassung des Innenringes an den Außenring ist beim Einsatzbeginn nicht gegeben, so daß es an diesen Stellen bei Stahl/Bronze-Paarung zu mildem adhäsivem Verschleiß kommt. Die Werkstoffübertragung von weicherer Bronze auf härteren Innenring bleibt in Grenzen, Bild 5.

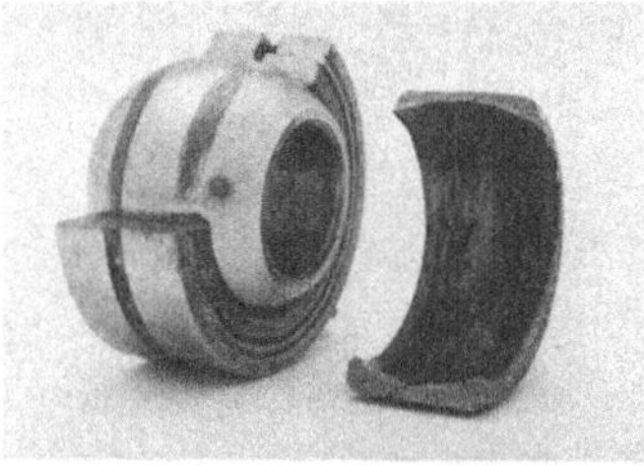

Bild 5:
Beginn des adhäsiven Verschleißes mit leichter Werkstoffübertragung

Beim Weiterlauf ohne Nachschmierung wird die Werkstoffübertragung durch die Adhäsion verstärkt. Es wird noch mehr Werkstoff vom Bronzeaußenring auf den Stahlinnenring übertragen mit der Folge, daß an diesen Stellen keine Stahl/Bronze-Paarung mehr vorliegt, sondern eine Bronze/Bronze-Paarung. Die hierdurch verursachte verstärkte Adhäsionswirkung führt zu höherem Verschleiß, Bild 6, was durch Furchungen der Gleitflächen des weicheren Außenringes gekennzeichnet ist.

Bild 6:
Fortgeschrittener Verschleißzustand

Durch die Oxydation der Verschleißpartikel entstehen harte Oxyde, die den Verschleiß durch Abrasion verstärken [4] . Werden die harten Oxydpartikel in den weicheren Außenringwerkstoff eingebettet, kommt es zum abrasiven Verschleiß auch bei hartem Innenring. Wird nun das Gelenklager nicht gewechselt, kommt es zum Totalausfall durch verstärkten Furchungsverschleiß, Bild 7.

Bild 7:
Ausfall des Gelenklagers durch verstärkten Abrasivverschleiß

Bei Stahl/Stahl-Paarung führt eine Mangelschmierung bei höheren Lasten sofort zum Ausfall durch Adhäsion. Die Schmierfette für Stahl/Stahl-Paarung enthalten deswegen Additive (flüssige oder feste), die den Metall/Metall-Kontakt verhindern können.

4. Anwendungsgebiete der Gelenklager und Gelenkköpfe

Gelenklager und -köpfe werden in zahlreichen Industriezweigen, wie Verpackungs-, Textil-, Landwirtschafts- und Luftfahrt-Industrie sowie im Vorrichtungsbau verwendet, Beispiel aus der Verpackungsindustrie ist die Flaschenverschließmaschine, Bild 8 und aus dem Vorrichtungsbau der Kettenspanner, Bild 9.

Bild 8:
Flaschenverschließ-
maschine

Bild 9:
Kettenspanner

5. Versuchseinrichtungen

5.1 Allgemeines

Basierend auf der Überlegung, daß die Verschleißlebensdauer nur im Betriebs- und/oder im Prüfstandsversuch mit Serienteilen ermittelt werden kann [5], wurden die Versuche an betriebsähnlichen Prüfständen unter Dreh- und oszillierender Bewegung (Kippwinkel $\leq \pm 1^{\circ}$) durchgeführt. Hierzu wurde ein Einzel- und ein Reihenprüfstand konzipiert und gebaut.

5.1.1 Einzelprüfstand

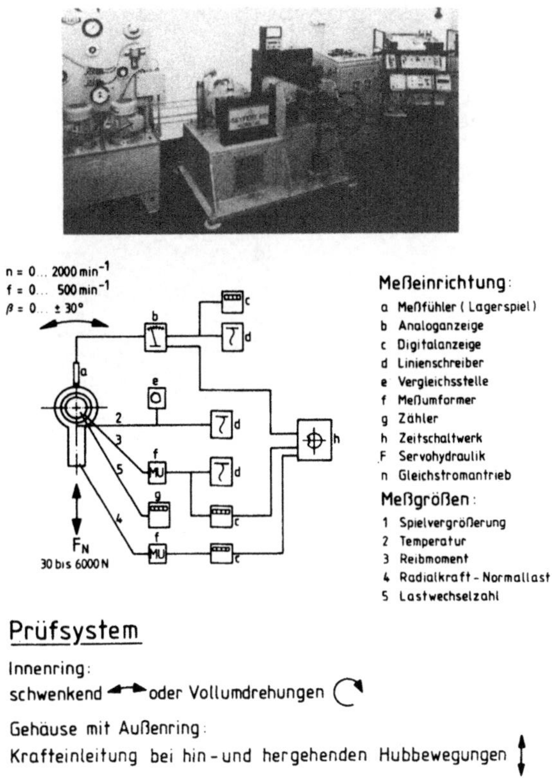

Bild 10:
Einzelprüfstand mit Meßeinrichtung

Mit dem Einzelprüfstand wurden vorwiegend Versuche zum Studium der tribologischen Kenngrößen durchgeführt. Die Instrumentierung des Prüfstandes erlaubt die kontinuierliche Erfassung und Registrierung von Reibmoment, Lagertemperatur nahe an der Kontaktfläche des Außenringes, Lagerspielvergrößerung (Verschleiß) und die Schwenkzahl, Bild 10. Die Schwenkbewegung wird mit Hilfe eines Elektromotors über eine Art Viergelenkgetriebe erzeugt und über eine Welle auf den Gelenklagerinnenring übertragen. Bei diesem Prüfstand oszilliert der Innenring, der Außenring ist fest.

Die Radialkraft (Normallast) wird hydraulisch erzeugt und über ein Gestänge auf den Außenring übertragen. Das Reibmoment wird über einen Torsionsstab gemessen, der mit DMS bestückt ist. Die Gelenklagertemperatur wird mit Hilfe von Thermoelementen (NiCr-Ni) direkt unterhalb der Gleitfläche des Außenringes gemessen.

5.1.2 Reihenprüfstand

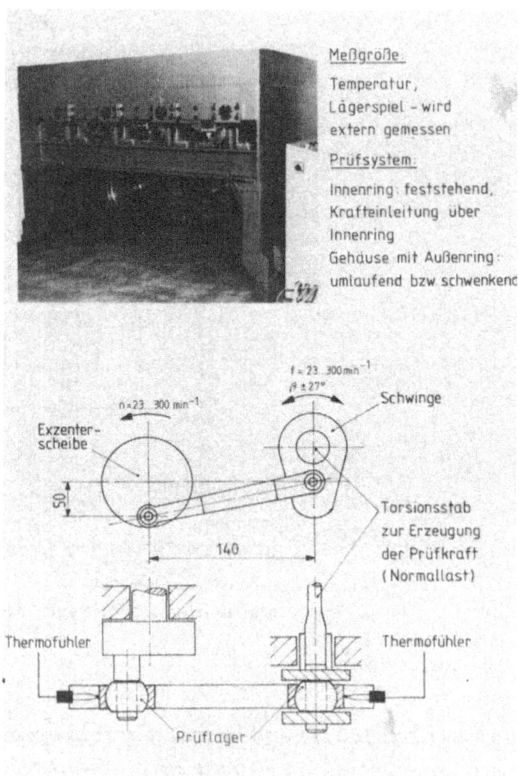

Bild 11:
Reihenprüfstand

Die Untersuchung der gewählten Vielzahl von Parametern machte es notwendig, einen Prüfstand zu entwickeln, mit dem mehrere Gelenklager gleichzeitig getestet werden konnten. Dies war auch aus Gründen der statistischen Absicherung der Ergebnisse notwendig. Der Prüfstand wurde als Kurbeltrieb konzipiert, Bild 11. Die Drehbewegung des Motors wird über eine Schwinge in oszillierende Schwenkbewegung umgewandelt. Die Kippbewegung ist durch Stützscheiben auf $\leqq \pm 1^{\circ}$ begrenzt (wie im Betrieb nicht ganz vermeidbar). Der Gleitgeschwindigkeits- und Normallastverlauf sind ähnlich wie im Betrieb um 90° phasenverschoben, und zwar eilt die Normallast der Gleitgeschwindigkeit nach. Die maximale Normallast tritt bei niedrigster Gleitgeschwindigkeit auf.

Mit diesem Prüfstand können gleichzeitig 16 Gelenklager untersucht werden, wobei jeweils acht rotierende und acht oszillierende Bewegung ausführen, Bild 11. Die Radiallast (Normallast) wird wechselnd während des Bewegungsvorganges durch Verdrehen von Torsionsstäben erzeugt. Durch die Wahl der Torsionsstäbe können verschieden große Normallasten aufgebracht werden. Bei diesem Prüfstand oszilliert der Außenring, während der Innenring fest eingebaut ist. Die Normallast wird auf den Innenring aufgebracht. Die Instrumentierung des Prüfstandes erlaubt die kontinuierliche Messung und Registrierung der Lagertemperatur.

Der Verschleiß, der sich durch die Spielvergrößerung des Gelenklagers äußert, wird mit Hilfe einer hierfür gebauten Meßeinrichtung diskontinuierlich gemessen, Bild 12. Für die Auswertung wird nur die radiale Spielzunahme herangezogen (abgekürzt Spielzunahme).

Bild 12:
Lagerspielmeßeinrichtung

Werkstoffe			Außenring		Gelenklager-Herstellarten Oberflächen-Rauheit 7)	
	Innenring	Außenring	Herstellungs-merkmale	Schmiertaschen und - nutformen	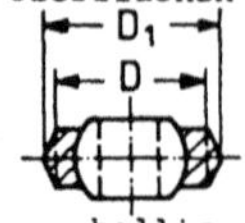 ballig gepresst	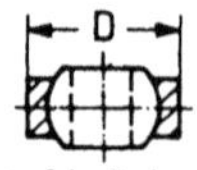 zylindrisch gepresst
wartungsfrei		PTFE Verbundwerk-stoff	1)		x	x
		PTFE Glasfaser-stützgewebe	2)		x	
	100 Cr6H 800 HV 10	PTFE Gewebe mit Textilfasern	3)	keine	x	
		PTFE Bronze-stützgewebe	4)		x	
		"	5)		x	
		"	6)		x	
			Stahl-u.Bronze Stützkörper spanende Herstellung			
nichtwartungsfrei		0,8 mm dicke CuSn 8 Folie mit Stahl u. Stützkörper	spanlos	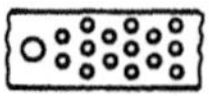	x	
			Schmierbohrung, Schmiernut			
	100 Cr6H	CuPb 10 Sn Verbundwerk-stoff	spanlos spanend		x	x
		CuSn 8 140 HV 2,5			x	x
		"	spanlos	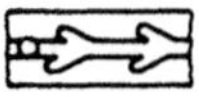	x	
		"	"		x	
	100 Cr6H mangan-phosphat.	100 Cr6H mangan-phosphat.	spanend		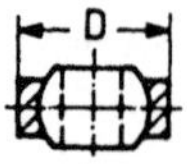 IR und AR eingefedert	

1) spanlos
2) lose gekammert im Stahlstützkörper
3) geklebt ohne Kammerung im Bronzestützkörper
4) geklebt ohne Kammerung im Stahlstützkörper
5) gekammert und verklebt im Stahlstützkörper
6) gekammert und lose im Stahlstützkörper eingelegt

7) Oberflächen - Rauheit

Innen-Ring	Außen-Ring
Stahl Rt 0,3 µm	PTFE
"	Bronze spanend Rt 3,5 µm
"	Bronze spanlos Rt 1,5 µm
Rt 2,5 µm	Stahl spanend Rt 2,5 µm

Tabelle 1:

Gleitpaarungswerkstoffe und Gleitlagerkonstruktion

6. Gleitpaarungswerkstoffe, Gleitlagerkonstruktion und Schmierstoffe

6.1 Gleitpaarungswerkstoffe

Die Versuche wurden mit Seriengelenklagern (DIN 648 Maßreihe K, Größe 10) unterschiedlicher Konstruktionen für verschiedene Einsatzgebiete, wartungsfreie und nichtwartungsfreie, durchgeführt. Als tribologisch relevante Gleitpaarung kamen hauptsächlich Stahl/PTFE- und Stahl/Bronze-Paarung zur Anwendung. Die Paarung Stahl/Stahl wurde nur zum Vergleich herangezogen, Tabelle 1.

6.2 Gleitlagerkonstruktion

Die Herstellung des Außenrings für wartungsfreie und nichtwartungsfreie Lager kann spanend ($R_t \leqq 3{,}5$ µm) oder spanlos ($R_t \leqq 1{,}5$ µm) erfolgen. Bei spanloser Herstellung kann im Vergleich zu spanender Herstellung je nach Größe des Lagers bis zu 60% Material eingespart werden. Zum Anbringen von PTFE-Folie werden unterschiedliche Methoden angewandt, Tabelle 1. Während die Herstellungsart des Außenringes für die wartungsfreien Lager keine tribologische Bedeutung hat, ermöglicht sie bei nichtwartungsfreien Gelenklagern die Herstellung von Außenringen mit sinusförmigen (schlangenförmigen) und verzweigten Schmiernutformen, die im Vergleich zur Ringnut bei spanender Herstellung, eine bessere Schmierstoffversorgung der Gleitkontakte ermöglichen, Tabelle 1. Die Stahl/PTFE- und Stahl/Bronze-Gelenklager werden hauptsächlich durch Kaltumformung des Außenringes hergestellt. Bei Stahl/Stahl-Paarung werden Innenring und Außenring eingefedert, Tabelle 1. Das Lagerspiel entspricht dem der Praxis, Bild 1. Der Innenring wird spanend hergestellt ($R_t \leqq 0{,}3$ µm für Stahl/PTFE- und Stahl/Bronze-, $R_t \leqq 2{,}5$ µm für Stahl/Stahl-Paarung).

6.3 Schmierstoffe

Als Schmierstoff wird bei Stahl/Bronze-Paarung ein kalziumkomplexverseiftes Fett, abgekürzt Kalziumkomplexfett, der Konsistenzklasse zwei mit einer Grundölviskosität von 760 cSt bei 40 °C verwendet, Tabelle 2.

<table>
<tr><th>Paarungs-
werkstoff</th><th colspan="4">S c h m i e r s t o f f</th></tr>
<tr><td>Stahl/Bronze</td><td colspan="4">Kalziumkomplexfett der Konsistenzklasse 2,
Grundölviskosität 76o c St bei 4o °C</td></tr>
<tr><td rowspan="6">Stahl/Stahl</td><td rowspan="4">MoS_2
13%ig

Korngröße
< 5 µm</td><td colspan="3">Pulver trocken</td></tr>
<tr><td colspan="3">Pulver trocken + Kalziumkomplexfett</td></tr>
<tr><td rowspan="2">Feststoff-
paste</td><td>1 : 5o</td><td rowspan="2">mit Frigen verdünnt</td></tr>
<tr><td>1 : 1o</td></tr>
<tr><td rowspan="2">weiße
Feststoff-
paste auf
Zinkoxyd
und
Zinkphos-
phat-
Basis</td><td colspan="3">1 : 3 mit Frigen verdünnt</td></tr>
<tr><td colspan="3">konzentriert</td></tr>
</table>

Tabelle 2:
Schmierstoffe

Das Kalziumkomplexfett verfügt über natürliche Hochdruckeigenschaft durch die in Seifen eingebauten Fettsäuren und ist gegenüber Wasser beständig. Das Grundöl ist mit einer Zinkchlorbindung additiviert.

Bei Stahl/Stahl-Paarung wurden MoS_2 rein oder kombiniert mit Kalziumkomplexfett sowie eine auf der Basis von Zinkoxyd und Zinkphosphat aufgebaute weiße Feststoffpaste konzentriert oder verdünnt verwendet, Tabelle 2.

6.4 Versuchsbedingungen

6.4.1 Normallast

Die Versuche wurden mit wechselnden Normallasten von ± 2200 bis ± 6000 N durchgeführt. Die spezifische Pressung liegt bei der gewählten Lagergröße 10 zwischen 11 und 30 N/mm^2, Tabelle 3.

Tabelle 3:
Versuchsbedingungen

Beanspruchungsart	Belastung		Bewegung			
			oszillierend			rotierend
	$\pm F_N$	p	ß	f	v_m	v
	N	N/mm^2		min^{-1}	m/s	m/s
Einzelprüfstand	2500 4500 6000	12,5 22,5 30,0	$\pm 27°$	23 bis 300	0,007 bis 0,09	-
Reihenprüfstand	2200 4500 6000	12,5 22,5 30,0	$\pm 27°$	23 96 150	0,007 0,029 0,045	0,022 0,095 0,145

6.4.2 Schwenkfrequenz und Schwenkwinkel

Die Schwenkfrequenz wurde zwischen 23 und 300 min^{-1} bei oszillierendem und zwischen 23 und 150 min^{-1} bei rotierendem Gelenklager variiert. Der Schwenkwinkel ß = 27° ist bei allen Versuchen konstant, Tabelle 3.

6.4.3 Gleitgeschwindigkeit

In der Gelenklagerindustrie ist es üblich, anstatt der sich über den Schwenkwinkel ändernden Gleitgeschwindigkeit eine mittlere Gleitgeschwindigkeit als Vergleichsbasis zu verwenden. Diese mittlere Gleitgeschwindigkeit v_m ist eine rechnerische Größe und läßt sich aus der Schwenkfrequenz f, Schwenkwinkel ß und dem Innenringdurchmesser d_k berechnen.

$$v_m = 5{,}82 \cdot 10^{-7} \cdot d_k \cdot \beta \cdot f$$

d_k	mm
ß	Grad
f	min^{-1}
v_m	m/s

Die aufgrund der gewählten Parameter d_k, ß und f gerechneten mittleren Gleitgeschwindigkeiten sind in Tabelle 3 eingetragen.

7. Versuchsdurchführung

Der Gelenklagereinbau erfolgte nach der Reinigung mit Trichloräthylen und die Schmierung mit dem entsprechenden Fett im unbelasteten Zustand. Beim Einzelprüfstand lief der Versuch bis zum Versagen des Gelenklagers ohne Unterbrechung. Die tribologischen Kenngrößen wurden kontinuierlich aufgezeichnet.Beim Reihenprüfstand sind die Gelenklager ebenfalls mit Trichloräthylen gereinigt und eingebaut und im unbelasteten Zustand einmal geschmiert worden. Die Gelenklager wurden zwecks Messung der Spielvergrößerung nach jeweils ca. 50000 Lastwechsel (LW) ausgebaut und erneut ohne Nachschmierung eingebaut. Die Versuche liefen bis zu einer vorgegebenen zulässigen Spielzunahme (Grenzspielzunahme δ_{Gr}) oder bis zu einem außergewöhnlichen Temperaturanstieg am Gelenklager. Beim Ausfall von mehr als 50% der eingebauten Gelenklager erfolgte der Abbruch der Versuche. Bei Versuchen mit Nachschmierung wurden die Gelenklager zuerst einmal geschmiert und bis ca. 200000 LW, beim zweiten Versuch ein neuer Lagersatz bis 400000 LW mit einer Nachschmierung bei 200000 LW, gefahren. Dieses Verfahren wurde bis 10^6 LW fortgesetzt.

8. Versuchsauswertung

Die Versuche mit dem Einzelprüfstand wurden bezüglich der tribologischen Erkenntnisse über Einlauf, Tieflage-Hochlage-Verhalten ausgewertet. Die mit dem Reihenprüfstand durchgeführten Versuche sind bezüglich der Gebrauchsdauer ausgewertet. Hierzu wurde zuerst die Spielzunahme in Abhängigkeit der Lastwechselzahl dargestellt, Bild 13. Als Gebrauchsdauer wurde dann derjenige Lastwechselbereich gewählt, bei dem die zulässige Spielzunahme von 3‰ der Kugeldurchmesser d_k ($\hat{=}$ 60 µm bei Größe 10) bei Stahl/Bronze-Paarung und von 6‰ $\cdot$ d_k ($\hat{=}$ 120 µm) bei Stahl/PTFE-Paarung) überschritten wurde. Die mittlere Gebrauchsdauer stellt der Schnittpunkt der für den Streubereich ermittelten Mittelwertkurve mit der Linie von Brauchbarkeit (Ausfalls-) grenze. Die so ermittelten Gebrauchsdauerwerte sind in Abhängigkeit der Normallast dargestellt.

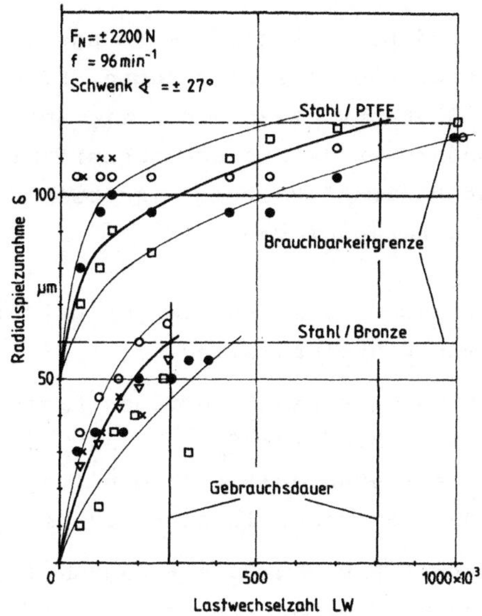

Bild 13:

Beispiel zur Ermittlung der Gebrauchsdauer L_G

9. Versuchsergebnisse

9.1 Vorversuche

Aus den umfangreichen Vorversuchen mit den in Tabelle 1 zusammengefaßten Gelenklagern wurden folgende Gelenklagertypen für den Hauptversuch gewählt.

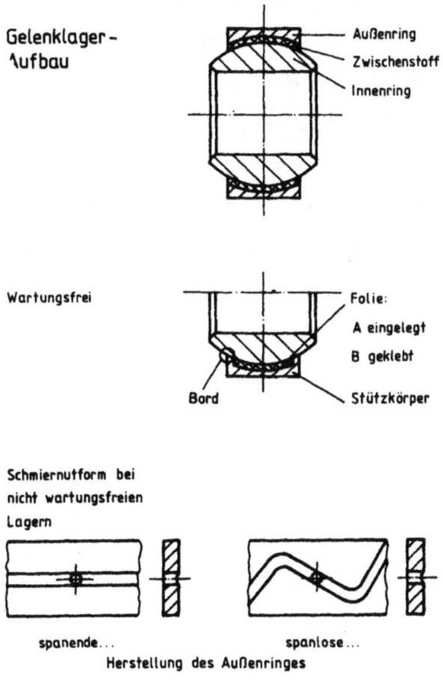

Bild 14:

Für den Hauptversuch ausgewählte Gelenklagertypen

Dies sind hauptsächlich wartungsfreie Stahl/PTFE-Lager mit eingeklebter und lose eingelegter PTFE-Folie sowie nichtwartungsfreie Stahl/Bronze-Lager mit spanender (mit Ringschmiernut) und spanloser (sinus-schlangenförmiger Schmiernut) Herstellung. Die Stahl/Stahl-Paarung wird beim Hauptversuch als Vergleichspaarung herangezogen.

9.2 Versuche zum Studium der tribologischen Vorgänge mit Einzelprüfstand

Die tribologischen Kenngrößen Lagertemperatur, Lagerspiel und Reibmoment sind für $F_N = \pm 4500$ ($f = 96\ min^{-1}$, $v_m = 0{,}029$ m/s) und $F_N = \pm 6000$ N ($f = 23\ min^{-1}$, $v_m = 0{,}007$ m/s) in Abhängigkeit der Lastwechselzahl LW in <u>Bild 15</u> dargestellt.

Bei Normallast von $F_N = \pm 4500$ N ($v_m = 0{,}029$ m/s) kann man bei Reibmoment und Lagertemperatur die vier Bereiche Einlauf, Tieflage, Übergang und Hochlage unterscheiden. Das Reibmoment fällt nach ca. 7500 LW im Einlaufbereich von 6 Nm ($\mu = 0{,}12$) auf 5 Nm ($\mu = 0{,}1$) im Tieflagenbereich ab, die Gelenklagertemperatur von 35 °C auf 30 °C. Nach ca. 33000 LW steigen beide Werte innerhalb von 10000 LW wieder allmählich an auf 6 Nm ($\mu = 0{,}12$) bzw. 40 °C. Nach ca. 46000 LW ist ein starker sich verändernder Anstieg in beiden Verläufen feststellbar. Das Reibmoment erreicht in beiden Fällen Werte über 15 Nm ($\mu = 0{,}3$) und die Temperatur Werte über 45 °C, Bild 15 unten. Die Reibungszahl $\mu = 0{,}12$ deutet auf einen Schmierzustand hin, der den Übergang von Mischreibungsgebiet zum Trockenzustand charakterisiert, d.h. schon im Tieflagebereich herrscht erschwerter Schmierungszustand vor. Im Hochlagebereich mit $\mu = 0{,}3$ läuft das Gelenklager praktisch trocken. Die Notlaufeigenschaft des Bronzeaußenrings kommt nun zur Geltung. Das Lagerspiel wird durch den Verschleiß im Übergangsbereich innerhalb von ca. 13000 LW um 5 µm ($0{,}38 \cdot 10^{-3}$ µm/LW) vergrößert. Erst wenn das Reibmoment und die Lagertemperatur ansteigen, steigt auch die Spielzunahme stark an und zwar innerhalb von 15000 LW um 25 µm ($1{,}67 \cdot 10^{-3}$ µm/LW), Bild 15 unten. Dieses Verhalten wird auch bei $F_N = \pm 6000$ N ($v_m = 0{,}029$ m/s) beobachtet, Bild 15 oben. Der Tieflage- und der Übergangsbereich ist bei $F_N = \pm 6000$ N wesentlich kürzer als bei $F_N = \pm 4500$ N. Das Reibmoment (Reibungszahl) und die

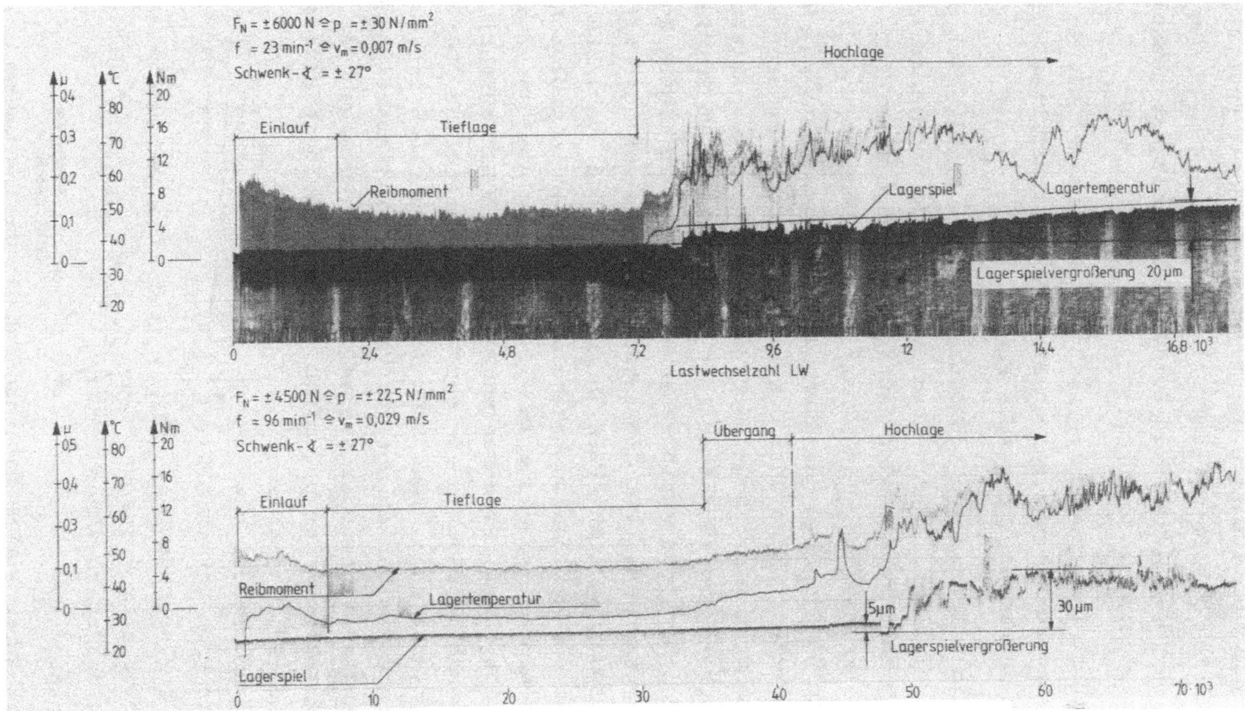

Bild 15: Charakteristische Verläufe der tribologischen Kenngrößen bei unterschiedlicher Normallast

Temperatur der verschiedenen Bereiche der beiden Belastungsbedingungen sind praktisch vergleichbar. Die Spielzunahme in der Hochlage ist bei $F_N = \pm 6000$ N ($2{,}08 \cdot 10^{-3}$ µm/LW bei ± 6000 N; $1{,}67 \cdot 10^{-3}$ µm/LW bei ± 4500 N) höher als bei $F_N = \pm 4500$ N. In der Tieflage ist die Spielzunahme in beiden Fällen mit der gewählten Meßmethode praktisch nicht meßbar.

Alle durchgeführten Versuche mit nichtwartungsfreien Gelenklagern Stahl/Bronze-Paarung zeigen diese Verlaufcharakteristik, die wie folgt interpretiert werden kann:

Nach kurzer Einlaufphase (ca. 8000 Lastwechsel) stellt sich der stationäre Bereich ein, wo die Schmierung gerade noch ausreichend ist. Mit fortschreitender Laufzeit wird die Schmierung durch Temperatureinwirkung mangelhaft. Das Reibmoment und die Temperatur steigen je nach Belastung langsam bzw. stark an. Die eigentliche Laufzeitgrenze wäre damit für ein funktionierendes tribologisches System erreicht. Wird nun nicht nachgeschmiert, kann der Verschleiß in kürzester Zeit zur unzulässigen Spielzunahme führen. Die Stahl/Stahl-Paarungen fallen in diesem Zustand durch Fressen aus. Für die untersuchten Gelenklager mit Gleitwerkstoffpaarung Stahl/PTFE, Stahl/Bronze und Stahl/Stahl-Paarung können die gewonnenen Erkenntnisse aus Einzelprüfstandsversuchen bei milder Belastung ($p = 11$ N/mm²) in Bild 16 zusammengefaßt werden. Stahl/PTFE-Paarung weist hohen Einlaufverschleiß mit anschließender niedriger Verschleißrate auf. Der Verschleiß steigt erst dann, wenn PTFE-Schicht abgetragen ist.
Bei Stahl/Bronze-Paarung steigt der Verschleiß bei ausreichender Schmierung langsam kontinuierlich an. Erst nach Versagen der Schmierung nimmt allmählich oder plötzlich der Verschleiß stärker zu.
Bei Stahl/Stahl-Paarungen ist nach dem Einlauf mit der gewählten Meßmethode kein Verschleiß meßbar. Nach dem Versagen der Schmierung tritt aber Versagen durch Fressen mit stark zunehmendem Verschleiß ein.

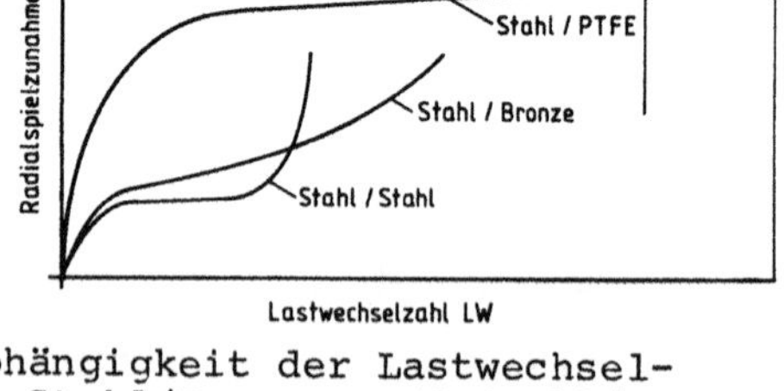

Bild 16: Radialspielzunahme in Abhängigkeit der Lastwechselzahl LW für Stahl/PTFE-, Stahl/Bronze- und Stahl/Stahl-Paarung bei milder Belastung ($p = 11$ N/mm²)

9.3 Versuche bezüglich Spielzunahme und Gebrauchsdauer Stahl/PTFE-Paarung

9.3.1 Spielzunahme

Die Spielzunahme bei lose eingelegter PTFE-Folie in Abhängigkeit der Lastwechselzahl ist für die drei gewählten Frequenzen und die Normallast $F_N = \pm 2200$ N und ± 4500 N dargestellt, Bild 17.

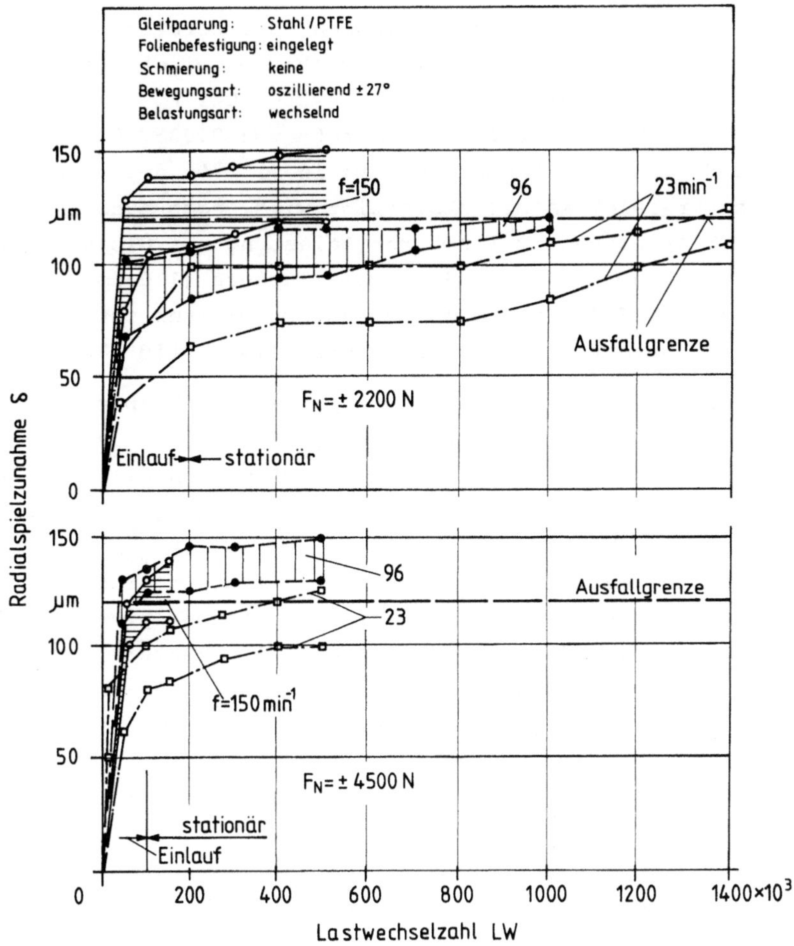

Bild 17: Radialspielzunahme in Abhängigkeit der Lastwechselzahl bei Stahl/PTFE-Paarung, PTFE-Folie lose eingelegt, $F_N = \pm 2200$; ± 4500 N

Bei dieser Paarung tritt starker Einlaufverschleiß auf. Der Einlaufverschleiß ist bei $F_N = \pm 2200$ N insgesamt, bei vergleichbaren Frequenzen von 23 und 96 min^{-1}, niedriger, die Einlaufzeit um Faktor 2 länger als bei $F_N = \pm 4500$ N, Bild 17. Bei f = 150 min^{-1} wird schon im Einlaufbereich bis 100000 LW die Ausfallgrenze erreicht und überschritten, Bild 17. Dieses Verhalten wurde bei allen untersuchten Stahl/PTFE-Paarungen unabhängig von der Folienbefestigung festgestellt. Der Einlauf stellt den eigentlichen Verschleißbereich bei Stahl/PTFE-Paarung dar und ist auch die Ursache der in Bild 17 festzustellenden Streubereiche. Nach dem Einlauf verläuft die Verschleißentwicklung bei mäßiger Belastung und Gleitgeschwindigkeit relativ günstig. Bei $F_N = \pm 2200$ N stellt sich z.B. eine Spielzunahmerate von $0{,}036 \cdot 10^{-3}$ µm/LW ein. Diese würde, wenn der Einlaufverschleiß mit 70% des gesamt zulässigen Verschleißes berücksichtigt wird, noch eine Lebensdauer von 10^6 LW erreichen. Bei höherer Belastung und Gleitgeschwindigkeit wird schon im Einlauf die Ausfallgrenze (120 µm) erreicht. Solange die PTFE-Schicht nicht durchverschlissen ist, kann man diese niedrigere Verschleißrate feststellen, Bild 17.

Vergleicht man die $p.v_m$-Werte für $F_N = \pm 2200$ N (p = 11 N/mm^2, f = 96 min^{-1}, v_m = 0,029 m/s) mit der für $F_N = \pm 4500$ N (p = 22,5 N/mm^2, f = 23 min^{-1}, v_m = 0,007 m/s) stellt man fest, daß im ersten Fall der $p.v_m$-Wert mit 0,319 $\frac{N}{mm^2}\frac{m}{s}$ um Faktor 2 größer ist als der im zweiten Fall ($p.v_m$ = 0,158 $\frac{N}{mm^2}\frac{m}{s}$). Trotzdem wird im ersten Fall ($p.v_m$ = 0,319 $\frac{N}{mm^2}\frac{m}{s}$) fast um einen Faktor 2,5 größere Gebrauchsdauer erreicht als im zweiten ($p.v_m$ = 0,158 $\frac{N}{mm^2}\frac{m}{s}$). Es zeigt sich, daß der $p.v_m$-Wert nicht als Kennwert herangezogen werden kann, da ein gleicher $p.v_m$-Wert einmal aus hoher Last und niedriger Gleitgeschwindigkeit und umgekehrt und zum anderen aus mäßiger Belastung und geringer Gleitgeschwindigkeit resultieren kann. Die Wirkungen der drei Bedingungen sind aber, wie die Ergebnisse zeigen, erheblich unterschiedlich. Für Stahl/PTFE-Paarung ist die dritte Bedingung, mäßige Belastung und Gleitgeschwindigkeit günstiger als die zwei erstgenannten Bedingungen. Bei gleicher Normallast wird der Einlaufverschleiß mit Zunahme des $p.v_m$-Wertes, d.h. mit Zunahme der Gleitgeschwindigkeit größer. Dies ist auch bei gleicher Gleitgeschwindigkeit und steigender Normallast der Fall.

9.3.2 Gebrauchsdauer

Aus den ähnlich wie in Bild 17 dargestellten Kurven wurde die Gebrauchsdauer bei den einzelnen Bedingungen bei oszillierender Bewegung bestimmt und in Abhängigkeit der Belastung aufgetragen, Bild 18.

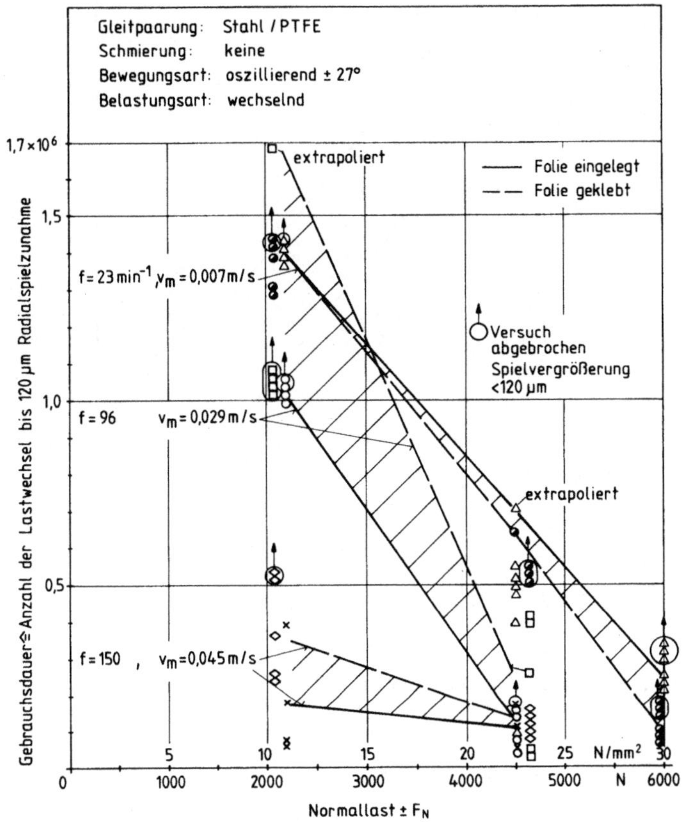

Bild 18: Gebrauchsdauer in Abhängigkeit der Normallast

Die Ergebnisse der beiden Folienbefestigungsarten unterscheiden sich nicht signifikant und liegen alle in einem Streuband, Bild 18. Die Stahl/PTFE-Gleitlager erreichten bei rotierender Bewegung eine um bis 50% kleinere Lastwechselzahl als bei oszillierender Bewegung. Wird aber der erreichte Gleitweg bis zur Verschleißgrenze für die beiden Bewegungsarten miteinander verglichen, lassen sich die Ergebnisse der rotierenden und oszillierenden Bewegung für die jeweilige

Gleitgeschwindigkeit in einem Streuband darstellen, Bild 19. Es ist kein Einfluß der Bewegungsformen feststellbar.

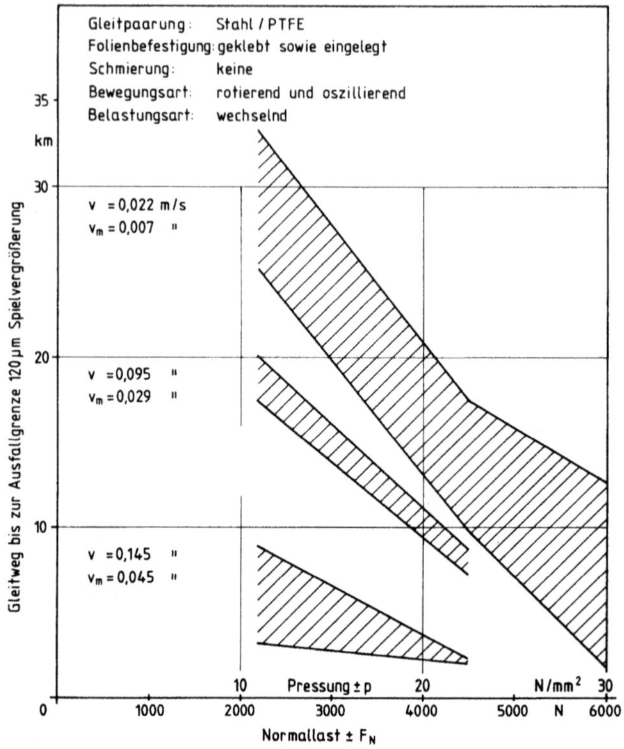

Bild 19: Vergleich des gefahrenen Gleitweges bei rotierenden und oszillierenden Bewegungen

Die Ergebnisse der mit Stahl/PTFE-Paarung durchgeführten Versuche zeigen, daß bei $F_N = \pm 2200$ N mit Zunahme der Gleitgeschwindigkeit die Gebrauchsdauer stark abnimmt, mit Zunahme der Normallast verschwinden die Unterschiede. Die Abhängigkeit der Gebrauchsdauer von der Gleitgeschwindigkeit bei $F_N = \pm 2200$ N läßt sich durch unterschiedlichen Einlaufverschleiß bei verschiedenen Gleitgeschwindigkeiten erklären, Bild 17, denn die Gebrauchsdauer ist durch die Anzahl der Lastwechsel bis zur Ausfallgrenze (120 µm) definiert. Diese Verschleißgrenze wird aber mit Zunahme der Gleitgeschwindigkeit durch höheren Einlaufverschleiß früher überschritten, Bild 17.

9.4 Nichtwartungsfreie Gelenklager Stahl/Bronze

9.4.1 Spielzunahme

9.4.1.1 Spanende Herstellung (Ringschmiernut)

Für $F_N = \pm$ 2200 N und $\pm$ 4500 N ist die Spielzunahme in Abhängigkeit der Lastwechselzahl exemplarisch in Bild 20 dargestellt. Die Kurven der Spielzunahme für verschiedene Schwenkfrequenzen (≙ Gleitgeschwindigkeiten) liegen alle in einem Streuband. Die Ursache für die Streuung liegt hauptsächlich im unterschiedlichen Einlaufprozeß. Im Einlaufbereich bis 50000 LW unterscheiden sich die Werte der Spielzunahme für die einzelnen Gelenklager bis zu 300%. Die Spielzunahme im Einlaufbereich kann bis 50% der vorgegebenen Grenzspielzunahme von 60 µm betragen. Nach dem Einlauf ist die Streuung insgesamt niedriger. Im Bereich von 50000 LW bis 200000 LW, Bereich milden Verschleißens, liegt die Spielzunahmerate unabhängig von der Schwenkfrequenz zwischen 0,16 und $0{,}28 \cdot 10^{-3}$ µm/LW. Der Ausfall der Gelenklager ab 200000 LW durch starke Spielzunahme unterliegt stochastischen Gesetzmäßigkeiten, er hängt von vielen Faktoren ab. In diesem Bereich herrscht anscheinend ein labiler Schmierzustand vor, der leicht gestört werden kann mit der Folge der starken Spielzunahme. Eine tendenzielle Abhängigkeit des Ausfalls der Gelenklager von der Schwenkfrequenz konnte auch aus der Vielzahl der durchgeführten Versuche nicht festgestellt werden.

Bei $F_N = \pm$ 4500 N ist die Schmierung wesentlich ungünstiger und das einmal eingebrachte Schmierfett ist schneller verbraucht, weshalb der Bereich der milden Spielzunahme sehr kurz ist oder überhaupt nicht existiert. Auch hier ist der Beginn des Lagerausfalls nicht von der Schwenkfrequenz abhängig und nicht vorbestimmbar.

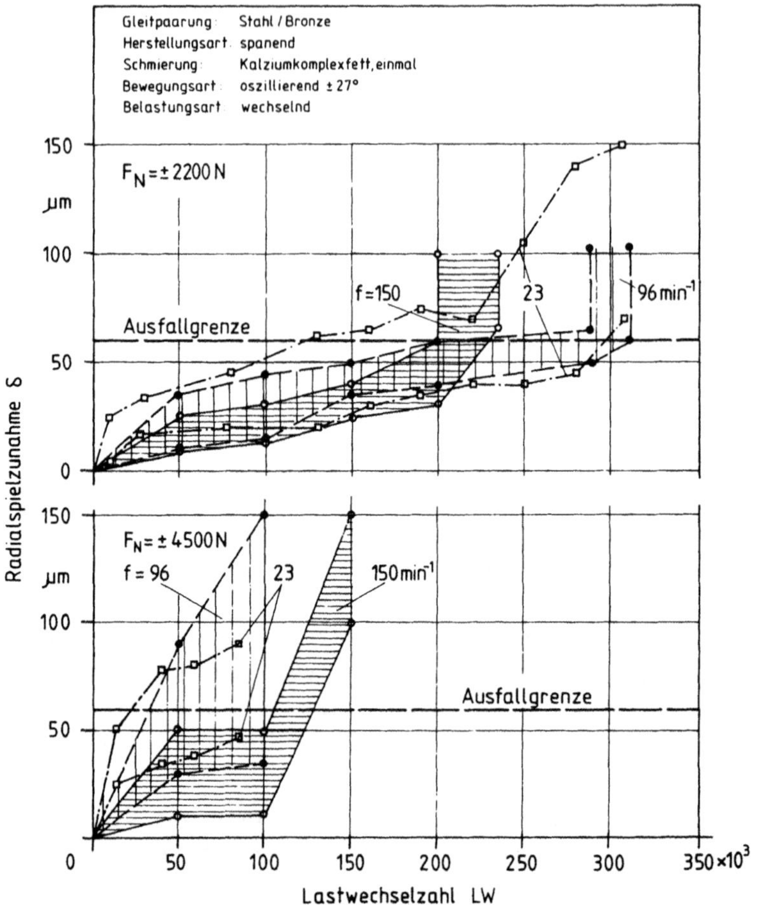

Bild 20: Spielzunahme in Abhängigkeit der Lastwechselzahl bei Stahl/Bronze-Paarung - spanende Herstellung

9.4.1.2 Spanlose Herstellung (Sinusschmiernut)

Ähnlich wie bei spanender sind bei spanloser Herstellung Versuche bei F_N = ± 2200 N und ± 4500 N durchgeführt, Bild 21.

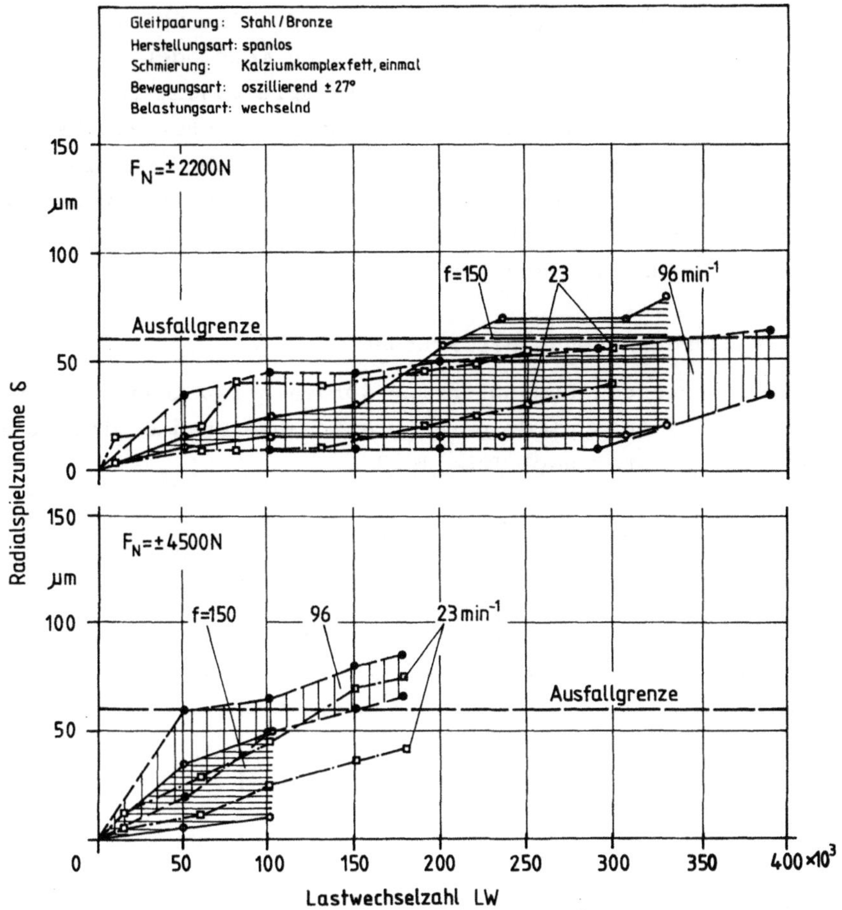

Bild 21: Spielvergrößerung in Abhängigkeit der Lastwechselzahl bei Stahl/Bronze-Paarung - spanlose Herstellung

Die Versuche konnten bei $F_N = \pm$ 2200 N teilweise bis über 320000 LW ohne Verschleißhochlage gefahren werden. Alle Versuche wurden vor dem Erreichen des Verschleißhochlagebereiches abgebrochen. Das Spiel nimmt bis zum Abschalten der Versuche mit einer Rate von 0,07 - $0{,}18 \cdot 10^{-3}$ µm/LW zu. Die Ergebnisse streuen auch nach dem Einlaufbereich relativ stark. Die Spielzunahme im Einlaufbereich kann bis zu 50% der vorgegebenen Spielzunahmegrenze von 60 µm ausmachen. Es ist keine Abhängigkeit der Spielzunahme von der Schwenkfrequenz (Gleitgeschwindigkeit) feststellbar. Auch bei $F_N = \pm$ 4500 N ist eine Differenzierung nach der

Schwenkfrequenz nicht möglich. Die Werte für die Spielzunahme der verschiedenen Schwenkfrequenzen können mehr oder weniger in einem Streufeld dargestellt werden. Die Spielzunahmerate von 0,24 - $0,43 \cdot 10^{-3}$ µm/LW liegt im Mittel um 200% höher als bei $F_N = \pm 2200$ N. Die Versuche wurden teilweise sehr früh abgeschaltet, da einzelne Ausreißer dies erforderlich machten. Sonst wurden die Versuche erst abgebrochen, wenn die Spielzunahme größer als die Ausfallgrenze wurde.

9.4.1.3 Zusammenfassende Betrachtung

Mit spanlos hergestelltem Außenring wurden bei beiden gewählten Normallasten durchaus niedrigere Spielzunahmeraten ermittelt als bei spanender Herstellung, Tabelle 4.

Stahl/Bronze-paarung	Normallast F_N N	f min^{-1}	Spielzunahmerate δ_{LW} µm/LW min	µm/LW max
spanende Herstellung (Ringnut-schmierung)	± 22oo	23-15o	$o,16 \cdot 1o^{-3}$	$o,28 \cdot 1o^{-3}$
	± 45oo		$o,12 \cdot 1o^{-3}$	$o,56 \cdot 1o^{-3}$
spanlose Herstellung (Sinus-schmierung)	± 22oo		$o,o7 \cdot 1o^{-3}$	$o,18 \cdot 1o^{-3}$
	± 45oo		$o,24 \cdot 1o^{-3}$	$o,42 \cdot 1o^{-3}$

Tabelle 4: Verschleißentwicklung

Bei beiden Herstellungsarten (Ring- bzw. Sinusschmiernut) konnte keine Abhängigkeit der Spielzunahme von der Schwenkfrequenz im untersuchten Bereich von f = 23 - 150 min^{-1} eindeutig nachgewiesen werden.

Die Verschleißentwicklung bei beiden Gelenkkonstruktionen kann, ähnlich wie für Einzelprüfstand erläutert, interpretiert werden, s. 9.2.

9.4.2 Gebrauchsdauer

9.4.2.1 Spanende Herstellung (Ringschmiernut)

Die aus Verschleißkurven, Kurven für Spielzunahme z.B. Bild 20, ermittelte Gebrauchsdauer (Schnittpunkt der Verschleißkurven mit der Linie der Ausfallsgrenze) zeigt Bild 22.

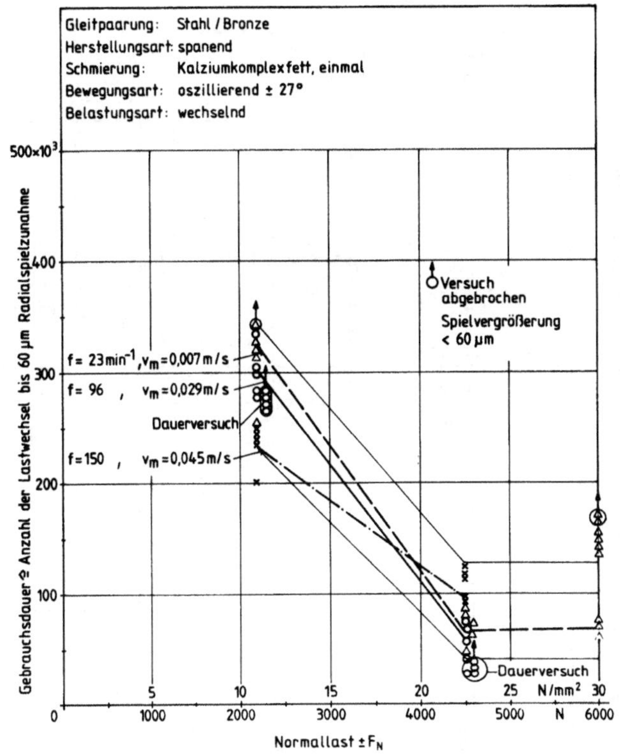

Bild 22: Gebrauchsdauer in Abhängigkeit von Normallast für Stahl/Bronze-Paarung, spanende Herstellung

Die Mittelwerte sind durch stärkere Linien dargestellt. Alle Gebrauchsdauerwerte liegen praktisch unabhängig von der Gleitgeschwindigkeit in einem Streubereich, welcher durch dünner durchgezogene Linien gekennzeichnet ist. Bei $F_N = \pm 2200$ N läßt sich eine gewisse Tendenz erkennen, daß mit Zunahme der Gleitgeschwindigkeit die Gebrauchsdauer abnimmt.

9.4.2.2 Spanlose Herstellung (Sinusschmiernut)

Die aus Verschleißkurven, z.B. Bild 21, ermittelten Gebrauchsdauerwerte der drei Gleitgeschwindigkeiten in Abhängigkeit der Last sind ebenfalls durch ein Streuband gekennzeichnet, Bild 23.

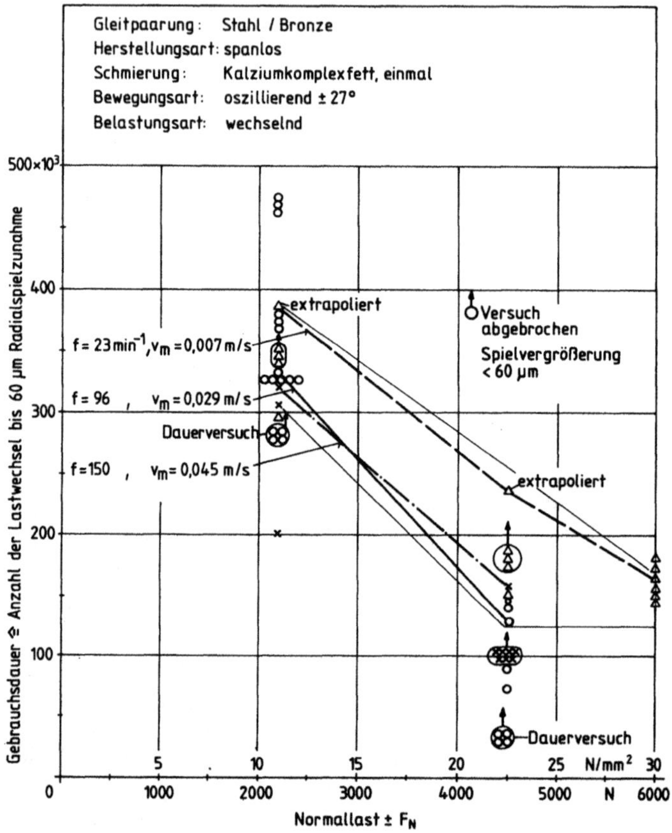

Bild 23: Gebrauchsdauer in Abhängigkeit von Normallast für Stahl/Bronze-Paarung, spanlose Herstellung

Die mittleren Gebrauchsdauerkurven geben die Tendenz in Abhängigkeit der Gleitgeschwindigkeit wieder, daß bei diesem Lager die Gebrauchsdauerwerte bei niedrigster Gleitgeschwindigkeit durchaus höher liegen; dies ist auch aus den Verschleißkurven Bild 21 ersichtlich.

9.4.2.3 Zusammenfassende Betrachtung

Die Ergebnisse der mit den zwei Konstruktionen durchgeführten Versuche zeigen, daß die Gebrauchsdauerwerte der spanlosen Herstellung im Mittel durchaus höher liegen als bei spanender Herstellung, Bild 24.

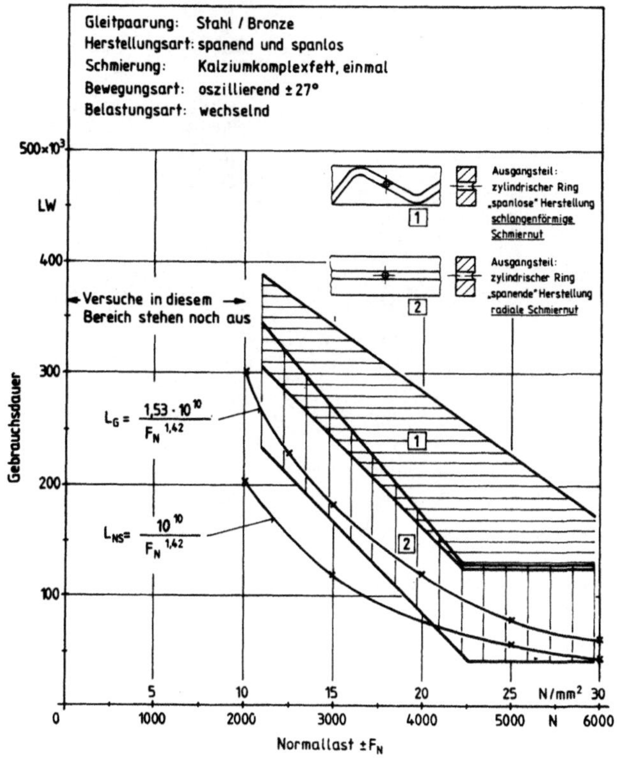

Bild 24: Vergleiche der Gebrauchsdauer bei spanender und spanloser Herstellung, Gebrauchsdauer- und Nachschmierfristkurve

Um zu zeigen, wie tatsächlich die Schwenkfrequenz (Gleitgeschwindigkeit) einen Einfluß hat, wurden Versuche mit Einzelprüfstand bei $F_N = \pm 2800$ N durchgeführt, dabei wurde bei konstanter Last die Gleitgeschwindigkeit erhöht und die tribologischen Kenngrößen aufgezeichnet,Ausschnitte aus jedem Bereich Bild 25.

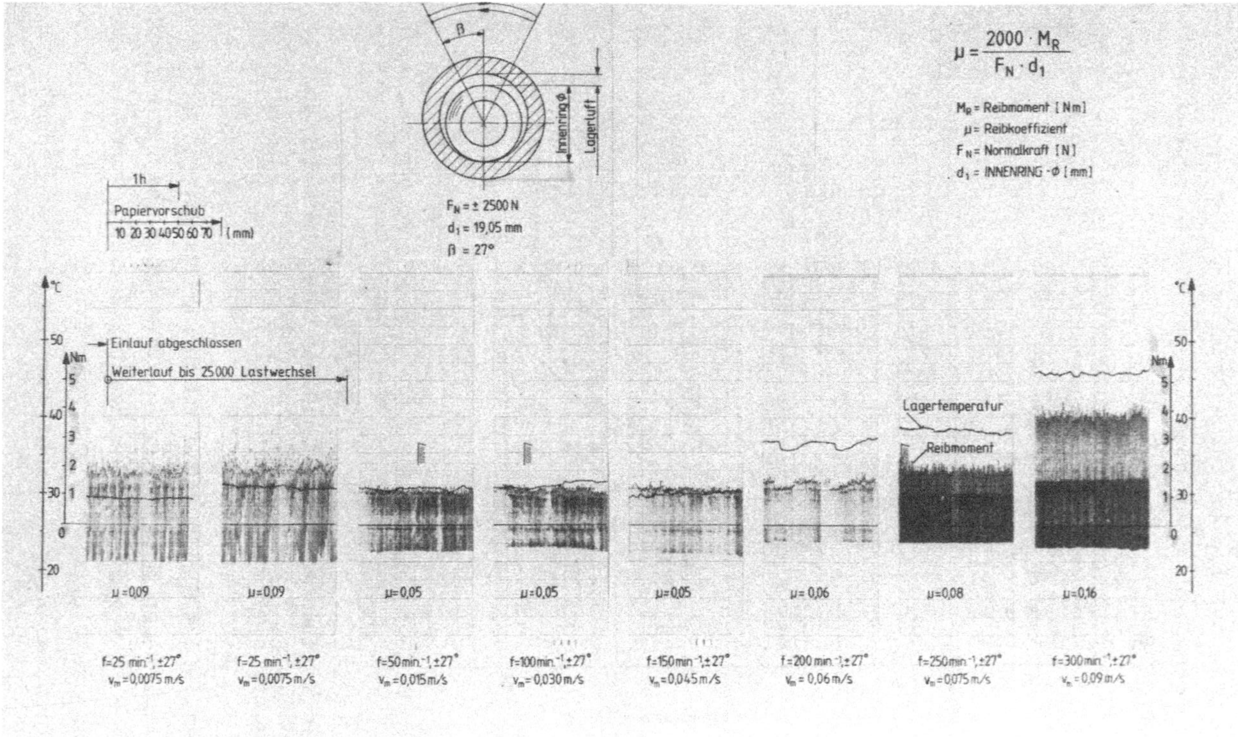

Bild 25: Tribologische Kenngrößen in Abhängigkeit von Frequenz, Einzelprüfstand

Vor jeder Frequenzänderung wurde neu geschmiert. Es zeigt sich, daß im Schwenkfrequenzbereich von 50 - 150 min^{-1} praktisch keine Unterschiede bei tribologischen Kenngrößen feststellbar sind.

Bei niedrigeren und höheren Drehzahlen ist das Reibmoment höher. Die mit Reihenprüfstand ermittelten Ergebnisse zeigen für den Frequenzbereich f = 23 - 150 min^{-1} eindeutige Abhängigkeit von der Frequenz.

9.4.2.4 Einfluß der Bewegungsformen bei nichtwartungsfreier Stahl/Bronze-Paarung

Wie schon erwähnt, ist die oszillierende Bewegung tribologisch ungünstig, da an Umkehrpunkten die Durchbrechung der Schmierschicht unumgänglich ist und auch zusätzlich Schlagbeanspruchungen auftreten. Im Vergleich zu oszillierender Bewegung ist die Drehbewegung, tribologisch gesehen, günstiger. Um diese zu zeigen, sind die Ergebnisse für Stahl/Bronze-Paarung mit spanloser Herstellung bei oszillierender Schwenk- und Drehbewegung gegenübergestellt, und zwar die erreichten Gleitwege bis zur Ausfalls (Brauchbarkeits-) grenze, Bild 26.

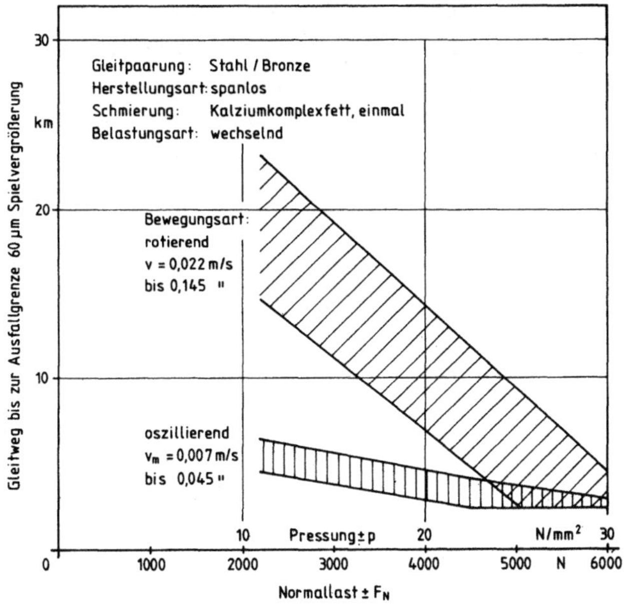

Bild 26: Vergleich des gefahrenen Gleitweges bei rotierenden und oszillierenden Bewegungen, spanlose Herstellung

Bei niedriger Last von $F_N = \pm 2200$ N unterscheiden sich die Ergebnisse zwischen rotierender und oszillierender Bewegung erheblich. Bei rotierenden Bewegungen wird im Mittel ein um Faktor 3,5 höherer Gleitweg erreicht. Erst bei hoher Last, von $F_N > \pm 5000$ N, wo die Schmierung auch bei rotierender Bewegung mangelhaft wird und die Vorgänge im erschwerten Mischreibungsgebiet ablaufen, wird für die zwei Bewegungsarten kein Unterschied der Gebrauchsdauer mehr festgestellt. Der Grund hierfür liegt darin, daß dann die Vorgänge in beiden Fällen im erschwerten Mischreibungsgebiet ablaufen und der Verschleiß dem Gleitweg proportional ist. Bei dieser Last, $F_N > \pm 5000$ N, wird die wesentlich höhere Gleitgeschwindigkeit bei rotierender Bewegung nicht wirksam, ihre Wirkung wird in einer kürzeren Laufzeit ausgedrückt, d.h. ein rotierendes Lager erreicht auf jeden Fall niedrigere Gebrauchsdauer als ein oszillierendes Lager.

9.5 Stahl/Stahl-Paarung

Bei der Stahl/Stahl-Paarung ist die Gebrauchsdauergrenze dann erreicht, wenn die Reibungszahl und die Temperatur ansteigen. Der Weiterlauf würde den Ausfall des Lagers durch starken Adhäsionsverschleiß zur Folge haben, d.h. nach dem Fettverbrauch ist im Vergleich zur Stahl/Bronze-Paarung keine Notlaufeigenschaft mehr gegeben. Die erzielten Ergebnisse geben deswegen das Ende der Schmierung wieder und projizieren die tribologischen Verhältnisse des erschwerten Mischreibungsgebietes. Es zeigt sich, daß mit Zunahme der Gleitgeschwindigkeit, bei konstanter Last, die Schmierung früher (bei kleinerer Lastwechselzahl) versagt, Bild 27, was durch die eingeleitete höhere Energie begründet sein dürfte, denn bei gehärteter Stahlpaarung herrscht an den Kontaktstellen hohe Temperatur (Blitztemperatur), die sich geschwindigkeitsabhängig ändert.

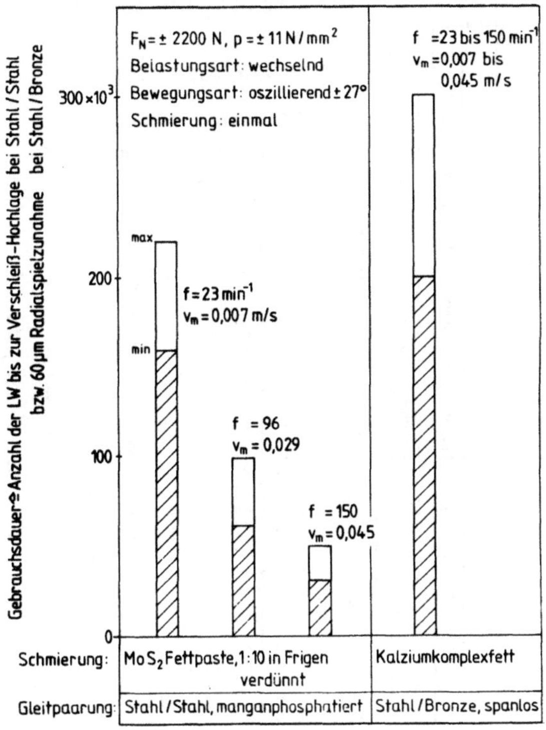

Bild 27: Gebrauchsdauer von Stahl/Stahl- und Stahl/Bronze-Paarung

Als Vergleich ist die Gebrauchsdauer für Stahl/Bronze-Paarung der spanlosen Bauart in Bild 27 eingetragen. Erwartungsgemäß ist die Gebrauchsdauer der Stahl/Bronze-Paarung höher, da die Verschleißgrenze von 60 µm bei relativ niedriger Reibungszahl voll ausgenützt werden kann. Weitere Versuche wurden bei Stahl/Stahl-Paarung bei $F_N = \pm 6000$ N durchgeführt, wo der Schmierstoff variiert wurde, Bild 28.

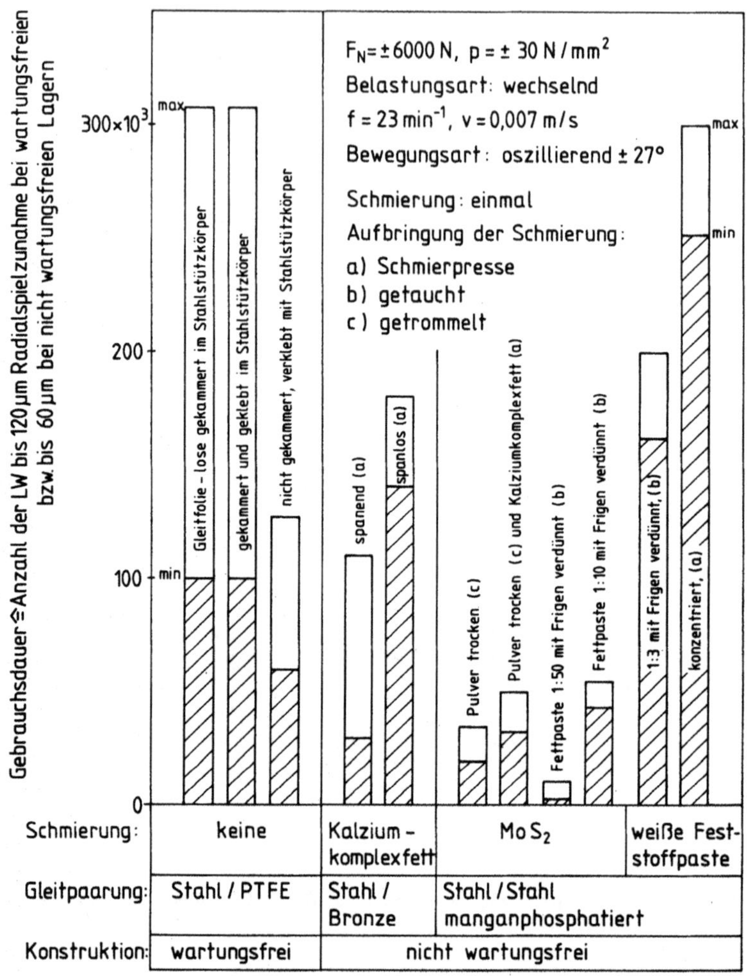

Bild 28: Gegenüberstellung der Gebrauchsdauer für verschiedene Paarungen

Gute Ergebnisse wurden mit konzentrierter weißer Feststoffpaste erreicht, auch eine um 1/3 mit Frigen verdünnte weiße Feststoffpaste erbrachte zufriedenstellende Ergebnisse. Der Vergleich dieser Ergebnisse mit denen von Stahl/PTFE und Stahl/Bronze, Bild 28, zeigt, daß die Stahl/Stahl-Paarung durch entsprechende Schmierstoffauswahl zu höheren Leistungen gebracht werden kann.

10. Berechnung der Gebrauchsdauer und Nachschmierfristen für Stahl/Bronze-Paarung

10.1 Berechnung der Gebrauchsdauer aus Gebrauchsdauerkurven

Der Ausfall eines Gelenklagers, der ein im erschwerten Mischreibungsgebiet laufendes tribologisches System darstellt, wird allein von der Schmierung bestimmt, Gleitgeschwindigkeit und Normallast bestimmen den Zeitpunkt des Ausfalls. Es ist bei Einzel- und Reihenprüfstand nachgewiesen worden, daß, sobald die Schmierung versagt, der Verschleiß rapide ansteigt, der sich auch durch eine höhere Lagertemperatur ankündigt. Dieser Zustand kann durchaus bei einer Spielzunahme eintreten, die unterhalb der Ausfallsgrenze von 60 µm liegt. Im allgemeinen wurde der Versuch nicht abgebrochen, sondern bis zur Ausfallsgrenze, d.h. im Trockenzustand, weiter gefahren, so daß eine höhere Gebrauchsdauer auf Kosten des erhöhten Verschleißes erkauft wird. Im einzelnen wurde festgestellt, daß die Hälfte der ermittelten Gebrauchsdauer im letzten Drittel der Versuchszeit, d.h. im Trockenbereich, zustande kam. Dieser Anteil kann nicht aufgrund der ermittelten Verschleißraten berücksichtigt werden. Will man die Gebrauchsdauer eines Lagers bis zur Ausfallsgrenze, d.h. Ausnutzung der 60 µm Verschleißreserve, theoretisch erfassen, dann muß von den ermittelten Gebrauchsdauerwerten ausgegangen werden. Aufgrund dieser Überlegung wurde empirisch für die Stahl/Bronze-Paarung eine Näherungskurve für die Bestimmung der Gebrauchsdauer L_G im untersuchten Normallast- und Schwenkzahlbereich ermittelt, Bild 24, die mehr als 90% aller Ergebnisse erfaßt und durch die Formel $L_G = 1{,}53 \cdot 10^{10} \cdot F_N^{-1{,}42}$ ausgedrückt werden kann.

Durch die Konstante $K = 1{,}53 \cdot 10^{10}$ sind alle untersuchten Einflußgrößen außer Normallast berücksichtigt.

10.2 Berechnung der Nachschmierfrist

Im allgemeinen ist, wenn diese Gebrauchsdauer erreicht ist, die Spielzunahme unzulässig angestiegen, so daß ein Nachschmieren in diesem Zustand keinen Vorteil bietet. Die Gebrauchsdauer eines Gelenklagers kann aber um ein Vielfaches gesteigert werden, wenn rechtzeitig, d.h. vor dem endgültigen Versagen des Schmierfettes, nachgeschmiert wird. Dies bedeutet, daß nicht mehr als ca. 70% der Gebrauchsdauer ohne Nachschmierung ausgenutzt werden darf. Aus der Gebrauchsdauerformel läßt sich dann die Nachschmierfristkurve zu $L_{NS} = 10^{10} \cdot F_N^{-1,42}$ für die untersuchten Beanspruchungsbereiche ermitteln, Bild 24.

10.3 Kontrolle der Nachschmierfrist

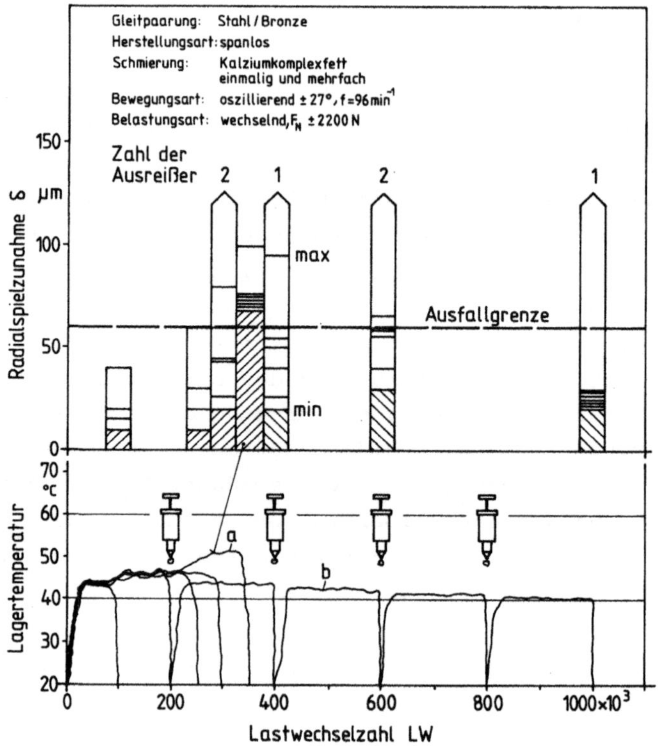

Bild 29: Lagertemperatur und Spielzunahme in Abhängigkeit von Lastwechselzahl LW, spanlose Herstellung, $F_N = \pm\ 2200$ N, f = 96 min^{-1} (v_m = 0,029 m/s)

Zur Klärung der Frage, wie lange ein Lager gefahren werden kann (welche Gebrauchsdauer wird erreicht), wenn die aufgrund der Gleichung $L_{NS} = 10^{10} \cdot F_N^{-1,42}$ sich für die jeweilige Last ergebende Nachschmierfrist eingehalten wird, wurden bei $F_N = \pm$ 2200 N, f = 96 min^{-1} (v_m = 0,029 m/s) Versuche durchgeführt. Die Nachschmierfrist wurde auf 200000 LW (anstatt 180000 LW, die sich aus der Rechnung ergibt) festgelegt. Für diese Untersuchung wurden jeweils 8 Gelenklager der Paarung Stahl/Bronze mit spanloser Herstellung des Außenringes (Sinusschmiernut) verwendet (Versuchsdurchführung Kap. 7). Bei Einhaltung der Nachschmierfrist konnten fast 80 - 90% der Lager bis 10^6 LW mit nur ca. 50% der zulässigen Spielzunahme gefahren werden, Bild 29.

Um die Wichtigkeit der Einhaltung der Nachschmierfristen zu unterstreichen, wurden vier Lager nicht nach 200000 LW nachgeschmiert. Kurz darauf stieg die Temperatur bei diesen Gelenklagern an, Bild 29 Kurve a, und die Spielzunahme erreichte bei ca. 380000 LW einen Wert, der oberhalb der Ausfallsgrenze lag, Bild 29.
Die bei diesem Versuch vereinzelt aufgetretenen Ausreißer kündigten sich schon zu Anfang des Versuchs durch höhere Gelenklagertemperatur an, Bild 30, die nach 200000 LW eine höhere Temperatur von nur 10 °C aufwiesen. Es zeigt sich, daß schon eine geringe Temperaturerhöhung von 10 °C vom Kollektiv erheblichen Einfluß auf die Lebensdauer hat.

Auch nach der Nachschmierung kündigten sich diese Ausreißer an. Aus Bild 30 ist weiter ersichtlich, daß die ersten 200000 LW, die Anpassungsphase, die kritische Phase ist. Das Temperaturfeld in erster Phase bis 200000 steigt allmählich von 30 °C auf bis 50 °C nach 200000 LW an, Bild 30 Kurvenfeld b, während das Temperaturfeld in der zweiten Phase nach der Nachschmierung konstant unter 40 °C bleibt.

Bei allen durchgeführten Versuchen wurde die oben beschriebene Tatsache festgestellt, daß mit fortlaufender Nachschmierung die Schmierverhältnisse günstiger werden.

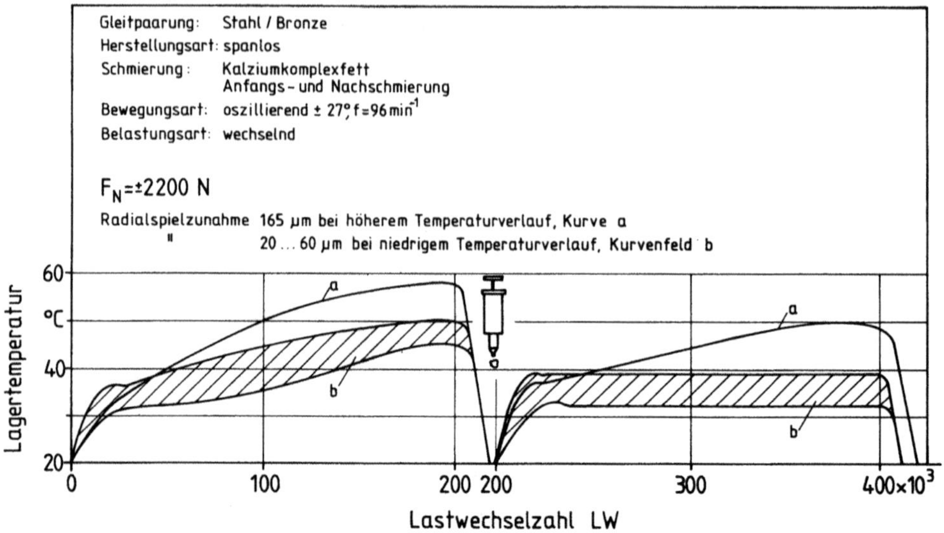

Bild 30: Lagertemperatur für Kollektiv, Kurvenfeld b, und Ausreißer, Kurve a, in Abhängigkeit von Lastwechselzahl

Hier können folgende Ursachen maßgebend sein:

- die Formanpassung des Bronzeaußenringes am Stahlinnenring wird ständig durch den milden Verschleiß verbessert, wodurch die Stellen mit hoher lokaler Pressung verschwinden und die spezifische Pressung geringer wird

- durch die Nachschmierung werden die Verschleißpartikel herausgetragen. Gerade in der ersten Phase bis 200000 LW entsteht höherer Verschleiß, so daß der Austrag der Verschleißpartikel die Gefahr des abrasiven Verschleißens vermindert. Durch die Verschleißpartikel kann auch der Schmierfilm zerstört werden

- je besser die Anpassung, desto günstiger ist die Benetzung der tragenden Flächen mit dem Schmierstoff

10.4 Berechnung der Gebrauchsdauer aus Kurven für Spielzunahme

Aus den Kurven für Spielzunahme, Bild 17, 20 und 21, ist ersichtlich, daß sich im allgemeinen nach dem Einlaufvorgang ein stationärer Verschleißprozeß anschließt. Derartige Verschleißentwicklungen werden nicht nur im Versuch, sondern auch in der Praxis beobachtet und sind die Grundlage zur Bestimmung der Verschleißkenngrößen für das jeweilige Tribosystem.

Die S p i e l z u n a h m e besteht demnach aus zwei Termen und kann wie folgt ausgedruckt werden

$$\delta = \delta_E + \delta_L \qquad 1)$$

Während die Spielzunahme im Einlaufbereich großen Streuungen unterliegt, ist für den linearen Bereich eher möglich, diejenige Lastwechselzahl zu berechnen, die zu der Spielzunahme von δ_L führt. Die Gleichung 1) kann dann zur Bestimmung der Gebrauchsdauer umgeschrieben werden in

$$L_G = L_{WE} + L_{WL} \qquad 2)$$

Die Lastwechselzahlen L_{WE} im Einlaufbereich und L_{WL} im linearen Bereich lassen sich aus Kurven für Spielzunahme berechnen und zwar gilt

$$L_{WE} = \frac{\delta_E}{\delta_{LWE}} \quad \text{sowie} \quad L_{WL} = \frac{\delta_L}{\delta_{LWL}} \qquad 3)$$

mit δ_{LWE} und δ_{LWL} als Spielzunahmerate im Einlauf und im linearen Spielzunahmebereich. Die Gleichung 2) läßt sich dann mit Hilfe der Gleichung 3) umschreiben.

$$L_G = \frac{\delta_E}{\delta_{LWE}} + \frac{\delta_L}{\delta_{LWL}} \qquad 4)$$

Für die Gelenklager gilt die Bedingung, daß das Spiel nicht einen bestimmten vorgegebenen Wert δ_{Gr} überschreitet, der sich aus folgender Gleichung berechnen läßt

$$\delta_{Gr} = \delta_E + \delta_L \qquad 5)$$

Mit Hilfe der Gleichung 4) und 5) ist es möglich, für jede Bedingung die Gebrauchsdauer der untersuchten Lager aus Spielzunahmekurven zu bestimmen. Als Beispiel soll diese Rechnung für die Gelenklager aus Stahl/Bronze mit spanloser Herstellung des Außenringes durchgeführt werden.

Zur Berechnung der Anzahl der Lastwechselzahl im linearen Bereich bis zur Ausfallsgrenze werden die ermittelten extremen Verschleißraten für die Bedingung $F_N = \pm$ 2200 und $\pm$ 4500 N, Tafel 4, in Abhängigkeit der Normallast dargestellt, Bild 31.

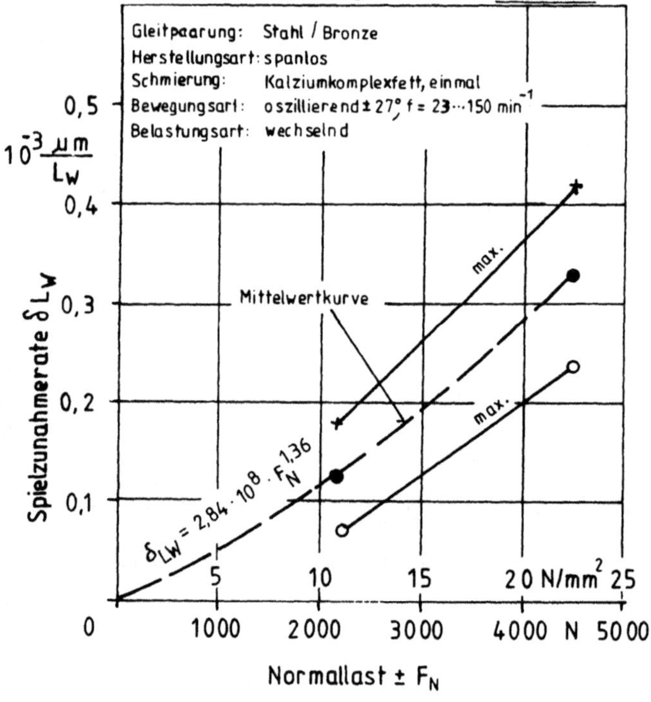

Bild 31:
Spielzunahmerate δ_{LW} in Abhängigkeit der Normallast

Die beiden Kurven für die Extremwerte wie auch die für die Mittelwerte müssen durch den Koordinaten-Ursprung. Die Mittelwertskurve kann durch den Ansatz $y = a \cdot x^n$ berechnet werden. Nach dem Einsetzen der Mittelwerte für $F_N = \pm$ 2200 N und $\pm$ 4500 N kann man die mittlere Spielzunahmerate in Abhängigkeit der Normallast nach der Formel

$$\delta_{LWL} = 2{,}84 \cdot 10^{-8} \cdot F_N^{1{,}36} \qquad 6) \qquad F_N \;\; N, \quad \delta_{LW} \;\; \mu m/_{LW}$$

und die Lastwechselzahl L_{WL} im stationären Bereich bei Berücksichtigung der Gleichung 5) nach der Formel

$$L_{WL} \simeq \frac{\delta_{Gr} - \delta_E}{\delta_{LWL}} \qquad 7)$$

berechnen. Bei Berücksichtigung von Gleichung 6) und 7) läßt sich dann die Gebrauchsdauer berechnen

$$L_G = L_{WE} + 0{,}352 \cdot 10^{8} \cdot \frac{\delta_{Gr} - \delta_E}{F_N^{1.36}} \qquad 8)$$

Da die Spielzunahme im Einlaufbereich größeren Streuungen unterliegt, wird die Annahme getroffen, daß 50% der vorgegebenen zulässigen Spielzunahme von 60 µm bei $F_N = \pm$ 2200 N im Einlauf bis 50000 LW erfolgt und daß bei $F_N = \pm$ 4500 N kein Einlauf berücksichtigt wird, da ein solcher nicht feststellbar ist.

Aus oben beschriebener Überlegung läßt sich für die Normallast von $F_N = \pm$ 4500 N eine mittlere Gebrauchsdauer von ca. 350000 LW und für $F_N = \pm$ 6000 N von ca. 150000 LW berechnen, was mit den aus Versuchen sich ergebenden Werten gut übereinstimmt, Bild 21. Diese Werte liegen höher als die aus der Kurve L_G in Bild 24 sich ergebenden Werte. Die Kurve L_G in Bild 24 ist konservativ, die Werte liegen mit Abstand auf sicherer Seite.

Diese hier angewandte Rechnungsmethode gibt um so zuverlässiger Informationen über die Lebensdauer eines Gelenklagers, je mehr verläßliche Daten über die Verschleißentwicklung im Einlauf und im linearen Bereich vorliegen.

Bei Einhaltung der Nachschmierfrist wird mit Zunahme der Nachschmierperioden die Spielzunahmerate kleiner, was nach der Rechnung eine höhere Ausnutzung (Gebrauchsdauer) der vorgegebenen zulässigen Spielzunahme bedeutet.

S c h r i f t t u m

[1] Bowden, F.P. Tabor, D. : Reibung und Schmierung fester Körper
Springer Verlag
Berlin / Göttingen / Heidelberg 1959

[2] Richter, K. : Tribologisches Verhalten von Kunststoffen unter Gleitbeanspruchung bei tiefen und erhöhten Temperaturen
Fortschr. Ber. VDI-Z. Reihe 5 Nr. 54

[3] Khosrawi, M.A.: Untersuchung über die Reaktionsschichtbildung bei hochbelastbaren Schmierölen
Techn.-Wiss. Ber. MPA Stuttgart 1983
Heft 83-01

[4] Memmel, M. : Untersuchung über die Tragfähigkeit und Gebrauchsdauer von Gelenklagern
Diss. 1967
Technische Hochschule München

[5] Uetz, H. Sommer, K. Khosrawi, M.A.: Übertragbarkeit von Versuchs- und Prüfergebnissen bei abrasiver Verschleißbeanspruchung auf Bauteile
VDI-Bericht Nr. 354 (1979),S.107-124

Schwachstellenerfassung und Laborversuche zum Verschleißverhalten von Druckwalzen - Laufringen

Abschlußbericht über das Teilvorhaben
"Schadensanalyse" des Projektplanes
"Verschleißverhalten von Laufringen"

von

Prof.Dr.-Ing. Helmut Bugarcic

Dipl.-Ing. Peter Kasten

Lutz - Michael Schmidt

Gudrun Krämer

TECHNISCHE UNIVERSITÄT BERLIN

Institut für Fahrzeugtechnik

Fachgebiet: Spurgebundene Fahrzeuge

Förderkennzeichen: 01 ZT 179

Laufzeit: 01.06.1980 - 31.12.1981

Zusammenfassung

Zur Erzielung definierter Abrollverhältnisse bei Druckmaschinen-Walzengruppen werden - neben dem einseitigen Zahnradantrieb - Laufringe verwendet, die an beiden Enden jeder Walze fest angebracht sind und unter Vorspannung aufeinander abrollen. Um die Entstehungsmechanismen der wellenförmigen Abnutzung dieser Laufringe im Labor untersuchen zu können, wurde ein Radsatz-Prüfstand so umgebaut, daß die Antriebskomponenten eines Druckwalzenpaares mit Original-Bauteilen in ihren wesentlichen Kraftwirkungen, Bewegungs- und Schwingungsvorgängen sowie Verschleißerscheinungen nachgebildet werden konnten.

Um den starken Einfluß von Maß- und Rundlaufabweichungen der Reibräder auf die Rollreibungs-Kinematik zu verdeutlichen, wurde das bei Druckmaschinen eingesetzte Festradsystem von zwei unter Vorspannung aufeinander abrollenden Laufringpaaren bei gezielt eingebrachten Durchmesser- und Rundlaufabweichungen - mit und ohne Zahnradkoppelung - getestet. Auf diese Weise konnte dokumentiert werden, daß die wellenförmige Laufringabnutzung zwar durch den dynamischen Effekt der Druckwalzen-Spannkanäle hervorgerufen wird, letztlich aber in dem antriebsmäßig überbestimmten Rollreibungs-Kraftschlußsystem begründet ist.

Dies bestätigen auch die Abnutzungsversuche an den Original-Laufringen des Druckmaschinen-Herstellers, welche auch ohne die Störimpulse der Druckwalzen-Spannkanäle in relativ kurzer Zeit einer wellenförmigen Abnutzung auf dem Rollreibungsprüfstand unterworfen waren. Hierzu reichten die aus Fertigung und Montage resultierenden, unvermeidlichen Maß- und Rundlaufabweichungen der Rotationskörper voll aus.

Der wellenförmige Abnutzungseffekt kommt dadurch zustande, daß die mit den Maßabweichungen der Laufringe einhergehenden Torsionsverspannungen des gekoppelten Reibrad-Zahnrad-Systems durch einen besonders hervortretenden Störimpuls geometrischer oder fertigungstechnischer Herkunft in regelmäßigen Zeitabständen ruckartig aufgelöst werden. Die damit verbundenen Stick-Slip-Schwingungen in den Kontaktzonen der Rollreibungspartner bewirken eine selektive Reiboxydation - verbunden mit einer Wellenbildung auf den Laufflächen.

Wie weitergehende Versuche gezeigt haben, kann dieses Abnutzungsproblem von Grund auf nur beseitigt werden, indem die bisherige Festradkonstellation der Druckwalzen-Laufringe verlassen wird und diese als reine Distanzhalter in gegeneinander drehbeweglicher Form eingesetzt werden. Der notwendige Gleichlauf der Druckwalzen auf ihrer ganzen Länge ist mit hoher Wahrscheinlichkeit auch durch eine zweiseitige Zahnradkoppelung zu bewerkstelligen, wobei allerdings die Fertigungsqualität der Zahnräder - und insbesondere deren Rundlaufgenauigkeit - gegenüber dem Ist-Zustand verbessert werden müßte.

Gliederung

1. Einleitung

Zur Erzielung definierter Abrollverhältnisse bei Druckmaschinen-Walzengruppen werden - neben dem einseitigen Zahnradantrieb - Laufringe verwendet, die an beiden Walzenenden gemäß Bild 1 fest angebracht sind. Die Walzengruppen stehen unter statischer Vorspannung, wobei deren größter Teil von den Laufringen aufgenommen wird und nur eine relativ kleine Walzenrestspannung zur Übertragung der Farbe von der Druckform auf das Drucktuch bzw. vom Drucktuch auf den Bedruckstoff genutzt wird. Die Spannmechanismen für Druckform und Gummituch befinden sich im Walzeninneren, wofür Spannkanäle vorgesehen sind, in deren Bereich keine Druckübertragung zwischen den Walzen möglich ist. Beim Überlaufen der Spannkanäle wird offensichtlich bei bestimmten Umlauffrequenzen eine Biegeschwingung der Druckwalzen angeregt, womit sowohl eine Qualitätsminderung der Druckerzeugnisse als auch eine polygonale oder wellenförmige Abnutzung der Laufringe einhergeht.

Austausch der beschädigten Laufringe sowie Produktionsausfall verursachen sehr erhebliche Kosten.

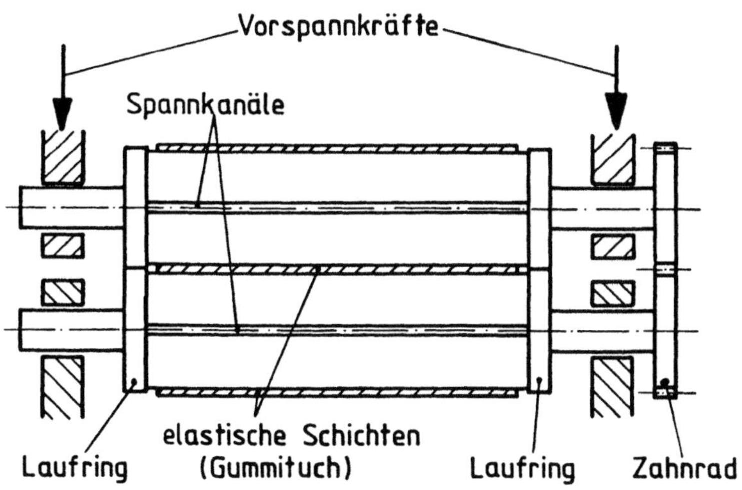

Bild 1: Druckwalzenpaar

Auf der anderen Seite unterliegen die Laufringe aufgrund ihrer Festrad-Anordnung einer schlupfbehafteten Wälzbeanspruchung, da Durchmesserunterschiede, Exzentrizitäten und Unrundheiten auch bei noch so genauer Fertigung nicht zu vermeiden sind. Die damit verbundene Verschleißkomponente beruht auf der chemischen Aktivierung plastisch verformter Oberflächenbereiche infolge Störung des Kristallgitteraufbaus. Sie wird Reiboxydation oder Reibkorrosion genannt und führt bei Reibradantrieben häufig zu einer wellenförmigen Abnutzung der Laufflächen.

Da auch andere Entstehungsursachen für die ungleichförmige Abnutzung der Laufringe denkbar sind, sollten die einschlägigen analytischen Untersuchungen durch eine Schadensanalyse mit integrierten Laborversuchen auf einem umgebauten Radsatz-Prüfstand ergänzt werden, um auf diese Weise eine Eingrenzung der möglichen Einflußparameter herbeizuführen und gegebenenfalls die Optimierung von Einzelkomponenten durch Pilotversuche in die Wege zu leiten.

Über diese letztgenannten Prüfstand-Untersuchungen soll im folgenden berichtet werden.

2. Bestandsaufnahme

Das Problem der Kraftübertragung bei Reibungsgetrieben ist in einer Vielzahl experimenteller Arbeiten behandelt worden. In den meisten Fällen handelt es sich aber um spezielle Betriebsversuche, die keinen oder nur geringen allgemeingültigen Aussagewert besitzen. Die einzelnen Ergebnisse unterscheiden sich zum Teil beträchtlich voneinander. Der Grund hierfür ist weniger in der unterschiedlichen Durchführung der Messungen zu suchen als vielmehr in der Vernachlässigung der für den Reibungs- und Abnutzungsvorgang entscheidenden reibchemischen Effekte.

Die Wirkung von Gasen auf die Reibung metallischer Werkstoffe kann sowohl eine physikalische als auch eine chemische sein. Bei der rein physikalischen Sorption bildet sich an den Reibflächen lediglich eine Fremdschicht, die den metallischen Kontakt mehr oder minder stark einschränkt. In diesem Falle wird das Reibungsverhalten der Metallpaarung durch die Eigenschaft der adsorbierten Zwischenschicht weitgehend mitbestimmt. Besteht eine chemische Verwandtschaft zwischen Metall und Gas, so tritt die sogenannte aktivierte Sorption ein.

Durch die Störung der regelmäßigen Ordnung der Atome und deren Absättigung innerhalb des Gitters werden Bindungskräfte frei, die zu einer Reaktion zwischen Metall und Gas führen. Reibungs- und Abnutzungsverhalten werden nunmehr in entscheidender Weise durch das Reaktionsprodukt bestimmt.

Das bekannteste Beispiel hierfür ist die Reiboxydation [1], wie sie nicht nur an den Laufflächen von Reibradgetrieben, sondern auch an den Kontakt- und Paßflächen von form- und kraftschlüssigen Verbindungen bei geringen Relativbewegungen oder Vibrationen als "Passungsrost" oder "Reibrost" auftritt.

Auf ungeschmierten, d.h. gegen chemische Sauerstoffsorption ungeschützten Reibradlaufflächen entsteht bei Eisenwerkstoffen nach kurzer Beanspruchungszeit ein Oxydbelag aus Fe_2O_3, welcher in der Regel spröder und brüchiger als das Grundmaterial ist und sich von diesem nach Erreichen einer gewissen Grenzdicke unter der Wirkung der Normal- und Tangentialkräfte zunächst in Form von Aufwölbungen und später in Splitterform vom Grundmaterial gemäß Bild 2 ablöst [2].

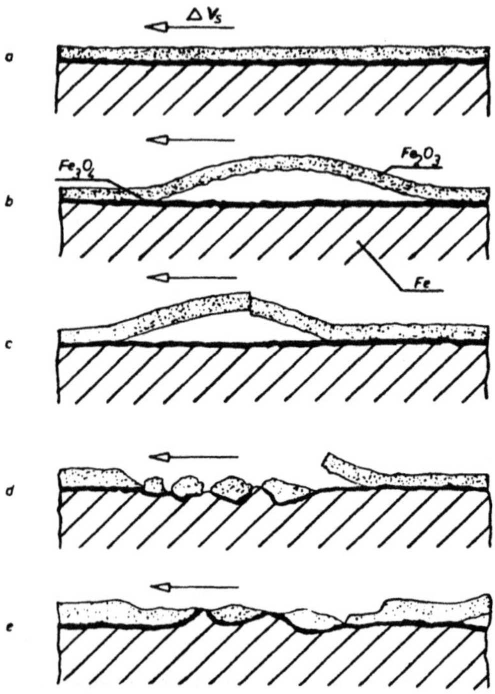

Bild 2: Schematische Darstellung der beginnenden Abnutzung bei ARMCO-Eisen

Sind die Oxydpartikel härter als das Grundmaterial (wie z.B. bei Weicheisen und Baustahl), so werden sie zum Teil in die Laufflächen eingewalzt, wobei ihre gute Verankerung im Grundmaterial zu hohen Scherkräften - und damit zu einem Reibungszahl-Anstieg gegenüber dem unbeschädigten Zustand der oxydierten Laufflächen - führt.

Auf diese Weise werden immer neue Oberflächenbereiche freigelegt und chemisch aktiviert, so daß der Abnutzungsprozeß nunmehr stetig, aber wesentlich schneller als beim abrassiven Verschleiß abläuft.

Sind die Oxydpartikel dagegen weicher als das Grundmaterial (z.B. bei einsatzgehärtetem Stahl) so werden sie von den Reibpartnern zermahlen und abgeschoben, wobei in der Regel ein geringfügiger Reibungszahl-Abfall gegenüber dem unbeschädigten Zustand der oxydierten Laufflächen eintritt.

Im vorliegenden Falle wird die Reiboxydation durch das Ineinandergreifen der Mikro- und Makrohügel der beiden Reibradlaufflächen und den damit verbundenen Abscher-Effekt aufrecht erhalten.

Rollen die beiden Reibräder ohne Schlupf aufeinander ab, so tritt - ähnlich dem Prägepolieren - lediglich eine Verfestigung der Laufflächenzonen ein, wobei diese ein spiegelglattes Aussehen annehmen. Obwohl auch hier durch den elastischen Formänderungsschlupf eine gewisse chemische Aktivierung der Laufflächen stattfindet, ist diese aufgrund des gleichzeitig stattfindenden Verdichtungsprozesses so gering, daß die Beanspruchungszeit bis zum Einsetzen der auf Reiboxydation beruhenden Abnutzung um Zehnerpotenzen höher ist als beim Vorhandensein von Gleitschlupf.

Rollen die beiden Reibräder nicht mit homogenem Gleitschlupf aufeinander ab, so setzt die Reiboxydation an den Umfangzonen größter Schlupfbeanspruchung am ehesten ein, was zur ungleichmäßigen Laufflächenabnutzung und schließlich zur polygonalen oder wellenförmigen Verschleißerscheinung führt.

Dieses soll nachstehend durch ein praktisches Beispiel verdeutlicht werden.

2.1 Reibungsmoment - Schlupfverhalten

In Bild 3 ist das auf einem Rollreibungsprüfstand aufgenommene Reibungsmoment-Schlupf-Diagramm wiedergegeben, wie es bei Eisenwerkstoffen nach einsetzendem physikalisch-chemischen Abnutzungsprozeß in der Regel auftritt. Hierbei wurde der Schlupf in Stufen von 0,5 % zwischen 0 und 2 %

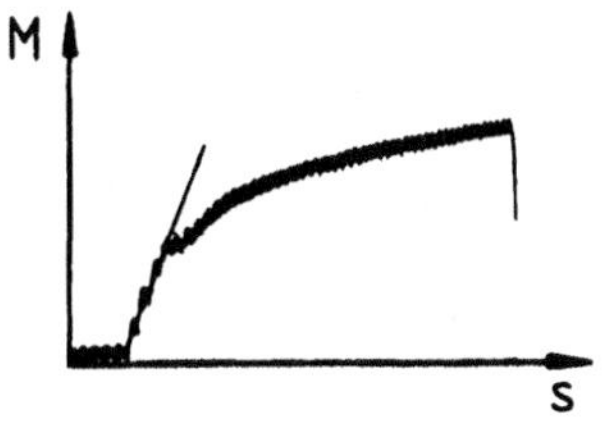

Bild 3: Reibungsmoment-Schlupf-Diagramm

bei konstanter Normalkraft erhöht. Wie daraus hervorgeht, tritt zunächst ein linearer Anstieg des Reibungsmomentes mit zunehmendem Schlupf auf, um dann nach einem für das Rollreibungsgeschehen charakteristischen Einbruch degressiv bis zu der sogenannten Haftwertgrenze anzusteigen. In dem linearen Bereich herrscht offensichtlich elastischer Formänderungsschlupf - analog den Spannungs-Dehnungs-Kennlinien der Eisenwerkstoffe - vor. Der Drehmomenteinbruch zeigt offensichtlich den Beginn des Fließens

- analog der $\sigma_{0,2}$ - Grenze - an. Die Haftwertgrenze kann in etwa mit der Bruchgrenze gleichgesetzt werden, wobei hier ein Abscheren der mit dem Grundmaterial verankerten Grenzschicht - ähnlich einer Freßerscheinung - stattfindet.

In diesem Zusammenhang sei erwähnt, daß die Reibungsmoment-Schlupf-Kennlinien der Eisenwerkstoffe sehr stark durch die Luftfeuchte sowie die in der Luft enthaltenen Abgaskomponenten beeinflußt werden. Hier sei nur ein Diagramm wiedergegeben, woraus der Feuchteeinfluß auf 16MnCr5-Stahl im normalgeglühten Zustand der Reibräder Bild 4 ersichtlich ist.

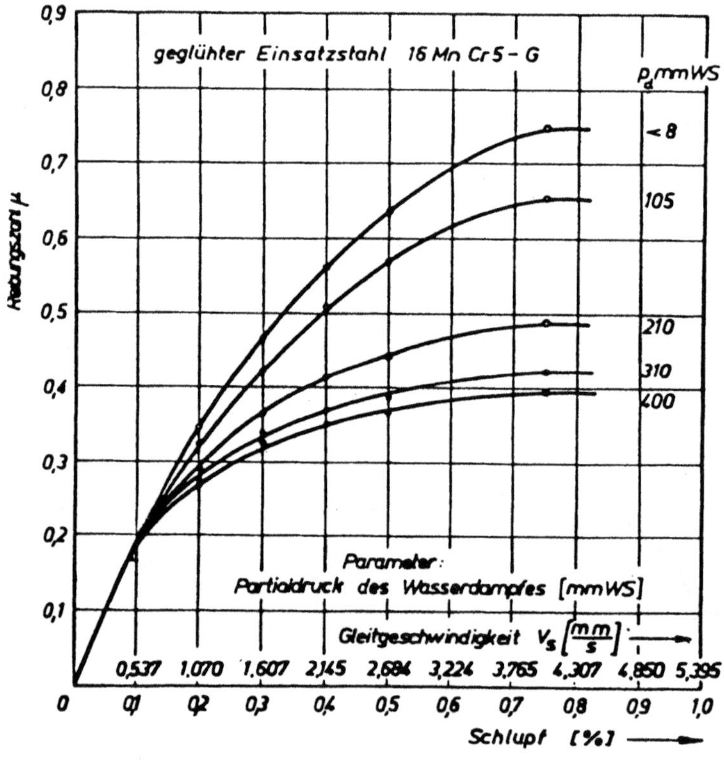

Bild 4: Reibungszahl-Schlupf-Verhalten des normalgeglühten 16MnCr5-Stahles in Abhängigkeit vom Wasserdampf-Partialdruck

Den aufgeführten Wasserdampf-Partialdrücken entsprechen die nachstehenden relativen Luftfeuchtigkeitswerte, bezogen auf die Körpertemperatur der Reibräder von 43°C:

P_d	= <8,0	105,0	210,0	310,0	400,0	[mm WS]
φ_{rel}	= 1,0	11,9	23,8	35,2	45,4	[%]

2.2 Wellenbildung auf der Reibradlauffläche

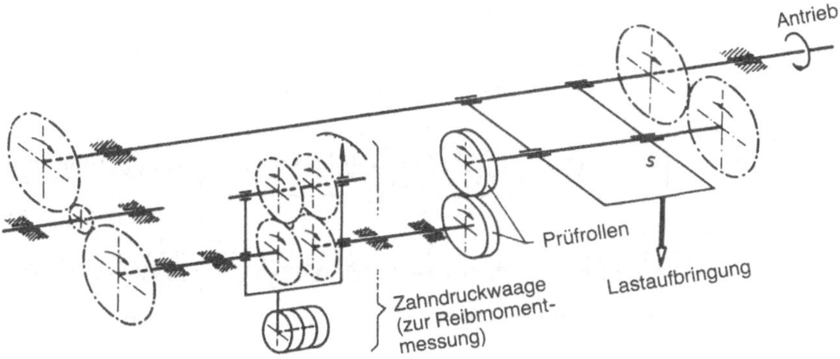

Bild 5: Grundprinzip einer Rollreibungs-Prüfmaschine mit geschlossenem Leistungskreislauf

Bei Rollreibungsprüfmaschinen mit geschlossenem Leistungskreislauf, d.h. konstanter Drehzahldifferenz der beiden Prüfräder entsprechend Bild 5 tritt in der Regel eine Wellenbildung an den Reibradlaufflächen gemäß Bild 6 auf.

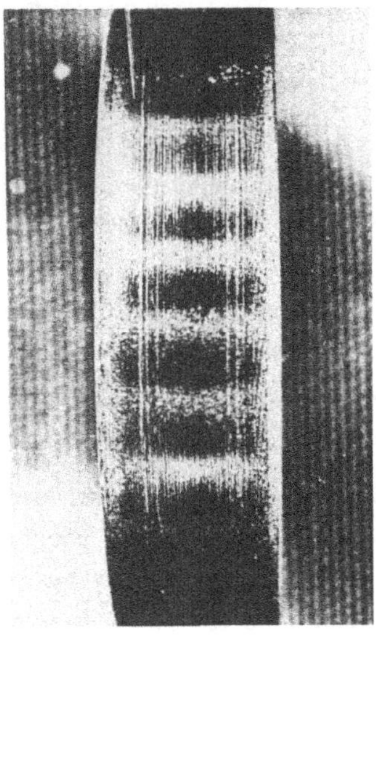

Bild 6: Wellenförmig abgenutzte Prüfrollenlauffläche

Die damit verbundenen Störerscheinungen (Abfall der Reibungszahl als Folge der Vibration sowie erhöhte Laufflächenabnutzung) lassen dann keine reproduzierbaren Messungen mehr zu. Die Ursachen der Wellenbildung konnten wie folgt [2] aufgeklärt werden:

Auch bei noch so genauen Fertigungsmethoden läßt sich ein geringer Radialschlag der aufgespannten Reibräder in der Prüfmaschine von einigen µm nicht vermeiden. Diese geringe Exzentrizität reicht beim zwangsläufigen Antrieb mit konstanter Drehzahldifferenz $\Delta n = n_t - n_b$ zwischen treibendem und getriebenem Reibrad aus, um periodische Schlupf- und Reibmomentschwankungen hervorzurufen, welche nach mehr oder weniger langer Laufzeit zu der Wellenbildung auf den Reibradlaufflächen führen.

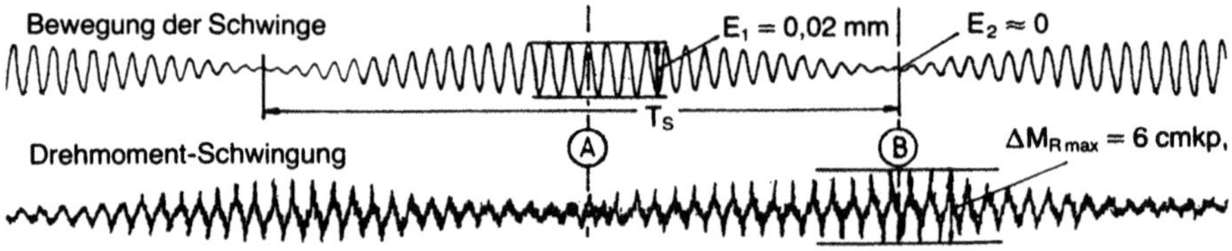

Bild 7: Reibmomentschwankung infolge Exzentrizität der Prüfrollen

In Bild 7 sind Vertikalbewegung der Schwinge S infolge Exzentrizität der Prüfräder sowie die aus den Schlupfschwankungen resultierenden Reibmomentschwingungen bei einem derartigen Versuch gleichlaufend aufgenommen worden. Die Exzentrizität des treibenden und bremsenden Prüfrades betrug hierbei jeweils $e_t = e_b = 0{,}005$ mm, die Drehzahlen $n_t = 206$ U/min und $n_b = 200$ U/min.

Da sich die Reibrad-Drehzahlen nur wenig voneinander unterscheiden, tritt Schwebung ein. Die Amplitude der Interferenzschwingung "Vertikalbewegung der Schwinge S" schwankt zwischen $E_1 = 2(e_t + e_b)$ und $E_2 = 2(e_t - e_b) \approx 0$, da die beiden Exzentrizitäten im vorliegenden Falle annähernd gleich groß sind. Dementsprechend tritt in der Phasenstellung A der beiden Reibräder keine Schlupf- und Reibmomentschwankung auf, wogegen in der Phasenstellung B die Schlupf- und Reibmomentschwankungen ihren Höchstwert erreichen.

Die aufgezeichnete Drehmoment-Amplitude in der Stellung B betrug gemäß Bild 8 etwa 10 % des übertragenen Reibungsmomentes, wobei die Schlupfschwankung bei den Reibrad-Durchmessern $D_t = 48{,}78$ mm und $D_b = 50{,}0$ mm einen Wert von $\Delta S = 0{,}08$ % erreichte.

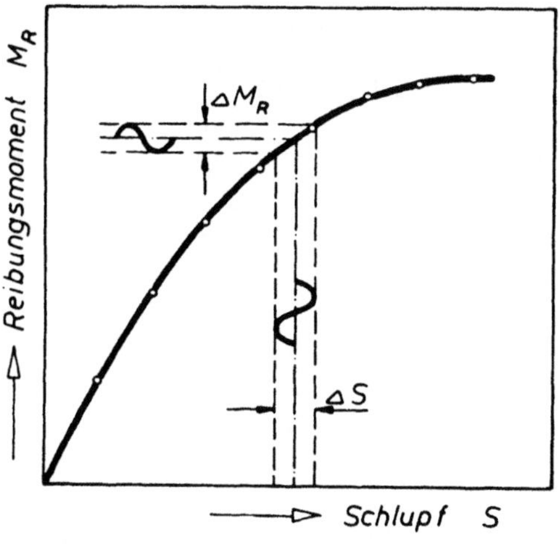

Bild 8: Schlupf- und Reibungsmomentenschwankung infolge Reibradexzentrizität

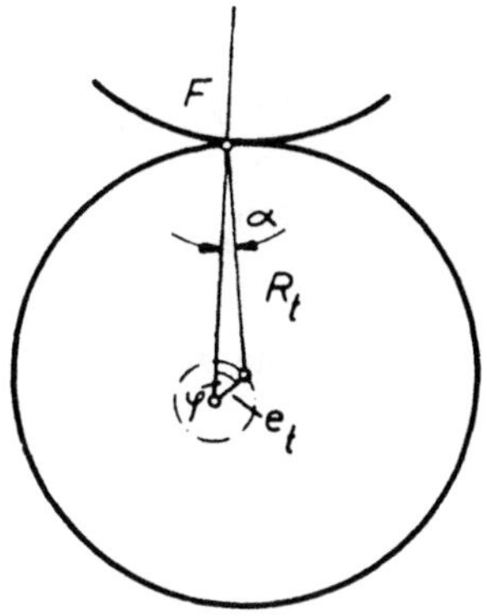

Bild 9: Reibradexzenter

Die jeweils am Reibradumfang auftretende Zahl der Wellen läßt sich aus nachstehenden Beziehungen vorausberechnen.

$$Z_t = \frac{n_b}{n_t - n_b} \cdot K \quad \text{und}$$

$$Z_b = \frac{n_t}{n_t - n_b} \cdot K \, ,$$

Z_t ≙ Wellenzahl auf der Lauffläche des treibenden Reibrades
Z_b ≙ Wellenzahl auf der Lauffläche des bremsenden Reibrades
n_t ≙ Drehzahl des treibenden Reibrades
n_b ≙ Drehzahl des bremsenden Reibrades

Dabei ist
$K = 1$, wenn Z_t und Z_b ganze Zahlen ergeben,
$K = 2 , 3 , 5 , \ldots$ bei Bruchzahlen,
$K = \infty$ bei irrationalen Zahlen.

Nach den bisherigen Untersuchungsergebnissen darf angenommen werden, daß bei $K = \infty$ durch das sehr langsame Fortschreiten der Reibimpulse über den Prüfradumfang ebenfalls Wellen entstehen, die mit der Beanspruchung weiter wandern. Ihre Zahl entspricht dem nächstliegenden ganzzahligen Wert von Z_t bzw. Z_b. (Auch in der Praxis des Eisenbahnbetriebes ist das

Wandern der Schienenriffeln eine bekannte Erscheinung.)

Für das angeführte Beispiel Bild 7 und 8 ergeben sich:

$$\psi_t = \frac{206}{6} = 34{,}333 \text{ Drehimpulse,}$$

$$\psi_b = \frac{200}{6} = 33{,}333 \text{ Drehimpulse.}$$

Die Auszählung ergab für die treibende Prüfrolle

$$Z_t = 3\psi_b = 100 \text{ Wellen}$$

und für die bremsende

$$Z_b = 3\psi_t = 103 \text{ Wellen.}$$

Genauer gesagt, die Teilung $t = \frac{D \cdot \pi}{Z}$ der Wellen auf dem jeweiligen Prüfradumfang ergab diese Zahlen, da im Bereich der Schwebungsknoten eine wellenfreie Zone auftrat, wie dies auch aus Bild 7 hervorgeht. Versuche mit einem schlagfreien und einem exzentrisch gelagerten Reibrad ergaben dementsprechend eine harmonische Reibmomentschwingung sowie eine wellenförmige Abnutzung des schlagfreien Prüfrades auf seinem ganzen Umfang, wobei das exzentrisch gelagerte Reibrad keiner wellenförmigen Abnutzung unterworfen war.

Da ein vollkommener Rundlauf der Reibräder auch mit höchstem fertigungstechnischen Aufwand kaum erreicht werden kann, ist es nur eine Frage der Zeit, bis die wellenförmige Abnutzung der Laufflächen bei Reibradgetrieben mit geschlossenem Leistungskreislauf einsetzt. Hierbei ist es gleichgültig, ob die umlaufenden Drehmomentimpulse durch Reibrad-Exzentrizitäten, Unrundheiten oder elastische Radialeinfederungen in Form eines Speichenrad-Effektes hervorgerufen werden.

3. Schwachstellenerfassung

Bei der vorliegenden Druckwalzengruppe liegt nicht nur ein geschlossener Leistungskreislauf, sondern auch ein antriebsmäßig überbestimmtes System vor, da die Walzen zum einen durch Zahnräder und zum anderen durch den Kraftschluß zweier Laufringpaare miteinander gekoppelt sind.

Dementsprechend bewirken hier ungleiche Laufringdurchmesser keinen umlaufenden Schlupf zwischen den beiden Reibradpaaren sondern eine Torsionsverspannung, die in mehr oder weniger regelmäßigen Abständen durch einen Gleitprozeß aufgehoben werden muß.

Geht man z.B. von einer absoluten Rundheit und Zentrizität der vier Laufringe aus, so würden die fertigungstechnisch unvermeidlichen Durchmesser-Unterschiede zunächst eine mit der Umdrehungszahl wachsende Torsionsverspannung der Walzengruppe bis zur Kraftschlußgrenze bewirken, wobei der Gleitprozeß ausgelöst werden kann

a) durch Überschreitung des Kraftschlusses bei dem Laufringpaar mit der kleineren Vorspannung oder mit verunreinigten Reibflächen,
b) durch Reduktion der Normalkraft (Vorspannung) infolge dynamischer Einwirkung der Druckwalzen-Spannkanäle,
c) durch Drehmomentimpulse der Zahnräder.

Wie die Erfahrung bei derartigen Reibungsgetrieben gezeigt hat, verlaufen diese plötzlich ausgelösten Gleitvorgänge in der Regel nicht homogen, sondern in Form von Stick-Slip-Schwingungen. Da die stärksten auslösenden Impulse hier zweifellos von den Spannkanälen herrühren, wird die wellenförmige Abnutzung in der Regel an den zugehörigen Umfangszonen der Laufringe beginnen, um dann aus diesem zusätzlichen Störeffekt weitere sekundäre Verschleißerscheinungen entstehen zu lassen, Bilder 10 bis 14. Aber auch beim Fehlen der Spannkanäle müßte die Torsionsverspannung in mehr oder weniger regelmäßigen Abständen gelöst werden, wobei dann die fertigungstechnisch bedingten Verzahnungsfehler oder die kaum vermeidbaren Unrundheiten und Exzentrizitäten der Laufringe den letzten Anstoß für die Kraftschluß - Überschreitung geben würden. Da es sich in beiden Fällen um Rotationsteile handelt, würden höchstwahrscheinlich die Gleitprozesse wiederum periodisch, d.h. an den gleichen Umfangszonen der Laufringe ausgelöst werden.

Demnach ist das Problem der wellenförmigen Laufringabnutzung nicht nur im dynamischen Effekt der Druckwalzen-Spannkanäle, sondern letztlich in dem Rollreibungs-Kraftschlußsystem selbst begründet.

Da sich bei derartigen Reibungsgetrieben weder die Fertigungsungenauigkeiten noch die Torsionselastizitäten vollkommen beseitigen lassen, kann man - wie die einschlägige Prüfstandspraxis gezeigt hat - einen wellenfreien Lauf der Reibräder nur im offenen Leistungskreislauf erreichen, indem die periodischen Störimpulse stochastisch auf den ganzen Reibradumfang verteilt werden.

Zwar ist es dem Druckmaschinenhersteller gelungen, den Beginn der wellenförmigen Laufringabnutzung durch Verwendung höherwertiger Laufringwerkstoffe hinauszuzögern, das Grundproblem konnte aber damit nicht beseitigt werden.

Bild 10: Wellenförmige Laufringabnutzung auf dem ganzen Umfang

Bild 11: Partielle Wellenbildung

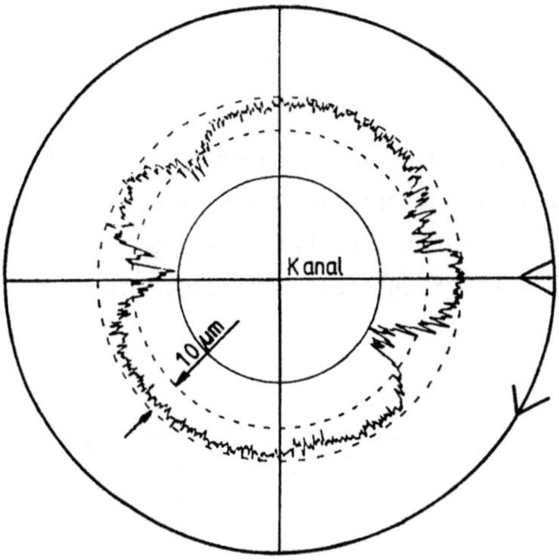

Bild 12: Rundlaufdiagramm, Beispiel A

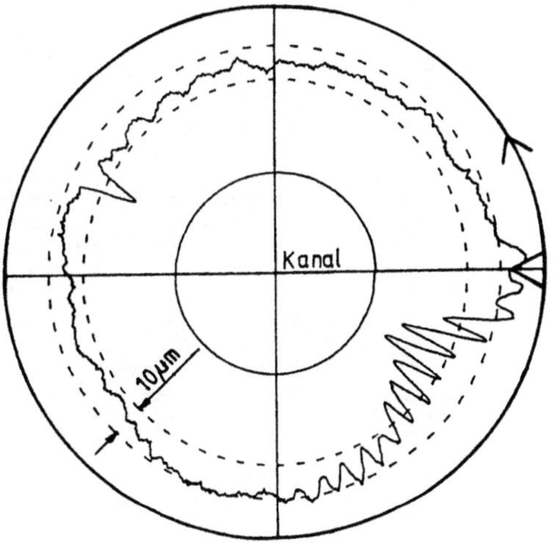

Bild 13: Rundlaufdiagramm, Beispiel B

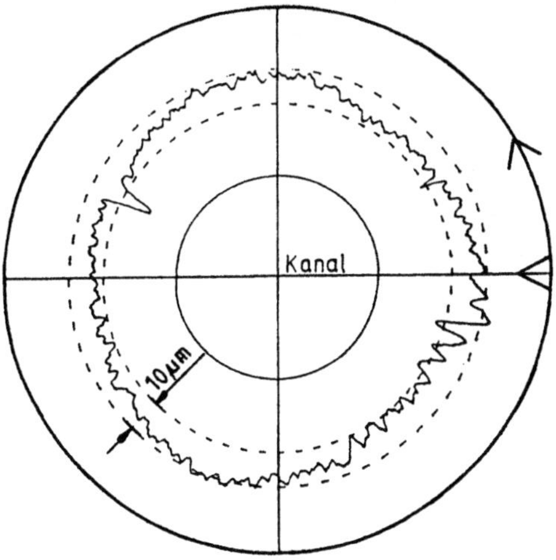

Bild 14: Rundlaufdiagramm, Beispiel C

Erläuterungen zu den Bildern 12 bis 14:

≙ Spannkanal

→ ≙ Drehrichtung

4. Laborversuche

4.1 Versuchsaufbau

Wie bereits in der Einleitung erwähnt, wurde ein vorhandener Radsatz-Prüfstand so umgebaut, daß die Antriebskomponenten eines Druckwalzenpaares mit Original-Bauteilen in ihren wesentlichen Kraftwirkungen, Bewegungs- und Schwingungsvorgängen sowie Verschleißerscheinungen nachgebildet werden konnten.

Bild 15: Gesamtansicht des Prüfstandes

Gemäß Bild 15 setzt sich der Antriebsteil des Prüfstandes aus einem drehzahlregelbaren Elektromotor (1), einer Drehmoment-Meßwelle (2) und dem Druckwalzen-Ersatzsystem (3) mit einem Zahnradpaar (4) und zwei Laufringpaaren (5,6) zusammen. Auf die Nachbildung der Druckwalzen selbst wurde aus Kostengründen verzichtet, zumal die Wirkung der Spannkanäle auch auf andere Weise simuliert werden konnte.

Die Aufbringung der Normalkräfte (Verspannung) zwischen den Laufringpaaren, Bild 16, wurde mittels Handrad und Spindel (7) über einen Federspeicher (8) bewerkstelligt, welcher auf eine Schwinge (9) wirkt, die wiederum als Aufnahme für den pendelnd aufgehängten und in Gleitlagern

Bild 16: Schwinge mit Anpreßvorrichtung

geführten Lagerbock (10) der Druckwalzen-Abtriebswelle (11) dient. Dadurch ergaben sich u.a. gleiche Normalkräfte am linken und rechten Laufringpaar.

Bild 17: Anordnung der Meßwertaufnehmer, hier bei einem Losradversuch(14)

Die Abtriebswelle ist hohlgebohrt, so daß die Torsionsverspannungen des Reibradsystems mittels Dehnungsmeßstreifen aufgenommen und über einen Quecksilber-Drehübertrager (12) zu den Verstärkern und Schreibgeräten geleitet werden konnten.

Ferner geht aus Bild 17 die Anordnung der berührungslosen induktiven Wegaufnehmer (13) hervor, wie sie zur Aufnahme der Rundlaufabweichungen der Laufringe eingesetzt worden sind.

Ergänzend hierzu sei vermerkt, daß zur Verdeutlichung der Versuchsergebnisse auch einige vom Vorbild abweichende Reibrad-Zahnrad-Konstellationen untersucht worden sind, auf die unter Abschnitt 4.3 noch näher eingegangen wird.

4.2 Versuchsdurchführung

Die vom Hersteller in verschiedenen Werkstoffqualitäten, Durchmesser- und Rundlaufvarianten fertig angelieferten Laufringe wurden jeweils mit selbstzentrierenden Spannelementen auf die betreffenden Wellenenden des Prüfstandes montiert und vor jeder Versuchsreihe sorgfältig mit Aceton gereinigt.

Daran schloß sich eine halbstündige Einlaufphase bei einer Federspeicher-Anpreßkraft von F_N = 4 kN (d.h. 2 kN pro Laufringpaar) und einer konstanten Drehzahl n = 250 U/min an, wobei die Meßgeräte justiert und die Rundlaufdiagramme im Neuzustand der Laufringe aufgenommen wurden.

Soweit die vorgeschalteten Zahnräder zum Einsatz kamen, wurde auch deren zentrischer Lauf - so gut wie möglich, d.h. an den Naben - überprüft.

Bei gleicher Anpreßkraft und Drehzahl erfolgte dann die gleichlaufende Aufnahme des Antriebs- und Verspannmomentes sowie der jeweils eingebrachten Störimpulse in Form von Laufring- und Zahnradexzentrizitäten, Flachstellen, Unwuchten und Speichenradeffekten, um die jeweils vorherrschende Rollreibungskinematik zu erfassen.

Den Abschluß einer derartigen Versuchsreihe bildete die Langzeitbeanspruchung der Laufringe bei konstantem Raumklima (Lufttemperatur t_L=18°C, relative Luftfeuchte φ_{rel}=70%) bis zum Auftreten der ersten wellenförmigen Abnutzungserscheinungen.

Um diesen letzten Versuchsabschnitt bei der vergleichenden Bewertung der diversen Störeinflüsse in ihrer Wirkung auf den Wellenbildungsprozeß abzukürzen, kamen auch Laufringe aus den nicht sonderlich verschleißbeständigen Stahlsorten ASt 52-3N/N und St 60 zur Anwendung. Alle übrigen Untersuchungen wurden mit Original-Laufringen der Hersteller in den Werkstoff-Qualitäten 17CrNiMo6 und S6-5-2G durchgeführt.

Die ins Detail gehenden Parameter der einzelnen Versuchsreihen sind auf den betreffenden Meßschrieben tabellarisch aufgeführt, so daß hier auf weitergehende Ausführungen verzichtet werden kann.

4.3 Versuchsergebnisse

4.3.1 Rollreibungs-Kinematik ohne Zahnradkoppelung

Um den starken Einfluß von Rundlauffehlern auf den Kraftschluß derartiger Reibungsgetriebe zu dokumentieren, wurde zunächst nur das aus zwei Reibradpaaren bestehende Antriebssystem - ohne Zahnradkoppelung - auf dem Meßstand untersucht, wobei zur Verdeutlichung der Vorgänge auch Reibrad-Exzentrizitäten von e = 0,1 mm zur Anwendung kamen, wie sie in der Praxis des Druckmaschinenbaues selbstverständlich nicht auftreten dürfen.

Nachstehend seien die tabellarisch zusammengefaßten Daten und Meßschriebe dieser Versuche interpretiert.

Tabelle 1:

Im vorliegenden Falle weist nur der Laufring R_4 eine starke Exzentrizität e = 0,1 mm auf. Die daraus resultierenden Schlupfschwankungen betragen bei dem Reibrad-Grundradius r_4 = 100,7 mm rund

$$\Delta S = \pm \frac{\Delta r_4}{r_4} \cdot 100 = \pm 0{,}1\,\%$$

und die Reibungsmoment-Schwankungen

$$\Delta M_2 = \pm 15 \text{ Nm},$$

welche bei jeder Umdrehung eine positive und negative Torsionsverspannung des Reibradsystems bewirken. Ausgehend von einer Reibrad-Normalkraft $\frac{F_N}{2}$ = 2 kN, läßt sich schließlich die größte Kraftschluß-Inanspruchnahme errechnen zu

$$\mu = \frac{2 \cdot M_2}{F_N \cdot r_4} = 0{,}075$$

Da der Kraftschluß-Grenzwert bei den vorliegenden Versuchsbedingungen im Bereich μ_{grenz} = 0,3 lag, traten keine Stick-Slip-Schwingungen zwischen den Reibpartnern auf, wie dies auch aus dem oberschwingungsfreien

Tabelle 1

Versuchsaufbau

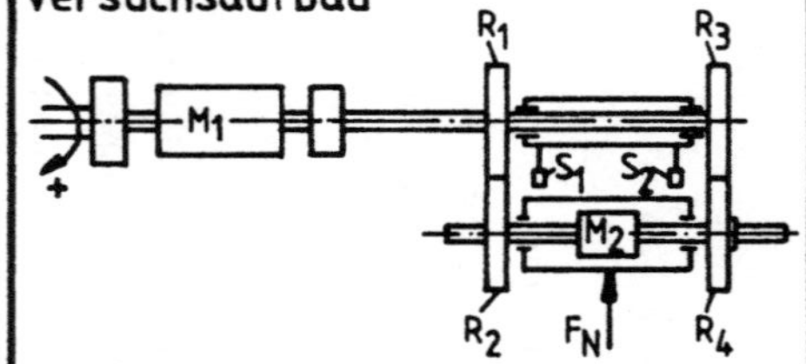

Normalkraft: F_N = 4 kN

Drehzahl: n = 250 min^{-1}

Bezeichnung	Reibräder R_1	R_2	R_3	R_4
Durchmesser [mm]	199,36	201,40	199,39	201,39
Exzentrizität e [mm]	0,005	0,005	0,005	0,1
Phasenlage der Exzentrizitäten	↑	↓	↑	↕

Lauf ohne Zahnräder mit ungleichen Durchmessern der Reibräder R_1 und R_2 sowie R_3 und R_4, deren Konstellation keine Drehmomentverspannung entstehen läßt, kleinstmögliche Exzentrizität der Reibräder R_1, R_2 und R_3, starke Exzentrizität des Reibrades R_4, Drehrichtung positiv.
Laufringbreite 12 mm

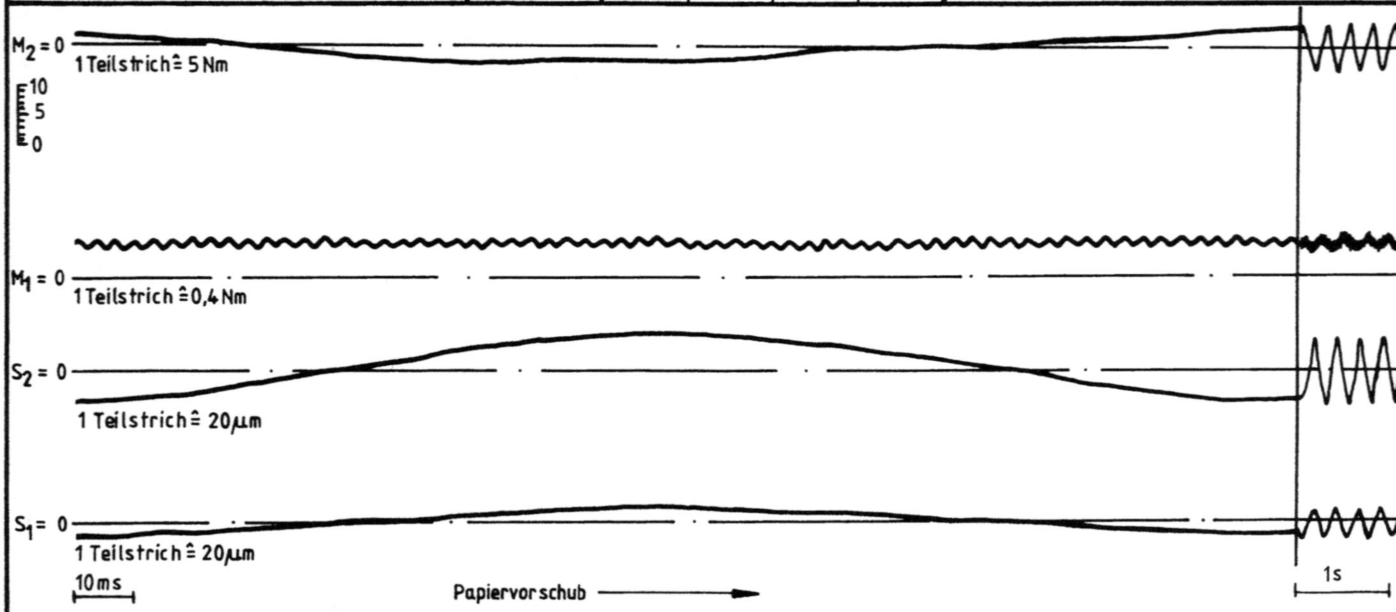

Verlauf des Verspannmomentes M_2 erkennbar ist.

Die geringe Welligkeit des aus den Lager- und Rollwiderständen resultierenden Antriebsmomentes M_1 rührt von der Thyrister-Steuerung des Elektromotors her.

Tabelle 2:

Weisen die beiden Reibräder der Paarung R_3/R_4 die gleiche starke Exzentrizität e = 0,1 mm auf, so bewirken schon geringe Abweichungen der Reibräder von der "idealen" Durchmesser-Zuordnung aufgrund der fehlenden Zahnradkoppelung einen umlaufenden Formänderungsschlupf, welcher sich sowohl in der Aufzeichnung des Radialabstandes S_2 als auch im Verlauf der Torsionsverspannung M_2 als Schwebung bemerkbar macht. Hierbei sind die Schwebungsknoten der Wegaufzeichnung S_2 durch das Aufeinandertreffen des "Exzenterberges" des einen Reibrades mit dem "Exzentertal" des anderen gekennzeichnet, was wiederum "Schwebungsbäuche" bei der Reibungsmoment-Aufzeichnung M_2 zur Folge hat, da in dieser Phasenkonstellation die größten Schlupfschwankungen auftreten. Dem entsprechend ist das Aufeinandertreffen der "Exzenterberge" und "Exzentertäler" der beiden Reibräder R_3/R_4 mit großen Wegamplituden S_2 und mit extrem kleinen Reibungsmoment-Amplituden M_2 verbunden.

Tabelle 3:

Setzt man die Reibräder so um, daß aus den Durchmesser-Unterschieden ein konstanter Gesamtschlupf S = 2 % und ein mittleres Reibungsmoment von etwa M_2 = 50 Nm bei einer mittleren Kraftschluß-Inanspruchnahme μ_K = 0,25 resultiert, so bewirkt das exzentrisch aufgespannte Reibrad R_3 eine überlagerte Schlupfschwankung $\Delta S = \pm\ 0{,}1\,\%$ sowie Reibungsmoment-Schwankung ΔM_2 = 15 Nm mit $\Delta\mu = \pm\ 0{,}075$, wobei sich die resultierende Kraftschluß-Inanspruchnahme ergibt zu $\mu_{res} = \mu_K \pm \Delta\mu$ d.h.

$$\mu_{res} = 0{,}25 \pm 0{,}075$$

Wie aus der Reibungsmoment-Aufzeichnung M_2 ersichtlich ist, wird im vorliegenden Falle die Kraftschluß-Grenze jeweils in der Additionsphase der beiden Schlupfkomponenten überschritten, wobei mit dem Gleitprozeß Stick-Slip-Schwingungen in der Frequenz f_0 = 375 Hz verbunden sind. Hierbei handelt es sich um die Eigenfrequenz des Feder-Masse-Systems, wie rechnerische Untersuchungen ergeben haben.

Tabelle 2

Versuchsaufbau

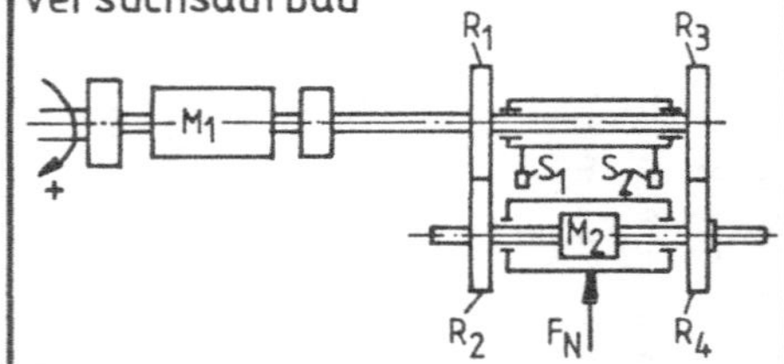

Normalkraft: F_N = 4 kN

Drehzahl: n = 250 min^{-1}

Bezeichnung	Reibräder			
	R_1	R_2	R_3	R_4
Durchmesser [mm]	199,36	201,40	199,39	201,39
Exzentrizität e [mm]	0,005	0,005	0,1	0,1
Phasenlage der Exzentrizitäten	↑	↕	↑	↕

Lauf ohne Zahnräder mit ungleichen Durchmessern der Reibräder R_1 und R_2 sowie R_3 und R_4, deren Konstellation keine Drehmomentverspannung entstehen läßt, kleinstmögliche Exzentrizität der Reibräder R_1 und R_2, starke Exzentrizität der Reibräder R_3 und R_4, Drehrichtung positiv.
Laufringbreite 12 mm

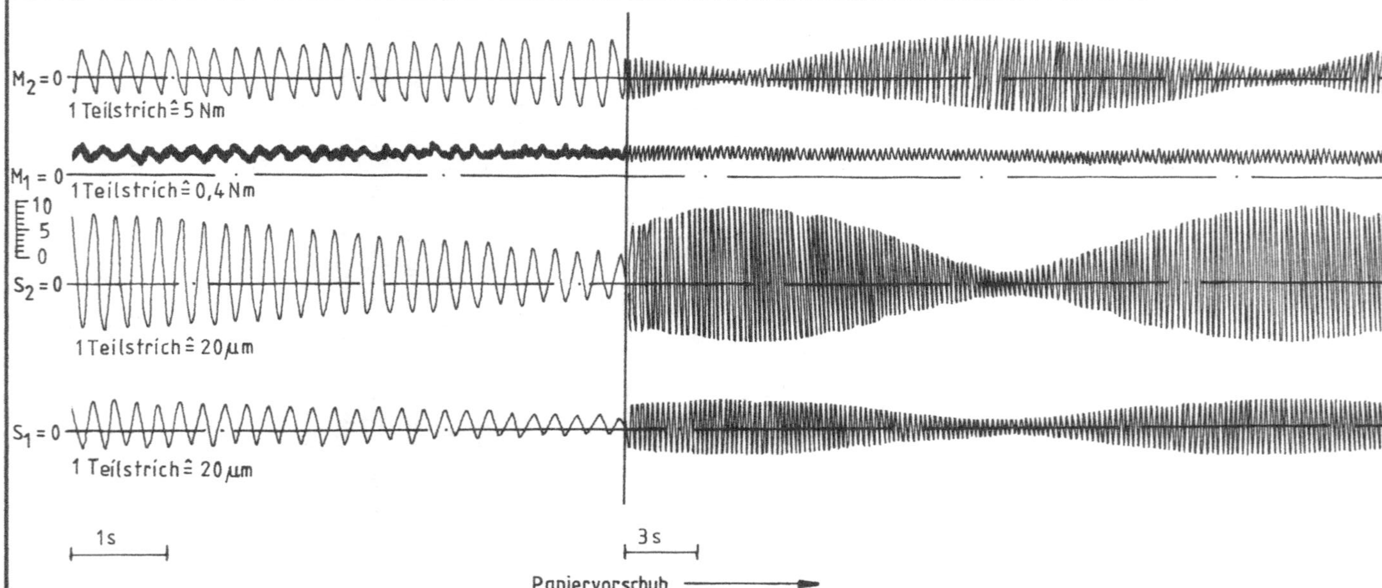

Versuchsaufbau

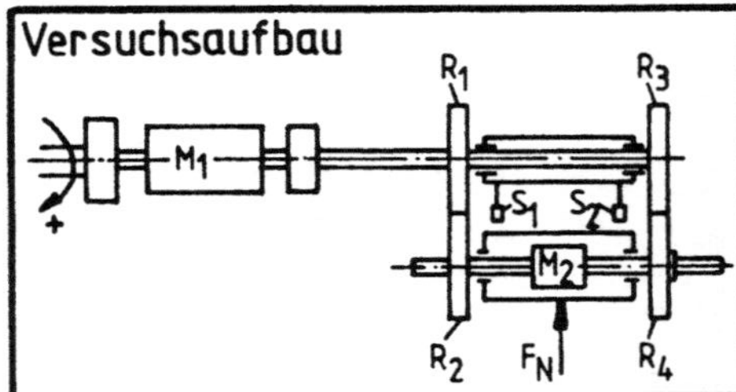

Normalkraft: F_N = 4 kN

Drehzahl: n = 250 min^{-1}

Bezeichnung	Reibräder			
	R_1	R_2	R_3	R_4
Durchmesser [mm]	199,36	201,40	201,39	199,36
Exzentrizität e [mm]	0,005	0,005	0,1	0,005
Phasenlage der Exzentrizitäten	↑	↓	↑	↕

Tabelle 3

Lauf ohne Zahnräder mit ungleichen Durchmessern der Reibräder R_1 und R_2 sowie R_3 und R_4, deren Konstellation eine negative Drehmomentverspannung entstehen läßt, kleinstmögliche Exzentrizität der Reibräder R_1, R_2 und R_4, starke Exzentrizität des Reibrades R_3,
Drehrichtung positiv.
Laufringbreite 12 mm

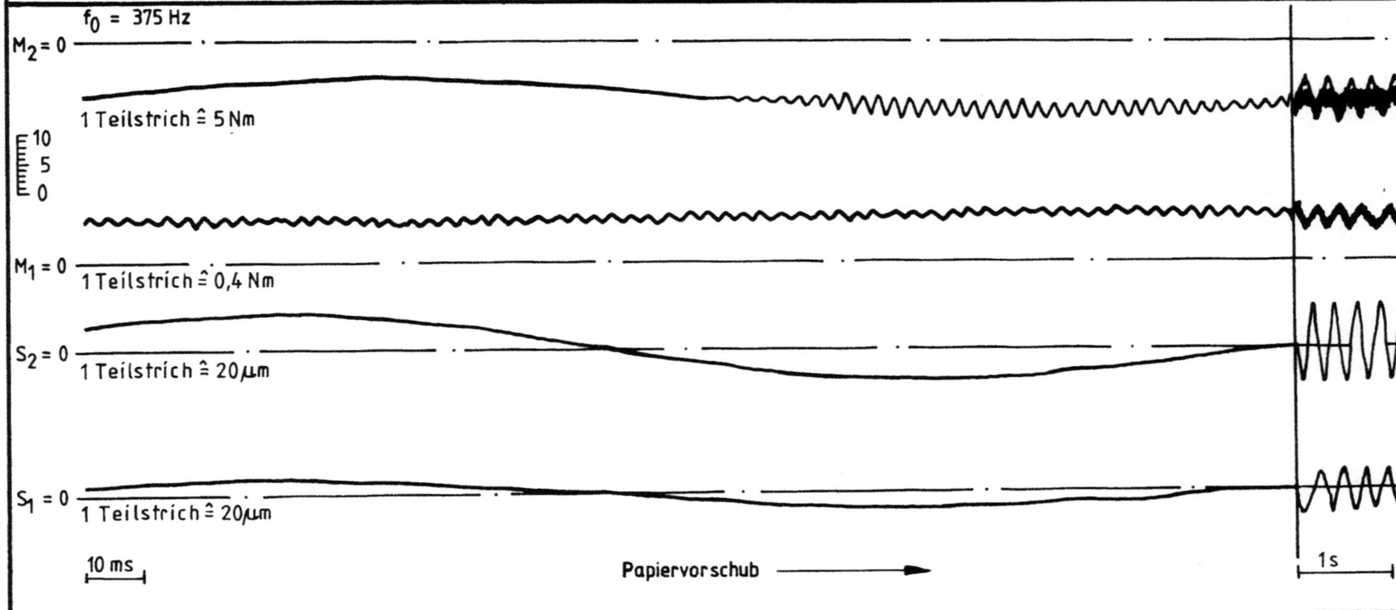

4.3.2 Rollreibungs-Kinematik mit Zahnradkoppelung

Um den starken Einfluß der Zahnradkoppelung auf die Rollreibungs-Kinematik zu verdeutlichen, wurde eine ganze Reihe von Meßstandsversuchen mit stark überhöhten Durchmesser-Unterschieden und Exzentrizitäten der Reibräder durchgeführt, wobei nachstehend nur einige gravierende Beispiele herausgegriffen seien.

Tabelle 4:

Diese Versuchsreihe ist durch Reibräder gleichen Durchmessers, Zahnradkoppelung sowie exzentrische Lagerung des Reibradpaares R_3/R_4 gekennzeichnet.

Da die Zahnradkoppelung den zwei Reibradpaaren gleiche Winkelgeschwindigkeit aufzwingt, konnte den zwei exzentrisch aufgespannten Reibrädern R_3 und R_4 die Konstellation "Berg auf Tal" und "Tal auf Berg" hier fest zugeordnet werden.

Wie aus der Aufzeichnung des Verspannmomentes M_2 ersichtlich ist, trat der Gleitprozeß in Form von Stick-Slip-Schwingungen jeweils beim Abrollen des Exzentertales des Reibrades R_3 auf dem Exzenterberg des Reibrades R_4 auf.

Warum die Stick-Slip-Schwingungen gerade in dieser und nicht in der um 180^0 versetzten Exzenterkonstellation auftrat, dürfte auf die meßtechnisch nicht erfaßten Störeinflüsse der Reibräder R_1 und R_2 zurückzuführen sein, welche ebenfalls - wenn auch geringfügig - Rundlauffehler aufwiesen.

Im vorliegenden Falle setzte die wellenförmige Abnutzung der aus St 60 bestehenden Reibräder nach zweistündiger Beanspruchung ein.

Tabelle 5:

Um die durch die Zahnradkoppelung erzwungenen Stick-Slip-Schwingungen zu verdeutlichen, wurde dem Reibradsystem durch Wahl unterschiedlicher Laufringdurchmesser ein konstanter Schlupf S_1 = 2 % bei einem mittleren Verspannmoment M_2 = 50 Nm aufgezwungen. Diesem konstanten Schlupf wurde eine dynamische Schlupfkomponente S_2 in Form des Reibradexzenters R_4 überlagert, woraus die Drehmomenten-Schwingung $\Delta M_2 = \pm$ 15 Nm um den Grundwert M_2 bei jeder Exzenterumdrehung resultiert. Die damit verbundene Kraftschluß-Inanspruchnahme beträgt $\mu = 0{,}25 \pm 0{,}075$.

Tabelle 4

Versuchsaufbau

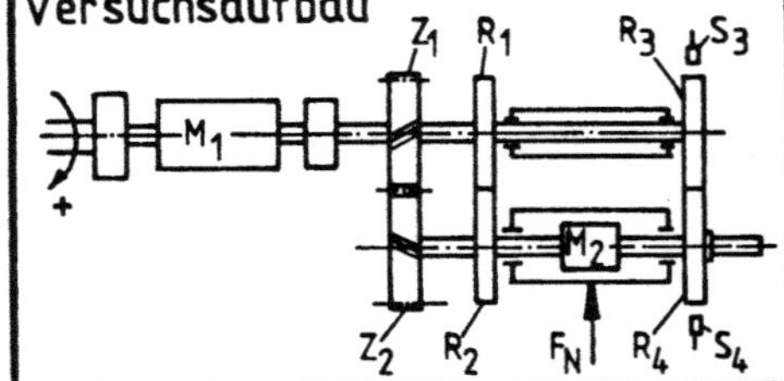

Normalkraft: F_N = 4 kN

Drehzahl: n = 250 min^{-1}

Bezeichnung	Zahnräder		Reibräder			
	Z_1	Z_2	R_1	R_2	R_3	R_4
Durchmesser [mm]	200,4	200,4	200,4	200,4	200,4	200,4
Exzentrizität e [mm]	ca. 0,1	ca. 0,1	0,003	0,003	0,1	0,1
Phasenlage der Exzentrizitäten	↑	↑	↑	↑	↑	↓

Gleiche Durchmesser aller Reibräder, d.h. keine Reibrad-Zahnrad-Drehmomentverspannung, kleinstmögliche Exzentrizität der Reibräder R_1 und R_2, starke Exzentrizität der Reibräder R_3 und R_4, deren Phasenlage des Exzenters R_4 gegenüber den anderen Exzentern um 180° versetzt ist, Drehrichtung positiv. Laufringbreite 12 mm

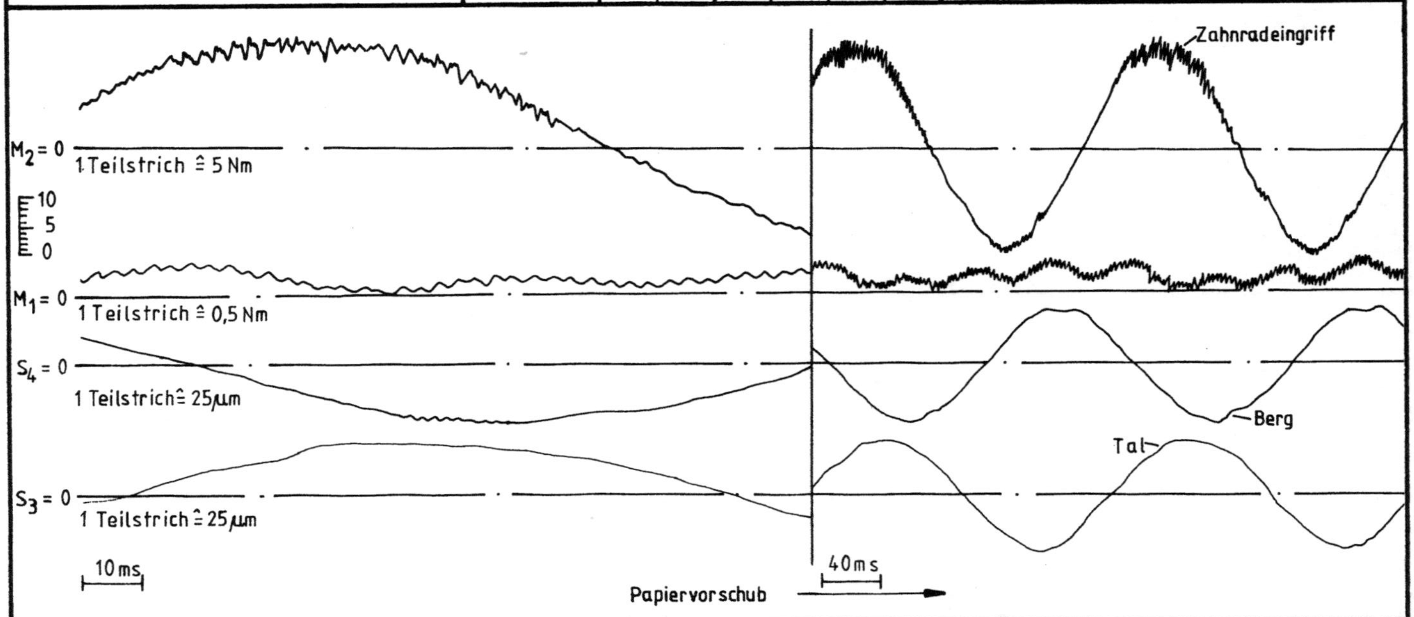

Tabelle 5

Versuchsaufbau

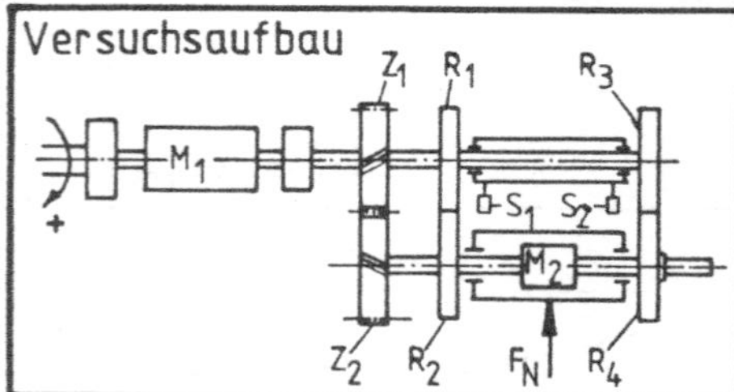

Normalkraft: F_N = 4 kN

Drehzahl: n = 250 min^{-1}

Bezeichnung	Zahnräder		Reibräder			
	Z_1	Z_2	R_1	R_2	R_3	R_4
Durchmesser [mm]	200,4	200,4	199,36	201,40	199,34	201,34
Exzentrizität e [mm]	ca. 0,1	ca. 0,1	0,005	0,005	0,005	0,1
Phasenlage der Exzentrizitäten	↑	↑	↑	↑	↑	↑

Ungleiche Durchmesser der Reibräder R_1 und R_2 sowie R_3 und R_4, deren Konstellation eine positive Reibrad-Zahnrad-Drehmomentverspannung entstehen läßt,
starke Exzentrizität des Reibrades R_4,
alle Exzenter phasengleich,
Drehrichtung positiv.
Laufringbreite 12mm

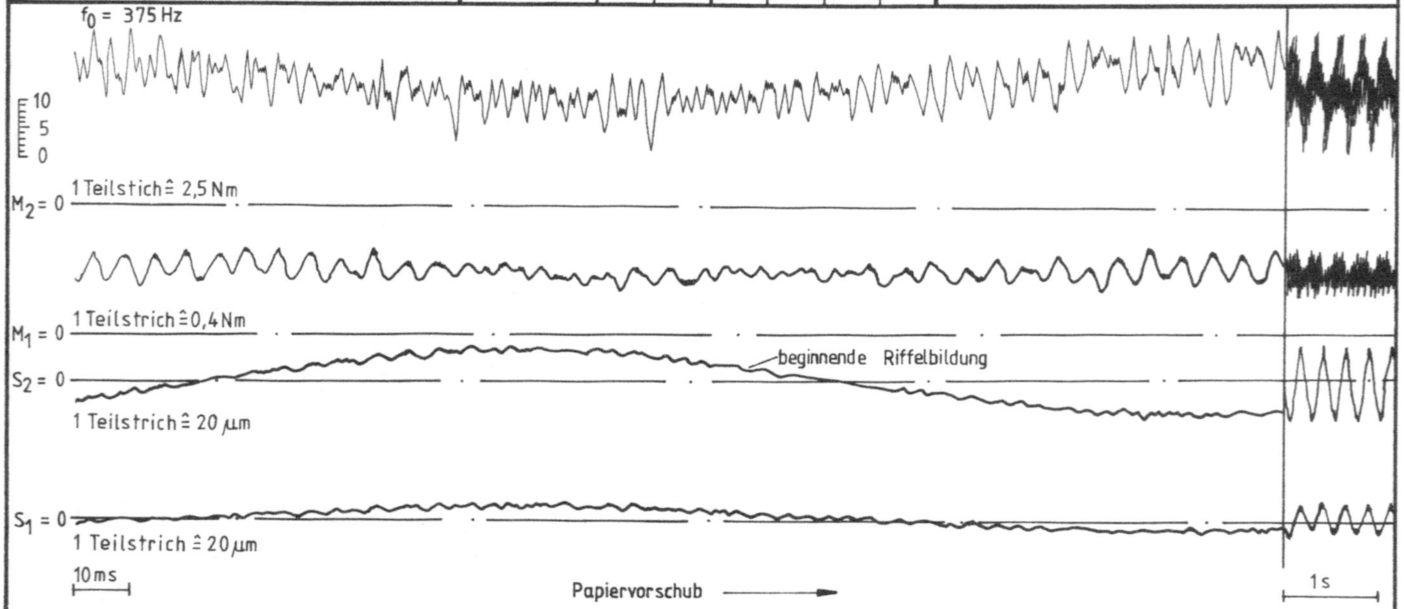

und ist so hoch, daß auch in der Exzenterstellung kleinster Torsionsverspannung Stick-Slip-Schwingungen auftreten, die offensichtlich durch die Drehmomentimpulse der hier ständig unter Last arbeitenden Zahnräder ausgelöst werden. Ihre Frequenz f_0 = 375 Hz stimmt wiederum mit der rechnerischen Eigenfrequenz des Systems überein.

Im vorliegenden Falle setzt die wellenförmige Abnutzung der aus St 60 bestehenden Reibräder schon nach halbstündiger Beanspruchung ein.

Tabelle 6:

Um die Störeinflüsse der Zahnräder direkt - d.h. ohne den Dämpfungseffekt des unmittelbar dahintergeschalteten Reibradpaares R_1/R_2 - zu erfassen, wurde dieses durch eine verstellbare Stützkonstruktion ersetzt, so daß nunmehr Zahnradpaar und Reibradpaar R_3/R_4 über die Drehmoment-Meßeinrichtung M_2 unmittelbar gekoppelt waren.

Wie erwartet, traten die durch Zahnradimpulse ausgelösten Reibmoment-Schwingungen bei dem vorgegebenen Schlupf S = 2 % besonders stark zutage, wobei die wellenförmige Abnutzung der aus St 60 bestehenden Reibräder unmittelbar nach der Meßwertaufnahme einsetzte.

Wurden die Reibräder R_3/R_4 gegeneinander vertauscht, so hatte die nunmehr entgegen dem Drehsinn des Antriebsmotors wirkende Zahnradverspannung eine wellenförmige Abnutzung der Reibräder noch während der Meßwertaufnahme - bedingt durch ungünstigere Zahneingriffsverhältnisse - zur Folge.

4.3.3 Rollreibungs-Kinematik unter praxisnahen Bedingungen

Nachdem die Kraftwirkungen, Bewegungs- und Schwingungsvorgänge des Reibradsystems mit und ohne Zahnradkoppelung in den vorausgegangenen Abschnitten unter extremen Randbedingungen verdeutlicht worden sind, sollen nunmehr die unter praxisnahen Bedingungen - d.h. bestmöglicher Angleichung der Reibrad-Durchmesser sowie hoher Rundlaufgenauigkeit aller Rotationsteile - durchgeführten Meßstandsversuche interpretiert werden.

Tabelle 7:

Im vorliegenden Falle konnten die Durchmesser-Unterschiede durch gemeinsames Rundschleifen der vier Reibräder nahezu vollständig beseitigt

Tabelle 6

Versuchsaufbau

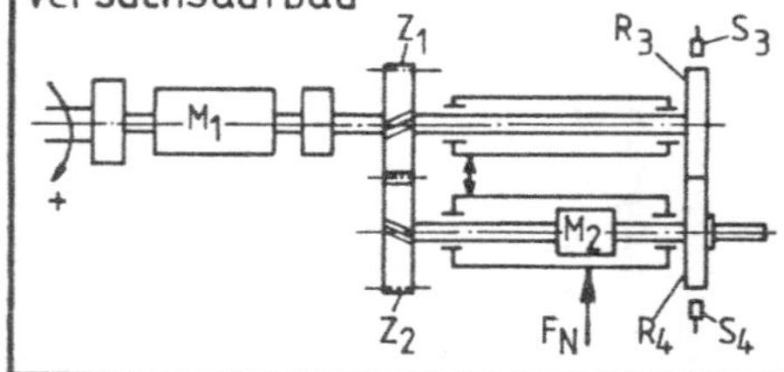

Normalkraft: F_N = 4 kN

Drehzahl: n = 250 min^{-1}

Bezeichnung	Zahnräder Z_1	Zahnräder Z_2	Reibräder R_3	Reibräder R_4
Durchmesser [mm]	200,4	200,4	199,4	201,4
Exzentrizität e [mm]	ca. 0,1	ca. 0,1	0,010	0,012
Phasenlage der Exzentrizitäten	↑	↑	↑	↓

Ungleiche Durchmesser der Reibräder R_3 und R_4, deren Konstellation eine positive Reibrad-Zahnrad-Drehmomentverspannung entstehen läßt, kleinstmögliche Exzentrizität der Reibräder R_3 und R_4, deren Phasenlage um 180° gegeneinander versetzt ist, Drehrichtung positiv. Laufringbreite 12 mm

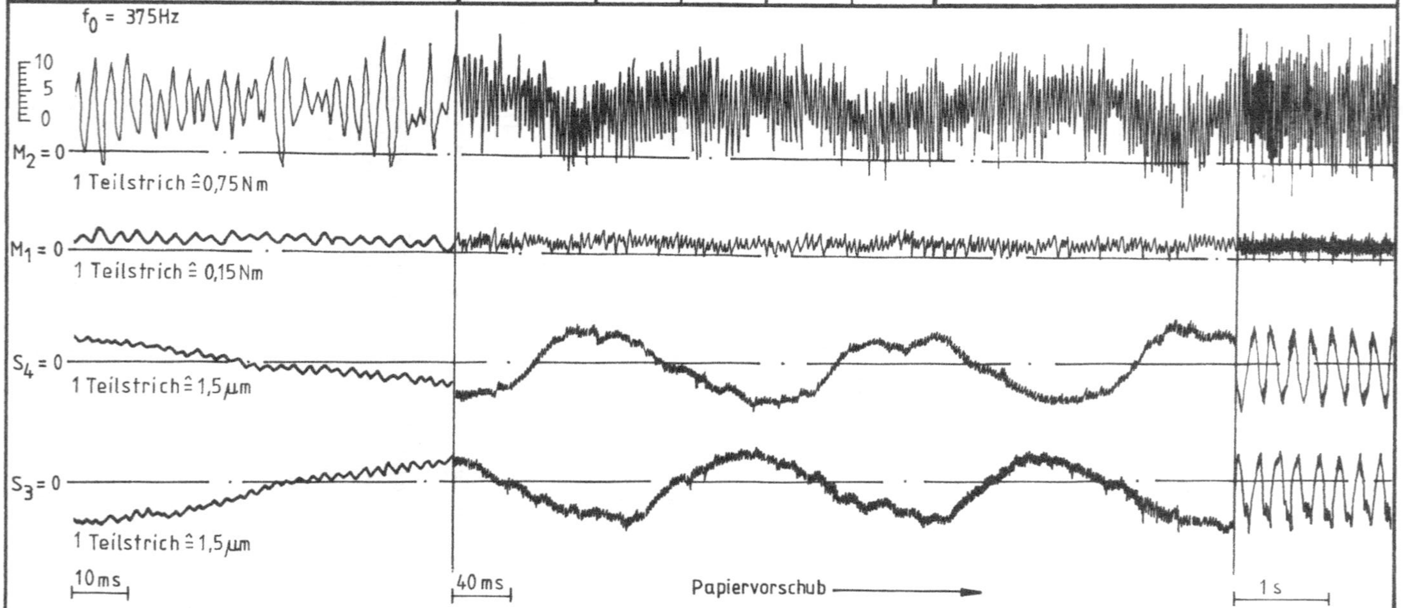

werden. Auch gelang es, die Rundlaufabweichungen bis auf Restexzentrizitäten von e = 0,010 bis 0,015 mm einzugrenzen, wie aus den Wegaufzeichnungen S_1 und S_2 und ihrer vektoriellen "Summenkurve" S_3 hervorgeht.

Trotzdem bewirkten die Rundlaufabweichungen das bereits bekannte langwellige Pendeln des Drehmomentes M_2 um die Nullage, wobei in der Exzenterkonstellation "Berg auf Tal" die durch Zahnradimpulse ausgelösten Oberschwingungen besonders stark hervortreten.

In diesem Zusammenhang sei vermerkt, daß die hier absichtlich gewählte ungünstige Exzenterkonstellation "Berg auf Tal" durch Verdrehen eines Reibrades bei der Montage hätte vermieden werden können. Jedoch treten dann andere Rundlaufabweichungen in den Vordergrund, welche ähnliche Schwingungsvorgänge in Verbindung mit den Zahnradimpulsen auslösen.

Die wellenförmige Abnutzung der aus St 60 bestehenden Reibräder setzte im vorliegenden Falle nach eineinhalbstündiger Beanspruchung ein.

Tabelle 8:

Dieser Versuch unterscheidet sich von dem vorausgegangenen nur dadurch, daß die Reibräder R_2 und R_3 drehbar auf den jeweiligen Wellenenden gelagert wurden. In dieser Losradkonstellation konnte naturgemäß keine Torsionsverspannung durch die Rundlaufabweichungen der Reibräder herbeigeführt werden, wie dies auch aus der Drehmomentaufzeichnung M_2 ersichtlich ist.

Obwohl die wellenförmige Abnutzung der Reibradlaufflächen von dem vorausgegangenen Versuch noch in den Wegaufzeichnungen S_1 und S_2 deutlich erkennbar ist, trat hier der gegenteilige Effekt einer Glättung auf, so daß der Dauerversuch nach vierstündiger Beanspruchung mit weitgehend eingeebneten Laufflächen abgebrochen werden konnte.

Tabelle 9:

In Fortsetzung der unter Tabelle 7 beschriebenen Versuche mit den vier fest aufgespannten Reibrädern und der einseitigen Zahnradkoppelung wurde der Stoßeffekt der Druckwalzen-Spannkanäle durch eine Querbohrung unterhalb der Lauffläche des Reibrades R_4 simuliert, wobei die elastische Einfederung der geschwächten Randzone den gewünschten Stoßimpuls bei jeder Umdrehung ergab.

Tabelle 7

Versuchsaufbau

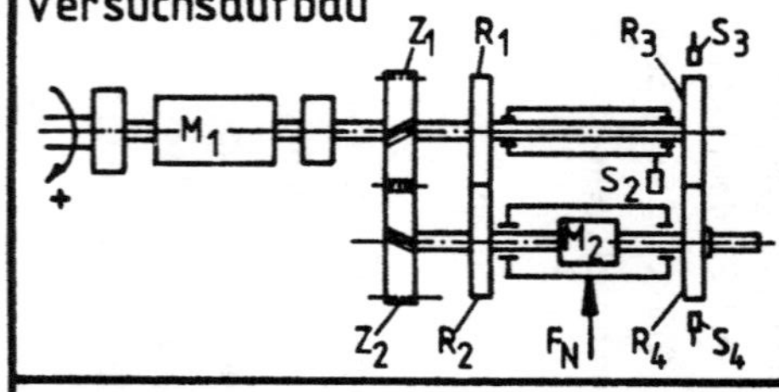

Normalkraft: F_N = 4 kN

Drehzahl: n = 250 min^{-1}

Bezeichnung	Zahnräder		Reibräder			
	Z_1	Z_2	R_1	R_2	R_3	R_4
Durchmesser [mm]	200,4	200,4	200,35	200,35	200,35	200,35
Exzentrizität e [mm]	ca. 0,1	ca. 0,1	0,01	0,01	0,01	0,01
Phasenlage der Exzentrizitäten	↑	↑	↑	↑	↑	↓

Gleiche Durchmesser aller Reibräder, d.h. keine Reibrad-Zahnrad-Drehmomentverspannung, kleinstmögliche Exzentrizität aller Reibräder, Phasenlage des Exzenters R_4 gegenüber den anderen Exzentern um 180° versetzt, Drehrichtung positiv. Laufringbreite 12 mm

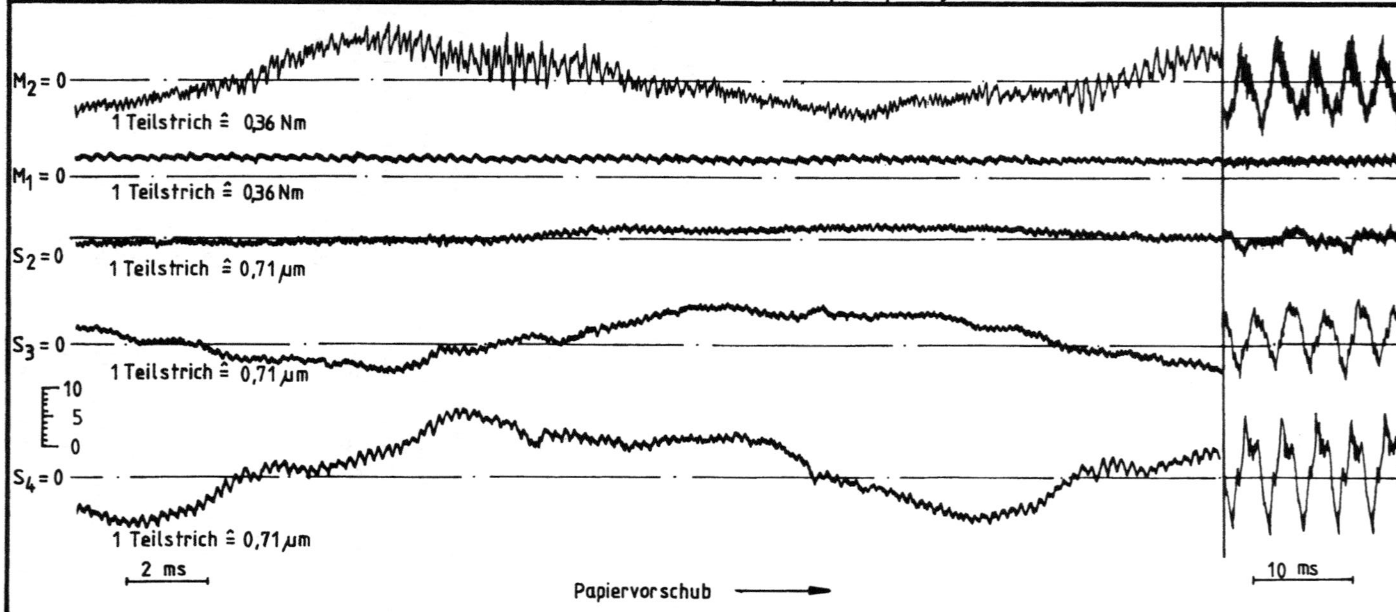

Versuchsaufbau

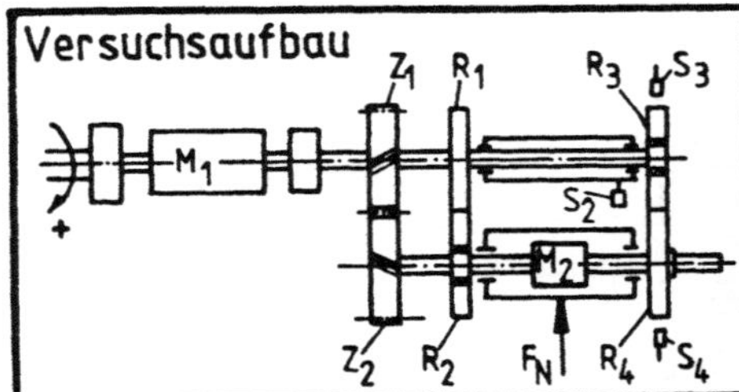

Normalkraft: F_N = 4 kN

Drehzahl: n = 250 min^{-1}

Bezeichnung	Zahnräder		Reibräder			
	Z_1	Z_2	R_1	R_2	R_3	R_4
Durchmesser [mm]	200,4	200,4	200,35	200,35	200,35	200,35
Exzentrizität e [mm]	ca.0,1	ca.0,1	0,01	0,01	0,01	0,01
Phasenlage der Exzentrizitäten	↑	↑	↑	↑	↑	↓

Tabelle 8

Losradkonstellation mit kugelgelagerten Reibrädern R_2 und R_3, gleiche Durchmesser aller Räder, kleinstmögliche Exzentrizität aller Reibräder, Phasenlage des Exzenters R_4 gegenüber den anderen Exzentern um 180^0 versetzt,
Drehrichtung positiv.
Laufringbreite 12 mm

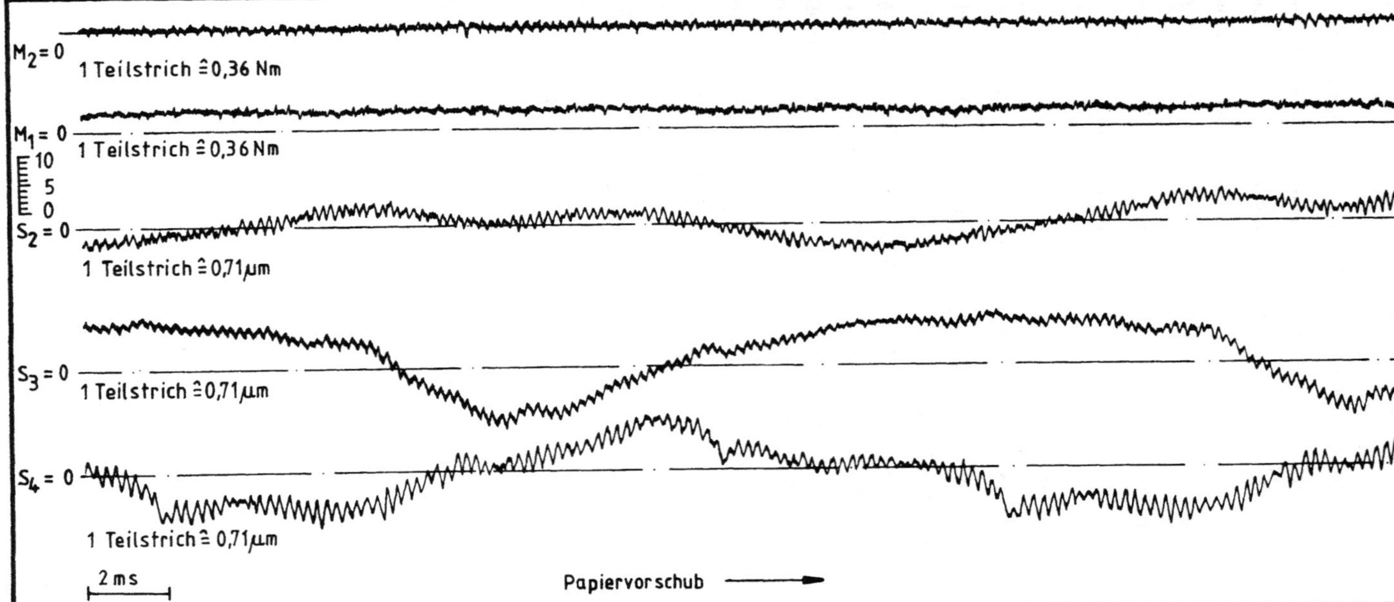

Wie aus den Weg- und Drehmomentaufzeichnungen ersichtlich ist, werden zwar die hochfrequenten Drehmoment-Schwingungen jetzt durch diesen Stoßimpuls ausgelöst und eine Zeit lang mit beeinflußt. Im Endeffekt dominieren aber die gleichen Schwingungserscheinungen wie bei dem in Tabelle 7 dargestellten Versuch ohne künstliche Störstelle.

Die wellenförmige Abnutzung der aus St 60 bestehenden Reibräder setzte hier nach halbstündiger Beanspruchung ein.

Tabelle 10:

Anschließend wurden die Reibräder R_2 und R_3 wiederum drehbar auf den jeweiligen Wellenenden gelagert. Hierbei bewirkten die Stoßimpulse des mit der Randzonen-Querbohrung versehenen Laufringes R_4 naturgemäß keine Drehmoment-Schwingungen. Auch konnten die aus dem vorausgegangenen Versuch stammenden Laufflächen-Wellen nach etwa vierstündiger Wälzbeanspruchung - bis auf eine leichte Einbuchtung im Bereich der Querbohrung des Laufringes R_4 - wieder eingeebnet werden.

Da die Zahl der zur Verfügung gestellten Laufringe für die Neubestükkung jeder Versuchsreihe nicht ausreichte und auch das Nachschleifen nur innerhalb der zulässigen Teilkreistoleranzen der Zahnräder möglich war, mußte im letzten Stadium der Untersuchungen zuweilen auf leicht gewellte Laufringe zurückgegriffen werden, wodurch sich jedoch keine nennenswerten Interpretationsschwierigkeiten ergaben.

Tabelle 11:

Da der einseitige Zahnradantrieb bei der Losradkonstellation der Laufringe erhebliche Torsionsverspannungen der relativ langen Druckwalzenzylinder - d.h. eine Beeinträchtigung der Druckqualität - mit sich bringen dürfte, wurden die beiden Wellen probeweise mit beidseitiger Zahnradkoppelung ausgestattet, wie dies aus der Skizze in Tabelle 11 ersichtlich ist.
Unter Verwendung rundgeschliffener und genau zentrierter Laufringe ergab sich ein kinematisch und akustisch sehr befriedigender Dauerversuch ohne wellenförmige Abnutzungserscheinungen, obwohl das System auch hier den Stoßimpulsen des mit einer Querbohrung versehenen Laufringes ausgesetzt war.

Versuchsaufbau

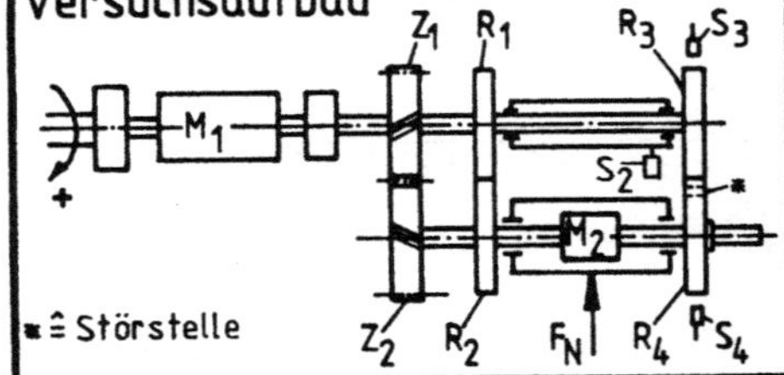

$* \hat{=}$ Störstelle

Normalkraft: F_N = 4 kN

Drehzahl: n = 250 min^{-1}

Bezeichnung	Zahnräder		Reibräder			
	Z_1	Z_2	R_1	R_2	R_3	R_4
Durchmesser [mm]	200,4	200,4	200,35	200,35	200,35	200,35
Exzentrizität e [mm]	ca.0,1	ca.0,1	0,01	0,01	0,01	0,01
Phasenlage der Exzentrizitäten	↑	↑	↑	↑	↑	↓

Tabelle 9

Gleiche Durchmesser aller Reibräder, d.h. keine Reibrad-Zahnrad-Drehmomentverspannung, kleinstmögliche Exzentrizität aller Reibräder, Phasenlage des Exzenters R_4 gegenüber den anderen Exzentern um 180° versetzt, Störstelle in Form einer Bohrung in der Randzone des Reibrades R_4, Laufringbreite 12 mm

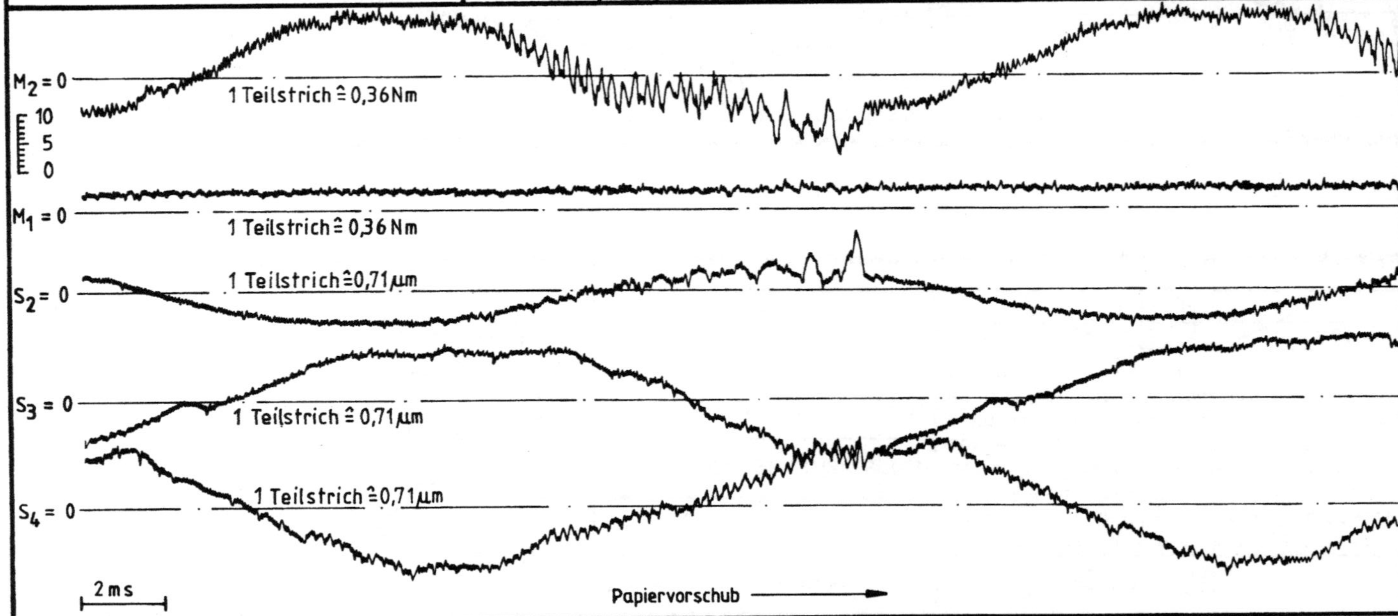

Tabelle 10

Losradkonstellation mit kugelgelagerten Reibrädern R_2 und R_3, gleiche Durchmesser aller Räder, kleinstmögliche Exzentrizität aller Reibräder, Phasenlage des Exzenters R_4 gegenüber den anderen Exzentern um 180° versetzt, Störstelle in Form einer Bohrung in der Randzone des Reibrades R_4. Laufringbreite 12 mm

Versuchsaufbau

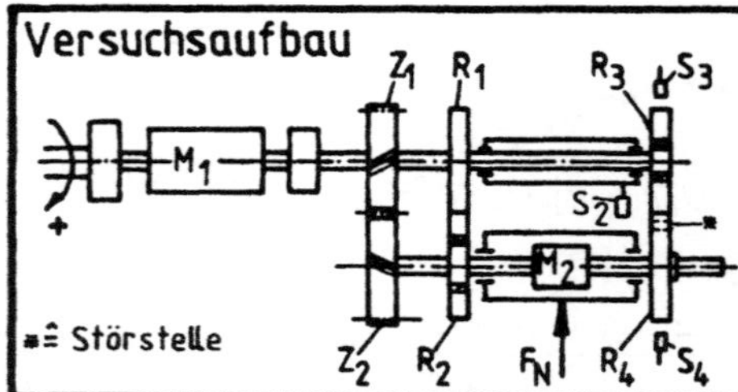

Normalkraft: F_N = 4 kN

Drehzahl: n = 250 min^{-1}

Bezeichnung	Zahnräder		Reibräder			
	Z_1	Z_2	R_1	R_2	R_3	R_4
Durchmesser [mm]	200,4	200,4	200,35	200,35	200,35	200,35
Exzentrizität e [mm]	ca. 0,1	ca. 0,1	0,01	0,01	0,01	0,01
Phasenlage der Exzentrizitäten	↑	↑	↑	↑	↑	↓

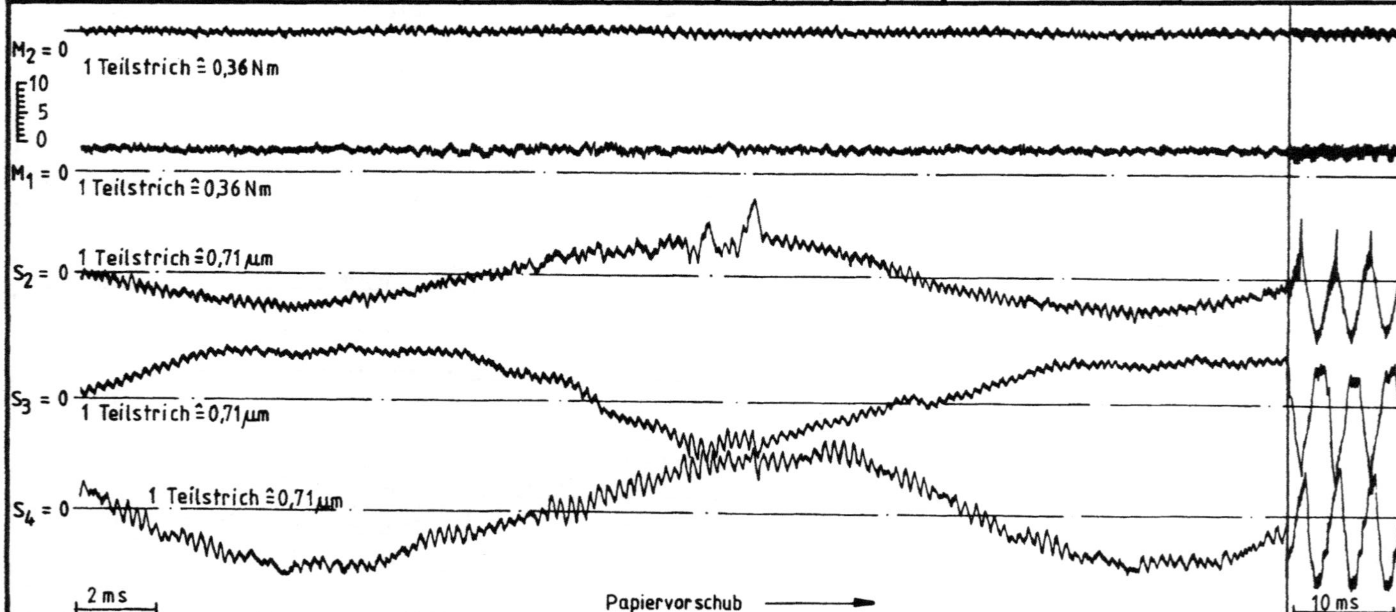

Tabelle 11

Versuchsaufbau

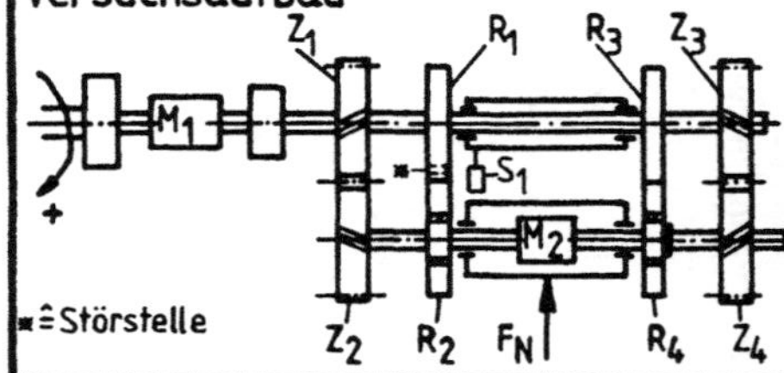

∗ ≙ Störstelle

Normalkraft: F_N = 4 kN

Drehzahl: n = 250 min^{-1}

Bezeichnung	Zahnräder				Reibräder			
	Z_1	Z_2	Z_3	Z_4	R_1	R_2	R_3	R_4
Durchmesser [mm]	200,4	200,4	200,4	200,4	200,4	200,4	200,4	200,4
Exzentrizität e [mm]	ca.0,1	ca.0,1	ca.0,1	ca.0,1	0,005	0,005	0,005	0,005
Phasenlage der Exzentrizitäten	↑	↑	↑	↑	↑	↑	↑	↑

Losradkonstellation mit kugelgelagerten Laufringen R_2 und R_4 sowie beidseitigem Zahnradantrieb, kleinstmögliche Exzentrizität aller Laufringe, Störstelle in Form einer Bohrung in der Randzone des Laufringes R_1, Drehrichtung negativ. Laufringbreite 12 mm

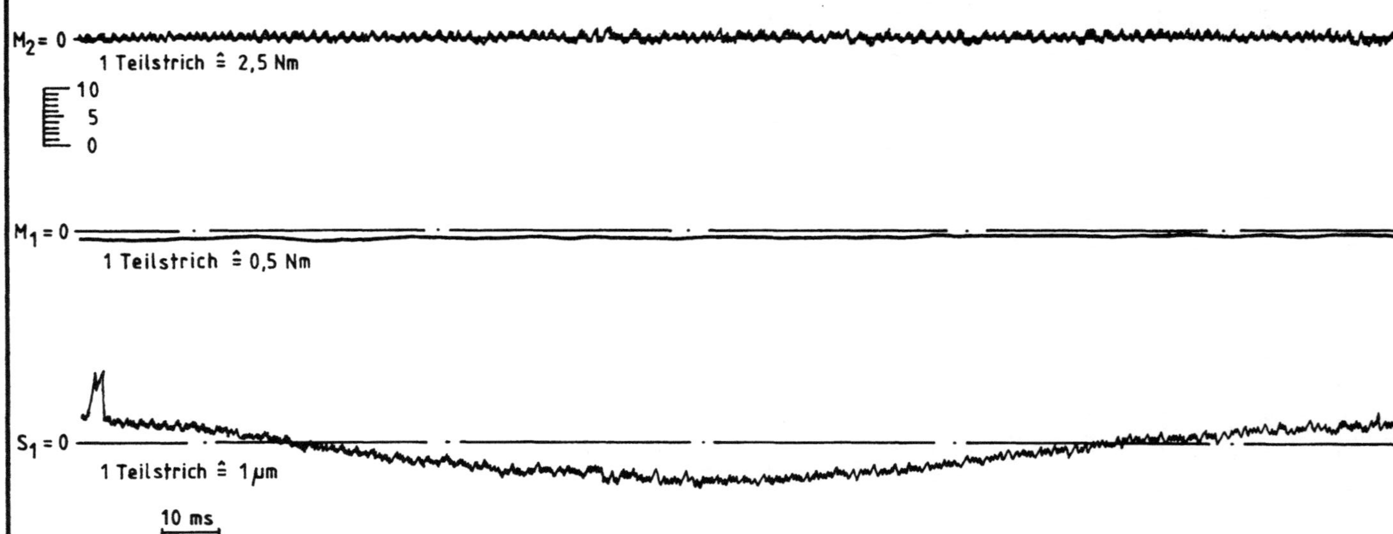

5. Werkstoffseitige Beeinflussung der wellenförmigen Abnutzungserscheinungen

Wie bereits erwähnt, findet der Kohlenstoffstahl St 60 aufgrund seines ungünstigen Abnutzungsverhaltens keine Verwendung als Laufringwerkstoff bei Druckwalzengruppen. Jedoch konnten damit die Beanspruchungszeiten bis zum Einsetzen der wellenförmigen Abnutzungserscheinungen im Labor wesentlich herabgesetzt werden. Hinzu kam noch der Vorteil einer wesentlich leichteren Herstellung und Nachbearbeitung der in verschiedenen Durchmesser- und Rundlaufvarianten eingesetzten Laufringe. Daher wurden alle die Rollreibungs-Kinematik betreffenden Versuche mit Laufringen bzw. Reibrädern aus St 60 durchgeführt.

Was die eigentlichen Abnutzungsversuche anbetrifft, so erfolgten diese mit Original-Laufringen des Herstellers in zwei Werkstoffvarianten, deren metallurgische Daten und Gefügeaufnahmen jedoch auf Wunsch des Herstellers nicht bekanntgegeben werden sollen.

Hierzu sei nur vermerkt, daß es sich um besonders verschleißfeste Materialien handelt, welche im folgenden als "Werkstoff A" und "Werkstoff B" bezeichnet werden sollen. Als Bezugswerkstoff diente weiterhin der Kohlenstoffstahl St 60.

Die vergleichenden Abnutzungsversuche wurden jeweils bei einer durchschnittlichen Exzentrizität der Laufringe von e = 0,01 mm in der normalen Festrad-Konstellation mit bestmöglich zentrierten Original-Zahnrädern in der einseitigen Anordnung bei konstanter Laufring-Anpreßkraft $\frac{F_N}{2}$ = 2 kN und gleichbleibender Drehzahl n = 250 U/min durchgeführt.

Als Maß für die Abnutzungsbeständigkeit der Werkstoffe galt hierbei die Zeitspanne bis zum Auftreten der ersten, an den Wegaufzeichnungen deutlich erkennbaren wellenförmigen Abnutzungserscheinungen.

Die durchschnittliche Absenkung des Laufflächen-Grundprofils in den durch Reiboxydation erzeugten Wellentälern betrug bei allen drei Werkstoffen zum Zeitpunkt des Versuchsabbruches 2,5 µm.

Entsprechend den Bildern 18 bis 20 weisen die dunklen Wellentäler die für die Reiboxydation charakteristischen, zerklüfteten Oberflächen auf, wogegen auf den Wellenbergen noch die Riefen der Rundschliffbearbeitung erkennbar sind.

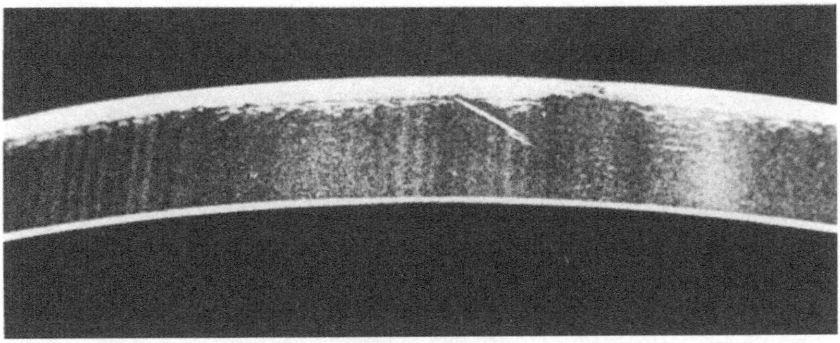

Bild 18: Wellenförmige Abnutzung der Lauffläche eines Prüfrades aus Kohlenstoffstahl St 60

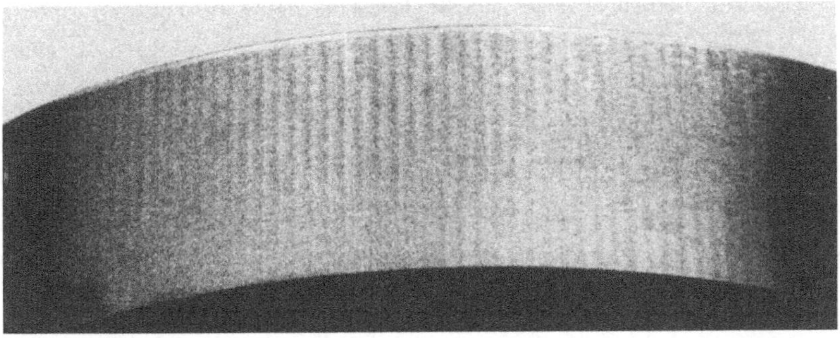

Bild 19: Wellenförmige Abnutzung der Lauffläche eines Original-Laufringes, Werkstoff A

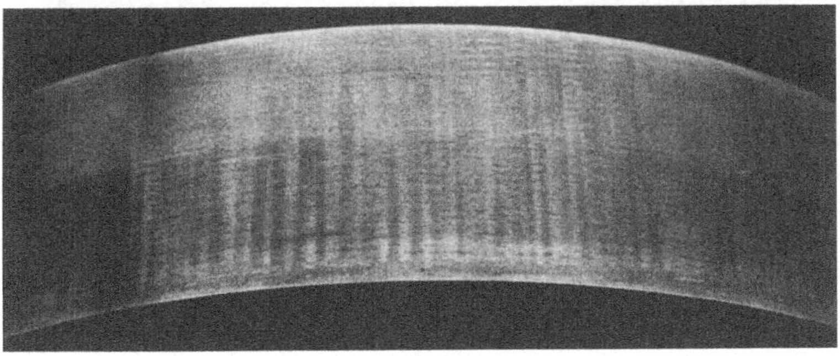

Bild 20: Wellenförmige Abnutzung der Lauffläche eines Original-Laufringes, Werkstoff B

In Bild 21 ist die Oberflächenstruktur des Wellentales eines Prüfrades aus St 60 stark vergrößert wiedergegeben.

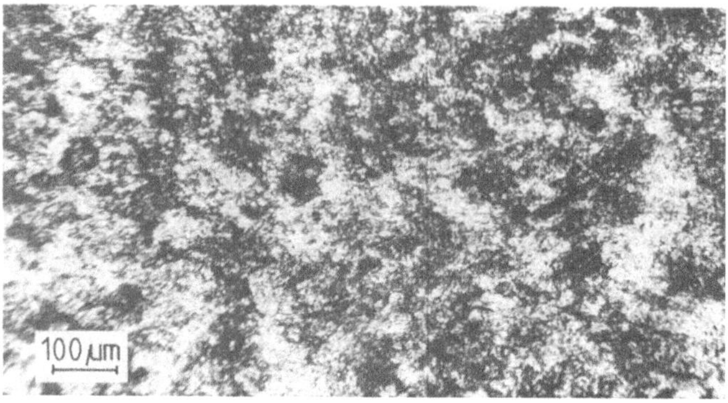

Bild 21: Oberflächenstruktur des Wellentales eines Prüfrades aus St 60

In Tabelle 12 sind die Bewegungs- und Schwingungsverhältnisse bei der Beanspruchung der Original-Laufringe aus Werkstoff B dargestellt.

Je nach Wahl der Reibrad-Durchmesserunterschiede und -Exzentrizitäten konnten auch von der Norm abweichende Wellenbildungen auf den Laufflächen bewerkstelligt werden, wie dies beispielhaft in Bild 22 wiedergegeben ist.

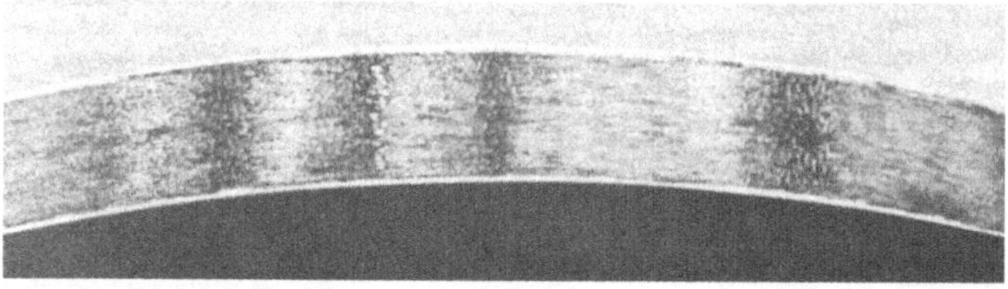

Bild 22: Von der Norm abweichende Wellenbildung auf der Lauffläche eines Reibrades aus St 60

Die Beanspruchungszeit bis zum Einsetzen der Wellenbildung betrug bei den Reibrädern aus St 60 0,5 h, bei den Original-Laufringen des "Werkstoffes A" 5,0 h und bei denen des "Werkstoffes B" 10,5 h.

Die sich hier geradezu aufdrängende Frage, warum die wellenförmige Abnutzung der Original-Laufringe auf dem Rollreibungsprüfstand wesentlich früher als in der Praxis des Druckmaschinen-Betriebes einsetzt, kann wie folgt beantwortet werden: Entscheidend für den Beginn und das Fortschreiten der Reiboxydation bei derartigen Getrieben ist das Verhältnis zwi-

Tabelle 12

Versuchsaufbau

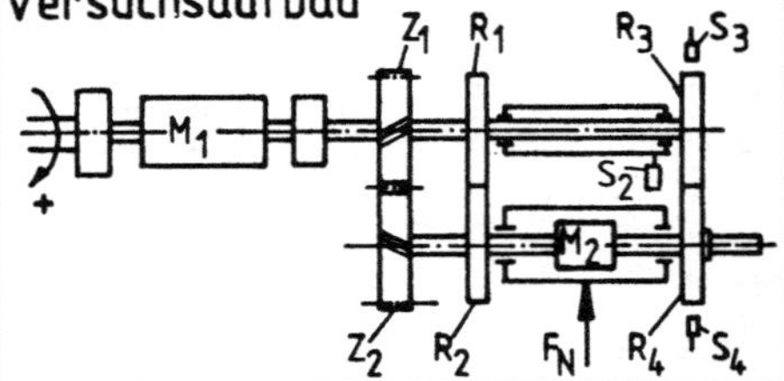

Normalkraft: F_N = 4 kN

Drehzahl: n = 250 min^{-1}

Bezeichnung	Zahnräder		Reibräder			
	Z_1	Z_2	R_1	R_2	R_3	R_4
Durchmesser [mm]	200,4	200,4	200,4	200,4	200,4	200,4
Exzentrizität e [mm]	ca. 0,1	ca. 0,1	0,01	0,01	0,01	0,01
Phasenlage der Exzentrizitäten	↑	↑	↑	↑	↑	↑

Abnutzungsversuch mit Laufringen gleicher Durchmesser aus Werkstoff B, keine Laufring-Zahnrad-Drehmomentverspannung, kleinstmögliche Exzentrizität aller Laufringe,
Laufzeit der Ringe 10 h 30',
Drehrichtung positiv.
Laufringbreite 40 mm

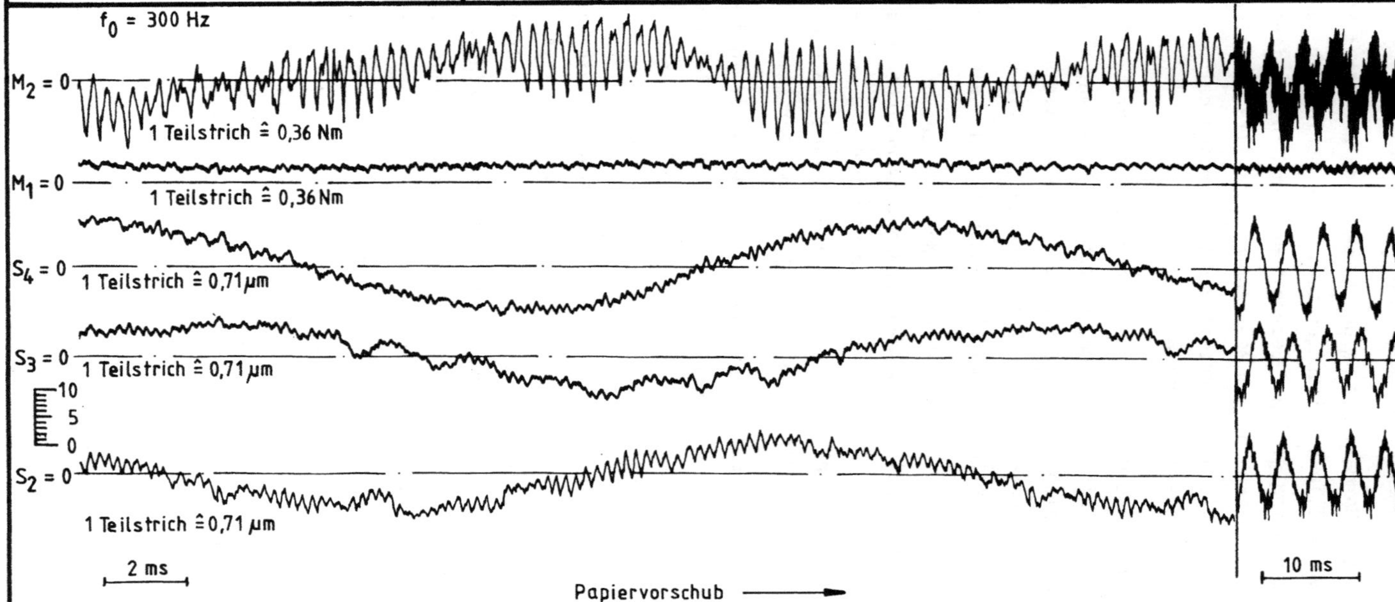

schen Normalkraft F_N und geometrisch bedingtem Schlupf S. Während der die Stick-Slip-Schwingungen bewirkende Schlupf in Labor und Praxis aufgrund annähernd gleicher Bearbeitungs- und Montagefehler in etwa deckungsgleich war, betrug die am Meßstand eingestellte Normalkraft mit $\frac{F_N}{2} = 2$ kN nur einen kleinen Bruchteil der tatsächlich bei Druckmaschinen realisierten Laufring-Anpreßkräfte.

Auf diese Weise konnte beim Prüfstand der Gleitprozeß schon durch wesentlich kleinere Störimpulse ausgelöst werden, als dies im Betrieb der Druckwalzengruppen der Fall ist. Die damit verbundenen Stick-Slip-Schwingungen führten entsprechend schneller zur chemischen Aktivierung der betreffenden Laufflächenzonen, d.h. selektiven Reiboxydation.

Grundsätzlich geht aber aus den Untersuchungsergebnissen hervor, daß die derzeit bei Druckwalzengruppen verwirklichte Festradkonstellation der Laufringe - mit oder ohne Zahnradkoppelung - zu einer wellenförmigen Laufflächenabnutzung führen muß, solange es nicht gelingt, absolut maßhaltige und rundlaufende Rotationskörper zu verwirklichen.

Da diese idealen Ausgangsbedingungen weder in der Fertigung noch in der Montage der Druckwalzenantriebe zu bewerkstelligen sind, kann nur die Entkoppelung des Antriebssystems in Form der Losradkonstellation eine grundlegende Verbesserung mit sich bringen.

Daß dieser Lösungsansatz auch in drucktechnischer Beziehung nicht so abwegig ist, zeigen die in den Bildern 10 bis 14 dargestellten Abnutzungszustände der in Druckmaschinen tatsächlich eingesetzten Laufringe. Derart gewellte Laufflächen müssen aufgrund der einschlägigen Prüfstandserfahrungen schon lange vor ihrem Ausbau wesentlich stärkere drucktechnische Störungen hervorgerufen haben, als dies durch die Zahnräder allein - d.h. in der Losradkonstellation der Laufringe - jemals geschehen wäre.

Daher bietet sich hier der Einsatz der Laufringe als reine Distanzhalter, d.h. in reibungstechnisch entkoppelter Form an, wobei der notwendige Gleichlauf der Druckwalzen auf ihrer ganzen Länge mit hoher Wahrscheinlichkeit durch eine zweiseitige Zahnradkoppelung zu bewerkstelligen ist.

Zudem können die heute eingesetzten Zahnräder hinsichtlich Verzahnungsqualität und Rundlaufgenauigkeit noch erheblich verbessert werden, so daß der in seiner Beständigkeit recht fragwürdige Reibradeffekt der festen Laufringe durchaus entbehrlich sein dürfte. Hierbei muß besonders auf ein kleines und über den ganzen Umfang konstantes Zahnspiel geachtet werden, zumal damit die schädlichen Torsionsschwingungen des Antriebssystems - sowohl bei der Festradkonstellation als auch bei der Losradkonstellation der Laufringe - wirkungsvoll unterdrückt werden können.

Abschließend sei noch vermerkt, daß die Reibräder aus St 60 eine Laufflächenbreite von 12 mm hatten, während die Original-Laufringe eine solche von 40 mm aufwiesen. Aus den unterschiedlichen Massenträgheitsmomenten dieser Rotationskörper ergab sich bei den schmalen Laufringen eine Eigenfrequenz des Feder-Masse-Torsionssystems von f_0 = 375 Hz und bei den breiten Laufringen eine solche von f_0 = 300 Hz, wie dies auch aus den Drehmomentaufzeichnungen "M_2" der Tabellen 3 bis 5 sowie 12 ersichtlich ist.

Schrifttum

[1] Fink, M.

Chemische Aktivierung, nicht durch Temperatur, sondern durch plastische Verformung, als Ursache reibchemischer Reaktionen bei Metallen. Fortschr.-Ber. VDI-Z. Reihe 5 (1967) Nr. 3

[2] Bugarcic, Helmut

Einfluß der Feuchtigkeit auf mechanisch-chemische Vorgänge bei Reibungsbeanspruchungen von ARMCO-Eisen, Einsatz- und Radreifenstahl - unter Verwendung einer neu konstruierten Reibungsprüfmaschine.
Diss. RWTH Aachen, 1964

[3] Bugarcic, Helmut

U-Bahn-Versuche über das Zusammenwirken von Rad und Schiene hinsichtlich Geräuschentwicklung, Laufverhalten, Stoßübertragung, Reibung, Abnutzung und Wellenbildung.
Leichtbau der Verkehrsfahrzeuge (1973) Nr. 5/6

[4] Bugarcic, Helmut und Benz, Dieter

Neuer Zugfahrt-Meßstand mit Reibradgetriebe am Institut für Fahrzeugtechnik der Technischen Universität Berlin.
ZEV-Glas. Ann. 103 (1979) Nr. 6, S. 259 - 267

[5] Krause, H.

Mechanisch-chemische Reaktionen bei der Abnutzung von St 60, V2A und Manganhartstahl.
Diss. RWTH Aachen, 1966

[6] Benz, Dieter

Tribochemischer Einfluß von Luftverunreinigungen auf das Wälzreibungsverhalten verschiedener Werkstoffe unter Verwendung eines neu entwikkelten Zugfahrt-Meßstands.
Diss. TU Berlin 1981

Verschleißverhalten von Laufringen

von

Dipl.-Ing. A. Engl

Dipl.-Ing. L. Mauer

Dr.-Ing. P. Meinke

Dipl.-Ing. H. Steinborn

Dipl.-Ing. H. Stöckl

MAN-Neue Technologie

MAN-ROLAND

TU Berlin, Institut für

Luft- und Raumfahrt

Förderkennzeichen: 01 ZT 159

Laufzeit: 01.04.1980 - 30.09.1982

Zusammenfassung

Es sollen die Ursachen und Entstehungsmechanismen für verschiedene Verschleißarten und -formen an Laufringen von Druckzylindern untersucht und analysiert werden. Die Druckwalzengruppe wird durch ein mathematisches Modell abgebildet und dieses durch experimentelle Untersuchungen untermauert. Werkstoff- und Bearbeitungseinflüsse sowie chemisch-physikalische Fremdeinflüsse werden einer Laboruntersuchung unterzogen. Die Ergebnisse und Aussagen führen zu einer nach tribologischen Gesichtspunkten verbessert ausgelegten Druckwalzengruppe, die im praktischen Betrieb überprüft wird.

Als eine der einflußreichsten Größen im Hinblick auf das Verschleißverhalten von Laufringen erwies sich die Vorspannung der Druckwalzen in einem Druckwerk.
Mit dem im Rahmen dieses Vorhabens entstandenen mathematischen Modell ist es möglich, schon im Konstruktionsstadium für ein Druckwerk die optimale Vorspannkraft theoretisch zu ermitteln. Da sich der Schlupf zwischen den Laufringen stark auf die Verschleißintensität auswirkt, ist bei den Laufringdurchmessern auf die Einhaltung enger Toleranzen zu achten, um möglichst niedrige Schlupfwerte zu erhalten.

1. Abstract

Reasons and mechanisms, which are responsible for various kinds and shapes of wear on bearers of printing cylinders are to be investigated and analyzed. A mathematical model of the printing cylinder set is established, and verified by experimental investigations. The influences of material and its processing, as well as chemical/physical effects are studied under laboratory conditions. Results lead to constructional improvements of the printing unit in terms of tribological aspects, which is field-tested in operation.

The prestress of the cylinders was found to be one of the most critical parameters in a printing unit, since it determines the wear process of the bearers. Due to the mathematical model, which came out of this project, the optimal prestress force can now be calculated already during the design phase of a printing unit. Creep between bearers has a strong impact on the intensity of wear. Therefore, to obtain the lowest creep possible, special attention has to be paid to small tolerances of bearer diameters.

Inhalt

1. Problembeschreibung

Im Druckwerk von Offset-Druckmaschinen wird die Druckform mittels des Farbwerkes eingefärbt. Die Übertragung der Farbe auf den Bedruckstoff erfolgt indirekt über das Drucktuch. Die Druckform wird dabei auf den Plattenzylinder, das Drucktuch auf den Gummizylinder aufgespannt.

Die Spannmechanismen für Druckform und Drucktuch befinden sich im Inneren der Walzen, die somit Spannkanäle aufweisen müssen, in deren Bereich kein Druck möglich ist (siehe Bild 1).

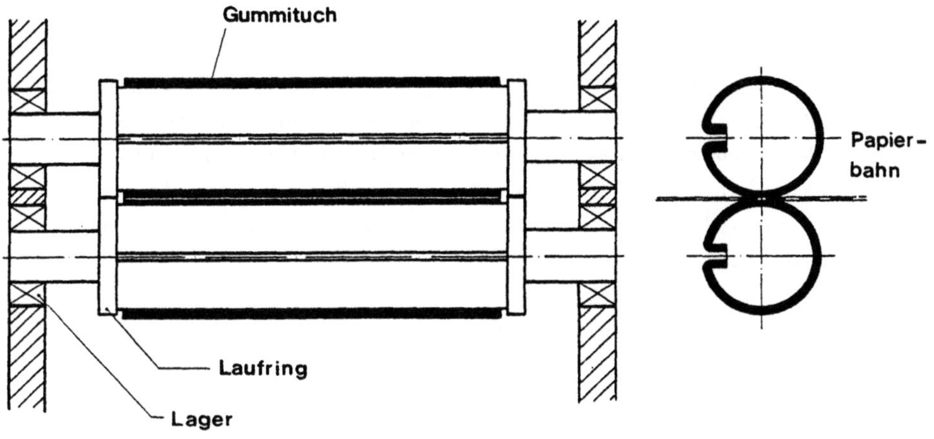

Bild 1: Schematische Zylinderanordnung

Zur Gewährleistung einer sicheren Farbübertragung beim Druckbetrieb ist in der Berührungslinie zweier Druckwalzen ein bestimmter Liniendruck notwendig, der beim Überrollen des Spannkanales kurzzeitig auf Null abgebaut wird. Die beiderseits der Druckwalzen angeordneten Laufringe, auch "Schmitzringe" genannt, dienen zur Aufnahme dieser dynamischen Lastschwankungen. Zur Erzielung definierter Abrollverhältnisse sind diese Laufringe ebenfalls statisch vorgespannt. Neben dieser tribologischen Kopplung der Druckwalzen durch Kraftschluß ist antriebseitig eine kinematische Kopplung durch Zahnräder vorhanden, die das Zusammenspiel von Ober- und Unterwerk bzw. weiterer Druckwerke gewährleisten.
Da die Laufringe in der Herstellung aufgrund von Fertigungstoleranzen nie gleiche Durchmesser haben können, kommt es zu Verspannungen innerhalb der Druckwalzen bzw. mit den Zahnradtrieben.

Der Abbau der Verspannungen erfolgt durch Gleitvorgänge in den Berührflächen der Laufringe. Diese Gleitvorgänge werden zum einen durch die Normallastschwankungen bei den Kanalüberrollungen und zum anderen durch die Teilungsfehler der Zahnradtriebe ausgelöst. Weiterhin werden die Druckwalzen bei der Kanalüberrollung zu Biegeschwingungen angeregt.

Die Biegeschwingungen werden durch die Laufringe und die Zahntriebe mit den Torsionsschwingungen des Antriebsstranges dynamisch verkoppelt.
Diese Schwingungen können zu einer Qualitätsminderung der Druckerzeugnisse, wie z.B. Streifenbildung, führen. Weiterhin werden die Laufringe durch die dynamischen Kontaktkräfte stark beansprucht, wodurch der Verschleiß beschleunigt wird. Typische Verschleißerscheinungen an Laufringen sind die Riffelbildung und Materialausbrüche sowie physikalisch chemischer Werkstoffabtrag, bedingt durch säurehaltige Druckhilfsmittel. Verschlissene

Laufringe beeinflussen wegen ihrer verminderten Laufruhe die Qualität der Druckerzeugnisse sehr ungünstig. Der unumgängliche Austausch beschädigter Laufringe verursacht hohe Kosten, da ihre konstruktive Anordnung innerhalb der Druckwalzenlagerung die Demontage des Druckwerkes erforderlich macht, womit auch ein erheblicher Produktionsausfall verbunden ist.

Das Bild 2 zeigt typische Verschleißerscheinungen an einem Laufring.

Bild 2: Verschlissener Laufring

Zur Erhöhung der Standzeit der Laufringe ist eine Optimierung bestimmter Einzelkomponenten des Druckwerkes unter tribologischen Gesichtspunkten erforderlich. Hierzu ist unter anderem auch die Kenntnis der dynamischen Kräfte an den Laufringen nötig. Die theoretische Bestimmung dieser dynamischen Kräfte setzt ein mathematisches Schwingungsmodell des Druckwerkes voraus, mit dem sich die über den Kraftschluß an den Laufringen verkoppelte Biege- und Torsionsdynamik von Druckwalzen beschreiben läßt.

2. Biegedynamik von Druckwalzen

Greift man eine Druckwalze aus einem Rollenoffsetdruckwerk heraus, so müssen sich die beiden Schmitzringkräfte und die Linienkraft in der Druckzone im Gleichgewicht mit den beiden Lagerkräften befinden,(siehe Bild 3).

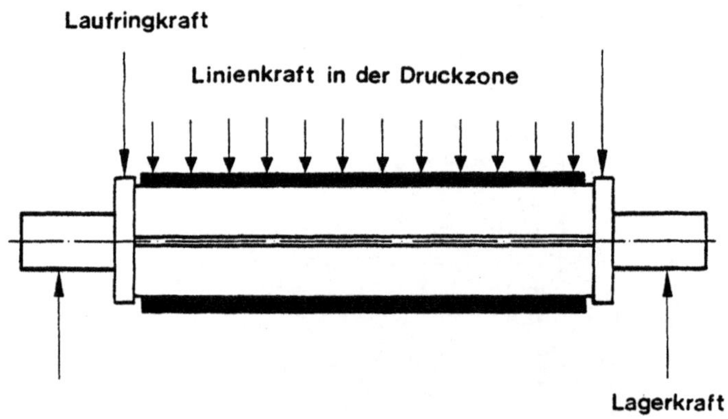

Bild 3: Kräfte auf einen Zylinder

Beim Überrollen der Spannkanäle sinkt die Linienkraft bis auf Null ab und gleichzeitig steigt die Schmitzringkraft an, da das Kräftegleichgewicht erhalten bleiben muß. Durch diese Kraftverlagerungen wird die Biegedynamik der Druckwalze angeregt, wobei in erster Linie die erste Biegeeigenform und bei sehr breiten Druckmaschinen zu-

sätzlich die zweite Biegeeigenform zum Tragen kommt.
Zur theoretischen Ermittlung dieser Biegedynamik werden die Druckwalzen durch mehrere, aneinandergereihte, biegeelastische Teilelemente modelliert, deren Bewegungsverhalten beschrieben wird durch den Produktansatz aus zeitabhängigen verallgemeinerten Knotenpunktskoordinaten und den ortsabhängigen Ansatzfunktionen.
Als Ansatzfunktionen werden HERMITE-Polynome 4. Ordnung verwendet.

Das Gummituch wird mittels elastischer Bettung modelliert und die Lager und Schmitzringe werden jeweils durch Parallelschaltungen von Feder- und Dämpferelementen berücksichtigt.

Bild 4 zeigt das Modell zur Biegedynamik mit einer möglichen Elementunterteilung. Da die Druckwalzen hinsichtlich ihrer Berührebene symmetrisch sind, genügt es, eine Druckwalze zu betrachten, die gegen das Inertialsystem schwingt.

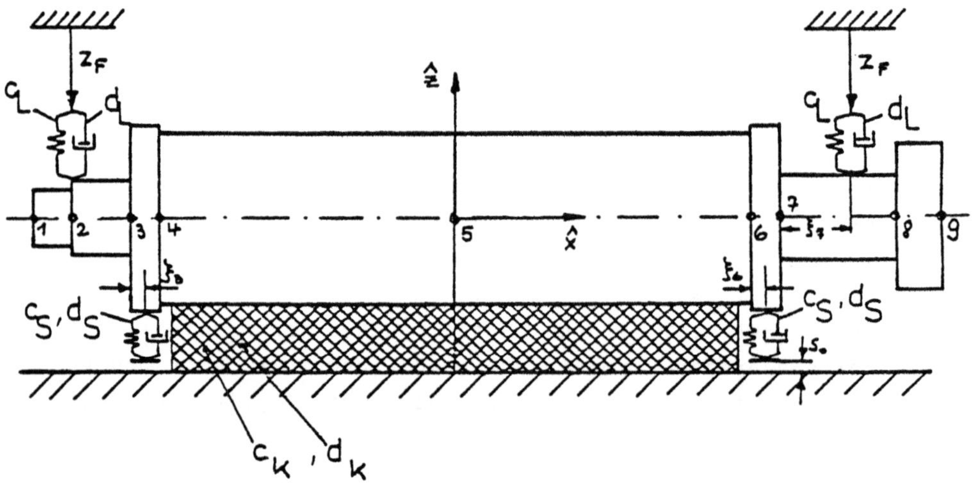

Bild 4: Druckwalzenmodell zur Biegedynamik

Dabei bedeuten

z_F	die Lagerverschiebung zum Aufbringen der Vorspannung
c_S, d_S	Laufringsteifigkeit, bzw. -dämpfung

c_l, d_l Lagersteifigkeit, bzw. -dämpfung

c_k, d_k kontinuierliche Gummituchsteifigkeit, bzw. -dämpfung

s_o Gummituchjustierung über Laufring

Da infolge der Kanalüberrollung sowohl am Gummituch als auch an den Schmitzringen die Kontaktkräfte Null werden können, sind in das Modell Bedingungen eingebaut, mittels derer beim Abheben von Schmitzringen und/oder Gummituch die entsprechenden Anteile aus der Steifigkeits- und Dämpfungsmatrix abgekoppelt werden.

Die Bewegungsgleichung für das vorliegende System lautet

$$\underline{\underline{M}}\ddot{\underline{z}} + \underline{\underline{D}}\dot{\underline{z}} + \underline{\underline{C}}\underline{z} = \underline{\underline{B}}\underline{u}, \tag{1}$$

wobei $\underline{\underline{M}}$ die Massenmatrix, $\underline{\underline{D}}$ die Dämpfungsmatrix und $\underline{\underline{C}}$ die Steifigkeitsmatrix kennzeichnet.
Die Matrix $\underline{\underline{B}}$ stellt die Eingangsmatrix für äußere Kräfte und $\underline{u}$ den Vektor der äußeren Kräfte dar, der sowohl die Vorspannkräfte an den Lagern als auch die Störkräfte an den Gummituchelementen infolge der Kanalüberrollung enthält, die von der Kanalkontur abhängig sind. Aus der eingegebenen Kanalkontur wird dabei der Störweg sowie die Störgeschwindigkeit und daraus wiederum die Störkraft an den einzelnen Gummituchelementen ermittelt.
Der Lagevektor $\underline{z}$ hat die Form

$$\underline{z} = \left[z_1, z_2, \ldots\ldots, z_{n+1} \right]^T \tag{2}$$

wenn n die Anzahl der elastischen Teilelemente des Druckwalzenmodells kennzeichnet. Die Koordinaten z_1 bis z_{n+1} stellen dabei die translatorischen Knotenpunktsverschiebungen an den Punkten (1), bis (n+1) nach Kondensation der Knotenverdrehungen dar (siehe Bild 4).

Die Lösung der Bewegungsgleichung (1) erfolgt in zwei Schritten:

a) Ermittlung der statischen Gleichgewichtslage nach Aufbringen der Vorspannkräfte an den Lagern als Anfangsbedingung für die numerische Integration

b) Numerische Integration durch RUNGE-KUTTA-Verfahren, bzw. nach der WILSON-θ-Methode.

Als Ergebnis der Biegedynamik zeigt z.B. Bild 5 die dynamischen Lastschwankungen am Beispiel eines Offset-Druckwerks an den Lagern, den Schmitzringen und an 4 Stellen des Gummituchs bei einer Drehzahl von n = 14.400 (U/h).

Um einwandfreien Druck zu gewährleisten, darf die Schmitzringkraft nie Null werden, d.h. die Schmitzringe dürfen nicht abheben. Die Vorspanngröße muß also so gewählt werden, daß diese Bedingung stets erfüllt wird.

Bild 5 zeigt auch, daß die Lagerkraftschwankungen sehr gering sind. Das beruht darauf, daß die innenliegenden Schmitzringe bei der Kanalüberrollung den Großteil der Kraftanteile, die ansonsten vom Gummituch getragen werden, mitübernehmen, so daß infolgedessen die außenliegenden Lager von der Kanalüberrollung fast unberührt bleiben.

Eine andere Art der Darstellung von Ergebnissen der Biegedynamik findet sich in Bild 6 und Bild 7. Dabei stellt Bild 6 den Graudruck der Kräfteverteilung am Druckzylinder dar, wobei jeweils von links nach rechts die Bereiche Lager, Laufring, Gummituch, Laufring und Lager durch eine weiße Linie getrennt sind. In den einzelnen Bereichen bedeutet dunkler Farbton große Kräfte und heller Farbton kleine Kräfte bis hin zu weiß für Kraft gleich Null. Von den beiden im Bild 6 untersuchten Parameterkombinationen führt z.B. die linke zum Abheben der Schmitzringe. Diese Darstellungsweise hat insofern Bezug zur Praxis, als sich bei ungünstig eingestellten Maschinen z.B. im Druckbild Querstreifen in der Wellenlänge der ersten Biegeeigenform zeigen können, wie sie z.B. bei der rechten Parameterkombination von Bild 6 zu sehen sind.

Bild 7 zeigt in räumlicher Darstellung den zeitlichen Verlauf der Biegelinie einer Druckwalze.

Parametervariationen, die mit dem Modell der Biegedynamik durchgeführt wurden, ergaben bezüglich der Kraftschwankungen eine Abhängigkeit von der Drehzahl, die aus Bild 8 ersichtlich ist.

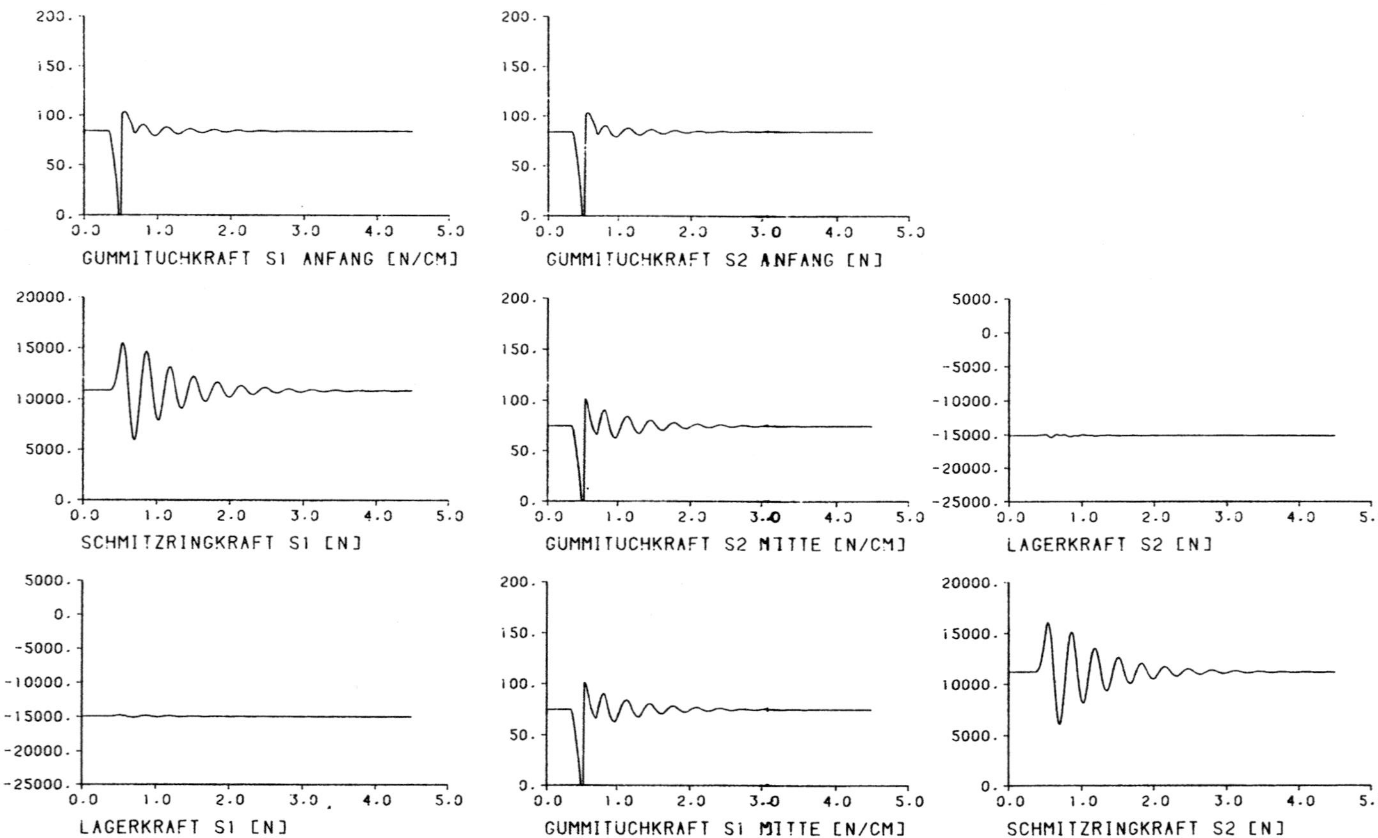

Bild 5: Dynamische Lastschwankungen bei n = 14 400 U/h

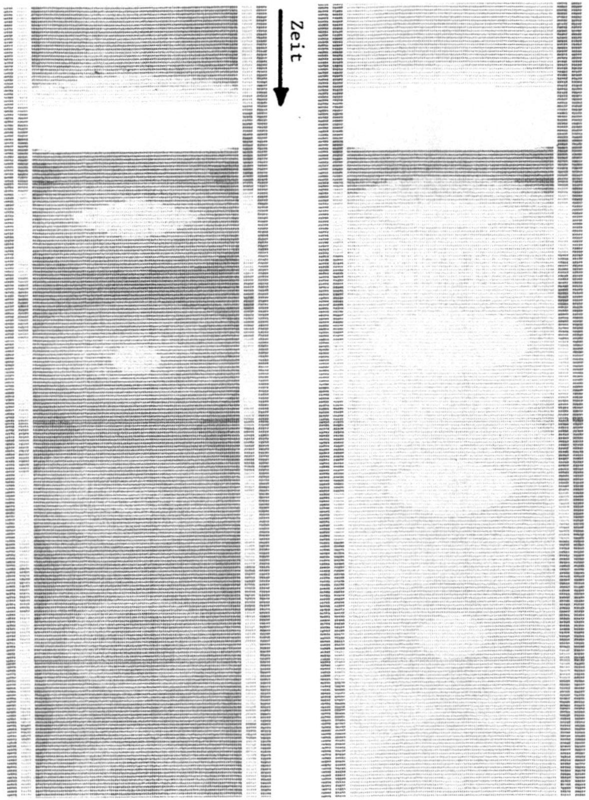

Schmitzringe heben ab

Schmitzringe heben nicht ab

Bild 6: Graudruck der Kräfteverteilung an einer Druckwalze

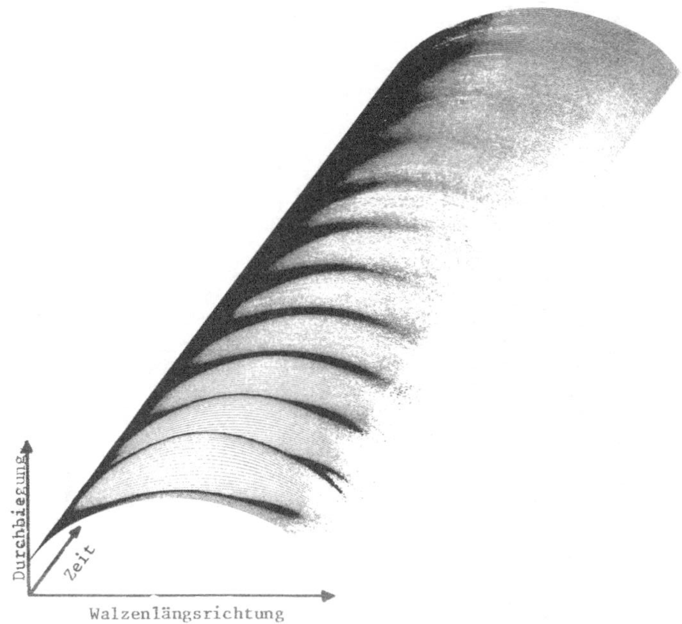

Bild 7: Darstellung des zeitlichen Verlaufs der Biegelinie einer Druckwalze

Demnach weisen die Verläufe der Vergrößerungsfaktoren k_{max} und k_{min}, die definiert sind als das Verhältnis von maximaler zu statischer Schmitzringkraft, bzw. minimaler zu statischer Schmitzringkraft, bei einer bestimmten Drehzahl eine Art Resonanzstelle auf.

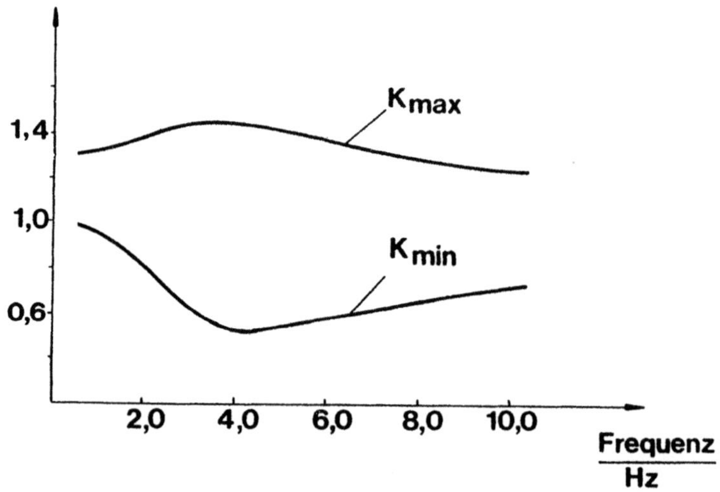

Bild 8: Variation der Drehzahl

Messungen an der Versuchsmaschine bestätigen die theoretisch ermittelte Biegedynamik bezüglich der Frequenz und des Abklingverhaltens recht gut.

Wesentlichen Einfluß auf das Abklingverhalten hat den Berechnungen zufolge die Gummituchdämpfung.

3. Kraftschluß an den Laufringen

Ein wesentlicher Bestandteil zur Ermittlung der verkoppelten Biege- und Torsionsdynamik ist die Beschreibung des Kraftschlusses zwischen den Laufringen.

Zum Gebiet des Kraftschlusses existiert eine umfangreiche Literatur auf theoretischer und experimenteller Ebene.

Die ersten theoretischen Grundlagen zur Erforschung des Kraftschlusses schuf bereits 1881 H. HERTZ [1], wobei er Formeln aufstellte zur Berechnung der Kontaktfläche sowie der Normaldruckverteilung zweier sich berührender Körper, deren Berührprofile durch Kurven 2. Ordnung beschrieben werden.

Im Jahre 1927 berechnete FROMM [2] den Schlupf beim Rollen deformierbarer Scheiben, wozu er durch Reibungsversuche an zylindrischen Reibungsgetrieben an der Technischen Hochschule Berlin angeregt wurde.

Ende der 40-ger Jahre stellt FÖPPL [3] für den ebenen Fall eine strenge Lösung für die rollende Reibung auf, wobei er das Kontaktgebiet in ein Haft- und Gleitgebiet unterteilt und für die Tangentialspannungen im Haft- und Gleitgebiet jeweils eigene Ansätze macht. Diese Ansätze verbessert ein Jahr später G. HEINRICH [4] dahingehend, daß auch die HERTZ'sche Berührungsbedingung erfüllt ist und liefert somit für den ebenen Fall der rollenden Reibung zwischen zwei Zylindern eine gute Lösung.

Die noch fehlenden Grundlagen für die Lösung des räumlichen Problems zweier aufeinander abrollender Körper mit beliebig gewölbten Oberflächen wurden jedoch erst von LOVE [5] anfang der fünfziger Jahre entwickelt. Er gibt in seiner Arbeit "A tretise on the mathematical theory of elasticity" den Zusammenhang zwischen Oberflächenspannungen und den durch diese verursachten Verschiebungen für das räumliche Problem an. Diese von LOVE aufgestellten Beziehungen bilden zusammen mit den HERTZ'schen Gleichungen die Grundlagen für die weiteren theoretischen Arbeiten von JOHNSON, HAINES und OLLERTON, KALKER, DE PATER und FREDERICH, von denen wohl die Veröffentlichungen von KALKER [6], [7] die interessantesten sein dürften.
Ein Vergleich zwischen dem von KALKER errechneten Kraftschlußgesetz und den am Wälzprüfstand von KRAUSE bei gleicher Normallast ermittelten Meßwerten zeigt z.B. eine überraschend gute Übereinstimmung zwischen Theorie und Praxis, sofern die Versuche mit einem unbeanspruchten, noch nicht eingelaufenen Wälzkörper durchgeführt wurden.

PINEGIN, KOROVCINSKIJ und SEVELEV [8] berücksichtigen den Einfluß der Tangentialkräfte auf den Verschleiß, während sonst bei der Bestimmung der Lebensdauer von Bauteilen, die einen Wälzkontakt unterworfen sind, in erster Linie nur der maximale Normaldruck im Zentrum der Kontaktfläche nach HERTZ herangezogen wird.
In einer theoretischen Betrachtung und experimentellen Untersuchung diskutierten sie die Kontaktbeschädigungen, wobei sie eindeutig feststellen, daß sich bei gleicher Normalbelastung die Ermüdungslebensdauer durch Erhöhung

der Tangentialspannungen verringert.

JÖRG [9] beschreibt in seiner Dissertation den Rollvorgang in einem Walzenpaar und die Kraftübertragung auf eine durchlaufende Stoffbahn.
Dabei soll von den beiden Walzen eine ganz aus Metall sein, während die andere über einem Metallkern eine elastische Ummantelung haben soll.

G. HEINRICH und K. DESOYER behandeln in [10] die Rollreibung mit axialem Schub für Gerade- und Schräglauf. Dabei betrachten sie einen elastischen, unendlich langen Kreiszylinder, der auf einem elastischen Halbraum einen Schräglauf ausführt.
Den Einfluß der Luftfeuchtigkeit auf mechanisch-chemische Vorgänge bei Reibungsbeanspruchungen beschreibt H. BUGARCIC in seiner Doktorarbeit [11] .

KRAUSE und JANAS [12] vergleichen die "Haftzonentheorie", die von FROMM und CARTER entwickelt und von KALKER vervollkommnet wurde mit der "Gleitzonentheorie" von FREDERICH. Dabei erklärt die "Haftzonentheorie" die Abhängigkeit der Kraftschlußbeanspruchung vom Schlupf durch die Aufteilung der Berührungsfläche in ein Haft- und Gleitgebiet unter der Annahme einer konstanten Gleitreibungszahl im Gleitgebiet.

Demgegenüber geht die "Gleitzonentheorie" davon aus, daß die Kraftschlußbeanspruchung hauptsächlich von einer Abhängigkeit der Gleitreibungszahl von der Gleitgeschwindigkeit bestimmt wird, ohne daß überhaupt ein Haftgebiet vorhanden ist.

Nach KENDAL [13] ist die Wälzreibung eines glatten Zylinders auf einer Ebene theoretisch gleich der Differenz der zur Kontaktbildung und Kontaktlösung erforderlichen Oberflächenenergien (Adhäsions Hysteresis).

Versuchen zufolge ist diese Theorie jedoch nur für sehr kleine Rollgeschwindigkeiten zutreffend.

Basierend auf den Theorien von G. HEINRICH [4] und J. KALKER [7] wurden an der TU Berlin (Institut für Luft- und Raumfahrt) die Grundlagen zur theoretischen Beschreibung des Kraftschlusses beim rollenden Kontakt von Laufringen [14] erarbeitet. Damit läßt sich für den ebenen Fall nach G. HEINRICH mit relativ wenig Rechenaufwand in Abhängigkeit von Normalkraft und schlupfabhängigem Reibwert die Tangentialkraft ermitteln.

Nach der vereinfachten nichtlinearen Kalkertheorie [15] läßt sich der Zusammenhang zwischen Normal- und Tangentialkraft räumlich in Abhängigkeit von Längs-, Quer- und Bohrschlupf beschreiben. Dafür ist der Rechenaufwand bedeutend größer.

Beide Theorien gehen davon aus, daß sich die Kontaktfläche aufteilt in ein einlaufendes Haftgebiet und ein auslaufendes Gleitgebiet. Für den allgemeinen Fall der Berührung zweier gekrümmter Körper zeigt Bild 9 die Kontaktellipse sowie ihre Unterteilung in Haft- und Gleitgebiet.

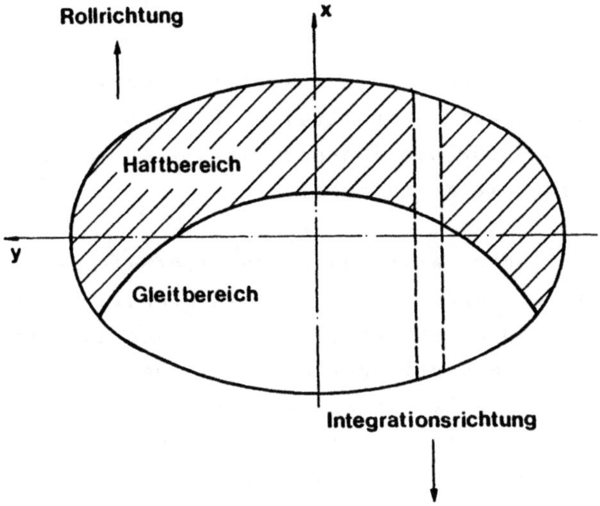

Bild 9: Kontaktellipse mit Haft- und Gleitbereich

Dabei ist die Aufteilung in Haft- und Gleitgebiet abhängig von den geometrischen Schlupfgrößen sowie der Elastizität der Wälzkörper in Umfangsrichtung. Solange der elastische Dehnschlupf in der Lage ist, den geometrischen Schlupf zu kompensieren, befindet man sich im Haftgebiet. Anschließend beginnt das Gleitgebiet, wo sich die aufgebauten Verspannungen durch mikroskopische Gleiteffekte ausgleichen.

Bei beiden Theorien ist der Kraftschlußbeiwert in annähernd gleicher Weise abhängig vom Schlupf. Und zwar ist beim rollenden Kontakt für Schlupf gleich Null keine Tangentialkraftübertragung möglich und ab bestimmten Schlupfwerten ist der Kraftschlußbeiwert in der Sättigung.

Den Verlauf des Kraftschlußkoeffizienten f, der nach KALKER definiert ist als

$$f = \frac{/F/}{\mu N} \qquad (3)$$

zeigt Bild 10, wobei sowohl die theoretisch berechneten als auch die experimentell ermittelten Werte eingetragen sind. Dabei steht F für die Tangentialkraft, μ für den Reibwert und N für die Normalkraft.

Da es sich im Fall der Laufringe um den Kontakt zweier paralleler Zylinder handelt, hat man als Grenzfall der Kontaktellipse einen Kontaktstreifen, der sich entsprechend der Kraftschlußtheorie aufteilt in einen einlaufenden Haft- und einen auslaufenden Gleitstreifen.
Die Breite dieses Kontaktstreifens ist abhängig vom Laufringdurchmesser und von der Normalkraft und liegt im Normalfall in der Gegend von 1 mm.

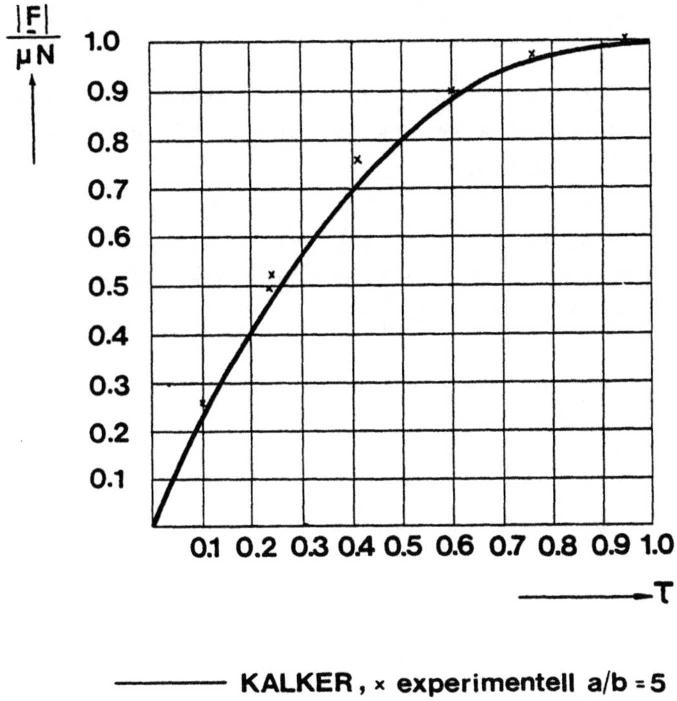

Bild 10: Kraftschlußcharakteristik nach KALKER

Nach der ebenen Theorie zum rollenden Kontakt von G. HEINRICH lautet die Gleichung für die Tangentialkraft F_T in Umfangsrichtung

$$F_T(t) = \mu\,(\boldsymbol{\nu}_x(t))\cdot F_N(t), \tag{4}$$

mit der zeitabhängigen Normalkraft $F_N(t)$ und dem schlupfabhängigen Reibwert μ ($\nu_x(t)$), der sich zu

$$\mu = \frac{\nu_x \cdot r_1 \cdot r_2}{A \cdot (r_1 + r_2)} \cdot \left(2 - \frac{\nu_x \cdot r_1 \cdot r_2}{\mu_0 \cdot A \cdot (r_1 + r_2)}\right) \qquad (5)$$

ergibt, bis μ die Sättigung μ_0 erreicht (siehe [14]).

Dabei stellen r_1 und r_2 die Radien der beiden Laufringe, A die halbe Kontaktflächenbreite nach G. HEINRICH und ν_x den Längsschlupf dar.

Nach der vereinfachten nichtlinearen räumlichen Kraftschlußtheorie nach KALKER ergeben sich die Tangentialkräfte F_{Tx} und F_{Ty} nach [14] zu

$$F_{Tx} = f_x\ (\nu_x, \nu_y, \Phi) \cdot F_N(t) \qquad (6)$$

und

$$F_{Ty} = f_y\ (\nu_x, \nu_y, \Phi) \cdot F_N(t), \qquad (7)$$

wobei $F_N(t)$ die zeitabhängige Normalkraft und f_x und f_y Kraftschlußkoeffizienten darstellen. Diese Kraftschlußkoeffizienten liefert das KALKER-Programm FASTSIM, das von der TU Berlin (Institut für Luft- und Raumfahrt) in FORTRAN umgesetzt wurde. Als Eingabe werden die Schlupfgrößen ν_x, ν_y und Φ benötigt.
Dabei bedeuten ν_x Längsschlupf, ν_y Querschlupf und Φ Bohrschlupf.

4. Verkoppelte Biege- und Torsionsdynamik

Da die beidseitig an den Druckwalzen angeordneten Laufringe, die aufgrund ihrer Vorspannung definierte Abrollverhältnisse sicherstellen sollen, infolge fertigungsbedingter Toleranzen Durchmesserunterschiede und Exzentrizitäten aufweisen können, kann es infolge der zeitabhängigen Normalkräfte in Verbindung mit Schlupf zur Erregung von Torsionsschwingungen infolge zeitabhängiger Tangentialkräfte an den Laufringen kommen. Das bedeutet, die Torsionsdynamik ist über den Kraftschluß an den Laufringen an die Biegedynamik gekoppelt.

Zur Ermittlung der Torsionsdynamik werden die Druckwalzen in mehrere torsionselastische Teilelemente untergliedert, deren Bewegungsverhalten durch den Produktansatz aus zeitabhängigen Knotenpunktskoordinaten und ortsabhängigen Ansatzfunktionen beschrieben wird. Das Modell zur Torsionsdynamik mit einer möglichen Elementunterteilung zeigt Bild 11. Dabei sind 2 Druckwalzen über den Kraftschluß an den Lafuringen und über die Zahnräder miteinander verkoppelt und zusätzlich ans Inertialsystem gefesselt, da man hier als Torsionsdynamik die der konstanten Drehzahl überlagerten Schwingungen versteht.

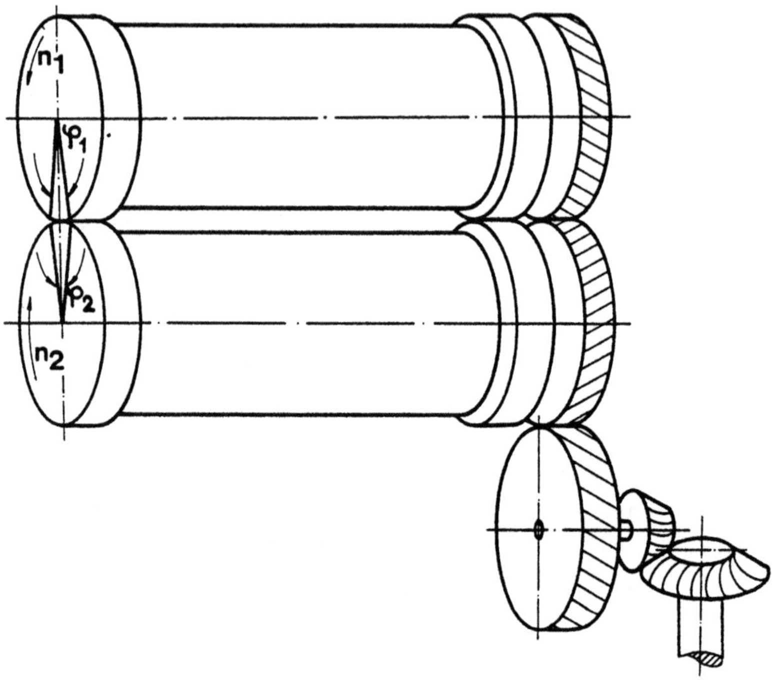

Bild 11: Modell zur Torsionsdynamik

Die Bewegungsgleichung für die Torsionsdynamik lautet

$$\underline{M}_T \ddot{\underline{\varphi}} + \underline{D}_T \dot{\underline{\varphi}} + \underline{C}_T \underline{\varphi} = \underline{B}_T \underline{\Psi} \qquad (8)$$

mit dem Lagevektor $\underline{\varphi}$

$$\underline{\varphi}(t) = [\varphi_1, \varphi_2, \ldots\ldots, \varphi_{n+1}]^T , \qquad (9)$$

wobei n die Anzahl der torsionselastischen Elemente darstellt und wobei berücksichtigt ist, daß jeweils an den Elementknoten die Verdrehungen der Elemente übereinstimmen. Ferner ist $\underline{M}_T$ die Massen-, $\underline{D}_T$ die Dämpfungs-, $\underline{C}_T$ die Steifigkeitsmatrix und $\underline{B}_T$ die Eingangsmatrix für die Störmomente an den Laufringen und $\underline{\Psi}$ der Vektor dieser Störmomente.

Die Reibmomente M_R, die an den Laufringen angreifen, ergeben sich zu

$$M_R(t) = r \cdot F_T(t), \tag{10}$$

wobei r den Laufringradius und F_T die Tangentialkraft darstellt, die sich infolge der zeitlich veränderlichen Normalkraft aus der Biegedynamik an den Laufringen mittels der Kraftschluß-Schlupfbeziehungen nach 3. ergibt. Auf die Miteinbeziehung der Tangentialkräfte, die an den Teilen der Druckwalze übertragen werden, an denen sich das Gummituch befindet, wird in diesem Vorhaben verzichtet. Diese Tangentialkräfte sind nach einer Abschätzung, etwa um eine Zehnerpotenz kleiner als die maximal möglichen Werte der Tangentialkräfte der Schmitzringe. Liegt jedoch keine gegenseitige Verspannung zwischen den Schmitzringen bzw. den Schmitzringen und dem Zahnradtrieb vor, dann sind die Tangentialkräfte des Gummituchs mit den Tangentialkräften der Schmitzringe im Gleichgewicht.

Bei der Ermittlung der Schlupfgrößen, die als Eingaben für die Berechnung der Kraftschlußbeiwerte benötigt werden, sind außer den Anteilen, die aus der Geometrie stammen, die Anteile zu berücksichtigen, die sich aus der der Betriebsdrehzahl überlagerten Torsionsdynamik und aus den Exzentrizitäten ergeben.

Somit erhält man z.B. für den Längsschlupf die linearisierte Beziehung

$$\nu_x = \frac{\omega_0 (\Delta_{r1} - \Delta_{r2} + \Delta_{re1} - \Delta_{re2}) + r(\dot{\varphi}_1 - \dot{\varphi}_2)}{r \cdot \omega_0}, \tag{11}$$

wobei ω_0 für die konst. Winkelgeschwindigkeit der Druckwalzen und r für den Sollwert des Laufringradiuses steht und Δ_{r1}, bzw. Δ_{r2} die fertigungsbedingten Radiusabweichungen an den Laufringen 1 bzw. 2 bedeuten. Die Größen $\dot{\varphi}_1$ und $\dot{\varphi}_2$ stellen die dynamischen Winkelgeschwindigkeiten und Δ_{re1} und Δ_{re2} die Radiusabweichungen infolge der Exzentrizitäten der Laufringe dar, wobei gilt

$$\begin{aligned} \Delta r_{e1} &= e_1 \cos \omega_0 t \\ \Delta r_{e2} &= e_2 \cos \omega_0 t \end{aligned} \tag{12}$$

mit den Exzentrizitäten e_1 bzw. e_2 der beiden Laufringe.

Bild 12 zeigt den zeitlichen Verlauf der Schmitzringkraft FSLI, des Längsschlupfes NUEX, der Verdrehungen am oberen ZOLI und am unteren Schmitzring ZULI auf der linken Seite der Druckwalze bei der Kanalüberrollung.

Zugrunde gelegt ist ein Rollenoffset-Druckwerk, wobei die Exzentrizitäten auf beiden Seiten $e_1 = e_2 = 0$ und die Radiusabweichungen $\Delta r_1 = -\Delta r_2 = 2{,}5 \cdot 10^{-5}$ m auf der linken Seite und $\Delta r_1 = -\Delta r_2 = -2{,}5 \cdot 10^{-5}$ m auf der rechten Seite betragen.

Diese Abweichungen in den Radien, die einen Längsschlupf von $\nu_x = 0{,}0005$ bedeuten, liegen bereits etwas außerhalb der zulässigen Toleranzgrenzen, d.h. in Wirklichkeit liegen also die höchstmöglichen Schlupfwerte unter denen, die hier in die Berechnungen eingehen. Es wurden die Schlupfwerte deshalb etwas höher gewählt, um die auftretenden Effekte deutlicher sehen zu können. Der Querschlupf ist auch für die folgenden Betrachtungen $\nu_y = 0$ gesetzt.

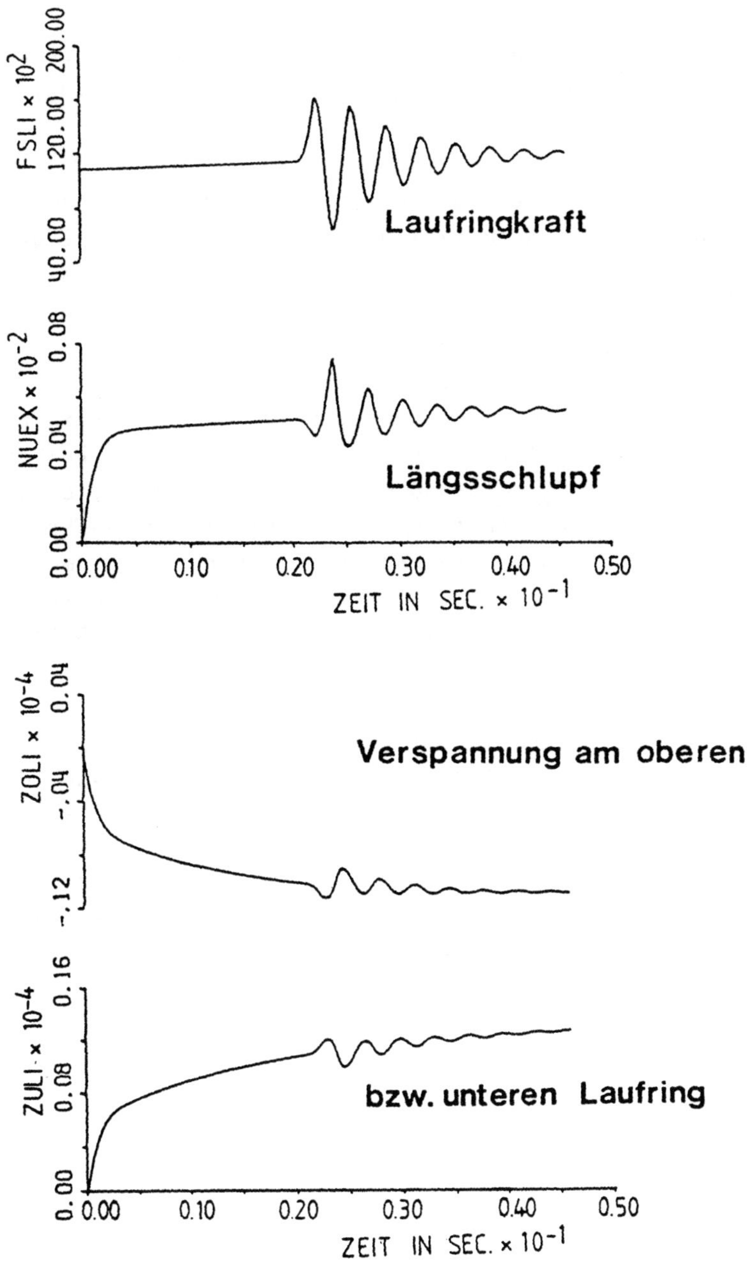

Bild 12: Zeitverläufe von Systemgrößen an der linken Druckwalzenseite

Entscheidenden Einfluß auf das Verschleißverhalten der Schmitzringe hat die Schlupfbeanspruchung, da dadurch Material abgeschabt wird.

Wie aus Bild 12 zu ersehen ist, hat der Schlupf sein Maximum, wo die Schmitzringkraft minimal ist. Die größten Schlupfbeanspruchungen treten demnach auf, wenn die Vorspannkraft so niedrig ist, daß die Schmitzringe bei der Kanalüberrollung abheben.

Bild 13 zeigt den zeitlichen Verlauf des Schlupfes bei der Vorspannkraft F_v = 15 000 N (oberes Bild), bei einer Vorspannkraft F_v = 10 000 N (mittleres Bild), die Schmitzringe heben dabei fast ab und bei einer Vorspannkraft F_v = 10 000 N in Verbindung mit einer höheren Gummituchsteifigkeit (unteres Bild), wo die Schmitzringe abheben. Dabei ist der Schlupf während der Zeit, wo die Schmitzringe außer Eingriff sind, nicht definiert.

Wie aus Bild 13 hervorgeht, treten also in dem Fall, wo die Schmitzringe bei der Kanalüberrollung beinahe oder ganz abgeben, im Kanalauslauf erhöhte Schlupfschwankungen auf, was zu Materialabtrag und somit zu ersten Verschleißerscheinungen an den Laufringen führen dürfte. Dabei wird den Änderungen in den Verspannungen die Frequenz der Normalkraftschwankungen an den Schmitzringen, die zum Großteil der 1. Biegeeigenfrequenz entspricht, aufgezwungen.

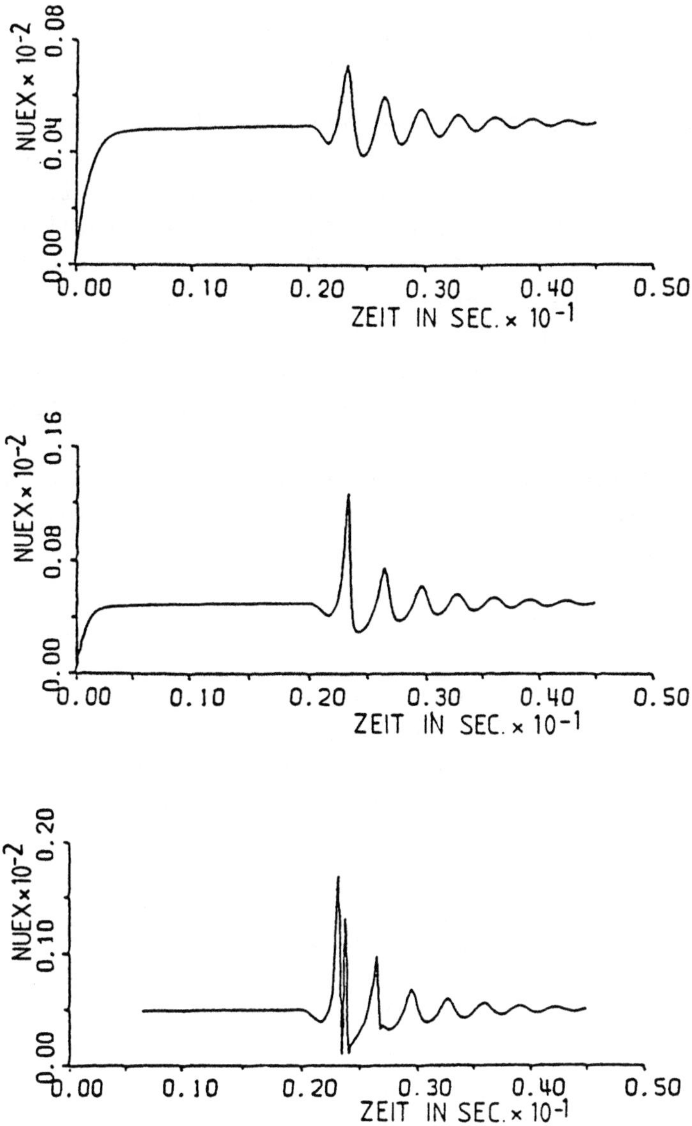

<u>Bild 13:</u> Zeitverläufe des Längsschlupfes für Normalbetrieb (oben), fast Abheben (mitte) und Abheben der Laufringe (unten).

5. Ermittlung von Verschleißprofilen

Mit Kenntnis der dynamischen Schwankungen der Tangentialkräfte und des Schlupfes an den Laufringen lassen sich in Verbindung mit einer Abtragshypothese theoretische Verschleißprofile ermitteln. Dabei stellen Störstellen an den Laufringen infolge von Materialabtrag rückwirkend eine zusätzliche Erregung für die Biegedynamik dar. Das bedeutet, die Torsionsdynamik, die über den Kraftschluß an den Laufringen an die Biegedynamik gekoppelt ist, ist über die Abtragshypothese auf die Biegedynamik rückgekoppelt.

Zur Beschreibung der Verschleißvorgänge an den Laufringen wird vorausgesetzt, daß der örtliche Abrieb W_v proportional der örtlichen Reibarbeit ist. D.h.

$$W_v = I_w \cdot W_R, \qquad (13)$$

wobei I_w den Proportionalitätsfaktor und W_R die Reibarbeit kennzeichnen. Ausgehend von einem konstanten Laufringradius R_o ergibt sich in Abhängigkeit von der Reibarbeit, die wiederum von der Winkelstellung des Laufrings sowie von der Laufzeit abhängig ist, der orts- und zeitabhängige Laufringradius

$$R\,(\varphi(t)) = R\,(\varphi\,(t-T_ü\,)) - I_w W_R(\varphi(t)), \qquad (14)$$

d.h. der Radius bleibt infolge des Abtrags W_v nicht mehr über dem Umfang konstant. Hierbei steht φ für die Winkelstellung ($o < \varphi < 2\pi$) und $T_ü$ für die Zeit einer Überrollung. Als Ausgangsstellung gilt $R\,(\varphi\,(t_o)) = R_o$.

Die Reibarbeit erhält man durch Integration der Reibleistung P_R über die Zeit t.

Die Reibleistung P_R lautet

$$P_R(t) = F_T(t) v_G(t) = \mu(v_G(t)) \cdot F_N(t) \cdot v_G(t), \quad (15)$$

wobei $F_T(t)$, bzw. $F_N(t)$ die zeitabhängige Tangential-, bzw. Normalkraft, v_G die zeitabhängige Gleitgeschwindigkeit und μ den gleitgeschwindigkeitsabhängigen Reibwert kennzeichnen. Mit der üblichen Definition des Längsschlupfes ν_x

$$\nu_x = \frac{v_G}{v_m} \quad (16)$$

erhält (15) die Form

$$P_R(t) = \mu\,(\nu_x(t)) \cdot \nu_x(t) \cdot v_m \cdot F_N(t), \quad (17)$$

mit der mittleren Geschwindigkeit v_m, die für die Laufringe lautet

$$v_m = 2\pi R_o f, \quad (18)$$

wenn f die Drehzahl bedeutet.

Die Reibarbeit, die im Zeitintervall $\Delta t = t_1 - t_o$ verrichtet wird, ergibt sich somit zu

$$W_R = \int_{t_o}^{t_1} \mu\,(\nu_x(t)) \cdot \nu_x(t) \cdot v_m \cdot F_N(t)dt. \quad (19)$$

Für die Simulation, bei der sehr kleine Zeitschritte gemacht werden, nimmt man an, daß innerhalb eines Zeitschrittes Normalkraft F_N, Schlupf ν_x und Reibwert μ konstant sind. Damit erhält die Gleichung für die Reibarbeit W_R die Form

$$W_R(t) \approx \mu(\nu_x(t)) \cdot \nu_x\,(t) \cdot v_m \cdot F_N \cdot \Delta t, \quad (20)$$

wobei Δt einen Zeitschritt der Simulation kennzeichnet.

Der mittlere Proportionalitätsfaktor I_w, der den Zusammenhang zwischen Abtrag und Reibarbeit angibt, wurde anhand einer Statistik von Laufringen ermittelt, die infolge Verschleiß ausgewechselt werden mußten.
Mit bekanntem mittleren Durchmesser der Schmitzringe beim Einbau und dem mittleren Durchmesser der verschlissenen Ringe läßt sich, wenn man die mittlere Drehzahl sowie den Schichtbetrieb der jeweiligen Druckerei kennt, eine mittlere Abtragsrate I_w pro Umdrehung errechnen.

Zur Simulation wurde $I_{w\ Mill}$ verwendet, d.h. eine Umdrehung, über die simuliert wurde, entsprach vom Abrieb her einer Million Umdrehungen im Druckbetrieb. Es zeigte sich, daß der mittlere kontinuierliche Abtrag zwischen 3- und 10-mal so groß ist, wie die auftretenden Riffeltiefen, d.h. die Laufringe verlieren über dem ganzen Umfang kontinuierlich wesentlich mehr an Material, als die Riffeltiefen betragen.

Das qualitative Verschleißprofil des linken Laufrings, das sich bei einer bestimmten Vorspannungseinstellung und vorgegebenen Durchmesserabweichungen, die bezüglich der Toleranzen den ungünstigsten Fall darstellen (ν_x = 0,5 °/₀₀), ergibt, zeigt Bild 14. Dabei beträgt die Vorspannkraft $1{,}5 \cdot 10^4$ N und die Drehzahl 6 Hz ≙21600 U/h. Die Störstellen wandern ausgehend von den Kanalauslaufgebieten über weite Bereiche des Umfangs. Nach ca. 250 Mill. Umdrehungen haben sich Riffeln mit nahezu konstanter Wellenlänge über den Großteil des Umfangs ausgebreitet. Die zugehörigen Normalkraftschwankungen am linken Schmitzring zeigt Bild 15. Hier sieht man bis ca. 100 Mill. Umdrehungen nur die Kraftschwankungen infolge der Kanalüberrollungen. Nach 150 Mill. Umdrehungen sieht man erste höherfrequente Überlagerungen, die von ersten Oberflächenstörungen infolge von Materialabtrag herrühren. Diese höherfrequenten Störungen nehmen bis 250 Mill. Umdrehungen überproprotional zu und erreichen nach 250 Mill. Umdrehungen schon fast die Größe der

Kraftschwankungen, die sich direkt bei der Kanalüberrollung ergeben.

Rechnungen mit unterschiedlichen Drehzahlen ergeben, daß die Frequenz der sich ausbildenden hochfrequenten Oberflächenstörungen konstant bleibt. Das bedeutet, mit steigender Drehzahl wird der Riffelabstand größer. Der Schlupf hat hierbei keinen Einfluß auf die Riffelfrequenz aber sehr großen Einfluß auf die Intensität mit der sich die hochfrequenten Oberflächenstörungen ausbilden. D.h. bei Schlupf $\nu = 0$ gibt es keinen Materialabtrag und je größer der Schlupf, desto mehr Material wird abgeschabt.

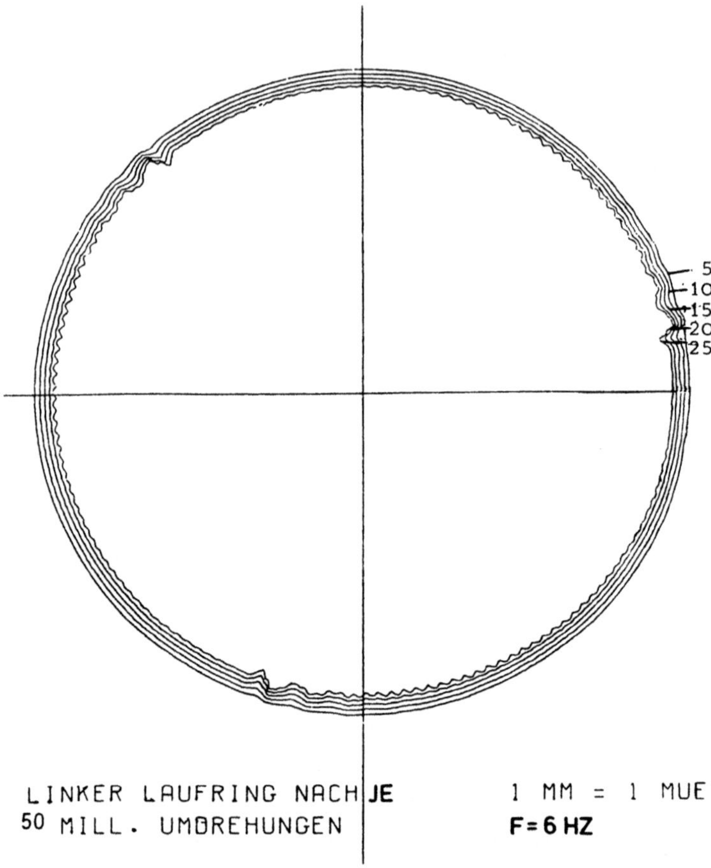

Bild 14: Qualitatives Verschleißprofil bei einem Schlupf von ν_x = 0,5 ‰

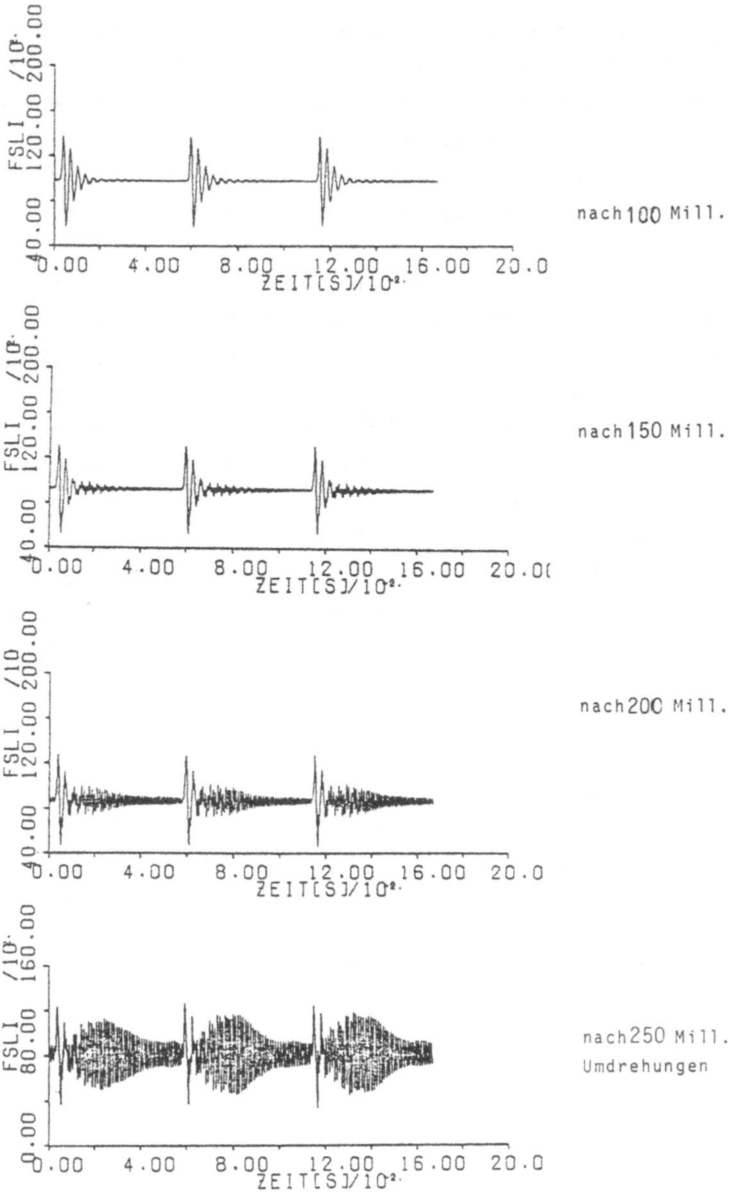

Bild 15: Zeitverläufe der linken Laufringkraft

Je niedriger die Normalkraft an den Laufringen ist, desto ungünstiger wird die Tangentialbeanspruchung im Kanalauslauf und desto schneller bilden sich erste Störstellen aus, die dann über den ganzen Umfang wandern. Bei ausreichender Normalkraft ist zwar der kontinuierliche Verschleiß über dem Umfang größer, die Oberflächenstörungen bilden sich jedoch langsamer aus.

Wie aus Bild 15 ersichtlich ist, baut sich infolge des Abriebs die ursprünglich eingestellte Vorspannkraft ab. Aufgrund dessen sinkt auch die ursprüngliche Normalkraft an den Laufringen ab. Hat man nach 100 Mill. Umdrehungen noch etwa 10^4 N am linken Laufring, so liegt die Laufringkraft nach 250 Mill. Umdrehungen nur noch bei ca. $8 \cdot 10^3$ N. Das bedeutet, die anfangs richtig eingestellte Laufringnormalkraft wird immer niedriger und man kommt in den Bereich ungünstiger Tangentialbeanspruchung. Diesem Umstand begegnet man nun in der Praxis dadurch, daß in gewissen Abständen die Vorspannkraft wieder neu eingestellt wird.

Die Entwicklung des Verschleißprofils bei exzentrischen Laufringen zeigt Bild 16. Hier weist das linke Laufringpaar zusätzlich zu dem konstanten Schlupf von $\nu_x = 0{,}5$ °/₀₀, der aus den Durchmesserabweichungen resultiert, periodische Schlupfschwankungen auf die von den in Gegenphase vorliegenden Exzentrizitäten herrühren. Das bedeutet, es gibt Bereiche hohen Schlupfs, wo sich der konst. Schlupf und der Anteil, der von den Exzentrizitäten stammt, addiert und Bereiche niedrigen Schlupfs, wo sich die beiden Anteile gegenseitig aufheben. Das führt dazu, daß es auf den Laufringen Zonen mit stark ausgeprägten Oberflächenstörungen gibt und, daß es Bereiche gibt, wo nahezu kein Verschleiß auftritt (siehe Abb. 16).

Die angenommenen Exzentrizitäten von 50 µ liegen weit außerhalb der Toleranzen und wurden so hoch gewählt, um den Einfluß der Exzentrizitäten auf den Schlupf und somit auf den Verschleiß deutlich hervorzuheben. Die Vorspannkraft beträgt bei Bild 16 12.000 N und die Drehzahl f = 10 Hz ≙ 36.000 U/h.

Bild 17 zeigt die am Talyrond aufgezeichnete Oberfläche eines verschlissenen Laufrings. Man sieht, daß die theoretische ermittelte Wellenlänge der Riffeln relativ gut mit der am Talyrond gemessenen übereinstimmt. Ebenso findet man am Talyrond Bereiche, wo nahezu keine Oberflächenstörungen vorliegen.

Man muß bei diesem Vergleich natürlich berücksichtigen, daß man bei der Rechnung am Anfang eine ideale, glatte Oberfläche hat, während in der Praxis der Laufring von der Bearbeitung her schon ein Oberflächenprofil aufweist, das allerdings innerhalb bestimmter Toleranzen liegen muß.

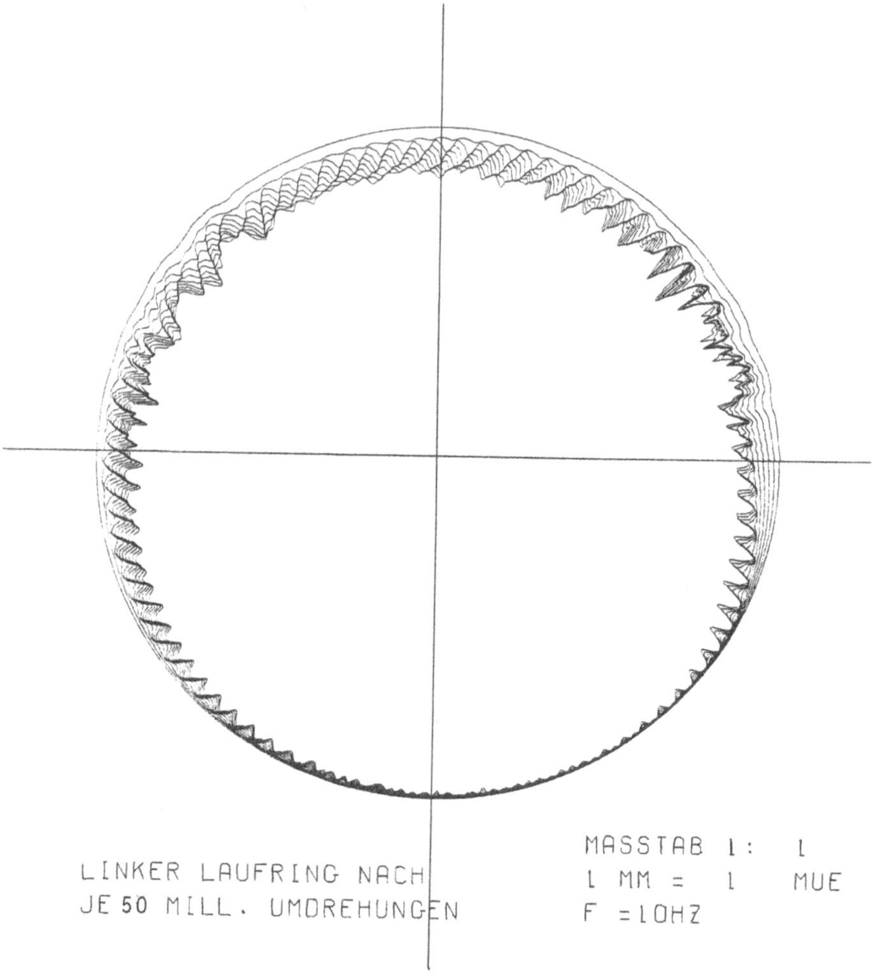

<u>Bild 16:</u> Qualitatives Verschleißprofil bei exzentrischen Laufringen

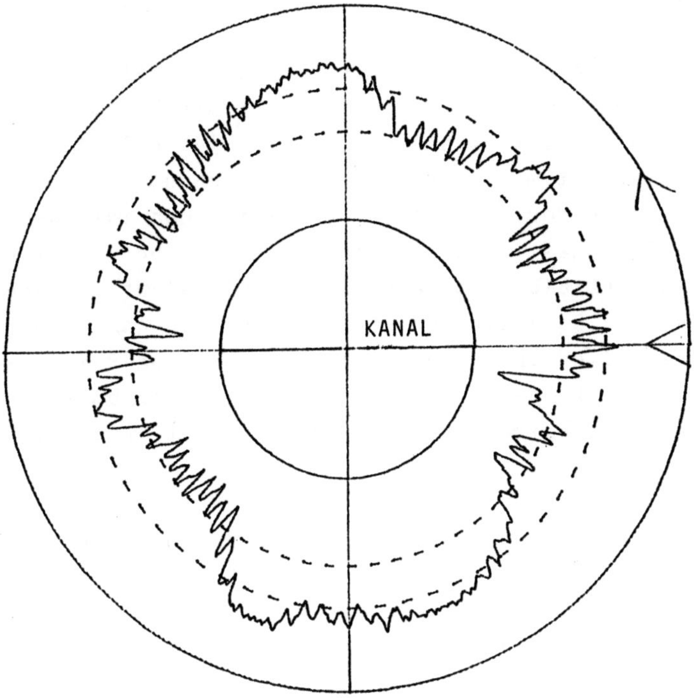

1CM = 10.000 MUE

Bild 17: Rundheitsdiagramm eines Laufrings

6. Diskussion der theoretischen Ergebnisse

Eine der einflußreichsten Größen im Hinblick auf das Verschleißverhalten von Laufringen ist die Vorspannkraft der Laufringe in einem Druckwerk.

Seit man aufgrund der theoretischen Betrachtungen in diesem Vorhaben den Stellenwert der Vorspannkraft erkannt hat, wird streng auf die Einstellung der errechneten optimalen Vorspannkräfte geachtet. Denn je niedriger die Normalkraft an den Laufringen ist, desto ungünstiger gestaltet sich in tribologischer Hinsicht die Tangentialbeanspruchung im Kanalauslauf. So breiten sich z.B. erste Störstellen über den ganzen Umfang schneller aus, während bei ausreichender Vorspannkraft zwar der kontinuierliche Verschleiß am Umfang größer ist, die Ausbreitung der Störstellen aber langsamer voranschreitet.

Mit zunehmendem Schlupf zwischen den Laufringen steigt die Riffelintensität stark an. Das bedeutet, man hat bei den Laufringdurchmessern auf enge Toleranzen zu achten, um möglichst kleine Schlupfwerte zu erhalten.

Da die Riffelfrequenz den theoretischen Untersuchungen zufolge unabhängig vom Schlupf und von der Drehzahl ist und sich somit für jede Drehzahl eine andere Wellenlänge einstellt, ist es in bezug auf den Laufringverschleiß günstig, die Maschinendrehzahl in bestimmten Grenzen zu variieren, so daß sich nicht mehr eine eindeutige Riffelwellenlänge ausbilden kann.

Wie theoretische Untersuchungen zeigen, führt eine Variation der Drehzahl dazu, daß sich sogar bereits vorhandene Oberflächenstörungen zum Teil wieder verschleifen.

Anhand von Wälzprüfstandsversuchen an Rad- und Schienewerkstoffen fand KRAUSE [16] , daß der den vorliegenden Untersuchungen zugrunde liegende Proportionalansatz zwischen Reibarbeit und Verschleiß in weiten Bereichen relativ gut zutrifft. Allerdings gibt es in Abhängigkeit von dem Verhältnis von Reibleistung zu Kontaktfläche einen sprunghaften Übergang in den Abtragraten vom sogenannten "milden" zum "heftigen Verschleiß".

Dabei spricht KRAUSE vom "milden Verschleiß", solange sich der Verschleiß in der sich bildenden Oxydschicht abspielt. "Heftiger Verschleiß" liegt demnach dann vor, wenn der Verschleiß in den Grundwerkstoff vordringt, da aufgrund von höheren Gleitgeschwindigkeiten die Neubildung der Oxydschichten nicht mehr mit dem Abtrag der Oxydschichten Schritt hält und aufgrund erhöhter Oberflächentemperatur die Festigkeit des Werkstoffs gemindert wird.

Einen derartigen Sprung bei den Abtragraten fand auch schon BEAGLEY [17] bei Wälzprüfstandsversuchen.

7. Messungen an der Versuchsmaschine

An einer Versuchsmaschine wurden Messungen der Eigenfrequenzen und Eigenformen sowie der Biegeschwingungen der Druckwalzen während des Druckbetriebes durchgeführt.

Bei der experimentellen Ermittlung des Eigenverhaltens mittels Beschleunigungsaufnehmer wurden verschiedene Betriebszustände wie Laufringkontakt, kein Laufringkontakt und Druckwalze mit und ohne aufgespanntem Gummituch bei Maschinenstillstand untersucht. Die Ergebnisse zeigten gute Übereinstimmung mit dem für die einzelnen

Fälle theoretisch ermittelten Eigenverhalten.

Zur experimentellen Ermittlung der Biegedynamik wurden in Druckwalzenmitte je 2 um 90° versetzte DMS aufgeklebt, deren den Durchbiegungen der Druckwalzen proportionale Signale über Schleifringe einem Rechner zugeführt wurden. Die Signale von DMS1 (gegenüber Kanal) und DMS2 (90° versetzt) wurden vektoriell addiert und das Summensignal aufgezeichnet.

Bild 18 zeigt z.B. die Biegeschwingungen einer Druckwalze im Maschinenbetrieb. Dabei wurde die Drehzahl von 10.000 U/h bis 30.000 U/h variiert.

Man erkennt, daß sowohl die Biegeschwingungen, die bei der direkten Kanalüberrollung erregt werden als auch die Biegeschwingungen, die auf der Reaktion von Kanalüberrollungen benachbarter Zylinder beruhen und zwischen die direkten Kanalüberrollungen fallen, nach etwa 90° Zylinderdrehung abgeklungen sind.

Es zeigt sich, daß die berechneten Kraftschwankungen an den Laufringen, die zu den Durchbiegungen proportional sind, sowohl im Abklingverhalten als auch in ihrer Frequenz mit den Messungen recht gut übereinstimmen, wie sich z.B. auch aus einem Vergleich mit Bild 5 ersehen läßt, das theoretisch ermittelte Kraftschwankungen darstellt.

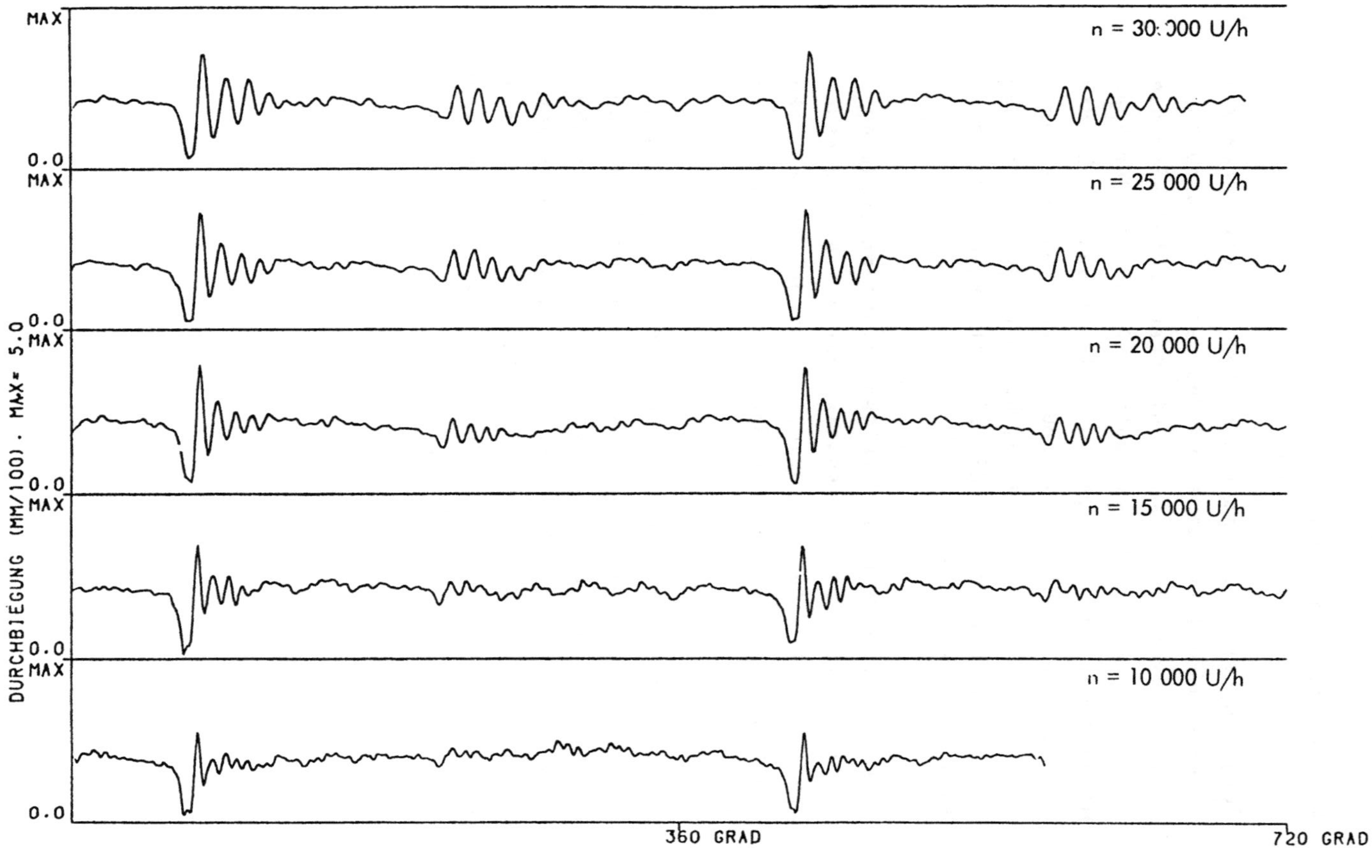

Bild 18: Im Druckbetrieb gemessene Biegeschwingungen

8. Konstruktive Änderung

Aufgrund der theoretischen Ergebnisse der Dynamik einer Druckwalzengruppe und des damit verbundenen Verschleißverhaltens von Laufringen erwies sich die vor Beginn des Vorhabens übliche Anordnung der Spannmechanismen für das Gummituch als ungünstig. Da die Spannspindeln bei der ursprünglichen Konstruktion durch die Laufringe ragten, waren an den Laufringen große Bohrungen nötig, die bis nahe an die Oberflächen heranreichten.

Da die theoretisch ermittelten optimalen Vorspannkräfte für den Laufringkontakt Hertz'sche Flächenpressungen bis ca. 500 N/mm^2 erbringen, änderte man die Lage von Laufring und Spannspindellagerung (siehe Bild 19).

Aufgrund der nun innerhalb der Schmitzringe angeordneten Spannmechanismen entfallen die großen Bohrungen und man beugt somit etwaigen Materialausbrüchen vor, die sich an den durch die Bohrungen geschwächten Stellen bei den relativ hohen Flächenpressungen einstellen könnten. Zudem wandern aufgrund der konstruktiven Änderungen die Laufringe weiter nach außen, was den theoretischen Ergebnissen zufolge einen zusätzlichen Vorteil bringt.

alte Konstruktion (Spannmechanismen außerhalb der Schmitzringe)

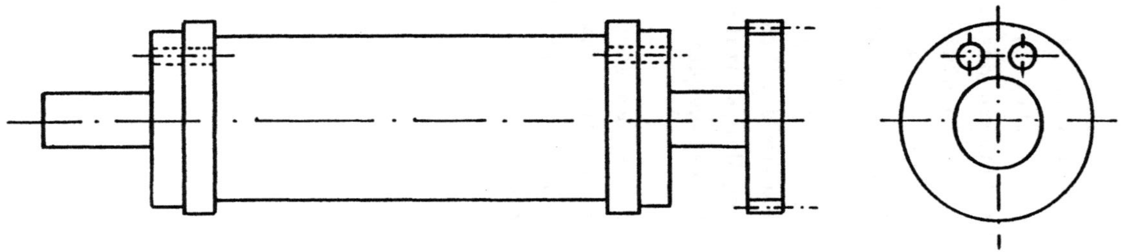

neue Konstruktion (Spannmechanismen innerhalb der Schmitzringe)

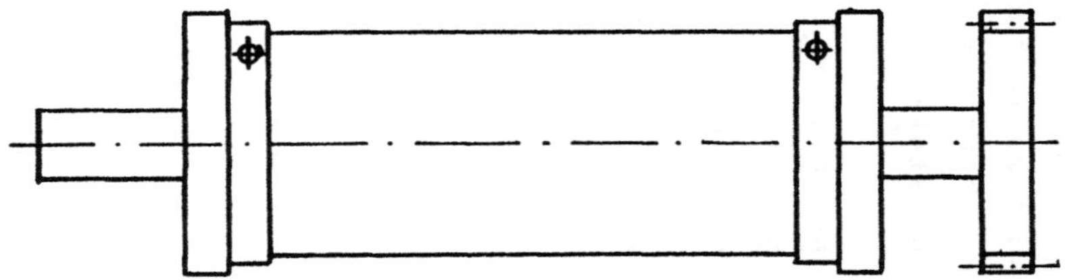

Bild 19: Alte und neue Anordnung der Spannmechanismen für das Gummituch

9. Volkswirtschaftlicher Nutzen des Vorhabens

Auf Grund der in diesem Vorhaben nach tribologischen Gesichtspunkten durchgeführten theoretischen und experimentellen Untersuchungen und dem Einfließen der daraus resultierenden Ergebnisse in die Praxis konnte das bis zum Beginn des Vorhabens relativ häufige Austauschen von verriffelten Laufringen in Rollenoffset-Maschinen erheblich reduziert werden. Durch die Kostenersparnis, vor allem aber durch die Reduzierung der für einen Austausch zwangsläufig notwendigen Stillstandszeiten der Druckanlagen konnte für die Erhaltung der Rentabilität der Druckindustrie ein Beitrag geleistet werden.

Durch die konsequente Umsetzung der aus dem Vorhaben gewonnenen theoretischen Erkenntnisse in die Praxis wie z.B. der verkoppelten Biege- und Torsionsdynamik und der theoretischen Ermittlung qualitativer Verschleißprofile, ist es auch durch optimale Ausnutzung des Werkstoffes gelungen, den Verschleiß zu reduzieren und dadurch hochwertige Werkstoffe einzusparen.

10. Schrifttum

[1] H. HERTZ — Über die Berührung fester elastischer Körper, Ges. Werke, Bd. I, Leipzig 1885

[2] H. FROMM — Berechnung des Schlupfes beim Rollen deformierbarer Scheiben, Zeitschrift für angewandte Mathematik und Mechanik, Bd. 7 1927

[3] L. FÖPPL — Die strenge Lösung für die rollende Reibung, Leibnitz Verlag München, 1947

[4] G. HEINRICH — Zu L. FÖPPL's Theorie der rollenden Reibung, Wien 1948

[5] A.E.H. LOVE — A treatise on the mathematical theory of elasticity, 4. Aufl. Cambridge 1952

[6] J.J. KALKER — On the rolling contact of two elastic bodies in the presence of dry friction, Diss. Delft 1967

[7] J.J. KALKER — A fast algorithm for the simplified theory of rolling contact, Department of Mathematics, Delft University of Technology, Februar 1980

[8] S. PINEGIN, M. KOROVCINSKIJ J. SEVELEV — Effekt der gleichzeitigen Wirkung von Normal- und Tangentialspannungen am Wälzkontakt, Schmier.-Techn., 6 (1975) 9, S. 261 - 267 7S, 6B, 2T

[9] J. JÖRG — Über den Rollvorgang in einem Walzenpaar und die Kraftübertragung auf eine durchlaufende Stoffbahn, Dissertation, München 1979

[10] G. HEINRICH, K. DESOYER — Rollreibung mit axialem Schub, Ingenieur Archiv. Bd. XXXVI, 1967, Seite 48 - 72

[11] H. BUGARCIC — Einfluß der Feuchtigkeit auf mech.-chem. Vorgänge bei Reibungsbeanspruchung.., Diss. Aachen 1964

[12] H. KRAUSE, S. JANAS — Die Kraftschlußproblematik bei Wälzreibungssystemen, VDI-Bericht, Reihe 5, Nr. 36 Juli 1978

[13] K. KENDAL — Rolling friction and adhesion between smooth solids, WEAR, 33 (1975) 2, S. 351 - 358, 8S, 713, 9Q

[14] A. ENGL, H. STEINBORN — Grundlagen zur theoretischen Beschreibung des Kraftschlusses beim rollenden Kontakt von Laufringen, ILR Mitteilungen 80, 1981 TU Berlin, Institut für Luft- und Raumfahrt

[15] K. KNOTHE — Vereinfachte Kalkertheorie, ILR-Mitt. 41, 1977 TU Berlin, Institut für Luft- und Raumfahrt

[16] H. KRAUSE, G. POLL — Verschleiß und plastische Verformung von Rad- und Schienenlaufflächen, Vorstudie, Bericht 8211, 1982

[17] T.M. BEAGLEY Severe wear of rolling/ sliding contacts, wear, 36 (1976) S. 317 - 335

Dichtwirkung von Radial-Wellendichtringen

von

Dipl.-Ing. Gerhard Ott
Prof. Dr.-Ing. H.K. Müller

Institut für Maschinenelemente und Gestaltungslehre

UNI STUTTGART

Universität Stuttgart

Förderkennzeichen: 01 ZT 178
01 ZT 111 A

Laufzeit: 01.01.1979 - 31.03.1983

Zusammenfassung

Ziel der Arbeit war die Erweiterung des Verständnisses für die Vorgänge im Dichtspaltbereich von Radial-Wellendichtringen, die das Reibverhalten und die Dichtwirkung beeinflussen.
In experimentellen Untersuchungen wurde durch Variation von Drehzahl, Sumpftemperatur, Ölsorte, Schwingungen der Wellenoberfläche, Ölstand, Radialkraft und Spaltgeometrie in das tribologische System Dichtring-Öl-Welle eingegriffen.
Die Antwort des Systems drückte sich aus in den Messwerten Reibmoment und Leckage.
Zur Durchführung der Versuche diente ein speziell entwickelter Prüfstand, bei dem die Messwerterfassung sowie die Steuerung der Versuchsläufe mit Hilfe eines Prozessrechners erfolgen.

Die experimentellen Untersuchungen zeigten, daß das Reibverhalten von Radial-Wellendichtringen hydrodynamischen Gesetzmässigkeiten folgt, wobei je nach Betriebsbedingungen unterschiedliche Schmierungszustände zwischen Dichtlippe und Welle auftreten, die sich durch die hydrodynamische Kennzahl G ($= \eta \cdot \omega / p_m$) charakterisieren lassen.
Bei hohen G-Werten ($G > 10^{-6}$) sind die Gleitflächen vollständig durch einen elasto-hydrodynamisch erzeugten Schmierfilm getrennt, wobei aufgrund der kleinen Schmierfilmhöhen (extreme Dünnfilmschmierung) sehr große Reibungszahlen auftreten. Zu niedrigeren G-Werten hin schließt sich das Gebiet der Mischreibung an, in dem bei $G \approx 2 \cdot 10^{-7}$ ein Reibungsminimum auftritt.

In Funktionsuntersuchungen zum dynamischen Leckageverhalten bestätigte sich der massgebliche Einfluss von radialen Wellenschwingungen, wobei bei genau rundlaufender Welle keine Leckage auftrat.
Zur Erzeugung von reproduzierbaren und genau definierten Schwingungsbewegungen der Wellenoberfläche wurden neben kreisförmig exzentrischen Wellen auch Wellen mit harmonischen Polygon-Profilquerschnitten verwendet. Mit ihnen lassen sich ähnliche Schwingungsformen simulieren wie sie z.B. bei Kurbelwellenabdichtungen von Mehrzylinder-Kolbenmaschinen auftreten, wo die Schwingfrequenz ein mehrfaches der Drehfrequenz ist.

Bei Verwendung von Polygonwellen zeigten die Radial-Wellendichtringe ein eigenartiges Leckageverhalten: während bei niedrigen Drehzahlen eine verhältnismässig große Leckage auftrat, ging sie im oberen Drehzahlbereich, trotz Schwingungsamplituden von 0,4 mm, teilweise bis auf Null zurück. Ein ähnliches Leckageverhalten wurde auch bei starren Dichtungen mit offenem Dichtspalt und einer dem Radial-Wellendichtring entsprechenden Spaltrandgeometrie beobachtet.
Diese Ergebnisse legten den Schluß nahe, daß in beiden Fällen ähnliche Strömungsvorgänge im Dichtspaltbereich das Dichtwerden bewirken.

In weiterführenden Versuchen mit offenen Spaltdichtungen zeigte sich, daß sekundäre Wirbelströmungen im Dichtspaltbereich den Leckageverlauf maßgeblich beeinflussen. Eine schraubenförmige Strömung der Randwirbel weist an der Stelle des Dichtspaltes eine nach innen zur Ölseite gerichtete Geschwindigkeitskomponente auf. Dadurch bewirkt die spaltnahe Ölströmung einen Saugeffekt ("Strahlpumpen-Effekt"), der bei (teil-) überfluteter Welle ab einer bestimmten Drehzahl dem auf den Dichtspalt wirkenden hydrostatischen Öldruck das Gleichgewicht hält.

Die Ergebnisse vermitteln dem bisher stagnierenden Verständnis für den Dichtmechanismus neue Impulse, indem sie die Dichtwirkung dynamisch erklären. Gleichzeitig weisen sie auf die Gefahr hin, daß Radial-Wellendichtringe in bestimmten Drehzahlbereichen,trotz überfluteter Welle, wegen der Saugwirkung der Ölwirbel unter Schmierstoffmangel leiden können.
Da überflutete Dichtstellen aufgrund der Wirbelbildung ein prinzipiell anderes Leckageverhalten zeigen als bespritzte Dichtstellen, ist zu überlegen, ob der bisher ausschließlich angewandte Prüfmodus mit überfluteter Welle immer praxisnahe Ergebnisse liefern kann.

Inhaltsverzeichnis

Bezeichnungen

b	Berührbreite
d	Wellendurchmesser
E	Exzentrizität
F_R	Radialkraft
G	Hydrodynamische Kennzahl $= \eta \cdot \omega / p_m$
g	Erdbeschleunigung
H	Verhältniszahl $= h_w/d$
h	Spalthöhe
h_f	Ölstand, bezogen auf den tiefsten Spaltquerschnitt $= h_w + d/2$
h_m	mittlere Spalthöhe
h_w	Ölstand, bezogen auf Wellenmitte
h_0	minimale Spalthöhe
k	k-Wert (Eckenzahl des Wellenprofils)
$\dot{m}$	Leckrate
M_r	Reibmoment
n	Drehzahl
n_d	Dichtheitsdrehzahl
P_r	Reibleistung
p	Druck
p_{dyn}	dynamischer Druck, erzeugt durch die Wirbelströmung
p_{kap}	Kapillardruck
p_m	mittlere Pressung zwischen Dichtlippe und Welle $= F_R / \pi \cdot d \cdot b$
p_{stat}	hydrostatischer Öldruck
Re_h	auf die Spalthöhe bezogene Reynoldszahl $= \omega \cdot d \cdot h \cdot \varrho / 2 \cdot \eta$
Re_d	auf den Wellendurchmesser bez. Rey.zahl $= \omega \cdot d^2 \cdot \varrho / 2 \cdot \eta$
α	ölseitiger Dichtlippenwinkel
β	luftseitiger Dichtlippenwinkel
η	dynamische Viskosität
ϑ	Sumpftemperatur
$\varkappa$	Exponent
μ	Reibungszahl (= Reibkraft/Radialkraft)
ϱ	Dichte
σ	Kapillarkonstante, Oberflächenspannung
ϕ	Proportionalitätsfaktor
φ	Benetzungswinkel
ω	Winkelgeschwindigkeit

1. Problemstellung

Radial-Wellendichtringe (Bild 1), kurz RWDR genannt, sind aufgrund ihrer kompakten Bauform, ihres geringen Raumbedarfs und ihrer niedrigen Kosten das für die drucklose Abdichtung rotierender Wellen am häufigsten verwendete Maschinenelement.
Die erreichte Leistungsfähigkeit und Zuverlässigkeit ist erstaunlich, denn das physikalische Verständnis für die Wirkungsweise der RWDR ist recht lückenhaft.

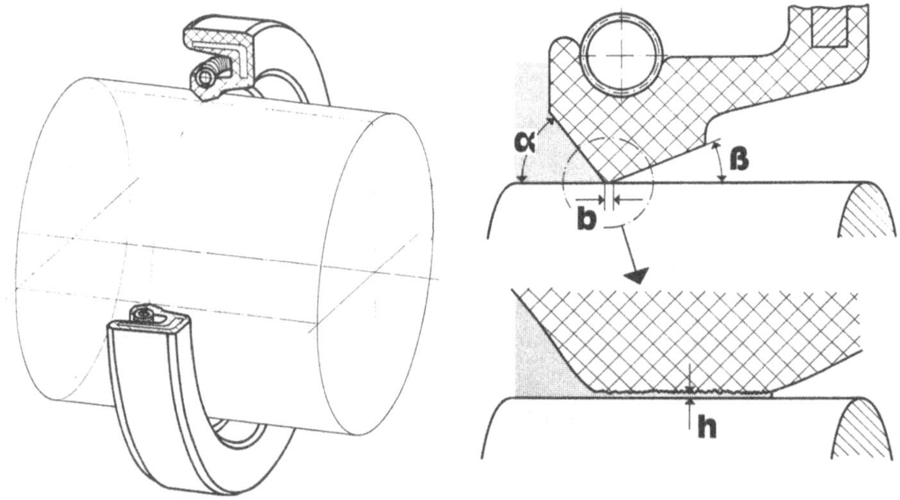

Bild 1 Radial-Wellendichtring - Dichtlippe - Dichtspalt

Dies erscheint angesichts der großen Zahl von Einflußfaktoren (Deuring /1/ nennt etwa 60 Grössen) nicht verwunderlich. Es ist nahezu unmöglich, sie versuchstechnisch oder theoretisch in ihrer Gesamtheit zu berücksichtigen.
Trotz vielfältiger Anstrengungen entstand eine Kluft zwischen dem weitgehenden "Beherrschen des RWDR" in der Praxis einerseits und dem nur bruchstückhaften Wissen über das "Warum" andererseits. Am deutlichsten zeigt sich dies anhand der elementarsten Funktion des RWDR, der Dichtwirkung. Zu den hier wirkenden Mechanismen liegen bisher nur vage Erklärungsversuche vor, deren

Stichhaltigkeit nicht nachgewiesen werden konnte.
Wesentlich mehr weiß man über die Art der Schmierfilmbildung zwischen Dichtlippe und Welle, jedoch gibt es auch auf diesem Gebiet keine allgemein anerkannte Erklärung.

Zwar wird seit Jaggers fundamentalen Untersuchungen (/2/,/3/) allgemein anerkannt, daß in bestimmten Betriebszuständen ein geschlossener Ölfilm zwischen Dichtlippe und Welle vorhanden ist, und Hirano, Ishiwata und Kambayashi zeigten in /4/, daß dem Reibverhalten bei höheren Gleitgeschwindigkeiten hydrodynamische Gesetzmäßigkeiten zugrunde liegen und zwischen der Reibungszahl μ und der aus der Gleitlagertechnik bekannten hydrodynamischen Kennzahl G ($=\eta \cdot \omega / p_m$) ein Zusammenhang der Form

$$\mu = \phi \cdot G^{\varkappa} \qquad (1)$$

besteht. Auch vermutete Jagger bereits in /3/, daß Öl infolge von Kapillarwirkung und unterstützt durch Vibrationen der Welle zwischen die Spaltoberflächen gelangt. Damit dieses Öl bei rotierender Welle einen tragfähigen Schmierfilm bilden kann, müssen in Schlepprichtung konvergente Spaltbereiche vorhanden sein. Über die Entstehung solcher Spaltformen gibt es jedoch unterschiedliche Auffassungen (/5/, /6/, /7/, /8/).

Mit der Frage nach dem Dichtmechanismus hat sich als erster Jagger beschäftigt. Als Ursache für das Phänomen, daß der Schmierfilm im Dichtspalt gehalten wird und nicht nach der Luftseite hin ausläuft, vermutete er 1957 in /2/ Oberflächenspannungen, durch die am luftseitigen Dichtspaltende eine meniskusförmige Öl-Luft-Trennfläche gebildet wird.
Seither ist es trotz großer Anstrengungen nicht gelungen, diese These zu beweisen. Angesichts der sich immer weiter von den realen Bedingungen am RWDR entfernenden, fast trickreich zu nennenden Erklärungsversuche (/9/, /10/) entsteht der Eindruck, daß die "Meniskus-Theorie" eine Sackgasse darstellt.

In der vorliegenden Arbeit werden deshalb Anregungen weiter verfolgt, die auf eine dynamische Begründung des Dichtmechanismus hindeuten. So beobachteten sowohl Müller als auch Johnston (Diskussion zu /10/) bei normalen RWDR (ohne Drall) eine Saugwirkung und Otto /11/ berichtet von Versuchen mit berührungslosen Spaltdichtungen, die trotz Überflutung drehzahlabhängig dicht waren.

2. Versuchseinrichtungen

2.1 RWDR-Prüfstand

Der Aufbau des speziell entwickelten Prüfstandes ist aus den Bildern 2 und 3 ersichtlich. Ein stufenlos regelbarer Gleichstrom-Nebenschlussmotor (1) treibt über Zahnriemen (4) die Hauptwelle (6) an, an deren Ende die Versuchswelle (16) aufgesetzt ist.
Die Lagereinheit (5) steckt in einem massiven Lagerbock (7) in dem drei Säulenführungen (25) mit Hilfe von Spannelementen (24) befestigt sind. Auf diesen Säulenführungen läßt sich die Testkammer (19) achsial verschieben, so daß die Laufspur des zu untersuchenden RWDR (18) auf einen beliebigen Querschnitt der Versuchswelle eingestellt werden kann. Ein weiterer RWDR (17) dient zur lagerseitigen Abdichtung der Testkammer.
Die Temperatur des Ölsumpfes wird mittels einer elektrischen Heizung, sowie einer Wasser-Kühlschlange reguliert. Um Wärmenester zu vermeiden wälzt ein Quirl (9) das Öl um.
Der zu untersuchende RWDR (18) sitzt mitsamt seinem Trägerring (15) im Lagerring (14) einer Luftlager-Einheit (13). Rotiert die Welle (16), so wird infolge der Reibkraft zwischen Welle und Dichtlippe ein Drehmoment auf den beweglichen Teil des Luftlagers übertragen. Dieses Moment entspricht dem Reibmoment des Dichtringes und wird durch Abstützung auf einem mit Dehnungs-Meßstreifen bestückten Biegebalken gemessen.
Durch den Überdruck im Luftlager wird gleichzeitig verhindert, daß Öl durch die Lagerspalte hindurch nach aussen gelangt. Somit konnten berührende Sekundärdichtungen, die die Reibmoment-Messung verfälschen könnten, entfallen.

2.2 Messwerterfassung und Steuerung

Die Messwerterfassung, sowie die Steuerung der Versuchsläufe erfolgen mit Hilfe eines Prozessrechners, der über einen IEEE-488 Schnittstellen-Bus mit den Meß- und Steuergeräten verbunden ist. Der schematische Aufbau der Meßwerterfassungsanlage, sowie der Regel- und Steuereinrichtungen ist in Bild 4 dargestellt.

Bild 2 Längsschnitt durch den RWDR-Prüfstand

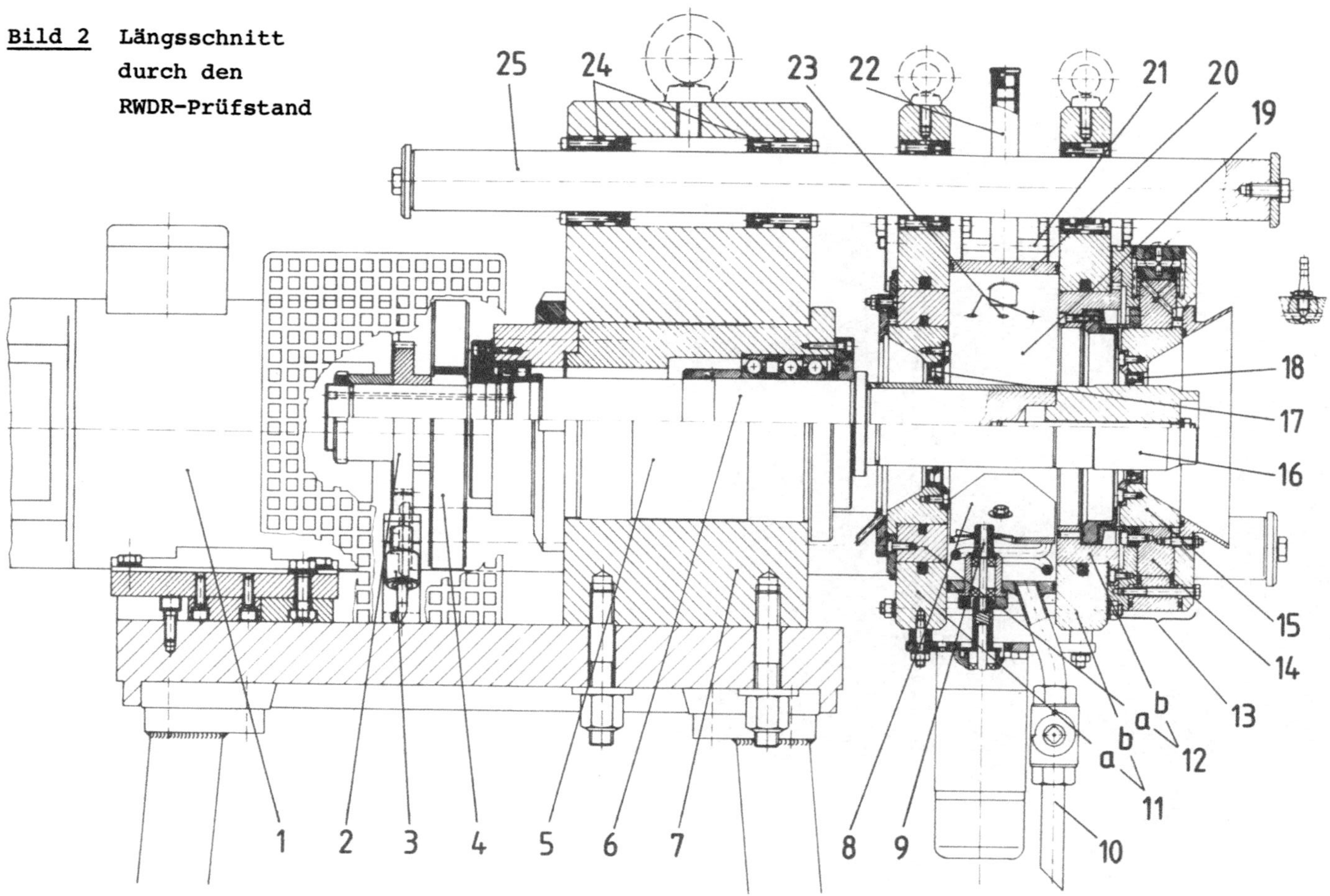

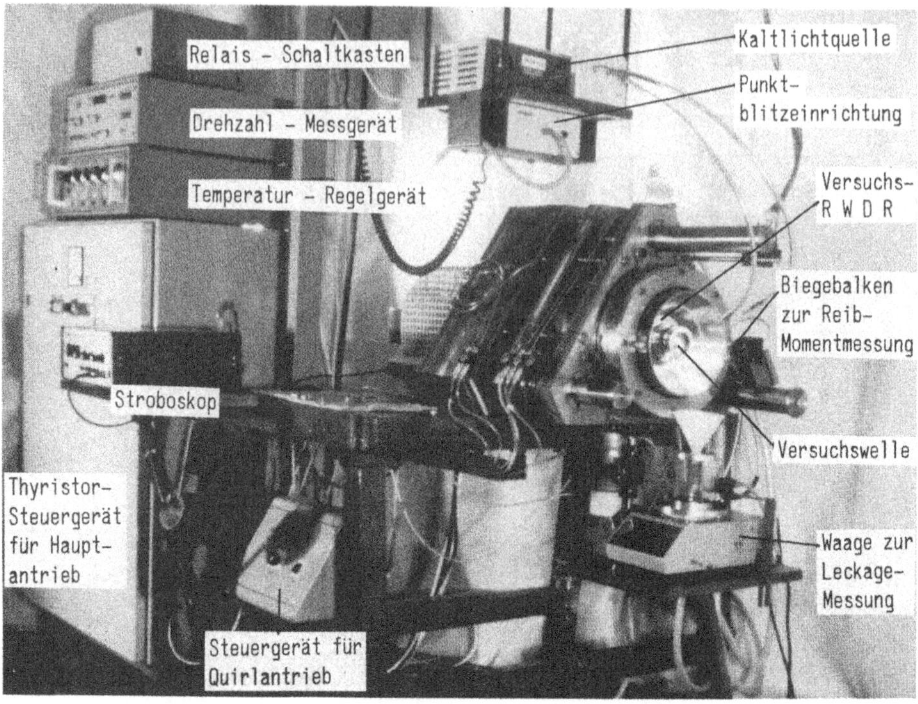

Bild 3 Prüfstand für Radial-Wellendichtringe

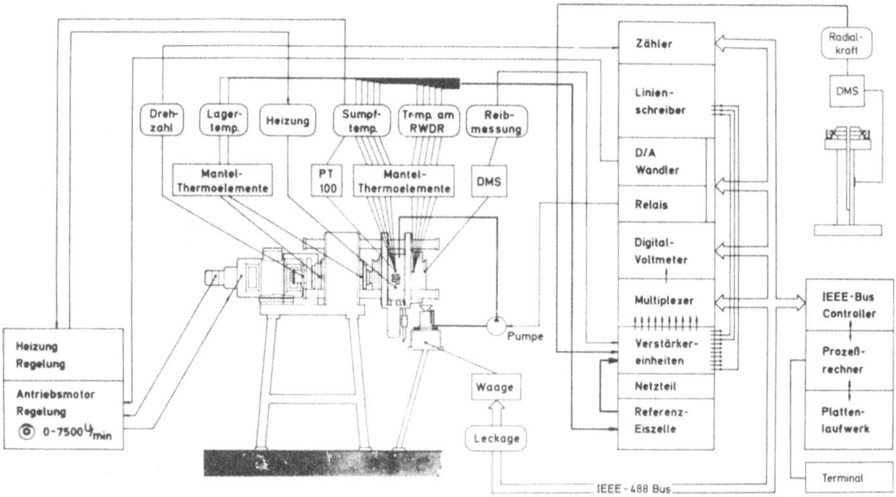

Bild 4 Schematischer Aufbau der Messwerterfassungsanlage sowie der Regel- und Steuerungseinrichtungen

3. Untersuchte Dichtungen

3.1 RWDR

Bei den untersuchten RWDR handelte es sich um Standard-RWDR ohne Schutzlippe für 68 mm Nenn- (Wellen-)durchmesser.
Zur Kennzeichnung der RWDR dient folgender Code: RWDR AB-CDE
Hierbei bedeuten: A Werkstoff: 1 = NBR, 4 =FPM
B Drallform: 0 = ohne Drall, 3 = Wechseldrall
CDE Hersteller-, Ident-Nummer

Die Radialkraft der RWDR, unter der die Summe aller radialen Kraftkomponenten zu verstehen ist, mit denen die Dichtlippe auf der Welle aufliegt, wurde auf einem Zweibacken-Radiameter (Bild 4) gemessen. Die Veränderung der Radialkraft unter Betriebsbedingungen, bei denen im allgemeinen höhere Temperaturen auftreten, wurde durch Messungen im Wärmeschrank abgeschätzt. Unterschiedliche Radialkräfte eines RWDR wurden durch Verwendung verschiedener Spiralzugfedern erzeugt.
Zur Messung der Berührbreite wurde der RWDR auf einen Plexiglas-Dorn mit Nenndurchmesser aufgesteckt und die Berührbreite mit Hilfe eines unter 45 Grad geneigten Spiegels im Innern des durchsichtigen Dorns mit einem Messmikroskop bestimmt.
Vor Beginn der Untersuchungen wurden die RWDR im erwärmten Öl gealtert und im Prüfstand eingelaufen. Durch diese Vorbehandlung wurden die bei neuen Ringen stark ausgeprägten Relaxations- und Quellvorgänge des Elastomers vorweggenommen, so daß während der Untersuchungen von nahezu gleichbleibenden Eigenschaften der RWDR ausgegangen werden konnte.

3.2 Starre Spaltdichtungen

Neben den gummielastischen Berührungsdichtungen (RWDR) wurden Versuche mit starren Dichtringen durchgeführt, die als berührungslose Dichtungen einen offenen, definierten Spalt mit der Welle bildeten. Um die Strömungsvorgänge im Dichtspaltbereich visuell beobachten zu können, wurden diese Ringe aus Plexiglas gefertigt. Zu ihrer Kennzeichnung dient der Code PXα/β Hh_0 Dd, wobei α/β die öl- bzw. luftseitigen Winkel, h_0 die minimale Spalthöhe in µm und d den Wellendurchmesser in mm darstellen.
Fehlt die Bezeichnung Dd, so gilt d = 68 mm (Standard-Wellendurchmesser).

4. Sonstige Einflußgrößen

Drehzahl: Mit den vorhandenen Riemenübersetzungen war die Drehzahl der Versuchswelle im Bereich zwischen 10 und 7500 U/min einstellbar, wobei die Motordrehzahl zwischen 25 und 3000 U/min variiert werden konnte.

Sumpftemperatur: Der Prüfstand ist für Temperaturen bis 140°C ausgelegt. Während der Versuche wurde die Sumpftemperatur mit Hilfe der eingebauten Heizung bzw. Kühlung konstant gehalten.

Öl, Viskosität: Als Versuchsöle dienten die ASTM-Öle Nr. 2 und Nr. 3 (ASTM: American Standard for Testing Materials). Ihr Viskositäts-Temperatur-Verhalten ist in Bild 5 dargestellt. Aufgrund fehlender Additive zeigen sie bei Temperaturerhöhung einen stärkeren Viskositätsabfall als legierte Öle und decken daher einen größeren Viskositätsbereich ab.

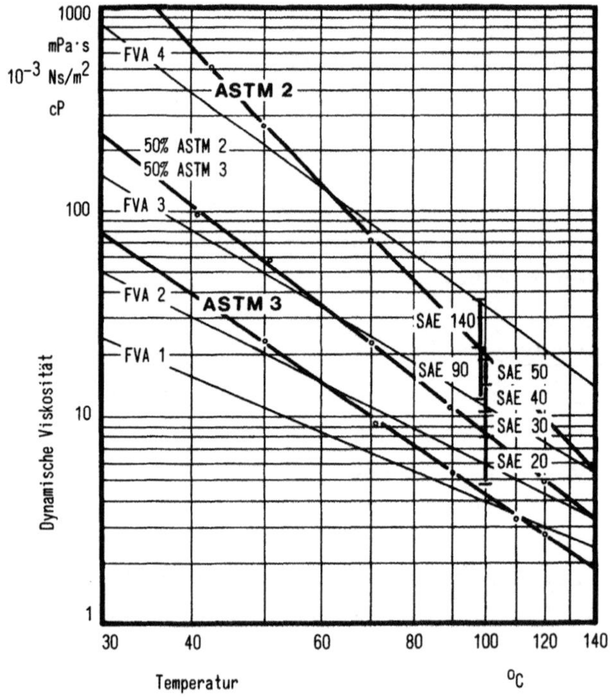

Bild 5
Viskositäts-Temperatur-Verhalten der Versuchsöle

Wellenschwingungen: Die in der Praxis vorkommenden, oft sehr komplizierten Radialschwingungen der Wellenoberfläche, die z.B. bei der Kurbelwellenabdichtung von Mehrzylinder-Kolbenmaschinen mit mehrfacher Drehfrequenz der Welle auftreten, wurden mit verschiedenartigen Wellenprofilen vereinfacht nachgeahmt.
Die verwendeten Wellenprofile sind in Bild 6 dargestellt.
Neben der zentrischen PO und der exzentrischen Kreisprofilwelle P1 wurden die Polygonprofile P2, P3 und P4 eingesetzt, deren Umfangslinien die Gestalt von Hypotrochoiden mit derselben Länge wie der PO-Kreisumfang aufweisen. Damit lassen sich reproduzierbare, definierte Radialschwingungen der Wellenoberfläche erzeugen, die z.B. bei der P3-Welle mit der 3-fachen Drehfrequenz der Welle erfolgen.

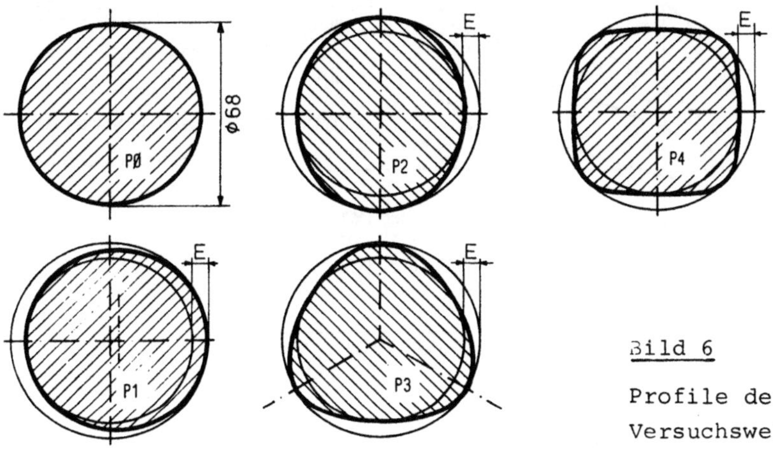

Bild 6

Profile der Versuchswellen

Wellendurchmesser: Für Versuche mit RWDR wurden ausschließlich Wellen mit 68 mm Nenndurchmesser verwendet. Darüber hinaus standen für Versuche mit berühungslosen Spaltdichtungen auch Wellen mit 51, 34 und 24 mm Durchmesser zur Verfügung.

Ölstand: Als Ölstand wird die Höhe des Ölspiegels in der Testkammer relativ zur Rotationsachse der Versuchswelle bezeichnet. Damit überhaupt Öl am Dichtspalt ansteht, sollte der Ölstand in Abhängigkeit vom Durchmesser der jeweiligen Versuchswelle nicht unter-d/2 abgesenkt werden. Konstruktiv bedingt ist der maximale Ölstand, der bei +85 mm liegt.

5. Reibverhalten von RWDR

Aus der Literatur ist bekannt, daß bei RWDR je nach den Betriebsbedingungen unterschiedliche Schmierungszustände zwischen Dichtlippe und Welle auftreten können. Die Schmierungszustände sind am Verlauf der Reibmoment-Drehzahl Kurve (Bild 7) erkennbar und lassen sich durch die hydrodynamische Kennzahl G ($=\eta \cdot \omega / p_m$) charakterisieren.

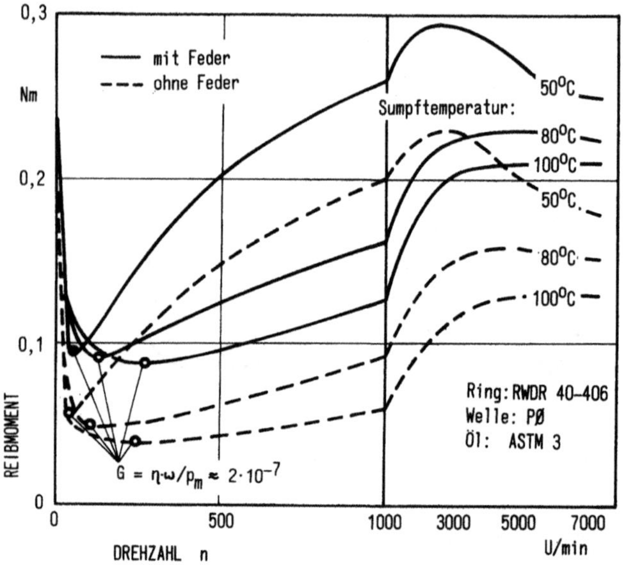

Bild 7

Drehzahlabhängiges Reibmoment bei verschiedenen Sumpftemperaturen und Radialkräften

Zum Anfahren der Welle muß die relativ große Haftreibung überwunden werden. Danach, bei Gleitreibung, fällt das Reibmoment stark ab. Bei weiterer Drehzahlerhöhung baut sich ein hydrodynamischer Schmierfilm im Schmierspalt auf, der die Reibflächen trennt und damit die Gleitreibung durch Newton'sche Flüssigkeitsreibung ablöst. Dies führt bis $G \approx 2 \cdot 10^{-7}$ zu einem Abfall des Reibmomentes, während bei weiterer Drehzahlerhöhung die wachsenden Scherkräfte innerhalb des Flüssigkeitsfilmes das Reibmoment wieder ansteigen lassen.

Über die Entstehung von in Schlepprichtung konvergenten Spaltbereichen, die zur hydrodynamischen Schmierfilmbildung nötig sind, gibt es in der Literatur über RWDR unterschiedliche Auffassungen.

Eine Gruppe von Autoren (z.B. /5/, /6/) führt konvergente Spaltformen auf Radialschwingungen der Wellenoberfläche zurück, denen die Dichtlippe wegen ihres viskoelastischen Verhaltens nur phasenverschoben folgen könne, während andere (z.B /7/, /8/) die Schmierfilmbildung im wesentlichen auf die durch Auswaschung von Füllstoff entstandene Rauheit der Dichtlippen-Lauffläche zurückführen, der sie die Wirkung von elastischen Mikro-Gleitschuhen zuschreiben.

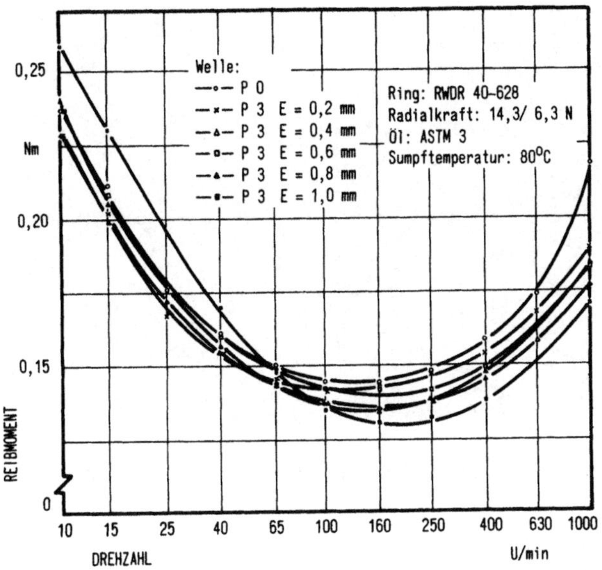

Bild 8
Einfluß des Wellenprofils auf das Reibungsminimum in Abhängigkeit von der Drehzahl

Der gemessene Verlauf des Reibmomentes im unteren Drehzahlbereich bei unterschiedlich exzentrischen Wellen (Bild 8) zeigt aber, daß Unrundheit und Schwingungen der Welle keinen signifikanten Einfluß auf die Schmierfilmbildung haben, da sonst das "Aufschwimmen" des RWDR und damit auch das Reibungsminimum bei stärker unrunden Wellen zu kleineren Drehzahlen verschoben sein müßte. Dies bestätigt die Auffassung, daß hauptsächlich Oberflächenstrukturen kleinerer Ordnung die Schmierfilmbildung begünstigen, wobei in erster Linie die durch Verschleiß gebildete Laufspur-Topographie der Elastomer-Dichtlippe (Bild 9) in Frage kommt. Ihre quer zur Gleitrichtung orientierte Welligkeit bewirkt einen elastohydrodynamischen Gleitlagereffekt, wobei die deformierten Elastomerwellen Mikro-Schmierkeile bilden.

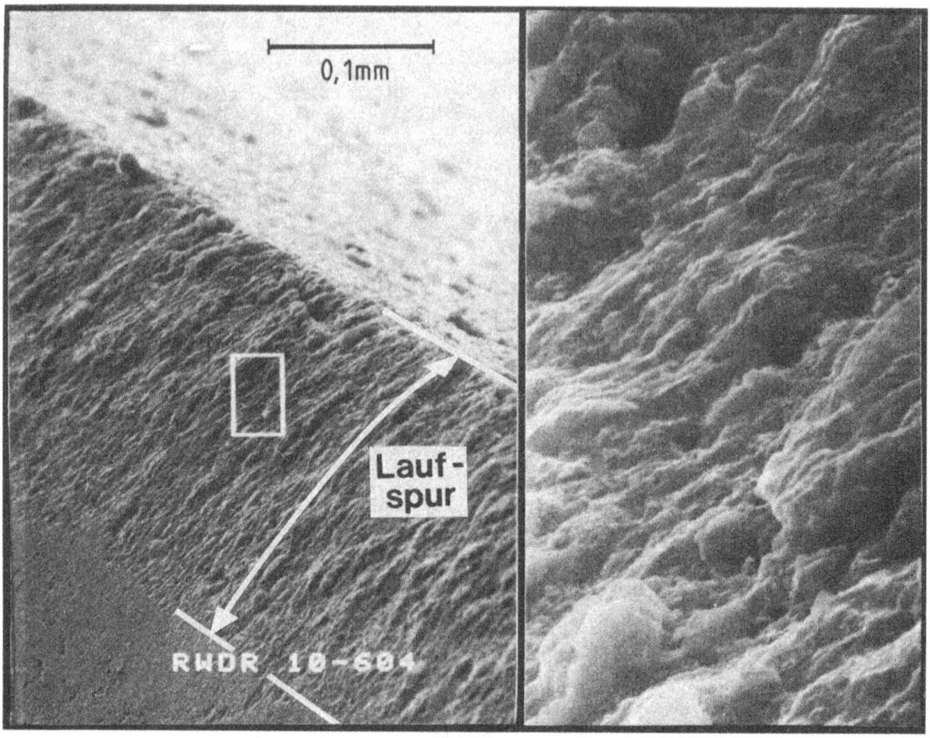

Bild 9 Laufspur eines eingelaufenen RWDR (REM-Aufnahme)

Bild 10 zeigt in normierter Darstellung die μ-G-Kurven aus einer Vielzahl von Versuchen. Auch hier liegt das Reibungsminimum, bei Reibungszahlen zwischen 0,25 und 0,35, im Bereich $G \approx 2 \cdot 10^{-7}$. Zu größeren G-Werten hin schließt sich ab $G \approx 10^{-6}$ ein Gebiet an, in dem das Reibverhalten hydrodynamischen Gesetzmäßigkeiten folgt und durch eine Gleichung der Form $\mu = \phi \cdot G^{*}$ beschrieben werden kann. Es ist anzunehmen, daß in diesem Gebiet keine Festkörperberührung zwischen RWDR und Welle mehr stattfindet. Die Radialkraft wird vollständig durch das Tragvermögen der welligen Laufspur-Topographie abgestützt, wobei sich die mittlere Spalthöhe so einstellt, daß Gleichgewicht zwischen Radialkraft und hydrodynamischer Tragkraft besteht. Aufgrund der sehr kleinen, im Mikrometerbereich liegenden Spalthöhen (extreme Dünnfilmschmierung) können dabei, trotz hydrodynamischer Vollschmierung Reibungszahlen auftreten, die teilweise größer als 1 sind.

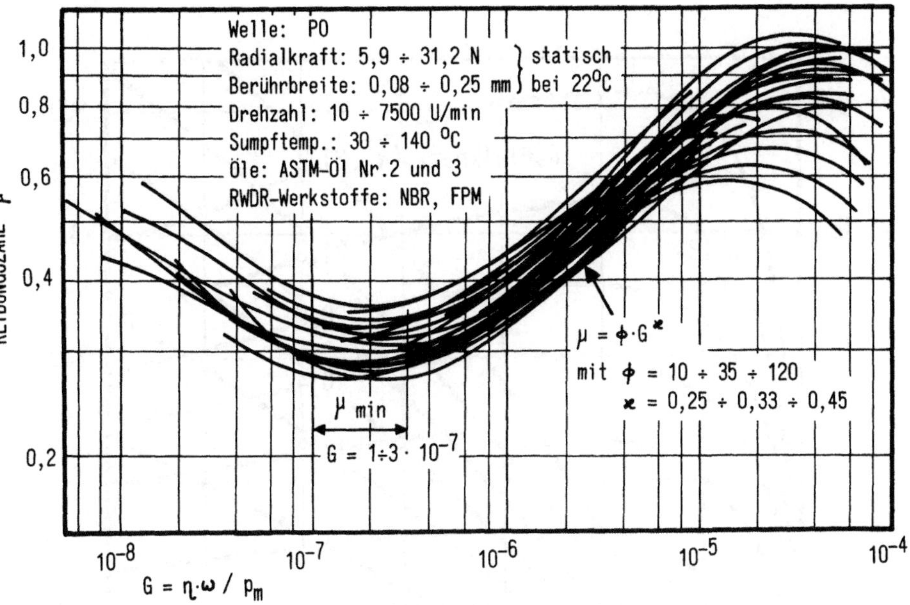

Bild 10 Verlauf der Reibungszahl in Abhängigkeit von der hydrodynamischen Kennzahl G (aus 45 Versuchsläufen mit PO-Profil)

Bild 11 zeigt den Einfluss der Radialkraft auf Reibmoment und Reibleistung in Abhängigkeit von der Drehzahl im Gebiet hydrodynamischer Vollschmierung. Im unteren Drehzahlbereich bis etwa 1000 U/min weisen die Reibmomentkurven annähernd den Verlauf von zur Drehzahlachse hin geöffneten Parabeln auf, während sie im oberen Drehzahlbereich zunehmend hinter dem extrapolierten Parabelverlauf zurückbleiben. Sie erreichen zwischen 2000 (bei großer Radialkraft) und 3000 U/min (bei kleiner Radialkraft) einen Hochpunkt und fallen danach umso stärker ab, je größer die Radialkraft ist. Dieser Abfall des Reibmomentes ist auf den Einfluß der in Wärme umgewandelten Reibleistung zurückzuführen, die im oberen Drehzahlbereich je nach Radialkraft 100 Watt weit übersteigt. Durch die hohe spezifische Reibleistung im Dichtspalt (100-300 W/cm^2 !) wird der Schmierfilm sowie die gesamte Dichtlippe stark aufgeheizt, wodurch Radialkraft und Viskosität abfallen.

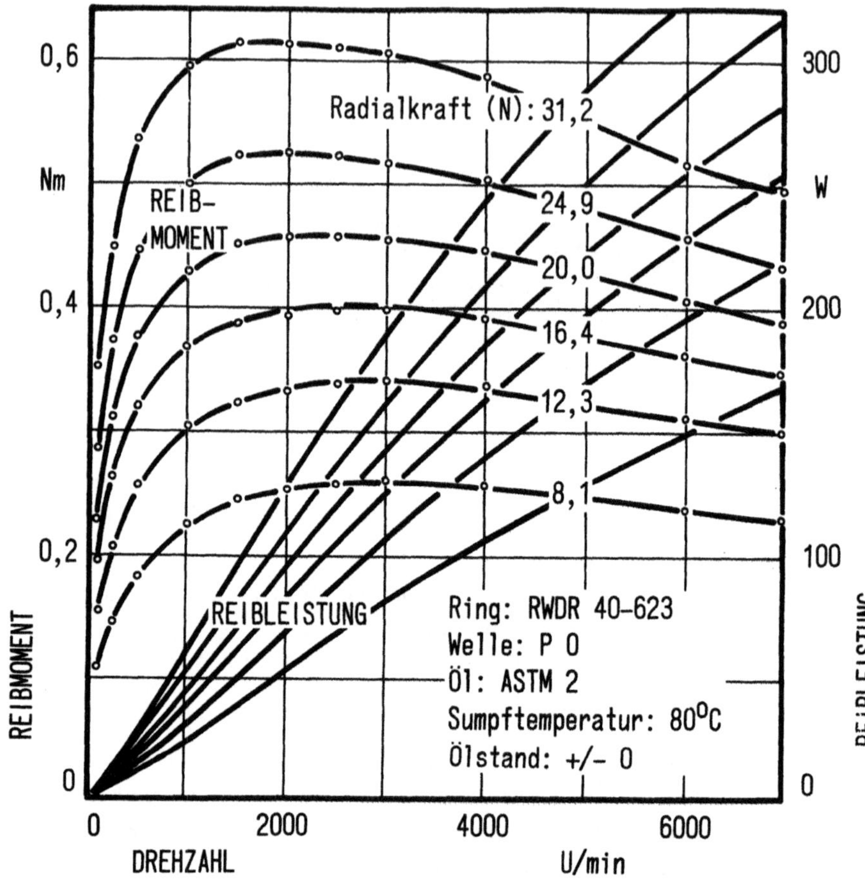

Bild 11 Reibmoment und Reibleistung in Abhängigkeit von der Drehzahl bei verschiedenen Radialkräften

Das Reibmoment fällt bei höheren Drehzahlen um so stärker ab, je niedriger die Sumpftemperatur ist (Bild 7), da sich bei niedrigen Sumpftemperaturen entsprechend höhere Übertemperaturen im Schmierspalt einstellen.
Eine normierte Darstellung der Reibmoment-Drehzahl-Kurven von Bild 11 zeigt Bild 12. Bei der Normierung wurde der Abfall der Schmierfilm-Viskosität und der Radialkraft unter den Betriebsbedingungen nicht berücksichtigt, da zum einen die genaue Mes-

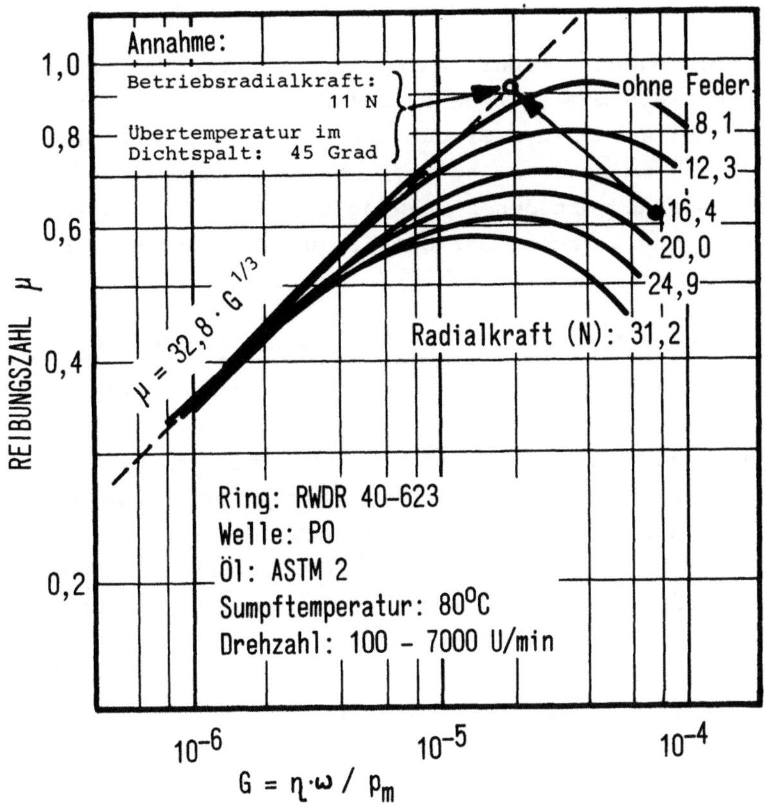

Bild 12 Reibungszahl in Abhängigkeit von der hydrodynamsichen Kennzahl G bei verschiedenen Radialkräften (normierte Darstellung der Reibmomentkurven in Bild 11)

sung der Schmierfilmtemperatur bei der Vielzahl von Einzelversuchen zu aufwendig war und zum anderen keine Möglichkeit zur Bestimmung der Radialkraft unter den Versuchsbedingungen bestand. Es ist anzunehmen, daß die sich fächerförmig aufspaltende μ-G-Kurvenschar bei Berücksichtigung des Radialkraft- und Viskositätsabfalls dem ansteigenden Verlauf $\mu=32{,}8 \cdot G^{1/3}$ näher kommen würde. Beispielsweise wurde auch noch der Endpunkt der Reibungskurve (für 16,4 N Radialkraft bei 7000 U/min) diesem Verlauf entsprechen, falls ein Radialkraftabfall auf 11 N, und ein Anstieg der Schmierspalttemperatur auf 125°C angenommen wird.

6. Leckageverhalten von RWDR

In der vorliegenden Arbeit wurde insbesondere das Leckageverhalten von RWDR bei starken Radialschwingungen der Welle untersucht. Dabei wurden dynamische Exzentrizitäten (Rundlaufabweichungen) bis 1 mm berücksichtigt, wobei Wellenprofile (Bild 6) angewendet wurden, mit denen Schwingfrequenzen der Wellenoberfläche bis zum 4-fachen der Drehfrequenz erreicht werden konnten.

6.1 Einfluß von Wellenprofil, Exzentrizität und Radialkraft

Die geprüften Standard-RWDR zeigten während der Funktionsuntersuchungen ein sehr gutes Abdichtungsverhalten. Erst bei extremen Wellenunrundheiten ($E \geq 0{,}8$ mm) trat bei einigen Dichtringen, insbesondere bei RWDR aus härteren Elastomeren, Leckage auf.
In diesem Zusammenhang sollte beachtet werden, daß die von den Herstellern und der Normung (DIN 3761-Entwurf) geduldeten Rundlauftoleranzen für NBR- und FPM-Ringe je nach Wellendrehzahl zwischen $E = 0{,}1$ und $0{,}35$ mm liegen.
Die heute gebräuchlichen RWDR weisen also bei der Abdichtung radial schwingender Wellen große Sicherheitsreserven auf. Diese Aussage ist allerdings in Verbindung mit den speziellen Versuchsbedingungen zu sehen, wonach die RWDR zwar gealtert waren und Verschleiß aufwiesen, aber ansonsten unter optimalen Bedingungen (sauberes Öl, keine Ablagerungen, kein Trockenlauf, kein Überdruck im Ölraum, geringer Verschleiß) liefen.
Insofern beziehen sich die festgestellten Sicherheitsreserven auf die konstruktiven Eigenschaften und dynamischen Möglichkeiten die der RWDR in das tribologische System RWDR-Öl-Welle einbringt.

Das Leckageverhalten, das die untersuchten Standard-RWDR bei extremen Wellenunrundheiten zeigten, war sehr eigenartig: Im unteren Drehzahlbereich stieg die Leckrate mit der Drehzahl an, erreichte aber zwischen 500 und 1500 U/min einen Hochpunkt und fiel bei weiterer Drehzahlerhöhung wieder, teilweise bis auf Null ab. Der überraschende Leckageabfall konnte mit den herkömmlichen Vorstellungen über den Dichtmechanismus nicht erklärt werden. Wie in Kap. 1 ausgeführt, wurde die Leckage bisher in einen engen Zusammenhang mit der Schmierspalthöhe gebracht, wo-

bei jedoch der postulierte Meniskus nur Spalthöhen im Mikrometerbereich hätte abdichten können. Im Rahmen dieser Vorstellungen ist eine Verringerung der Leckrate bei steigender Drehzahl und Schwingfrequenz unerklärlich.
Bei Veränderung der Radialkraft (Bild 13) bleibt dieser für stark unrunde Wellen anscheinend charakteristische Leckageverlauf erhalten, wobei im undichten Bereich allgemein die Leckage bei kleiner Radialkraft größer ist.

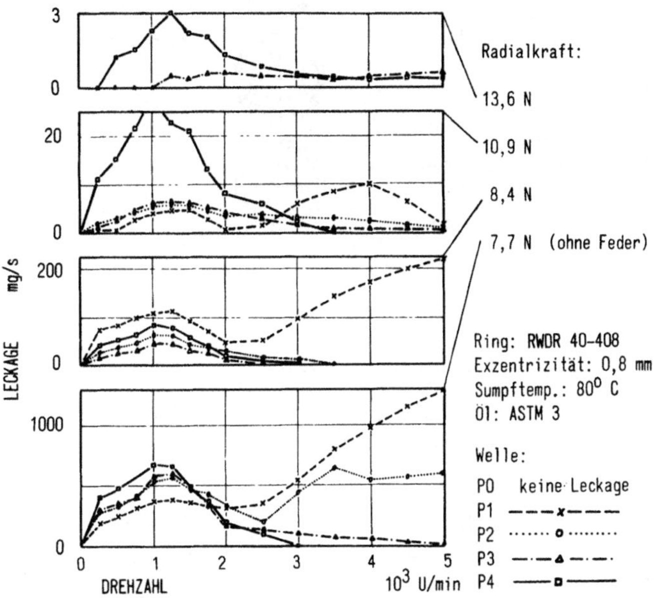

Bild 13

Einfluß der Radialkraft auf die drehzahlabhängige Leckage bei verschiedenen Wellenprofilen

Der Leckageverlauf bei minimaler Radialkraft (Elastomerdichtlippe ohne Feder) ist in Bild 14 vergrößert dargestellt. Deutlich erkennbar ist das bei allen exzentrischen Wellen P1 ... P4 auftretende Leckagemaximum bei etwa 1200 U/min, wobei Profile mit größerer "Eckenzahl" eine größere Leckage verursachen. Bei höheren Drehzahlen kehrt sich dieser Sachverhalt um und während zunächst bei der P1- und später bei der P2-Welle die Leckage erneut ansteigt, wird bei der P4- und danach bei der P3-Welle nahezu Dichtheit erreicht.
Die Exzentrizität übt einen starken Einfluß auf die maximal auftretende Leckage aus. Bei P3-Profilen war bei Exzentrizitäten

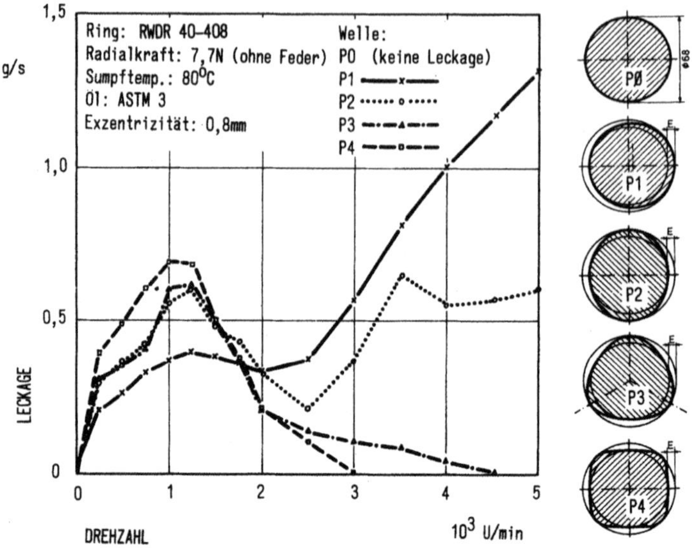

Bild 14
Einfluß des Wellenprofils auf die Leckage in Abhängigkeit von der Drehzahl

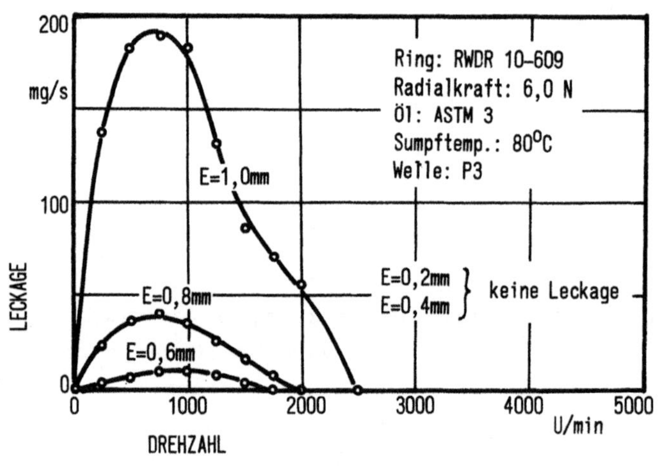

Bild 15
Leckage in Abhängigkeit von der Drehzahl bei verschiedenen Exzentrizitäten

E = 0,2 und 0,4 mm keine Leckage vorhanden. Ab E = 0,6 mm jedoch stieg das Leckagemaximum ungefähr mit der 6-ten Potenz der Exzentrizität an. Die Drehzahl, bei der das Leckagemaximum auftritt, blieb indessen unabhängig von der Exzentrizität konstant bei etwa 800 U/min.

6.2 Einfluß der Dichtlippengeometrie

Eine radikale Änderung der geometrischen Verhältnisse im Dichtspaltbereich kann durch einen verkehrten Einbau des RWDR erreicht werden. Im vorliegenden Fall (Bild 16) zeigt dann der steile, für die Ölseite gedachte Dichtlippenwinkel ($\alpha = 63^{\circ}$) zur Luftseite, während der kleinere Winkel ($\beta = 20^{\circ}$) auf der Ölseite liegt.

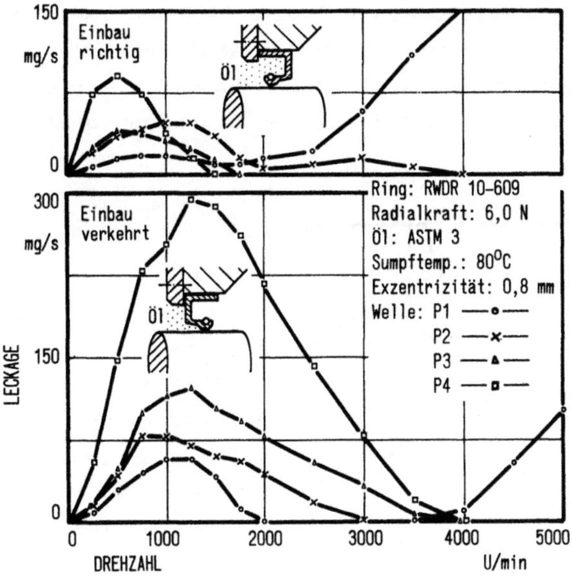

Bild 16
Einfluß der Dichtlippenwinkel auf den drehzahlabhängigen Leckageverlauf bei verschiedenen Wellenprofilen

Im Vergleich zum "richtig" eingebauten RWDR ergeben sich im unteren Drehzahlbereich größere Leckagen, eine Verschiebung der Leckage-Maxima zu höheren Drehzahlen, ein späteres Dichtwerden bei den Profilen P3 und P4, sowie ein nicht so ausgeprägter und zu höheren Drehzahlen verschobener Wiederanstieg der Leckage beim P1-Profil.

Die größeren Leckagen sowie das verspätete Dichtwerden könnten in Pumpeffekten begründet sein, die durch das Pulsieren des Raumes zwischen Dichtlippe und schwingender Welle hervorgerufen werden.

Trotzdem zeigt sich, auch bei den stark veränderten geometrischen Verhältnissen im Dichtspaltbereich, das charakteristische, bisher nicht erklärbare, Leckageverhalten.

Für die Versuche standen RWDR zur Verfügung, die bei identischer Geometrie und Werkstoffmischung sowohl ohne als auch mit hydrodynamischen Dichthilfen (Wechseldrall) ausgestattet waren. Somit konnten Vergleichsmessungen durchgeführt werden.

Wie Bild 17 zeigt, haben Drallelemente bei extremen Radialschwingungen der Wellenoberfläche offensichtlich keinen signifikanten Einfluß auf das Leckageverhalten.

Um rückfördernd wirkende Spaltformen bilden zu können, müssen Drallelemente in engem Kontakt mit der Welle sein. Bei den vorliegenden Radialschwingungen mit Amplituden von 0,4 mm scheint diese Voraussetzung aber in weiten Bereichen am Umfang nicht mehr zuzutreffen.

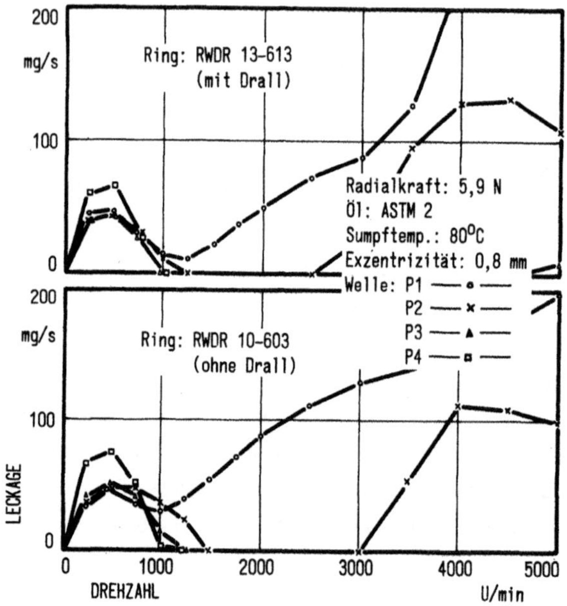

Bild 17
Einfluß von Drallelementen auf die Leckage bei verschiedenen Wellenprofilen in Abhängigkeit von der Drehzahl

6.3 Überlegungen zum Leckageverhalten von RWDR

RWDR zeigten in Verbindung mit radialen Wellenschwingungen ein eigenartiges und überraschendes Leckageverhalten: Sie weisen bei niedrigen Drehzahlen eine große Leckage auf, die jedoch im oberen Drehzahlbereich bei gleichbleibender Schwingungsamplitude teilweise bis auf Null zurückgeht. So kann der Fall eintreten, daß ein RWDR bei einer Drehzahl von 5000 U/min, einer Schwingungsamplitude von 0,5 mm und einer Schwinungsfrequenz der Wellenoberfläche von 250 Hz (P3-Profil) nahezu dicht ist, während er bei 800 U/min, gleicher Amplitude und 40 Hz eine große Leckage aufweist. Dieser charakteristische Leckageverlauf bleibt qualitativ auch bei Änderung der Spaltgeometrie, der Druckbeaufschlagung (hydrostatischer Druck), der Viskosität und sonstiger Temperatureinflüsse erhalten.

Eine schlüssige Erklärung des Leckageverhaltens im unteren Drehzahlbereich bereitet keine Schwierigkeiten: Aufgrund ihrer trägen Masse kann die Dichtlippe den radialen Schwingungsbewegungen der Wellenoberfläche nur phasenverschoben folgen. Übersteigt die Radialbeschleunigung der Wellenoberfläche im Verhältnis zur Radialkraft einen bestimmten Wert, so klafft zwischen Dichtkante und Welle zeitweilig ein Spalt und Lecköl kann ausströmen. Der Spalt, und damit die Leckage, ist umso größer, je kleiner die Radialkraft und je größer Amplitude und Frequenz der Wellenschwingungen sind.

Es blieb die Frage nach dem Mechanismus, der bei höheren Drehzahlen zu einem Abfallen der Leckage führt. Drei Erklärungsmodelle wurden erarbeitet und standen zur Diskussion:

a) Schwingungs-(Resonanz-)erscheinungen der Dichtlippe, die als zwangserregtes, gedämpftes Feder-Masse-System betrachtet werden kann, führen bei höheren Drehzahlen wieder zu einem Schließen des Spaltes.

b) Zugspannungen im dünnen Schmierfilm zwischen Dichtlippe und Welle, die bei hohen, radial nach innen gerichteteten Abreissbeschleunigungen der Wellenoberfläche nach dem Durchgang der Hochpunkte des Profils auftreten, üben örtlich zusätzliche

Radialkräfte auf die Dichtlippe aus und bewirken ein "Saughaften" der Dichtlippe an der Welle.

c) Sekundäre Ölströmungen im Dichtspaltbereich verhindern drehzahlabhängig das Austreten von Lecköl durch den sichelförmigen umlaufenden Spalt.

Erklärungen nach a) und b) setzen eine radiale Beweglichkeit der Dichtlippe voraus. Da Otto /11/ aber auch bei Stahlringen, die mit der Welle einen Spalt von 1/10 mm bildeten, trotz überfluteter Welle Drehzahlbereiche ohne Leckage feststellte, war es naheliegend, das eigenartige Leckageverhalten auf der Basis von sekundären Ölströmungen im Dichtspaltbereich zu erklären.

Die weiteren Ziele der Arbeit lauteten damit:

- Erfassung der Strömungsvorgänge im Dichtspaltbereich
- Erfassung des Leckageverhaltens von Dichtringen mit permanent offenem Spalt (in Abstraktion des dynamisch klaffenden Dichtspaltes bei radial schwingender Wellenoberfläche)
- Herstellen einer Beziehung zwischen den Strömungsvorgängen und dem drehzahlabhängigen Leckageverhalten.

7. Starre Dichtungen mit offenem Spalt

7.1 Leckage- und Reibungsverhalten

Das charakteristische Leckage- und Reibungsverhalten von starren Dichtringen mit offenem Spalt (Kap. 3.2), sowie die durch eine hohle Glaswelle an der tiefsten Spaltstelle radial von innen beobachtete Spaltströmung in Abhängigkeit von der Drehzahl werden exemplarisch anhand von Bild 18 besprochen:
Bei stehender Welle tritt große Leckage auf, die bei Drehzahlerhöhung erst leicht, später stärker abfällt und bei einer bestimmten Drehzahl, der "Dichtheitsdrehzahl" ganz verschwindet. Das Dichtwerden ist mit einem geringfügigem Abfall des Reibmomentes verbunden, das bis dahin annähernd linear angestiegen war. Dieser Abfall ist auf das Einschnüren des luftseitigen Ölfilmes zurückzuführen. Bei weiterer Drehzahlerhöhung steigt das Reibmoment wieder leicht an. Der luftseitige Ölfilm schnürt sich weiter ein während von der Ölseite her turbulente, verschäumte Ölströmungen immer weiter zur engsten Spaltstelle hin vordringen.

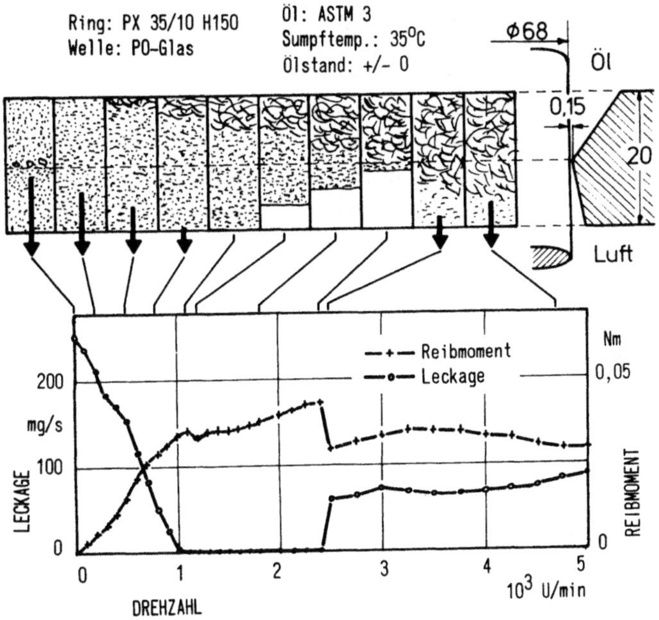

Bild 18
Leckage, Reibmoment und Spaltströmung beim starren Dichtring mit offenem Spalt in Abhängigkeit von der Drehzahl

Sobald die turbulenten Strömungen die engste Spaltstelle erreichten, durchbrechen sie den luftseitig noch vorhandenen schmalen, nicht verschäumten Ölfilm, worauf schlagartig wieder Leckage einsetzt. Aufgrund der verminderten Viskosität des verschäumten Öles, das nun den Spalt ausfüllt, fällt das Reibmoment stark ab und bleibt, ebenso wie die Leckage, bei weiterer Drehzahlerhöhung annähernd konstant.

Der durch Bild 18 beispielhaft veranschaulichte Vorgang war im allgemeinen sehr gut reproduzierbar. Lediglich die spezielle Drehzahl, bei der schlagartig wieder Leckage auftritt, zeigte bei wiederholten Versuchen erheblich verschiedene Werte. Dies ist offensichtlich auf den Umschlag der Strömungsart (laminar - turbulent) zurückzuführen, der je nach dem Ausmaß von Störungen, die z.B. durch Schwingungen der Welle hervorgerufen werden können, früher oder später erfolgt.

Erstaunlich und bis dahin nicht erklärt war aber der starke Abfall der Leckage im unteren Drehzahlbereich sowie die Existenz eines Drehzahlbereiches ohne Leckage. Um die hier wirkenden Mechanismen zu ergründen, wurde zunächst ihre Abhängigkeit von den Einflußgrößen Sumpftemperatur, Ölstand, Wellendurchmesser, Spalthöhe und Spaltgeometrie untersucht.

Es zeigte sich zunächst, daß eine Verminderung der Ölviskosität (Erhöhung der Sumpftemperatur) qualitativ den gleichen Einfluß auf die Dichtwirkung ausübt, wie ein erhöhter hydrostatischer Druck auf den Dichtspalt (Erhöhung des Ölstandes). In beiden Fällen stieg die Leckage an und die "Dichtheitsdrehzahl" wurde zu höheren Werten verschoben.

Anders reagierte das System auf die Veränderung des Wellendurchmessers. Bei niedrigen Drehzahlen und größeren Wellendurchmessern trat aufgrund des größeren Durchflußquerschnittes auch grössere Leckage auf. Bei Drehzahlerhöhung war aber der Leckageabfall umso ausgeprägter, je größer der Wellendurchmesser war, was dazu führte, daß bei Vergrößerung des Durchmessers die "Dichtheitsdrehzahl" kleiner wurde.

Erstaunlicherweise hat die Spalthöhe offenbar keinen Einfluß auf die "Dichtheitsdrehzahl" (Bild 19). Obwohl die Leckraten bei den verschiedenen Spalthöhen quantitativ sehr unterschiedlich waren, schneiden die bei gleichem Ölstand gemessenen Kurven die Dreh-

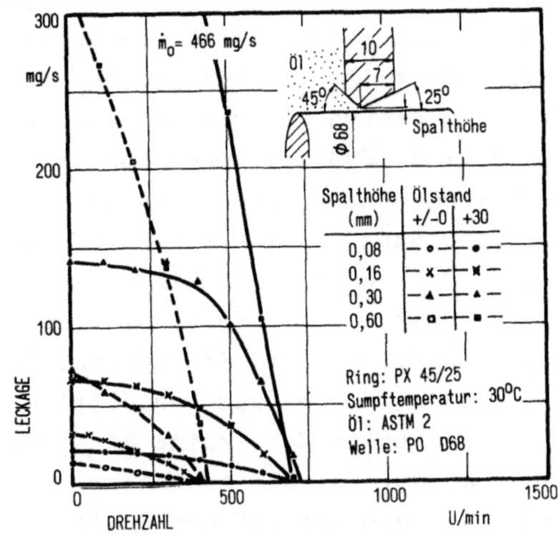

Bild 19

Leckage beim starren Dichtring mit offenem Spalt in Abhängigkeit von der Drehzahl

Parameter: Spalthöhe
Ölstand

zahl-Achse annähernd beim selben Wert. Bestimmte Spaltgeometrien zeigten in Verbindung mit einer radial schwingenden Welle auch Pumpeffekte, wie dies in Bild 20 für einen Spalt mit kleinem ölseitigem Winkel dargestellt ist. Der "atmende" Spalt zwischen Dichtring und Wellenoberfläche wirkt mit seinen Druck- und Saugphasen wie eine Pumpe, deren Förderrichtung durch die Orientierung des Keilspaltes bestimmt ist. War der Keilspalt wie hier, zur Ölseite hin geöffnet, so erfolgte im mittleren Drehzahlbereich auch eine mit dem k-Wert des Profils zunehmende Förder-

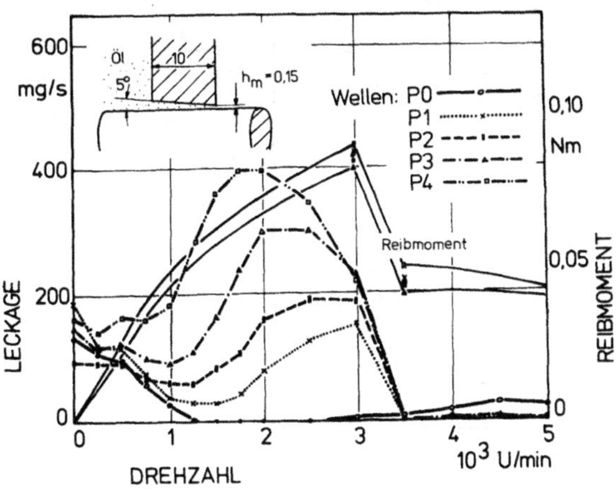

Bild 20

Leckage und Reibmoment bei kleinem ölseitigen Spaltwinkel über der Drehzahl

Parameter: Wellenprofil

Ring: PX 5/90 H150

Exzentrizität: 0,2 mm

Sumpftemp.: 30°C

Öl: ASTM 3

Ölstand: +/- 0

wirkung zur Luftseite hin. Das zur Luftseite gepumpte Öl kann während der Saugphase nicht mehr vollständig durch den engen Eintrittspalt zurückgesaugt werden und tritt als Leckage auf. Das Zusammenbrechen der Pumpwirkung im oberen Drehzahlbereich ist wahrscheinlich darauf zurückzuführen, daß bei hohen Schwingfrequenzen die ölseitige Zuströmung während des Saughubes abreißt und der Keilspalt nicht mehr ganz gefüllt wird. Infolgedessen ist die Leckage bei hohen Drehzahlen sehr klein. Erweitert sich hingegen der Keilspalt zur Luftseite hin, so wirkt das Spaltvolumen wie ein Reservoir, das sich während der Pumpphase füllt und beim Saugen leert, wobei sich der Ölfilm zur Ölseite hin einschnürt. Nach aussen tritt dann keine Förderwirkung auf und der Leckageverlauf entspricht dem charakteristischen Leckageverhalten von starren Dichtungen mit offenem Spalt.

Daß die Erhöhung des Ölstandes und die Erhöhung des abzudichtenden Druckes bezüglich ihrer Auswirkungen auf das Leckageverhalten nicht grundsätzlich äquivalent sind, zeigt Bild 21. Da h_f ein Maß für die maximale Beaufschlagung des Dichtspaltes durch den hydrostatischen Öldruck ist, bedeutet eine Vergrösserung von H bei gleichem Wellendurchmesser eine Erhöhung des abzudichtenden Druckes. Zwar erhöht sich die Dichtheitsdrehzahl im allgemeinen bei Vergrößerung von H, aber unter besonderen

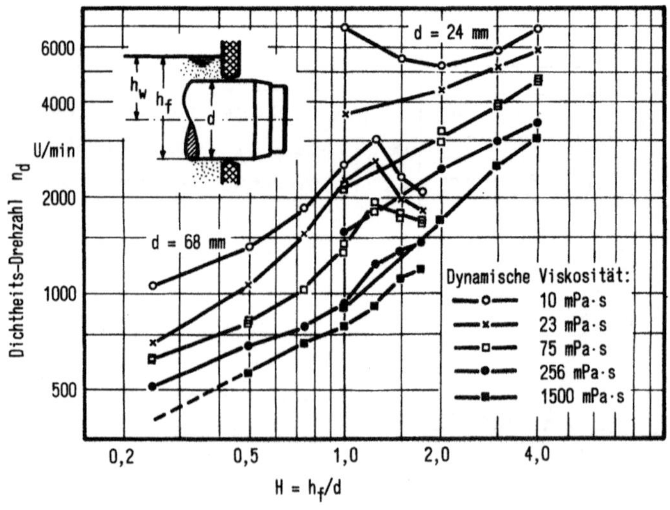

Bild 21
Von H abhängige Dichtheitsdrehzahlen bei verschiedenen Viskositäten und Wellendurchmessern

Randbedingungen trat auch das Gegenteil ein. Dies war insbesondere bei niederiger Ölviskosität, größerem Wellendurchmesser und H-Werten zwischen 1 und 2 der Fall. Die möglichen Ursachen werden im folgenden Abschnitt besprochen.

Das drehzahlabhängige Leckageverhalten des starren, offenen Spaltes zeigt immer den Einfluß eines Dichtmechanismus, der den charakteristischen Leckageverlauf nach Bild 18 bewirkt. Radiale Wellenschwingungen können zwar in Verbindung mit bestimmten Spaltformen zusätzlich einen Pumpeffekt erzeugen der sich dem Dichtmechanismus überlagert und den Leckageverlauf stark beeinflußt. Der Dichtmechanismus selbst erwies sich jedoch als unabhängig von Spaltform und Spalthöhe und damit auch von den Ölströmungen im unmittelbaren Dichtspaltbereich.

7.2 Wirbelbildung, Dichtmechanismus

Die Invarianz der drehzahlabhängigen Dichtwirkung gegenüber Spaltgeometrie und Spalthöhe und damit auch gegenüber den Strömungsverhältnissen im Dichtspalt legte die Vermutung nahe, daß die als Ursache für das Dichtwerden vermutete sekundäre Ölströmung gar nicht im unmittelbaren Dichtspaltbereich zu suchen ist. Daraufhin wurde der stählerne Gehäusering (20, Bild 2) am RWDR-Prüfstand durch einen durchsichtigen Plexiglas-Ring ersetzt. Die Strömungen im Ölsumpf konnten nun gut beobachtet werden. Typische, drehzahlabhängige Strömungsverhältnisse werden am Beispiel von Bild 22 beschrieben: Bis ungefähr 270 U/min bildete das von der Welle aus dem Ölsumpf mitgeschleppte Öl einen homogenen Film auf der Welle. Ab 270 U/min begannen sich in Umfangsrichtung Wülste abzuzeichnen, die anfangs wieder an der aufsteigenden Wellenseite zurückflossen, jedoch ab 300 U/min über die ganze obere Wellenhälfte mitgeschleppt wurden. Mit steigender Drehzahl nahm die Zahl der Wülste zu und sie wurden dünner und rundlicher. Bei 650 U/min begannen sie sich von der Welle abzulösen und spritzten gegen den Plexiglasring, so daß ab 700 U/min eine Beobachtung nicht mehr möglich war.

Euteneuer hat sich mit derartigen Strömungswülsten intensiver befaßt und schreibt in /12/: "Eine nähere Untersuchung ergab, daß

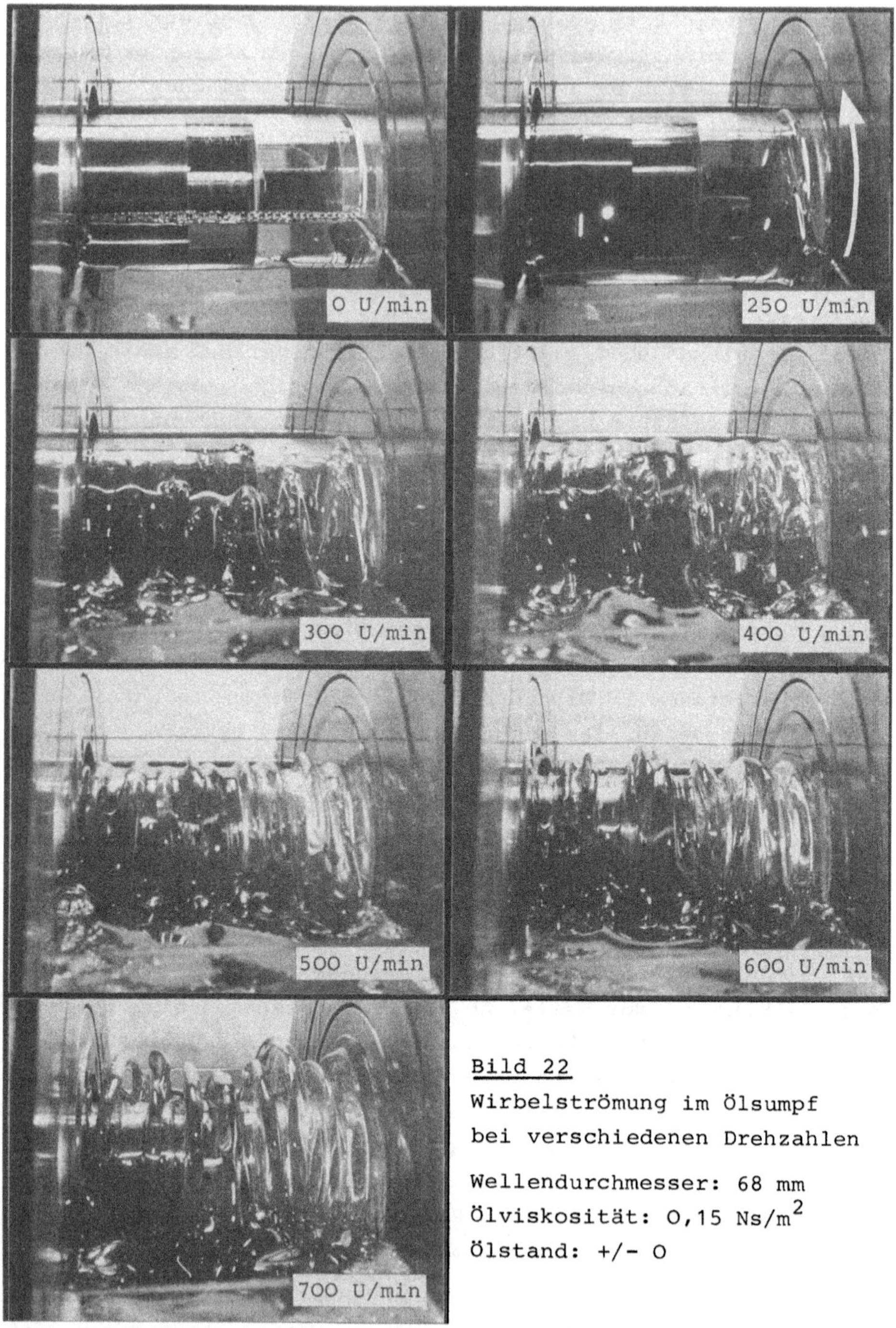

Bild 22

Wirbelströmung im Ölsumpf bei verschiedenen Drehzahlen

Wellendurchmesser: 68 mm

Ölviskosität: 0,15 Ns/m^2

Ölstand: +/- 0

diese Wülste aus Längswirbeln in der Art der Görtler-Taylor-Wirbel bestehen, die paarweise - jeweils sich gegensinnig drehend - auftreten, und deren Achsen in Strömungsrichtung zeigen. Solche Wirbel können in Strömungen mit gekrümmten Stromlinien auftreten, wenn, von deren Krümmungsmittelpunkt aus gesehen, die Geschwindigkeit nach aussen zu nach einem Gesetz $u \cdot r^n$ = konst. mit $n > 1$ abnehmen. Die Zentrifugal-, die Druck- und die Viskositätskräfte stehen dann nicht mehr im radialen Gleichgewicht. Schnelle Teilchen der Strömung verschieben sich infolge der höheren, an ihnen angreifenden Zentrifugalkräfte zu größeren Mittelpunktsabständen hin, während von dort langsamere Teilchen aufgrund der Kontinuitätsbedingung zu kleineren Achsabständen hin zurückströmen."

Bei den sichtbaren Wülsten außerhalb des Ölsumpfes handelt es sich also um Rudimente von Längswirbeln (Görtler-Taylor-Wirbeln), die sich im Ölsumpf unter den beschriebenen Voraussetzungen an der rotierenden Welle bilden.
Im Zusammenhang mit der Dichtwirkung interessieren nun insbesondere die Randwirbel. Es zeigte sich (Bild 23), daß ihre schraubenförmige Strömung in der Dichtungsebene eine radial nach innen gerichtete Geschwindigkeitskomponente aufweist. Aus Kontinuitätsgründen muß also an der Stelle des Dichtspaltes eine zur

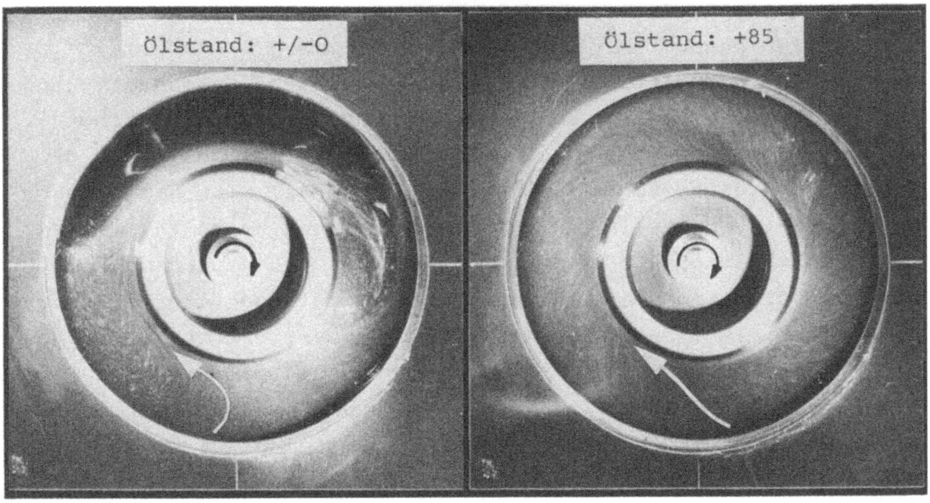

Bild 23 Ölströmung in der Dichtring-Ebene

Ölseite gerichtete Strömung vorhanden sein. Ähnlich dem Strahlpumpen-Effekt, kann diese Strömung eine Saugwirkung am Dichtspalt erzeugen, die ab einer bestimmten Drehzahl dem auf den Spalt wirkenden hydrostatischen Öldruck das Gleichgewicht hält.
In diesem Zustand, wenn also der dynamisch erzeugte Gegendruck gleich groß oder größer ist als der hydrostatische Öldruck, tritt keine Leckage auf. Bei der Dichtheitsdrehzahl sind beide Drücke gleich groß.
Den Versuchsergebnissen zufolge steigt der dynamische Gegendruck bei Vergrößerung des Wellendurchmessers, der Viskosität und bei Erhöhung der Drehzahl an, sofern die Spaltströmung laminar ist. Auch die Eintauchtiefe der Welle spielt eine Rolle: Während sich bei ganz überfluteter Welle die Wirbelströmung ungestört ausbilden kann und am Umfang in sich geschlossen ist, wird sie bei teilüberfluteter Welle am aus dem Ölsumpf herausragenden Teil der Welle unterbrochen und bildet sich im Ölsumpf neu.
In diesem Sinne sind auch die Unstetigkeiten in Bild 21 zu erklären: Hier macht sich, vornehmlich in Verbindung mit niedrigen Ölviskositäten, bei denen der Abschleudereffekt viel ausgeprägter ist als bei dickflüssigen Ölen, bemerkbar, daß sich bei vollständig eintauchender Welle ($H > 1$) die Wirbelströmung besser ausbilden kann. Im Übergangsgebiet, bei H-Werten zwischen 1 und 2, kann dadurch, trotz des im Vergleich zur teilüberfluteten Welle größeren hydrostatischen Öldrucks, Dichtheit schon bei kleinerer Drehzahl erreicht werden.
Der von der Wirbelströmung erzeugte dynamische Gegendruck kann bei der Dichtheitsdrehzahl verhältnismäßig einfach bestimmt werden. Unter der Annahme, daß dabei der dynamische Druck dem größten hydrostatischen Öldruck $p_{stat} = \rho \cdot g \cdot h_f$, also dem Öldruck an der tiefsten Stelle des Spalts entspricht, sind in Bild 24 die "Dichtheitspunkte" aus einer Vielzahl von Versuchen über geeigneten dimensionslosen Kennnzahlen aufgetragen. Für die Wirbelbildung spielt die mit dem Wellendurchmesser ermittelte Reynoldszahl Re_d eine wesentliche Rolle, während das schlagartige Wiedereinsetzen der Leckage bei höheren Drehzahlen offensichtlich von der Reynoldszahl Re_h abhängig ist, die mit der Spalthöhe als charakteristischer Länge berechnet wird.

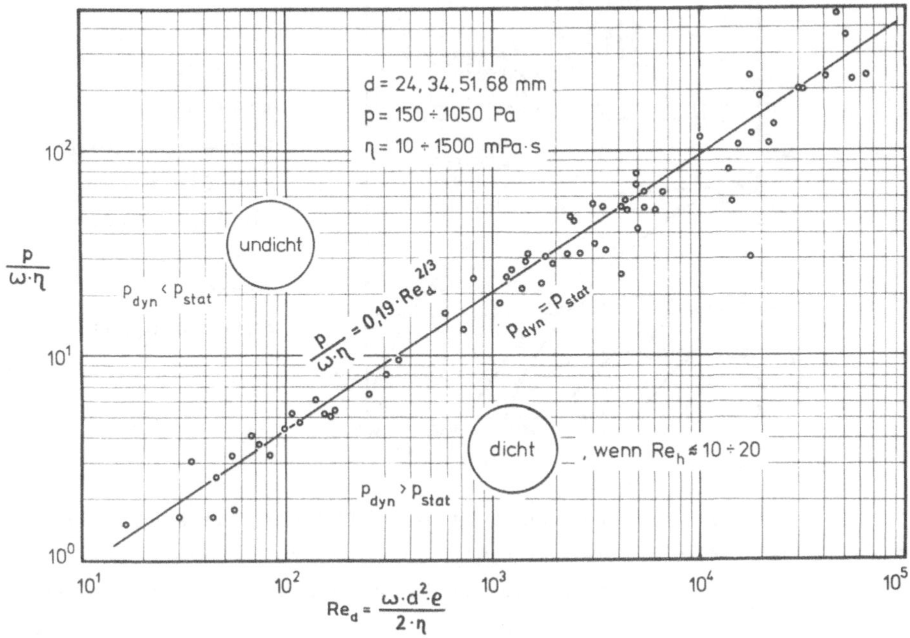

Bild 24 Dichtwirkung der Wirbelströmung

Um bei starren Dichtungen mit offenem Spalt Dichtheit zu erreichen, müssen offenbar die Bedingungen

$$p_{stat}/\omega\cdot\eta < 0{,}19\cdot Re_d^{2/3} \qquad (2)$$

und

$$Re_h < 10 \div 20 \qquad (3)$$

erfüllt sein.

7.3 Leckage bei modifizierten Betriebsbedingungen

Der Einfluß der Ölwirbel auf das Leckageverhalten zeigte sich deutlich, wenn die Wirbelströmung behindert wurde. Dazu wurden im Bereich des Randwirbels Lochbleche eingebaut, die als Wirbelbrecher dienten (Bild 25). Hierauf sank die Dichtwirkung deutlich ab und trat erst wieder bei höheren Drehzahlen in Erschei-

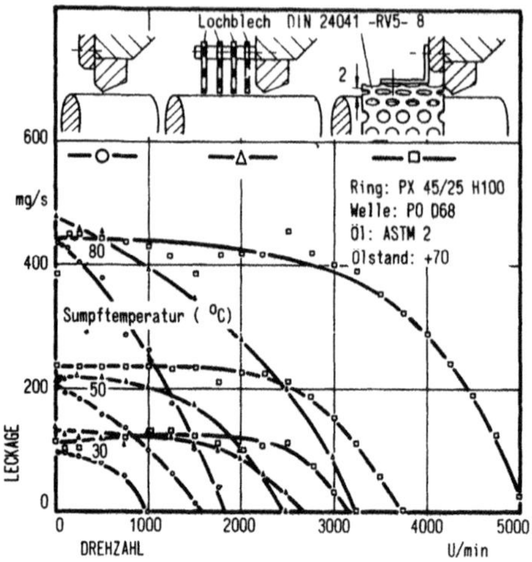

Bild 25
Einfluss von Wirbelbrechern auf die drehzahlabhängige Leckage beim starren Dichtring mit offenem Spalt

nung, bei denen sich kleinere Wirbel bildeten, deren Durchmesser etwa so groß wie die Teilung des Lochbleches waren.
Eine Wirbelbildung ist nur möglich, wenn die Welle ganz oder teilweise überflutet ist. Wurde die Wirbelbildung dadurch unterbunden, daß die Dichtung nur mit Öl bespritzt wurde (Bild 26), so trat im gesamten Drehzahlbereich Leckage auf. Die zwölf gleichmäßig am Umfang verteilten Ölstrahlen hatten dabei einen Staudruck von ungefähr 0,03 MPa. Sie waren jedoch nicht exakt auf den Dichtspalt gerichtet, wodurch die Druckbelastung am Spalt sicher wesentlich geringer war.

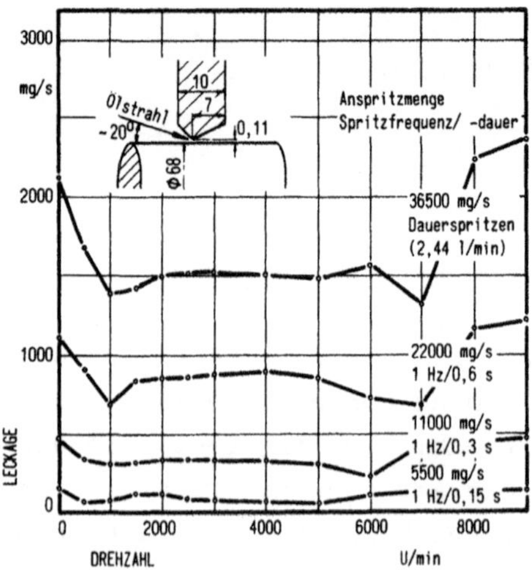

Bild 26
Leckage beim ölbespritzten starren Dichtring mit offenem Spalt

8. Schlußfolgerungen und Ausblick

Die Untersuchungen zum Reibungsverhalten von RWDR haben bestätigt, daß die unterschiedlichen Schmierzustände zwischen Dichtlippe und Welle durch die hydrodynamische Kennzahl G charakterisiert werden können. Bei G-Werten größer als 10^{-6} hat sich ein geschlossener Schmierfilm im Dichtspalt ausgebildet, Dichtlippe und Welle gleiten ohne Festkörperberührung aufeinander. Da dieser Zustand einen sehr geringen Verschleiß erwarten läßt, sollten RWDR vorzugsweise in diesem G-Bereich eingesetzt werden.

Während der Funktionsuntersuchungen zum Leckageverhalten zeigten die RWDR sehr gute Dicht-Eigenschaften. Erst bei weit größeren als den nach Norm zulässigen Wellenunrundheiten trat Leckage auf, deren Verlauf in Abhängigkeit von der Drehzahl allerdings sehr eigenartig und unerwartet war. Als Ursache für die verminderte Leckage oder gar Dichtheit im mittleren Drehzahlbereich konnten sekundäre Wirbelströmungen im Ölsumpf gefunden werden. Ungeklärt blieb allerdings die Frage, weshalb die Leckage bei höheren Drehzahlen mit kleiner werdendem k-Wert des Wellenprofils ansteigt und z.B. in Bild 14 die Leckage bei der P1-Welle im oberen Drehzahlbereich am höchsten ist. Da dieses Verhalten von der Dichtlippengeometrie abhängig ist (Bild 16), könnte es auf Pumpeffekte zurückzuführen sein, wie sie in ähnlicher Form auch beim starren Dichtring bei bestimmten Spaltgeometrien festgestellt wurden (Bild 20). Die Übertragbarkeit der Pumpeffekte am offenen Spalt auf die phasenverschoben schwingende RWDR-Dichtlippe wäre in weiteren Untersuchungen zu klären, die sich vor allem mit dem dynamischen Schwingverhalten der RWDR-Dichtlippe und den damit verbundenen Verformungen des Spaltes zwischen Dichtlippe und Welle befassen müßten.

Bei einer nicht überfluteten Dichtung mit nur ölbespritztem Dichtspalt kann sich eine die Dichtwirkung positiv beeinflussende Wirbelströmung nicht ausbilden. Insofern unterscheiden sich überflutete und bespritzte Dichtstellen grundsätzlich. Aufgrund dieser Ergebnisse ist es fraglich, ob der bisher ausschließlich übliche Prüfmodus mit überfluteter Dichtung immer praxisnahe Ergebnisse liefern kann. Desgleichen muß, zumindest für den Fall der überfluteten Dichtstelle bei Verwendung von Laufscheiben mit einem anderen Dichtverhalten gerechnet werden als bei glatten, bzw. nur leicht abgesetzten Wellen. Diese Fragestellungen bedürfen jedoch noch weiterer Klärung.

Unter Einbeziehung der Wirbelströmung im Ölsumpf, die drehzahlabhängig einen dynamischen, der Leckage entgegenwirkenden Einfluß hat, kann für RWDR mit mindestens teilweise überflutetem Dichtspalt ein Modell des Dichtmechanismus erstellt werden, das auf experimentell bestätigten, praxisnahen Grundlagen aufbaut.

In Bild 27 ist ein idealisierter Dichtspalt mit den an ihm wirkenden Drücken dargestellt. Auf der Öseite wirken der (konstante) hydrostatische Öldruck sowie ein drehzahlabhängiger, von der Wirbelströmung hervorgerufener Gegendruck. Der luftseitige Keilspalt zwischen Dichtlippe und Welle wirkt wie eine plattenförmige Kapillare, deren Kapillardruck aufgrund der Stahl und Gummi benetzenden Eigenschaft von Öl, einen Sog auf den Dichtspalt ausübt. Im Gegensatz zur "Meniskus-Theorie", die zur Erklärung der Dichtwirkung einen zur Luftseite konvexen Meniskus fordert (Bild 1), wird im vorliegenden Modell von einer Form des Meniskus ausgegangen, die mit den in /10/ gemessenen Benetzungswinkeln (Gummi-Öl: $\varphi_1 \approx 20$ Grad, Stahl-Öl: $\varphi_2 \approx 10$ Grad) zur Luftseite hin konkav ist.

Der Kapillardruck ist abhängig von der Oberflächenspannung des Öles σ (nach /10/ gilt annähernd $\sigma = 0{,}03$ N/m) sowie vom Krümmungsradius r der Meniskusoberfläche, der wiederum vom Keil-

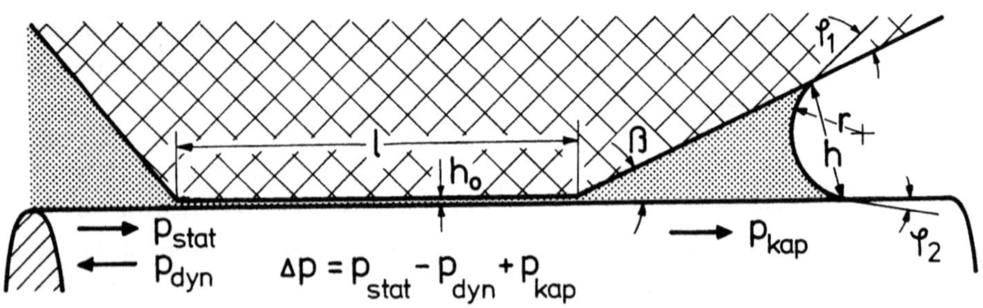

Bild 27 Druckverhältnisse am Dichtspalt

winkel β, von den Benetzungswinkeln φ, sowie von der örtlichen Spalthöhe h abhängt. Näherungsweise gilt nach /9/ mit $\varphi = \varphi_1 = \varphi_2$

$$p_{kap} = \frac{\sigma}{r} = \frac{2 \cdot \sigma}{h} \cdot \cos(\beta/2 + \varphi) \quad \ldots\ldots\ldots\ldots (4)$$

Aufgrund der Keilform des Spaltes ist der Kapillardruck stark vom Füllgrad des luftseitigen Spaltes abhängig und kann sich, wie Bild 28 zeigt, in einem weiten Bereich bewegen.
Die Druckdifferenz am Dichtspalt ist

$$\Delta p = p_{stat} - p_{dyn}(n) + p_{kap}(h) \quad \ldots\ldots (5)$$

womit sich ein Durchfluß (Leckage) von

$$\dot{m} = \frac{\pi \cdot d \cdot \varrho \cdot h_o^3}{12 \cdot \eta \cdot \ell} \cdot \Delta p \quad \ldots\ldots (6)$$

ergibt.

Bei kleinen Drehzahlen, wenn der hydrostatische Öldruck noch größer ist als der von der Wirbelströmung erzeugte dynamische Gegendruck, fließt, unterstützt vom Sog der Kapillarwirkung, Öl durch den Dichtspalt zur Luftseite. Da bei kleinen Drehzahlen

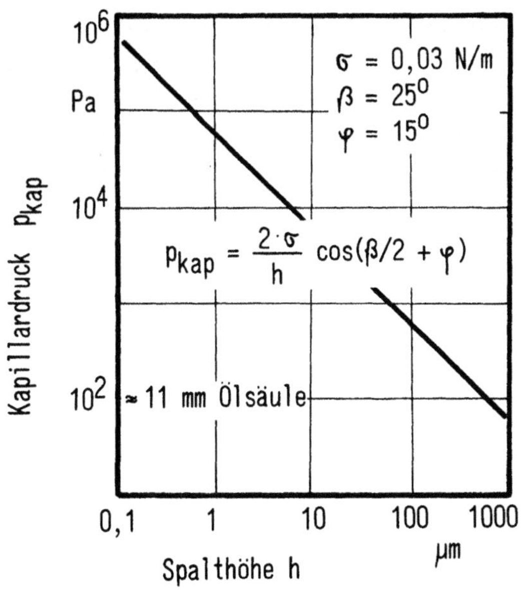

Bild 28

Kapillardruck in Abhängigkeit von der Spalthöhe

die Dichtspalthöhe h_0 sehr klein ist und in der 3. Potenz in die Leckage eingeht, handelt es sich um sehr kleine Ölmengen (Größenordnung 1 mg/Std), die den luftseitigen Spalt allmählich füllen. Dadurch wird einerseits die kapillare Sogwirkung verringert, während andererseits die Oberfläche des Meniskus, über die Öl verdunsten kann, zunimmt. Die pro Zeit- und Flächeneinheit verdunstende Ölmenge ist stark von den Umgebungsbedingungen abhängig, jedoch genügt schon eine spezifische Verdunstungsmenge von 10 g/m^2 /Std um bei einer Meniskushöhe von weniger als 1 mm sämtliches Lecköl verdunsten zu lassen.

Bei höheren Drehzahlen, wenn wegen der größeren Dichtspalthöhe der Durchfluss zur Luftseite ansteigen könnte, macht sich dann der von der Wirbelströmung erzeugte dynamische Gegendruck bemerkbar, der die am Dichtspalt wirkende Druckdifferenz vermindert. Wird der dynamische Druck größer als der hydrostatische Öldruck und der momentane Kapillardruck zusammen, fließt Öl in den Ölraum zurück, der luftseitige Keilspalt leert sich und der Meniskus schnürt sich, unter Erhöhung des Kapillardruckes so weit ein, bis Druckgleichgewicht herrscht.

Unter idealen Bedingungen verhindert also der mit kleiner werdendem Meniskus stark ansteigende Kapillardruck, daß der Dichtspalt durch die Sogwirkung der Wirbelströmung leergesaugt wird. In Verbindung mit radialen Wellenschwingungen und den dabei auftretenden größeren Spalthöhen kann jedoch die Kapillarwirkung zusammenbrechen, was dann zu Schmierstoffmangel im Dichtspalt und eventuell auch zum Trockenlauf des Dichtrings führen kann.

9. Schrifttum

/ 1/ Deuring, H.: Die Einflüsse auf die Funktion und die Gebrauchsdauer von Radial-Wellendichtringen. KEM (1967) 12

/ 2/ Jagger, E.T.: Rotary shaft seals: The sealing mechanism of synthetic rubber seals running at atmospheric pressure. Proc. Instn. Mech. Engrs. (1957) 171

/ 3/ Jagger, E.T.: Study of lubrication of synthetic rubber rotary shaft seals. Proc. BHRA Int. Conf. on Fluid Sealing (1961) Pap. A4

/ 4/ Hirano, F., Ishiwata, H., Kambayashi, H.: Friction and sealing characteristics of oil seals. Proc. BHRA Int. Conf. on Fluid Sealing (1961) Pap. A4

/ 5/ Hirano, F., Ishiwata, H.: The lubricating condition of a lip seal. Proc. Instn. Mech. Engrs. (1965-66) 180

/ 6/ Iny, E.H., Cameron, A.: The load carrying capacity of synthetic rubber rotary shaft seals. Proc. BHRA Int. Conf. on Fluid Sealing (1961) Pap. A2

/ 7/ Jagger, E.T., Walker, P.S.: Further studies of the lubrication of synthetic rubber rotary shaft seals. Proc. Instn. Mech. Engrs. (1966-67) 181

/ 8/ Schnürle, F.: Beitrag zur Beurteilung der Einflußgrößen auf Schmierungszustand und Betriebsverhalten, insbesondere Verschleiß und Lebensdauer von RWDR. Diss. Universität Karlsruhe (1975)

/ 9/ Rajakovics, G.E.: On the sealing mechanism of fluid seals. Proc. BHRA 5th Int. Conf. Fluid Sealing (1971) Pap. A6

/10/ Jagger, E.T., Wallace, D.: Further experiments on the sealing mechanism of a synthetic rubber lip type seal operating on a rotary shaft (mit Diskussion). Proc. Instn. Mech. Engrs. (1973) 187, 29

/11/ Otto, V.: Mehr Sicherheit beim Abdichten mit Radial-Wellendichtringen durch optimierten Drall. Fachschrift "E8", Goetzewerke AG, Burscheid

/12/ Euteneuer, G.-A.: Längswirbel bei der laminaren Umströmung teilweise eintauchender, rotierender Walzen. Forsch. Ing.-Wes. Bd.37 (1971)

AUTORENVERZEICHNIS

Bugarcic, Helmut, Prof. Dr.-Ing.
TU Berlin, Institut für Fahrzeugtechnik, Fachgebiet: Spurgebundene Fahrzeuge

Buhl, Hans Wilhelm, Obering.
Daimler-Benz AG, Stuttgart

Bunk, Wolfgang, Prof. Dr.rer.nat.
Deutsche Forschungs- und Versuchsanstalt für Luft- und Raumfahrt e.V.,
Institut für Werkstoff-Forschung, Köln-Porz
RWTH Aachen, Lehrstuhl für angewandte Metallkunde

Effertz, Jürgen, Dr.-Ing.
Ruhr-Universität Bochum, Institut für Konstruktionstechnik

Engl, Albert, Dipl.-Ing.
MAN AG, Neue Technologie, München

Geyer, Manfred, Dipl.-Ing.
Deutsche Forschungs- und Versuchsanstalt für Luft- und Raumfahrt e.V.,
Institut für Werkstoff-Forschung, Köln-Porz

Groth, Klaus, Prof. Dr.-Ing.
Universität Hannover, Institut für Kolbenmaschinen

Gülker, Eugen, Prof. Dr.-Ing.
Hoesch Hüttenwerke AG, Dortmund

Haas, Heinz, Dipl.-Ing.
Hoesch Hüttenwerke AG, Dortmund

Habig, Karl-Heinz, Dr.-Ing.
Bundesanstalt für Materialprüfung (BAM), Berlin

Hammel, Claus, Dipl.-Ing.
RWTH Aachen, Lehrgebiet: Abnutzung der Werkstoffe

Hansen, Jörn, Dr.rer.nat.
Deutsche Forschungs- und Versuchsanstalt für Luft- und Raumfahrt e.V.,
Institut für Werkstoff-Forschung, Köln-Porz

Hegebarth, Detlef, Dipl.-Ing.
Hoesch Hüttenwerke AG, Dortmund

Hilgers, Willy, Dipl.-Ing.
Th. Goldschmidt AG, Essen

Kasten, Peter, Dipl.-Ing.
TU Berlin, Institut für Fahrzeugtechnik, Fachgebiet: Spurgebundene Fahrzeuge

Kelling, Norbert, Dipl.-Ing.
Bundesanstalt für Materialprüfung (BAM), Berlin

Khosrawi, Mohammed-Ali, Dr.-Ing.
Artur Seyfert GmbH u. Co KG Kugellagerfabrik, Korntal

Knoll, Gunter, Dr.-Ing.
RWTH Aachen, Institut für Maschinenelemente und Maschinengestaltung

Krämer, Gudrun
TU Berlin, Institut für Fahrzeugtechnik, Fachgebiet: Spurgebundene Fahrzeuge

Krause, Hans, Prof. Dr.-Ing.
RWTH Aachen, Lehrgebiet: Abnutzung der Werkstoffe

Krause, Horst-Herbert, Dipl.-Ing.
Universität Hannover, Institut für Kolbenmaschinen

Kruse, Horst, Prof. Dr.-Ing.
Universität Hannover, Institut für Kolbenmaschinen

Mauer, Lutz, Dipl.-Ing.
MAN AG, Neue Technologie, München

Meinke, Peter, Dr.-Ing.
MAN AG, Neue Technologie, München

Müller, Heinz Konrad, Prof. Dr.-Ing.
Universität Stuttgart, Institut für Maschinenelemente und Gestaltungslehre

Peeken, Heinz, Prof. Dr.-Ing.
RWTH Aachen, Institut für Maschinenelemente und Maschinengestaltung

Ott, Gerhard, Dipl.-Ing.
Universität Stuttgart, Institut für Maschinenelemente und Gestaltungslehre

Riedling, Otto, Ing.
Artur Seyfert GmbH u. Co KG Kugellagerfabrik, Korntal

Schmidt, Lutz-Michael
TU Berlin, Institut für Fahrzeugtechnik, Fachgebiet: Spurgebundene Fahrzeuge

Sailer, Siegfried, Dr.rer.nat.
Daimler-Benz AG, Stuttgart

Steinborn, Harald, Dipl.-Ing.
TU Berlin, Institut für Luft- und Raumfahrt

Stöckl, Herbert, Dipl.-Ing.
MAN-Roland Druckmaschinen AG, Augsburg

Todsen, Uwe, Dipl.-Ing.
Universität Hannover, Institut für Kolbenmaschinen

D E S K R I P T O R E N L I S T E

(Beispiel: 2-8 bedeutet Band 2, Bericht 8; Siehe Faltblatt hinten)

0 Technische Funktion des Tribosystems

01 Bewegungsübertragung, Führung 1-5, 1-7, 2-1, 2-2, 2-3, 2-4, 2-5, 2-6, 2-7, 2-8, 3-1, 3-2, 3-3, 3-4, 3-5, 3-6, 3-7, 3-9, 4-1, 4-3, 4-6, 5-1, 5-2, 5-3, 5-4, 5-5, 5-6, 6-2, 6-3, 6-4, 6-5, 6-6, 6-7, 6-9, 6-10, 6-11, 7-1, 7-3
02 Bewegungshemmung 1-5, 2-7, 5-3, 5-8
03 Kraft-/Energieübertragung 1-1, 1-5, 1-6, 1-7, 2-1, 2-2, 2-3, 2-5, 2-6, 2-7, 2-8, 3-2, 3-4, 3-5, 3-6, 3-7, 4-5, 4-9, 5-1, 5-2, 5-5, 5-7, 5-9, 6-1, 6-2, 6-4, 6-5, 6-7, 6-8, 6-9, 6-10, 6-11, 7-1
04 Informationsübertragung 4-9
05 Materialtransport 1-1, 2-7, 4-1, 4-2, 4-4, 4-6, 4-7, 5-3, 5-8
06 Abdichtung 2-8, 3-8, 4-11, 5-9, 6-1, 6-2, 6-12
07 Materialbearbeitung 1-3, 1-4, 2-9, 4-4, 4-9, 4-12, 7-1, 7-6
08 Materialumformung 1-8, 1-9, 1-10, 1-11, 4-2, 4-4, 4-9, 4-13, 7-1, 7-4, 7-5, 7-7, 7-8, 7-9

1 Anwendungsgebiet

11 System, Maschine, Gerät, Bauteil, Produkt

111 Antriebstechnik

111.1 Lagerungen, Führungen 1-1, 1-5, 1-6, 1-7, 2-1, 2-4, 2-9, 3-2, 3-3, 3-4, 3-5, 3-6, 3-7, 4-5, 4-9, 4-10, 6-4, 6-5, 6-9, 7-1, 7-3
111.11 Gleitlager 1-1, 1-7, 2-2, 2-9, 3-1, 3-2, 3-3, 3-4, 3-5, 3-6, 3-7, 5-2, 6-2, 6-3, 6-4, 6-5, 6-6, 6-7, 6-9, 7-1, 7-3
111.12 Wälzlager 2-1, 2-4, 2-5, 2-6, 5-2, 7-3
111.13 Spitzenlager 5-2
111.14 Magnetlager
111.15 Sonstige Lager 4-10, 6-2, 7-1
111.2 Getriebe 2-5, 2-6, 5-1, 6-1, 6-5, 7-1
111.21 Zahnradgetriebe 2-5, 2-6, 5-1, 6-5, 6-10, 6-11, 7-1
111.22 Reibgetriebe 2-5, 2-6, 6-10, 6-11, 7-1
111.23 Kurvengetriebe 2-2, 2-3, 2-6, 4-10, 5-1, 7-1
111.24 Sonstige Getriebe 4-10, 6-1, 7-1
111.3 Kupplungen 6-8, 7-1
111.4 Bremsen 7-1
111.5 Dichtungen 3-8, 3-9, 4-10, 6-1, 6-12
111.6 Dämpfungselemente 7-1
111.7 Drahtseile 5-5

112 Kraft- und Arbeitsmaschinen

112.1 Kolbenmotoren 2-2, 2-7, 2-8, 2-9, 3-2, 3-4, 3-5, 4-3, 4-11, 5-1, 5-8, 6-1, 6-2, 6-4, 6-5, 7-1

121.2 Extrudieren 1-2, 4-2, 4-4, 6-5, 7-1
121.3 Pulvermetallurgie, Sintern

122 Umformen

122.1 Schmieden, Stauchen, Pressen 1-9, 1-11, 4-13, 7-1, 7-5, 7-7
122.2 Walzen 1-2, 5-3, 6-5, 6-7, 6-8, 7-4
122.3 Ziehen 1-8, 1-9, 4-10, 7-1, 7-5, 7-8, 7-9
122.4 Tiefziehen 1-4, 1-10, 7-1
122.5 Biegen, Drücken 7-1

123 Fügen, Beschichten

123.1 Schrauben, Nieten
123.2 Klemmen, Einpressen
123.3 Schweißen 1-2
123.4 Beschichten 1-2, 1-4, 1-6, 4-5, 4-9, 4-11, 7-2

124 Trennen

124.1 Schneiden, Sägen 7-1, 7-6
124.2 Drehen, Fräsen, Feilen 1-3, 1-4, 4-10, 7-1
124.3 Schleifen, Läppen, Polieren 4-12
124.4 Flüssigkeitsstrahlschneiden

125 Oberflächenbearbeitung

(Strahlen, Bürsten, Glattwalzen) 1-6, 4-5, 4-9

2 Beanspruchungsfall

21 Kontakt-/Bewegungsart

211 Kontaktform

211.1 konformer Kontakt 1-1, 1-5, 1-6, 1-10, 1-11, 2-5, 2-8, 2-9, 3-1, 3-2, 3-3, 3-4, 3-5, 3-7, 4-5, 4-10, 4-12, 5-1, 5-3, 5-5, 5-7, 6-4, 6-6, 6-7, 6-8, 6-9, 6-12, 7-1, 7-4, 7-6, 7-9
211.2 kontraformer Kontakt 1-1, 1-7, 2-1, 2-3, 2-4, 2-6, 2-9, 4-1, 4-10, 5-1, 5-3, 6-2, 7-1

212 Bewegungsart

212.1 Normal-, Haftkontakt 1-1, 1-6, 3-9, 4-5, 4-11, 4-13, 5-5, 6-2, 6-10, 6-11
212.2 Gleiten 1-1, 1-2, 1-4, 1-5, 1-6, 1-7, 1-8, 1-11, 2-2, 2-4, 2-5, 2-6, 2-7, 2-8, 2-9, 3-1, 3-2, 3-3, 3-4, 3-5, 3-7, 3-9, 4-2, 4-3, 4-4, 4-7, 4-10, 4-12, 4-13, 5-1, 5-2, 5-3, 5-5, 5-7, 5-9, 6-1, 6-2, 6-3, 6-4, 6-5, 6-6, 6-7, 6-8, 6-9, 6-11, 6-12, 7-1, 7-2, 7-3, 7-5, 7-6, 7-7, 7-8, 7-9
212.3 Wälzen 2-1, 2-2, 2-3, 2-4, 2-5, 2-6, 5-1, 5-3, 5-4, 5-6, 6-10, 6-11, 7-1, 7-3, 7-4

212.4 Stoßen, Prallen 1-1, 1-2, 1-5, 4-1, 4-10, 6-2
212.5 Strömen 2-7, 3-8, 3-9, 4-2, 5-8, 6-3, 7-9
212.6 Strahlen

22 Betriebsparameter

221 Bewegungsablauf

221.1 kontinuierlich 1-,2 1-4, 1-7, 1-8, 2-1, 2-4, 2-6, 2-7, 2-9, 3-1, 3-2, 3-3, 3-4, 3-7, 3-9, 4-3, 4-10, 4-12, 4-13, 5-1, 5-4, 5-6, 5-9, 6-2, 6-3, 6-4, 6-6, 6-9, 7-3, 7-8
221.2 intermittierend, repetierend 1-1, 1-2, 2-2, 2-8, 2-9, 3-5, 4-1, 4-7, 5-3, 5-5, 5-9, 6-9, 7-6
221.3 oszillierend, schwingend 1-5, 1-6, 1-7, 2-7, 2-9, 3-6, 3-9, 4-1, 4-5, 4-9, 5-2, 5-7, 5-9, 6-2, 6-5, 6-7, 6-8, 6-9, 6-10, 6-12, 7-3

3 Systemstruktur

31 Stoffliche Eigenschaften und Stoffparameter

311 Stoffpaarung Grund-/Gegenkörper

311.01 fest/fest 1-1, 1-4, 1-6, 1-11, 2-1, 2-2, 2-4, 2-9, 3-9, 4-1, 4-2, 4-6, 5-1, 5-3, 5-5, 5-7, 5-9, 6-1, 6-8, 7-3, 7-4
311.02 fest/fluid 2-7, 2-9, 3-2, 3-4, 3-9, 4-2, 4-6, 6-2, 6-3, 6-4, 6-9, 6-12

311.11 Metall/Metall 1-1, 1-3, 1-5, 1-6, 1-8, 1-9, 1-10, 1-11, 2-1, 2-2, 2-3, 2-4, 2-5, 2-6, 2-8, 2-9, 3-3, 3-5, 4-2, 4-3, 4-5, 4-6, 4-10, 4-11, 4-13, 5-1, 5-2, 5-3, 5-4, 5-5, 5-6, 5-7, 6-2, 6-6, 6-7, 6-8, 6-9, 6-10, 6-11, 7-1, 7-2, 7-4, 7-5, 7-6, 7-7, 7-8, 7-9,
311.12 Metall/Mineral 1-1, 1-2, 1-6, 1-9, 4-2, 4-4, 4-5, 4-6, 4-10, 4-12, 7-2
311.13 Metall/Polymer 1-5, 1-7, 3-9, 4-2, 4-4, 4-6, 5-2, 5-9, 6-7, 6-9, 6-11, 6-12
311.14 Metall/Verbundwerkstoff 1-3, 1-4, 1-5, 3-1, 3-7, 4-2, 4-4, 4-6, 5-9, 6-1, 6-9, 7-8

311.21 Mineral/Mineral
311.22 Mineral/Polymer 5-9
311.23 Mineral/Verbundwerkstoff 4-7

311.31 Polymer/Polymer 1-7, 5-2
311.32 Polymer/Verbundwerkstoff

311.41 Verbundwerkstoff

312 Stoffart von Grundkörper, Gegenkörper, Zwischenstoff, Umgebungsmedium

312.1 Metalle und Halbmetalle 2-7
312.11 Stahl, Eisen (vgl. 312.42) 1-1, 1-2, 1-3, 1-4, 1-5, 1-7, 1-8, 1-9, 1-10, 1-11, 2-1, 2-2, 2-3, 2-4, 2-5, 2-6, 2-7, 2-8, 2-9, 3-1, 3-2, 3-3, 3-4, 3-5, 3-7, 3-8, 3-9, 4-1, 4-2, 4-3, 4-4, 4-6, 4-7, 4-9, 4-10, 4-11, 4-12, 4-13, 5-1, 5-2, 5-3, 5-4, 5-5, 5-6, 5-7, 5-8, 5-9, 6-2, 6-4, 6-7, 6-8, 6-9, 6-10, 6-11, 7-1, 7-2, 7-3, 7-4, 7-5, 7-6, 7-7, 7-8, 7-9

312.74 Suspension 1-11, 4-13, 6-9, 7-7
312.75 Emulsionen 4-12, 6-9, 7-4, 7-8
312.76 Fette 1-5, 2-4, 5-2, 5-5, 6-7, 6-8, 6-9
312.77 Seifen 1-8, 2-4, 5-2, 6-9, 7-7, 7-8, 7-9
312.78 Pasten, Kolloide 4-13, 5-2, 6-9
312.79 Sonstige:
312.791 Öl Aerosol 2-2

312.8 Gase
321.81 Luft 1-1, 1-2, 1-3, 1-5, 1-6, 1-7, 1-9, 1-11, 2-3, 2-5, 3-3, 3-7, 3-8, 4-1, 4-2, 4-4, 4-5, 4-6, 4-9, 4-12, 5-1, 5-3, 5-9, 6-9, 6-11, 7-3, 7-5, 7-7
312.82 Wasserdampf 1-1, 5-3, 5-9, 6-9, 7-3
312.83 Sauerstoff 1-1, 4-6
312.84 Inertgas 4-6, 6-1, 7-3
312.85 Vakuum 5-9, 7-3
312.86 Weltraumatmosphäre
312.87 Sonstige:
312.871 CO, CO_2, N_2, CHs 1-1
312.872 Wasserstoff 3-8

312.9 Verunreinigungen/Schmutz 2-8, 2-9, 3-9, 5-3, 5-5, 5-6, 5-9, 6-7, 6-8, 6-9, 6-11

313 Stoffparameter

313.1 werkstoffabhängige Einflüsse
313.11 Zusammensetzung 1-1, 1-2, 1-3, 1-4, 1-5, 1-6, 1-10, 2-4, 3-7, 4-1, 4-2, 4-3, 4-4, 4-5, 4-9, 4-10, 4-11, 4-12, 4-13, 5-1, 5-3, 5-5, 6-5, 6-6, 6-7, 6-8, 6-10, 7-1, 7-2, 7-3, 7-4, 7-6, 7-8, 7-9
313.12 Gefüge, Struktur 1-1, 1-2, 1-3, 1-4, 1-6, 1-7, 1-9, 2-6, 4-1, 4-3, 4-5, 4-9, 4-10, 4-11, 4-12, 4-13, 5-1, 5-3, 5-5, 6-10, 7-1
313.13 physikal. Stoffdaten 1-1, 1-2, 1-3, 1-4, 1-5, 1-8, 2-3, 2-4, 3-3, 3-6, 4-1, 4-2, 4-3, 4-13, 5-4, 6-7, 6-10, 7-6
313.14 Festigkeitsdaten/Härte 1-1, 1-2, 1-3, 1-4, 1-6, 1-9, 4-1, 4-3, 4-4, 4-5, 4-9, 4-10, 4-11, 4-12, 4-13, 5-1, 5-2, 5-3, 5-4, 5-5, 5-7, 6-5, 6-7, 6-8, 6-9, 6-10, 7-1, 7-2, 7-3, 7-4, 7-5, 7-6, 7-8
313.15 Eigenspannungen 1-4, 1-6, 4-9, 5-2, 6-2
313.16 Verträglichkeit 1-6, 4-5, 4-10, 4-11, 5-2

313.2 oberflächenabhängige Einflüsse
313.21 Oberflächenenergie 5-2
313.22 mech. Oberflächenbearbeitung 1-6, 2-1, 4-5, 6-2, 6-8, 6-10, 7-1, 7-6
313.23 Wärmebehandlung/Härten 1-,2 3-9, 4-3, 4-4, 4-10, 4-12, 5-6, 5-7, 6-9, 6-10, 7-1
313.24 Elektropolieren
313.25 Oberflächenreinigung 7-4
313.26 Sonstige:
313.261 Verfestigen durch Strahlen 1-6, 4-5
313.262 Verarbeitungsbedingungen/Härte 1-7

313.3 adsorbierte Schichten 2-8, 5-2, 7-3

313.4 Oberflächenüberzüge
313.41 anorganische Oberzüge 1-3
313.411 galvanische Oberzüge, stromlose Abscheidungen 1-6, 3-9, 4-8, 4-9, 4-10, 5-9

441.2 Grenzreibung 1-6, 1-9, 1-10, 1-11, 2-4, 3-1, 3-7, 4-3, 4-13, 5-1, 5-2, 5-7, 6-1, 6-2, 6-10, 7-5, 7-6, 7-9

441.3 Mischreibung 1-5, 1-8, 1-9, 2-2, 2-3, 2-4, 2-8, 2-9, 3-1, 3-7, 4-3, 4-10, 4-11, 5-1, 5-2, 5-5, 5-7, 5-9, 6-1, 6-2, 6-6, 6-7, 6-8, 6-9, 6-10, 6-12, 7-1, 7-4, 7-5, 7-6, 7-8, 7-9

441.4 Vollschmierung hydrodynamisch 2-2, 2-7, 2-8, 2-9, 3-1, 3-2, 3-3, 3-4, 3-5, 3-8, 3-9, 4-11, 6-1, 6-2, 6-4, 6-12, 7-1

441.5 Vollschmierung EHD 2-1, 2-2, 2-3, 2-4, 2-6, 3-1, 3-5, 3-7, 3-8, 6-1, 6-3

441.6 Vollschmierung hydrostatisch 3-8, 3-9

441.7 Vollschmierung Gasschmierung

441.8 Sonstige:

441.81 Aerosöl-Schmierung 2-2

442 Schmierungsarten

442.1 Ölschmierung 1-9, 1-10, 2-1, 2-2, 2-3, 2-4, 2-6, 2-7, 2-8, 2-9, 3-2, 3-3, 3-4, 3-5, 3-8, 4-3, 4-10, 4-11, 5-1, 5-2, 5-5, 5-7, 5-8, 5-9, 6-1, 6-2, 6-3, 6-4, 6-6, 6-7, 6-8, 6-12, 7-1, 7-4, 7-5, 7-6, 7-7

442.2 Fettschmierung 2-4, 5-2, 5-5, 6-7, 6-8, 6-9

442.3 Feststoffschmierung 1-4, 1-8, 1-9, 1-11, 4-13, 5-9, 6-9, 7-5, 7-6, 7-7, 7-9

443 Schmierungstechnik

443.1 Schmierverfahren 1-10, 2-7, 2-9, 6-1

443.11 Umlaufschmierung 2-1, 2-4, 2-6, 2-7, 2-8, 2-9, 3-3, 3-8, 5-1, 5-7, 5-8, 6-1, 6-12, 7-1, 7-4

443.12 Verlustschmierung 1-10, 2-1, 2-7, 4-3, 5-5, 6-7, 6-8, 6-9, 7-9

443.13 Dauerschmierung 2-4, 2-7, 4-10, 6-6

443.2 Schmiersystem-Vorrichtung

443.3 Schmierstoffverbrauch 2-9, 3-8, 4-3, 6-1, 6-8, 6-9

443.4 Schmierstoffpflege 2-9, 7-4

443.5 Sonstige:

443.51 Werkzeugbesprühung 1-11

444 Schmierstoffeigenschaften 1-8, 1-9, 1-10

444.1 physikal. Eigenschaften 2-4, 2-8, 2-9, 4-13, 5-2, 6-7, 6-8, 7-4, 7-8

444.2 mech. Eigenschaften (E.-Modul, Schermodul, Kompressibilität) 2-6, 2-7, 7-5

444.3 rheol. Eigenschaften (Viskosität, Pumpfähigkeit, Konsistenz) 1-8, 1-10, 2-2, 2-4, 2-5, 2-7, 2-9, 4-3, 4-12, 5-1, 5-2, 5-7, 5-8, 6-7, 6-8, 6-12, 7-4, 7-5, 7-8, 7-9

444.4 Grenzflächen-Eigenschaften 2-4, 4-3, 4-12, 5-2, 7-8

444.5 thermische Eigenschaften 4-12, 5-2, 7-5, 7-8

444.6 phys.-chem. Eigenschaften (Struktur, Löslichkeit, Wasserabscheidevermögen, Emulgierbarkeit, Schaumneigung u.ä.) 2-9, 4-12, 5-2, 6-8, 7-4, 7-8

444.7 chem. Eigenschaften (Flammpunkt, Oxidationsstabilität, Scherstabilität, Korrosionseigenschaften, chemische Zusammensetzung u.ä.) 1-10, 2-5, 2-7, 2-8, 2-9, 4-3, 5-2, 6-6, 6-8, 6-9, 7-8

444.8 elektr. u. optische Eigenschaften

444.9 Anwendungsbezogene Eigenschaften (Geruch, Toxizität, bakteriol. Stabilität, Schmiereigenschaften, Verschleißschutzverhalten) 1-9, 2-4, 2-8, 2-9, 4-3, 4-12, 4-13, 5-2, 5-5, 6-7, 6-8, 7-4, 7-5, 7-7, 7-8

5 Untersuchungsverfahren

51 Charakter der Untersuchung

511 tribologische Untersuchung
511.1 Modellprüfung 1-2, 1-5, 1-6, 1-7, 1-8, 1-9, 2-1, 2-4, 2-5, 2-6, 2-7, 3-7, 4-3, 4-4, 4-6, 4-10, 5-1, 5-2, 5-3, 5-9, 6-2, 6-3, 6-6, 6-7, 6-10, 6-11, 7-1, 7-2, 7-5, 7-6, 7-9
511.2 praxisnahe Laborprüfung 1-1, 1-2, 1-3, 1-6, 1-8, 1-10, 1-11, 2-1, 2-2, 2-3, 2-4, 2-6, 2-7, 2-8, 2-9, 3-1, 3-3, 3-7, 3-8, 3-9, 4-2, 4-3, 4-4, 4-5, 4-9, 4-12, 4-13, 5-1, 5-2, 5-4, 5-5, 5-6, 5-7, 5-8, 5-9, 6-2, 6-9, 6-11, 6-12, 7-1, 7-3, 7-4, 7-6, 7-7, 7-8, 7-9
511.3 Feldversuch, praktischer Einsatz 1-1, 1-2, 1-3, 2-8, 2-9, 3-9, 4-1, 4-2, 4-3, 4-7, 4-11, 4-12, 5-1, 5-3, 5-5, 5-6, 6-1, 6-8, 6-11, 7-4

512 nicht-tribologische Werkstoff- und Schmierstoffuntersuchung 1-3, 1-4, 3-6, 4-2, 4-9, 5-5, 6-5, 6-8, 7-8

52 Art des Untersuchungsverfahrens

521 mech.-phys. Prüfung (Rheometrie, Teilchenmessg., Schwingungsmessg.) 1-1, 1-4, 1-6, 1-7, 1-8, 1-9, 2-1, 2-2, 2-4, 2-6, 2-7, 2-9, 3-1, 3-3, 3-6, 3-7, 4-1, 4-2, 4-4, 4-5, 4-6, 4-9, 4-10, 4-13, 5-1, 5-5, 5-9, 6-1, 6-5, 6-7, 6-8, 6-9, 6-10, 6-11, 6-12, 7-4, 7-5, 7-6, 7-7, 7-9
522 phys.-chem. Prüfung 1-1, 1-2, 2-8, 2-9, 4-3, 4-11, 5-5, 6-8, 7-4
523 chemische Analyse (einschl. spektrosk. Verfahren, Mikroanal.) 1-1, 1-2, 1-3, 1-4, 1-11, 2-9, 3-6, 4-1, 4-3, 4-8, 4-11, 5-1, 5-2, 5-5, 6-6, 6-8
524 akustische Verfahren 1-6, 4-9, 5-1
525 thermische Verfahren 2-8
526 elektr. u. magn. Verfahren 5-1, 5-7, 7-1, 7-3
527 optische Verfahren (visuelle Prüfung, photogr., mikroskop. u. hologr. Verfahren, Ellipsom.) 1-3, 1-4, 1-6, 1-7, 1-10, 1-11, 3-6, 4-1, 4-2, 4-3, 4-4, 4-6, 4-7, 5-1, 5-2, 5-3, 5-6, 5-7, 5-8, 6-7, 6-8, 7-1, 7-3
528 Durchstrahlungsverfahren (Röntgen-, Gamma-, Neutronen-Radiographie) 1-3, 1-4, 4-9, 6-7
529 Radioisotopverfahren 4-2, 5-1, 6-1, 7-1

6 Interessenhintergrund

61 Entwicklungsgeschichte

611 Historische Entwicklung 5-5, 5-10
612 Stand der Forschung 1-10, 2-1, 2-3, 2-7, 2-8, 3-1, 3-5, 4-3, 4-6, 5-5, 5-8, 6-2, 6-5, 6-6, 6-8, 6-9, 6-11, 7-6

D E S K R I P T O R E N L I S T E (alphabetisch)

(Beispiel: 2-8 bedeutet Band 2, Bericht 8; siehe Faltblatt hinten)

I N H A L T S V E R Z E I C H N I S S E

Band 1 - 7

2. Band

3. Band

4. Band

5. Band

7. Band

<u>6. Band</u>

TRIBOLOGIE

Reibung · Verschleiß · Schmierung

Dokumentation
zu dem Forschungs- und Entwicklungsprogramm „Tribologie"
des Bundesministeriums für Forschung und Technologie (BMFT)

Herausgeber:
Projektträgerschaft „Metallurgie – Werkstoffentwicklung – Rückgewinnung" des BMFT bei der DFVLR, Köln
Wissenschaftliche Leitung und Redaktion: W. BUNK, J. HANSEN, M. GEYER

Band 1 Abrasivverschleiß – Schwingungsverschleiß – Oberflächenbehandlung – Bearbeitungsverfahren
Erscheinungsdatum September 1981, 641 Seiten, 148,00 DM
ISBN 3-540-10800-9
ISBN 0-387-10800-9

Band 2 Elastohydrodynamik – Meß- und Prüfverfahren – Eigenschaften von Motorenölen
Erscheinungsdatum März 1982, 505 Seiten, 128,00 DM
ISBN 3-540-11298-7
ISBN 0-387-11298-7

Band 3 Gleitlager – Wellendichtungen
Erscheinungsdatum Mai 1982, 420 Seiten, 118,00 DM
ISBN 3-540-11299-5
ISBN 0-387-11299-5

Band 4 Abrasivverschleiß – Schwingungsverschleiß – Oberflächenbehandlung – Bearbeitungsverfahren
Erscheinungsdatum September 1982, 542 Seiten, 128,00 DM
ISBN 3-540-11815-2
ISBN 0-387-11815-2

Band 5 Meß- und Prüfverfahren – Betriebsverhalten von Reibungssystemen – Eigenschaften von Motorenölen
Erscheinungsdatum Januar 1983, 572 Seiten, 138,00 DM
ISBN 3-540-12052-1
ISBN 0-387-12052-1

Band 7 Oberflächenbehandlung – Bearbeitungsverfahren
Erscheinungsdatum Oktober 1983, 476 Seiten, 138,00 DM
ISBN 3-540-12448-9
ISBN 0-387-12448-9

Springer-Verlag
Berlin Heidelberg New York Tokyo